O'Reilly精品图书系列

R语言经典实例

（原书第2版）

[美] J.D. Long Paul Teetor 著

李洪成 潘文捷 译

Beijing · Boston · Farnham · Sebastopol · Tokyo

O'Reilly Media, Inc. 授权机械工业出版社出版

机械工业出版社

图书在版编目（CIP）数据

R 语言经典实例（原书第 2 版）/（美）J. D. 隆（J. D. Long），（美）保罗·蒂特（Paul Teetor）著；李洪成，潘文捷译 . —北京：机械工业出版社，2020.5

（O'Reilly 精品图书系列）

书名原文：R Cookbook：Proven Recipes for Data Analysis, Statistics, and Graphics, Second Edition

ISBN 978-7-111-65681-4

I. R… II. ① J… ②保… ③李… ④潘… III. 程序语言 – 程序设计 IV. TP312

中国版本图书馆 CIP 数据核字（2020）第 090278 号

北京市版权局著作权合同登记

图字：01-2019-6623 号

封底无防伪标均为盗版

本书法律顾问

北京大成律师事务所 韩光 / 邹晓东

书 名 /	R 语言经典实例（原书第 2 版）
书 号 /	ISBN 978-7-111-65681-4
责任编辑 /	冯秀泳
封面设计 /	Karen Montgomery，张健
出版发行 /	机械工业出版社
地 址 /	北京市西城区百万庄大街 22 号（邮政编码 100037）
印 刷 /	北京瑞德印刷有限公司
开 本 /	178 毫米 ×233 毫米 16 开本 32.5 印张
版 次 /	2020 年 6 月第 1 版 2020 年 6 月第 1 次印刷
定 价 /	139.00 元（册）

客服电话：(010) 88361066 88379833 68326294

华章网站：www.hzbook.com

投稿热线：(010) 88379604

读者信箱：hzit@hzbook.com

O'Reilly Media, Inc. 介绍

O'Reilly 以"分享创新知识、改变世界"为己任。40 多年来我们一直向企业、个人提供成功所必需之技能及思想，激励他们创新并做得更好。

O'Reilly 业务的核心是独特的专家及创新者网络，众多专家及创新者通过我们分享知识。我们的在线学习（Online Learning）平台提供独家的直播培训、图书及视频，使客户更容易获取业务成功所需的专业知识。几十年来 O'Reilly 图书一直被视为学习开创未来之技术的权威资料。我们每年举办的诸多会议是活跃的技术聚会场所，来自各领域的专业人士在此建立联系，讨论最佳实践并发现可能影响技术行业未来的新趋势。

我们的客户渴望做出推动世界前进的创新之举，我们希望能助他们一臂之力。

业界评论

"O'Reilly Radar 博客有口皆碑。"

——Wired

"O'Reilly 凭借一系列非凡想法（真希望当初我也想到了）建立了数百万美元的业务。"

——Business 2.0

"O'Reilly Conference 是聚集关键思想领袖的绝对典范。"

——CRN

"一本 O'Reilly 的书就代表一个有用、有前途、需要学习的主题。"

——Irish Times

"Tim 是位特立独行的商人，他不光放眼于最长远、最广阔的领域，并且切实地按照 Yogi Berra 的建议去做了：'如果你在路上遇到岔路口，那就走小路。'回顾过去，Tim 似乎每一次都选择了小路，而且有几次都是一闪即逝的机会，尽管大路也不错。"

——Linux Journal

译者序

本书的英文版自 2011 年出版第 1 版后在亚马逊美国网站上得到了极高的评价。机械工业出版社以极快的速度引进这本书，使国内读者在原版出版一年左右的时间里读到中文版。时隔 8 年，本书的第 2 版又与读者见面了。

根据 R 语言的最新进展，在第 1 版的基础上，第 2 版进行了大量的改进，很多方法改进为应用管道 (pipe)，并用较大篇幅介绍流行的 R 添加包之一——tidyverse。同时，在新版本中增添了两章内容，即第 15 章和第 16 章。

本书对从 R 软件的基础知识到高级技巧的应用进行了全覆盖，涉及 R 软件的安装、帮助系统、解决实际问题的途径、R 数据结构、R 的输入和输出等 R 基础知识，以及用 R 进行数据分析的具体方法，例如数据变换、概率和统计基础、R 绘图、回归分析和方差分析、R 常用技巧、高级数据分析方法和时间序列分析等，还有 R 语言的编程和文档（R Markdown）的生成。全书以问题、解决方案和对解决方案的讨论与拓展为主线来组织内容。读者既可以把本书作为学习 R 的一本教材，也可以根据自己的需要参考书中的某些具体方法（每一节为一个方法），找到自己问题的实际解决方案。

R 本身是当前流行的数据分析软件，R 的书籍和文档也是相当多的，但是缺乏一本适合 R 初学者的书籍，尤其是针对那些对 R 不甚精通但是急切需要用 R 来解决问题的 R 用户的书籍。本书以问题和解决方案的形式组织内容，脉络清晰，读者很容易找到自己需要的内容。不管是 R 初学者，还是熟练的 R 用户都能轻易从书中找到对自己有用的内容。

本书的翻译工作由李洪成和潘文捷共同完成，由于水平所限，可能会有翻译不当之处，希望读者多加指正。

目录

前言

R 软件是进行统计分析、绘图和统计编程的强大工具。现在成千上万的人用它来进行日常的重要统计分析。R 是一个自由、开源的软件系统，它是许多聪明、勤奋工作的人的集体工作成果。R 有超过 10 000 个软件包插件，是其他商业统计软件包的强劲竞争对手。

但是，刚开始使用 R 软件时可能感到无从下手。对许多人来说，即便是一些基本的任务，R 的实现也不是很明显。当了解了 R 的使用方法后，简单的问题自然能得心应手地解决，但学习"如何"使用 R 的过程有时会让人感到发狂。

本书介绍了如何使用 R 软件的一些方法，其中每一个方法对应解决某个特定的问题。介绍这些方法的途径为：首先给出待解决的问题，然后给出解决方案的简单介绍，之后再给出对解决方案的讨论，深入剖析解决方案，给出该方案的原理。我们知道这些方法实用，也知道这些方法可行，因为我们也在使用它们。

这些方法所涉及的范围较为广泛。首先，从基本的任务开始介绍，然后介绍数据的输入和输出、基本统计、图形以及线性回归。与 R 有关的工作都或多或少地涉及本书介绍的方法。

通过学习本书，初学者能快速了解 R 并上手。如果你对 R 软件有一定的了解，那么本书也能帮助你巩固已学的知识，拓宽你的思维（例如，"下一次我应该怎么使用 Kolmogorov-Smirnov 检验"）。

从严格意义上来说，本书并不是一本关于 R 软件的教程，但你将会从中学习到许多 R 软件的应用技巧。本书也不是一本关于 R 的参考手册，但它确实包含了许多实用的内容。本书更不是一个 R 软件的编程指南，但书中很多方法都可以应用到 R 的编程脚本中。

最后，本书不是统计学理论的参考书。本书假设读者对统计理论和方法有一定的了解，想知道的是如何在 R 软件中实现。

方法

本书介绍的大部分方法，都是由一两个 R 函数或命令来解决某一特定问题。需要注意的是，书中不会对某一函数的全部能力进行详细解释，而是仅介绍那些与需要解决的问题有关的函数能力。R 软件中几乎所有的函数所具备的能力都远远不止本书中所介绍的，其中有的函数具有更强大的能力。因此强烈建议读者阅读这些函数的帮助页面，你可能会从中得到不少收获。

每个方法都为读者提供了解决某个问题的一条途径。当然对于每个问题有可能存在多个正确的解决方案。在这种情况下，我们一般会选择最为简单的方法。对于书中给出的任何问题，你自己或许可以找到其他一些解决方案。本书着重介绍解决问题的方法，类似"菜谱"书，而不是 R 软件的大全书。

尤其是，R 软件有大量的添加包，这几千个 R 添加包都可以从网络下载。这些包中含有许多替代算法和统计方法。本书侧重于 R 基础发布版所带的核心功能，以及几个重要的放在一起统称为 tidyverse 的添加包。

tidyverse 最简洁的定义来自 Hadley Wickham——tidyverse 的创始人和它的核心维护者之一：

"tidyverse 是一组协调工作的添加包，它们共享通用数据表达式和 API 设计。tidyverse 包旨在使其易于通过单个命令安装和加载核心包。了解 tidyverse 中的所有添加包以及它们如何组合在一起的最佳方式是阅读 *R for Data Science*（*http://r4ds.had.co.nz*）一书。"

对术语的说明

每个方法旨在迅速地解决问题，而非长篇大论地进行论述。因此我们有时候会采用一些术语来简化相关内容的解释，这些术语有时候可能不精确，但是正确的。比如，术语泛型函数。我们把函数 print(x) 和 plot(x) 称为泛型函数，原因是它们能适当地处理多种输入参数 x。计算机科学家可能会质疑这一术语，因为严格来说这些都不是简单的"函数"，它们是多态方法并且动态调度。但是，如果我们仔细地精确定义所有这样的技术细节，那么关键的解决方案将会埋没于这些细枝末节的技术问题中。所以为了便于阅读，我们就将它们称为函数。

另一个例子是统计学中的假设检验术语。若使用概率论的严格定义，就会使读者难以清晰理解这些检验的实际应用，所以我们以更通俗的语言来描述各个统计检验。更多有关假设检验方法的细节，请查看第 9 章的简介部分。

我们的目标是用通俗易懂而非严格的正式语言，让 R 软件能被更多的读者所理解和接受。因此希望各个领域的专家对于我们所给出的某些并不严谨的术语与定义予以谅解。

软件及平台说明

虽然 R 软件时常进行有计划的版本更新，但其语言定义和核心实现是稳定的。本书所介绍的方法适用于基础发布版的任何最新版本。

有些方法对于操作平台有特殊的要求，我们会在文中对其加以标注，这些方法大多数是一些软件本身的问题，如程序的安装和配置。据我们所知，书中的所有其他方法在 R 的三个主要平台（即 Windows、macOS 和 Linux/Unix）上都能运行。

其他资源

如果你想进行更深入的阅读，下面是一些进一步阅读的建议。

网络

> R 项目网站（*http://www.r-project.org*）汇集了所有 R 软件的相关资源，从中可以下载 R 程序代码、R 添加包、文档、源代码等。
>
> 除了 R 项目网站以外，我们建议使用一个针对 R 软件的搜索引擎，比如 Sasha Goodman 开发的 RSeek 搜索引擎（*http://rseek.org*），也可以使用谷歌这样的通用搜索引擎，但在搜索 "R" 关键词时可能会得到许多无关的搜索结果。更多有关网络搜索的细节参见 1.11 节。
>
> 浏览博客也是一种学习 R 软件和掌握 R 最新动态的有效方式。网络中有许多这样的博客，我们推荐其中两个：Tal Galili 创建的 R-bloggers（*http://www.r-bloggers. com/*）和 PlanetR（*http://planetr.stderr.org*）。通过订阅这些网站，你可以得到许多相关网站上有趣且实用的文章的通知。

R 软件参考书籍

> 市面上有许多学习和应用 R 软件的书籍。下面列出一些我们认为有用的 R 软件教程。R 项目网站收录了大量与 R 相关的书目（*http://www.r-project.org/doc/bib/ R-books.html*）。
>
> 我们所推荐的书目有：
>
> Hadley Wickham 和 Garrett Grolemund 所 著 的 *R for Data Science*（*http://oreil.ly/2IIWxCs*）（O'Reilly），该书很好地介绍了 tidyverse 软件包，特别是在数据分析和统计中对该添加包的使用。该书也可以在线获得（*http://r4ds.had.co.nz*）。
>
> 由 Winston Chang 撰写的 *R Graphics Cookbook, 2nd ed.*（*https://oreil.ly/2IhNUQj*）（O'Reilly）

对于创建图形是不可或缺的。Hadley Wickham 撰写的 *ggplot2: Elegant Graphics for Data Analysis*（Springer），是我们在本书中使用的 `ggplot2` 的权威参考。

在 R 中做任何图形工作的人都需要参考 Paul Murrell 所著的 *R Graphics*（Chapman & Hall/CRC）。

O'Reilly 公司出版的 *R in a Nutshell*（*https://oreil.ly/2wUtwyf*）的作者是 Joseph Adler，该书可以作为读者手边的 R 软件的使用参考，它比本书涵盖了更多的内容。

有关 R 编程的新书层出不穷。我们推荐 Garrett Grolemund 的 *Hands On Programming with R*（*https://oreil.ly/2wWPHUd*）（O'Reilly）或者 Normal Matloff 的 *The Art of R Programming*（No Starch Press）。Hadley Wickham 所著的 *Advanced R*（Chapman & Hall/CRC) 既有印刷版的，也可以免费在线获得（*http://adv-r.had.co.nz/*），该书深入研究了高级 R 主题。Colin Gillespie 和 Robin Lovelace 所著的 *Efficient R Programming*（*https://oreil.ly/2wXxK80*）（O'Reilly）是另一本学习更深层 R 编程概念的优秀指南。

William Venables 和 Brian Ripley 所著的 *Modern Applied Statistics with S, 4th ed.*（Springer）使用 S 软件来说明一些高级的统计技术。该书所涉及的函数和数据集可通过 R 添加包 MASS 获得，该添加包被包含在 R 软件标准发布版中。

极客可以参照 R 核心团队定义的 R Language Definitions（*http://bit.ly/2FaBgAz*）。这是一项正在进行的工作，但它可以回答有关 R 编程语言的许多详细问题。

统计学书籍

由 John Verzani 编写的 *Using R for Introductory Statistics*（Chapman & Hall/CRC），是一本优秀的统计学教材。它将统计学与 R 软件结合起来，讲述应用统计方法的一些必要的计算机技巧。

在你学习的过程中需要一本好的统计学参考书作为指导，它可以帮助你准确地理解在 R 中进行的统计检验。目前市面上有许多优秀的统计学参考书，与我们所推荐的书难分伯仲，你可以任意选择。

越来越多的统计学作者选择用 R 软件来讲述相应的统计方法。对于某一特定专业领域的工作者，可以在 R 项目网站收录的书目中寻找所需要的书籍。

本书约定

在本书中使用以下排版方式：

斜体（*Italic*）

此类字体表示网址、电子邮件地址、文件名、文件扩展名等。

等宽字体（`Constant width`）

此类字体用于程序清单，以及正文中出现的程序元素（如变量名或函数名、数据库名、数据类型、环境变量、程序语句、关键字等）。

等宽粗体（**`Constant width bold`**）

此类字体表示需要读者输入的指令或其他文本。

等宽斜体（*`Constant width italic`*）

此类字体表示用读者提供的值或者上下文确定的值来替换的文本。

 提示或建议。

 一般性说明。

 要特别注意的内容。

示例代码

可以从 *http://rc2e.com* 下载补充材料（示例代码、练习等）。与本书内容相关的 Twitter 账户是 @R_cookbook（*https://twitter.com/R_cookbook*）。

这里的代码是为了帮助你更好地理解本书的内容。通常，可以在程序或文档中使用本书中的代码，而不需要联系 O'Reilly 获得许可，除非需要大段地复制代码。例如，使用本书中所提供的几个代码片段来编写一个程序不需要得到我们的许可，但销售或发布 O'Reilly 的配套 CD-ROM 则需要 O'Reilly 出版社的许可。引用本书的示例代码来回答一个问题也不需要许可，将本书中的示例代码的很大一部分放到自己的产品文档中则需要获得许可。

非常欢迎读者使用本书中的代码，不用注明出处。注明出处的形式包含标题、作者、出版社和 ISBN，例如：

R Cookbook, 2nd ed.，作者 J. D. Long 和 Paul Teetor，由 O'Reilly 出版，书号 978-1-492-04068-2

如果读者觉得对示例代码的使用超出了上面所给出的许可范围，欢迎通过 *permissions@oreilly.com* 联系我们。

O'Reilly 在线学习平台 (O'Reilly Online Learning)

O'REILLY® 近 40 年来，O'Reilly Media 致力于提供技术和商业培训、知识和卓越见解，来帮助众多公司取得成功。

我们拥有独一无二的专家和创新者组成的庞大网络，他们通过图书、文章、会议和我们的在线学习平台分享他们的知识和经验。O'Reilly 的在线学习平台允许你按需访问现场培训课程、深入的学习路径、交互式编程环境，以及 O'Reilly 和 200 多家其他出版商提供的大量教材和视频资源。有关的更多信息，请访问 *http://oreilly.com*。

如何联系我们

对于本书，如果有任何意见或疑问，请按照以下地址联系本书出版商。

美国：
O'Reilly Media，Inc.
1005 Gravenstein Highway North
Sebastopol，CA 95472

中国：
北京市西城区西直门南大街 2 号成铭大厦 C 座 807 室 （100035）
奥莱利技术咨询（北京）有限公司

要询问技术问题或对本书提出建议，请发送电子邮件至 *bookquestions@oreilly.com*。

本书配套网站 *http://bit.ly/RCookbook_2e* 上列出了勘误表、示例以及其他信息。

关于书籍、课程、会议和新闻的更多信息，请访问我们的网站 *http://www.oreilly.com*。

我们在 Facebook 上的地址：*http://facebook.com/oreilly*

我们在 Twitter 上的地址：*http://twitter.com/oreillymedia*
我们在 YouTube 上的地址：*http://www.youtube.com/oreillymedia*

致谢

我们要对整个 R 社区，尤其是 R 软件的核心开发团队表示衷心感谢。他们的无私付出对世界统计学的贡献巨大。R Studio 社区讨论的参与者围绕"如何解释许多事情"的研讨会提供了很多帮助。R Studio 的员工和领导在很多方面都给予了支持，感谢他们对 R 社区的回馈。

我们要感谢本书的技术审校者 David Curran、Justin Shea 和 MAJ Dusty Turner，他们的反馈对于提高本书的质量、准确性和实用性至关重要。我们的编辑 Melissa Potter 和 Rachel Monaghan 提供了超乎想象的帮助，他们使我们避免传播错误的内容。感谢我们的制作编辑 Kristen Brown，她的速度以及对 Markdown 和 Git 的熟练程度令所有技术作者羡慕不已。

Paul 要感谢他的家人在本书创作过程中给予的支持和耐心。

J. D. 所有清晨和周末都在笔记本电脑上写作本书，他感谢妻子 Mary Beth 和女儿 Ada 的耐心。

第 1 章

R 入门和获得帮助

本章是其他章的基础，它介绍如何下载、安装和运行 R 软件。

本章重点说明通过何种途径寻找解决问题的办法。R 社区提供了丰富的说明和帮助文档，因此你能从中得到他人的帮助。下面是一些常用的帮助来源：

本地已安装的文档

    当在计算机上安装 R 软件时，它将自动安装大量的文档。可以对本地文档进行浏览（1.7 节）和搜索（1.9 节）。我们经常在网上搜索答案，但常常惊奇地发现很多问题都能从本地已有的文档得到解答。

添加包分类视图

    添加包分类视图（task view）（*http://cran.r-project.org/web/views*）是对适用于某个统计工作领域的特定软件包的描述，例如计量经济学、医疗图像、心理学，或者空间统计。每个添加包分类视图都由该领域的专家来撰写和维护。CRAN 网站上共有 35 个这样的分类视图，所以你总能找到一个或者多个感兴趣的领域。我建议每个初学者试着阅读至少一个添加包分类视图，从而大致对 R 软件的功能有一个初步的了解（1.12 节）。

添加包文档

    大多数 R 添加包都附带说明文档。许多 R 包甚至还包含对其内容的概括和教程，这在 R 社区称为 *vignette*。这些文档都大大提高 R 添加包的使用效率。这些公布在包存储库中，如 CRAN 网站（*http://cran.r-project.org/*）上。在安装 R 包的同时，其相关文档也会自动地安装到电脑上。

Q&A 网站

    可以通过问题与解答（Question and Answer，Q&A）网站进行提问，由熟悉该问题的人士自愿予以回复。网站可根据回答的质量进行投票，因此经长时间后可得到最优的解决方案。另外，所有的提问与解答都会标注、存档以供检索之用，此类网站是介于邮件列表和社区网站之间的一种形式，例如 Stack Overflow（*http://stackoverflow.com/*）是一个优秀的 Q&A 网站。

其他网络

网络中有许多 R 软件相关的资料，可以通过一些 R 软件检索工具进行查询（1.11节）。由于网络信息更新迅速，所以期望有更好的新途径来组织和寻找与 R 相关的帮助信息。

邮件列表

R 软件志愿者无私奉献大量时间来回答邮件列表上的初学者问题，所以你可以通过查阅这些邮件列表的存档来寻找答案（参见 1.13 节）。

1.1 下载和安装 R 软件

1.1.1 问题

在计算机上安装 R 软件。

1.1.2 解决方案

Windows 和 macOS 用户可以从 CRAN 网站下载 R 软件，Linux 和 Unix 用户则需要使用它们的软件包管理工具来安装 R 软件包。

Windows

1. 打开网址：*http://www.r-project.org/*。

2. 单击"CRAN"，你会看到一系列按照国家 / 地区名称排序的镜像网站。

3. 选择你所在地附近的网站，或选择列表顶部名为"0-Cloud"网站，该网站往往适用于大多数位置（*https://cloud.r-project.org/*）。

4. 单击"Download and Install R"下的"Download R for Windows"。

5. 单击"base"。

6. 点击链接下载最新版本的 R 软件（后缀为 *.exe* 的文件）。

7. 下载完成后，双击程序文件（*.exe* 文件），回答安装中的常见问题，依次进行安装操作。

macOS

1. 打开网址：*http://www.r-project.org/*。

2. 单击"CRAN"，你会看到一系列按照国家／地区名称排序的镜像网址。

3. 选择你所在地附近的网站，或选择列表顶部名为"0-Cloud"的网站，该网站往往适用于大多数位置。

4. 单击"Download R for (Mac) OS X"。

5. 单击"Latest release"下方的后缀为 *.pkg* 的文件，下载最新版本的 R 软件。

6. 下载完成后，双击已下载的后缀为 *.pkg* 的文件，回答安装中的常见问题，依次进行安装操作。

Linux 或 Unix

对于 Linux 的某些主要发行版本，它们有对应的 R 安装软件包。表 1-1 展示了一些 Linux 发行版的例子。

表 1-1：Linux 发行版

发行版本	R 软件包名称
Ubuntu 或 Debian	r-base
Red Hat 或 Fedora	R.i386
SUSE	R-base

通过操作系统的软件包管理器下载和安装 R 软件包。一般安装过程需要管理员密码或者 sudo 权限；否则，需要由系统管理员来安装。

1.1.3 讨论

由于 R 软件有 Windows 和 macOS 这两个平台的预编译二进制版本，所以安装过程很直接。你只要按照安装指令进行即可。CRAN 网站也提供了有关安装的帮助资料，如安装时的常见问题和特殊情况下的窍门等一些有用的资料。（例如，R 是否在 Windows Vista/7/8/Server 2008 下运行？）

在 Linux 和 Unix 上安装 R 软件的最好办法是使用 Linux 发行版安装包管理器将 R 作为一个软件包来安装。Linux 发行版包管理器会使 R 的初始安装和后续更新变得极为方便。

在 Ubuntu 或 Debian 操作环境下，使用 apt-get 命令下载和安装 R 软件。而运行 apt-get 程序需要必要的 sudo 权限，相应命令如下：

```
$ sudo apt-get install r-base
```

在 Red Hat 或 Fedora 操作环境下，使用 yum 软件包管理器，相应指令如下：

```
$ sudo yum install R.i386
```

目前大多数的 Linux 平台都采用图形软件包管理器，使操作更为方便。

除了基础的 R 添加包以外，我们建议同时下载和安装文档的添加包。比如我们喜欢查阅超链接文档，我们喜欢安装 `r-base-html` 和 `r-doc-html` 两个添加包，后者在本机安装重要的 R 手册。在 Ubuntu 平台上可以通过如下指令在本地计算机安装这两个添加包：

```
$ sudo apt-get install r-base-html r-doc-html
```

有的 Linux 软件库也包括在 CRAN 的预编译的 R 添加包，但是我们偏向于使用直接从 CRAN 上得到的官方 R 软件版本，它一般有最新版本。

如果 Unix 版本不明或者该系统不支持，或者需要进行特殊的设置或优化 R 软件，那么在这种情况下，可能需要从头编译安装 R 软件。Linux 和 Unix 上的编译安装流程很标准。从 CRAN 网站镜像中下载名为 *R-3.5.1.tar.gz* 的压缩包（其中 *3.5.1* 可能会被最新版本号替代），解压缩后寻找名字为 *INSTALL* 的文件，按照指示进行安装。

1.1.4 另请参阅

对于下载安装，Joseph Adler 编写的 *R in a Nutshell*（O'Reilly）一书给出了更具体的说明，包括指示如何在 Windows 和 macOS 操作系统环境下进行手动安装。最系统地描述 R 软件在各个平台上如何进行安装的可能是名为" R 安装和管理"（R Installation and Administration）的文件（*http://bit.ly/XSeJQw*），该文件可以通过 CRAN 网站下载得到，它讲述了在多种不同平台编译和安装 R 软件。

本方法是有关安装 R 基础发布版的。如果安装 CRAN 中的添加包，另请参阅 3.10 节。

1.2 安装 RStudio

1.2.1 问题

安装一个比 R 自带的集成开发环境版本更全面的集成开发环境（IDE）。换句话说，安装 RStudio Desktop。

1.2.2 解决方案

在过去的几年里，RStudio 已经成为 R 中使用最广泛的 IDE。我们认为几乎所有的 R 工作都应该在 RStudio Desktop IDE 中完成，除非有令人信服的理由不这样做。RStudio 提供多种产品，包括 RStudio Desktop、RStudio Server 和 RStudio Shiny Server，仅举几例。对于本书，我们将使用术语 *RStudio* 来表示 RStudio Desktop，尽管大多数概念也适用于

RStudio Server。

要安装 RStudio，请从 RStudio 网站下载适用于平台的最新安装程序（*https://www.rstudio. com/products/rstudio/download/*）。

RStudio 桌面开源许可证版本可免费下载和使用。

1.2.3 讨论

本书是使用 RStudio 版本 1.2.x 和 R 版本 3.5.x 编写和构建的。RStudio 的新版本每隔几个月发布一次，因此请务必定期更新。请注意，RStudio 适用于你安装的任何版本的 R，因此更新到最新版本的 RStudio 不会升级你的 R 版本。R 必须单独升级。

在 RStudio 中与 R 的交互界面和 R 内置的用户界面中略有不同。本书的所有示例均使用 RStudio。

1.3 开始运行 RStudio

1.3.1 问题

开始运行 RStudio。

1.3.2 解决方案

R 和 RStudio 的新用户常犯的错误是，当他们打算启动 RStudio 时意外启动 R。确保实际启动的是 RStudio 的最简单方法，是在桌面上搜索"RStudio"，然后使用操作系统提供的任何方法将 RStudio 的程序图标固定在容易找到的地方。

Windows
单击屏幕左下角的"Start Screen"菜单。在搜索框中，键入"RStudio"。

macOS
在 launchpad 中查找 RStudio 应用程序或按 Cmd+ 空格键（Cmd 是 command 或 ⌘ 键），然后在 Spotlight 框键入"RStudio"进行搜索。

Ubuntu
按 Alt+F1，并键入"RStudio"来搜索 RStudio。

1.3.3 讨论

R 和 RStudio 之间很容易混淆，你可以从图 1-1 看出，它们的图标看起来很相似。

图 1-1：在 macOS 中的 R 和 RStudio 图标

如果你单击 R 图标，你会看到类似图 1-2 所示的欢迎界面，这是 Mac 上的 R 基本版的界面，但这肯定不是 RStudio 的界面。

图 1-2：macOS 中的 R 控制台

当你启动 RStudio 时，默认情况下它将打开你在 RStudio 中工作的最后一个项目。

1.4 输入 R 命令

1.4.1 问题

RStudio 软件启动以后，该如何进行下一步的操作？

1.4.2 解决方案

启动 RStudio 时，左侧的主窗口是 R 会话。从那里你可以直接以交互方式输入 R 命令。

1.4.3 讨论

R 软件采用 > 符号提示输入指令代码，可以将 R 简单看作一个能读取用户输入指令，运行计算并显示结果的"大计算器"。如：

```
> 1 + 1
[1] 2
>
```

软件通过计算等式 1+1，得到结果为 2，并显示该结果。

2 之前的 [1] 有些令人困扰。R 软件始终以向量的形式输出结果，即使输出结果仅由一个元素组成。在上式的输出中，2 之前的 [1]，表示 2 是这一输出向量中的第一个元素。由于输出的向量仅由一个元素组成，因此这并不难理解。

在输入一个完整的表达式前，R 软件会不断通过 > 符号提示继续输入命令的余下部分。如 max(1,3,5) 为一个完整的表达式，因此 R 软件会根据输入的内容得到以下结果：

```
> max(1, 3, 5)
[1] 5
>
```

相反，max(1,3, 不是一个完整的表达式，因此 R 软件会将 > 符号改为 +，提示继续输入上一行未完成的命令。如：

```
> max(1, 3,
+ 5)
[1] 5
>
```

在输入的过程中很容易输错代码，而重新输入让人感到烦琐。R 软件可以通过简易的命令编辑避免这样的情况。R 设定一些快捷键，可以完成对已输入语句的调出、修改和再次执行。命令行交互方式通常如下所示：

1. 输入 R 表达式（该表达式有错误）。

2. R 报告有错误。

3. 通过键盘上的向上键调出之前输错的语句。

4. 通过向左键和向右键移动光标，移动至输错的内容。

5. 通过 Delete 键删除输错的字符。

6. 在原语句中键入正确的字符。

7. 按下 Enter 键，再次执行该语句。

以上仅是最基本的操作。R 软件提供了许多进行取消和编辑命令行的快捷方式，具体如表 1-2 所示。

表 1-2：命令行编辑的快捷方式

键名	Ctrl 键与其他键组合	效果
向上键	Ctrl+P	向前选择原有指令语句
向下键	Ctrl+N	向后选择原有指令语句
Backspace 键	Ctrl+H	删除光标所在左侧的字符
Delete（Del）键	Ctrl+D	删除光标所在右侧的字符
Home 键	Ctrl+A	移动光标至指令开头
End 键	Ctrl+E	移动光标至指令结尾处
向右键	Ctrl+F	光标向右移动一个字符
向左键	Ctrl+B	光标向左移动一个字符
	Ctrl+K	删除光标所在处以及之后的所有内容
	Ctrl+U	删除该命令所在行的所有内容
Tab 键		命名补齐（限部分平台）

在 Windows 和 macOS 平台上，也可以使用鼠标选中需要的命令，然后应用复制和粘贴命令把 R 命令粘贴到新的命令行。

1.4.4 另请参阅

参见 2.12 节，在 Windows 主菜单中，选择"帮助"（Help）→"控制台"（Console），可以得到完整的快捷键组合列表，对命令行编辑很有用。

1.5 退出 RStudio

1.5.1 问题

如何退出 RStudio？

1.5.2 解决方案

1.5.2.1 Windows 和大多数 Linux 发行版

在主菜单中选择"文件"(File) →"退出"(Quit)，或单击窗口右上方的关闭程序按钮"X"。

1.5.2.2 macOS

在主菜单中选择"文件"（File）→"退出"（Quit），或按下 Cmd+Q，或点击窗口左上方的红色圆圈。

在所有操作系统中都可以使用 q 函数（q 代表 *quit*）来结束 R 程序和 RStudio：

```
q()
```

注意，函数中必须包含一对空的圆括号。

1.5.3 讨论

退出时，R 会提示你是否保存当前工作空间，你有三种选择：

- 保存工作空间并退出。

- 不保存，但退出。

- 取消保存，并返回到命令提示符。

选择保存后，R 会在你的当前工作目录中生成一个后缀为 *.RData* 的文件。保存工作空间会保存你创建的所有 R 对象。下次在同一目录中启动 R 时，工作空间将自动加载。若当前工作空间中已存在同名文件，保存工作空间将会覆盖原有文件，因此在保存时需留心以免覆盖重要数据。

我们建议你在退出时不要保存工作空间，而是始终明确保存项目、脚本和数据。我们还建议你使用 R 用户界面的菜单中的全局（global）选项关闭 R 退出时的保存提示，选择如下：工具（Tools）→全局选项（*Global Options*），如图 1-3 所示。这样的话，当你退出 R 和 RStudio 时，系统不会弹出窗口来提示你保存工作空间。但请记住，已经创建但尚未保存的任何对象都将丢失！

1.5.4 另请参阅

更多有关当前工作目录的细节，请参见 3.1 节；关于如何保存工作空间，请参见 3.3 节；也可以参见 *R in a Nutshell* 一书中第 2 章的内容。

1.6 中断 R 正在运行的程序

1.6.1 问题

取消正在进行的一个较长的计算，并回到命令提示符，但是不退出 RStudio。

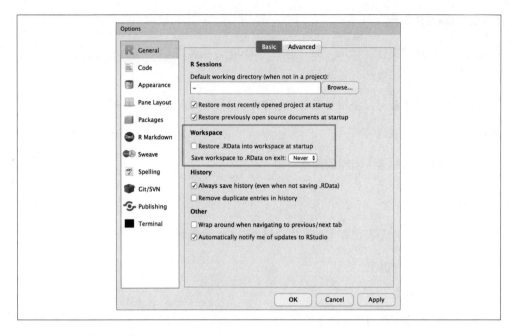

图 1-3: 保存工作空间选项

1.6.2 解决方案

按键盘上的 Esc 键，或单击 RStudio 中的 Session 菜单，并选择 "Interrupt R"。你也可以在 R 的代码控制台窗口中，单击工具栏的"停止"按钮。

1.6.3 讨论

中断 R 意味着告诉 R 停止运行当前命令，但不从内存中删除变量或完全关闭 RStudio。也就是说，中断 R 可以使变量处于不确定状态，具体取决于计算进展的程度，因此需要在中断后检查 R 的工作空间。

1.6.4 另请参阅

参见 1.5 节。

1.7 查看帮助文档

1.7.1 问题

查看 R 软件提供的帮助文档。

1.7.2 解决方案

通过 `help.start` 函数打开帮助文档的内容列表。即，

```
help.start()
```

从中可以链接到所有已在本地安装的帮助文档。在 RStudio 中，帮助文档将显示在帮助窗格中，默认情况下，该窗格位于屏幕的右侧。

在 RStudio 中，你还可以单击帮助（Help）→ R 帮助（R Help）以获取包含 R 和 RStudio 帮助选项的列表。

1.7.3 讨论

R 软件的基础发布版包含了数千个页面的帮助文件，并且当安装某一添加包时，其中的帮助文件也会自动安装到计算机中。

通过 `help.start` 函数可以轻松打开并查阅相关的帮助文件，该函数会打开一个置顶的内容列表页面。图 1-4 显示了 `help.start` 如何打开帮助并显示在 RStudio 的 "Help" 标签页中。

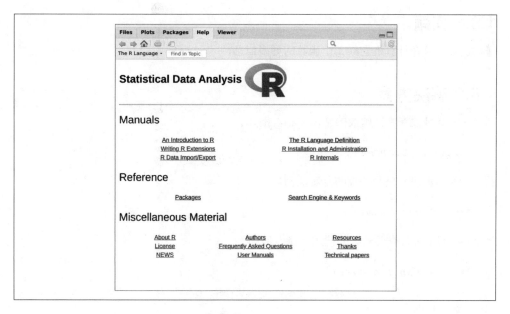

图 1-4：RStudio 的 `help.start` 函数输出结果

该界面中给出的基本 R 参考资料（Reference）部分的两个链接尤为有用。

添加包 (*Packages*)

单击查看已安装的所有 R 包列表，包含 R 基础包和之后安装的添加包。单击某一添加包名，可以查看该包的函数和数据集列表。

搜索引擎与关键字 (*Search Engine & Keywords*)

单击进入简易搜索引擎页面，根据不同的关键字和短语搜索相应的帮助文档。该页面也给出了按照主题排序的常见关键词，单击它们会给出相关的帮助页面。

安装 R 时，通过 `help.start` 访问的 R 基本发布版文档将加载到你的计算机上。RStudio 中，你可以使用菜单选项：Help → R Help，来访问帮助页面，它给出一个含有指向 RStudio 网站链接的页面。因此，你需要访问互联网才能访问 RStudio 的帮助链接。

1.7.4 另请参阅

本地安装的帮助文件是安装 R 软件时 R 项目网站文档的复制品，网站上可能会有更新的帮助文件。

1.8 获取函数的帮助文档

1.8.1 问题

了解已经安装在计算机上的某个函数的更多信息。

1.8.2 解决方案

通过 `help` 函数查看该函数的帮助文档。例如：

```
help(functionname)
```

用 `args` 函数快速获取函数的参数。例如：

```
args(functionname)
```

用 `example` 函数查看函数的使用示例。例如：

```
example(functionname)
```

1.8.3 讨论

本书将介绍许多 R 函数，但每个 R 函数都有很多功能，无法在本书中逐一介绍。如果读者对某个函数感兴趣，我们强烈推荐阅读关于该函数的帮助页面，你或许会从中获取有帮助的信息。

例如，想了解 mean 函数的全部功能，使用 help 命令查询该函数，例如：

```
help(mean)
```

这将在 RStudio 的帮助窗格中打开 mean 函数的帮助页面。help 命令的快捷方式是简单
输入 ？并后跟函数名称：

```
?mean
```

有时你仅想快速了解函数的参数：函数中有哪些参数？参数的顺序是什么？此时可以使
用 args 函数。例如：

```
args(mean)
#> function (x, ...)
#> NULL

args(sd)
#> function (x, na.rm = FALSE)
#> NULL
```

其中第一行的输出结果为该函数的调用简介。上面输出 mean 函数的调用简介，其中包
含一个名为 x 的参数，它是一个数值向量。对于 sd 函数而言，args 命令显示了它有和
mean 一样的一个 x 向量以及一个名为 na.rm 的可选参数（可以忽略第二行的结果，因
为一般其结果都是 NULL）。在 RStudio 中，当键入函数名时，你将看到 args 输出作为
浮动工具提示，如图 1-5 所示。

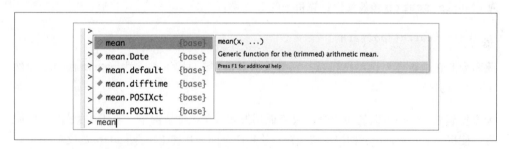

图 1-5：RStudio 工具提示

R 软件的函数帮助文档在最后一般都给出具体的使用例子。R 的一个很诱人的特性是，
可以使用 example 命令查看函数例子的具体执行，它可以演示该函数的功能。例如，
对于 mean 函数的帮助文档，它含有一些示例，不必手动输入这些代码示例。只要使用
example 函数便能执行它。例如：

```
example(mean)
#>
#> mean> x <- c(0:10, 50)
```

```
#>
#> mean> xm <- mean(x)
#>
#> mean> c(xm, mean(x, trim = 0.10))
#> [1] 8.75 5.50
```

你在输入 example(mean) 后看到的所有内容都由 R 生成，它执行帮助页面中的示例并显示结果。

1.8.4 另请参阅

参考 1.9 节来查找某一函数；参考 3.6 节来查看更多搜索路径。

1.9 搜索帮助文档

1.9.1 问题

你要了解有关计算机上安装的某一函数的更多信息，但是 help 函数无法找到任何该函数的文档。

或者，你要在已安装的文档中搜索某个关键字。

1.9.2 解决方案

使用 help.search 函数搜索计算机上的 R 文档：

```
help.search("pattern")
```

此命令意在搜索名为 pattern 的某一函数或者关键字。注意：命令中 pattern 两边必须加上英文双引号。

为方便起见，你还可以使用两个问号来调用搜索（在这种情况下，不需要引号）。请注意，使用一个问号将按名称搜索该函数，使用两个问号将搜索符合 pattern 的文档：

```
> ??pattern
```

1.9.3 讨论

在搜索帮助文档的过程中，可能会遇到 R 软件无法给出任何搜索项的相关信息的情况，例如：

```
help(adf.test)
#> No documentation for 'adf.test' in specified packages and libraries:
#> you could try '??adf.test'
```

如果你确定在计算机中安装了该函数，则导致这种情况的原因可能是由于包含该函数的 R 包未载入，你不知道哪个包中包含该函数。这有点类似于一个无法摆脱的困境（catch-22，报错消息提示无法在搜索路径下找到该 R 包，因此 R 无法找到帮助文件；有关详细信息，请参阅 3.6 节）。

解决方案是搜索所有已安装的添加包，来找到该函数。按错误信息中提示的方法来进行搜索（即使用 help.search 函数），例如：

```
help.search("adf.test")?
```

搜索结果将生成包含该函数的所有 R 包的列表：

```
Help files with alias or concept or title matching 'adf.test' using
regular expression matching:

tseries::adf.test       Augmented Dickey-Fuller Test
Type '?PKG::FOO' to inspect entry 'PKG::FOO TITLE'.
```

前面的输出表明 tseries 包中包含 adf.test 函数。可以再次使用 help 命令，在 help 的参数中明确指明，需要帮助文档的 R 函数所在的 R 包。例如：

```
help(adf.test, package = "tseries")
```

或者你可以使用双冒号运算符告诉 R 查看特定的 R 包：

```
?tseries::adf.test
```

你可以使用关键字扩大搜索范围。然后，R 将找到包含关键字的任何已安装文档。假设你要查找含有 Augmented Dickey-Fuller（ADF）检验的所有函数，则可以通过以下命令：

```
help.search("dickey-fuller")
```

1.9.4 另请参阅

你还可以通过文档浏览器访问本地搜索引擎；有关如何访问搜索引擎，请参阅 1.7 节。有关搜索路径的详细信息，请参阅 3.6 节。有关函数帮助的细节，请参阅 1.8 节。

1.10 查看 R 添加包帮助信息

1.10.1 问题

了解有关计算机上安装的 R 添加包的更多信息。

1.10.2 解决方案

使用 help 命令并指定一个 R 包名称（不带函数名称）：

```
help(package = "packagename")
```

1.10.3 讨论

有时你想知道某一个 R 包的内容（函数和数据集）。尤其是对于一个刚下载安装完的新 R 包。因此，在得知 R 添加包名称后，可以使用 help 命令查看该添加包内容和其他信息。

使用以下 help 函数可以显示 tseries 包（R 基本发布版中的标准包之一）的信息：

```
help(package = "tseries")
```

结果首先会给出数据包的简介，然后显示函数和数据集的索引。在 RStudio 中，HTML 格式的帮助页面将在 IDE 的帮助窗口中打开。

有些添加包还包括 vignette——一些其他文档，如简介、教程或开发文档。安装添加包时，它们作为添加包文档的一部分安装在你的计算机上。vignette 显示在添加包的帮助页面底部。

你可以使用 vignette 函数查看计算机上所有添加包的附加文档列表：

```
vignette()
```

在 RStudio 中，这将打开一个新选项卡，列出计算机上安装的每个添加包，包括 vignette 以及名称和说明。

你可以通过在 vignette 命令中指定某一添加包的名称，查看特定添加包的 vignette：

```
vignette(package = "packagename")
```

每个 vignette 都有一个名称，因此可以通过以下命令进行查看：

```
vignette("vignettename")
```

1.10.4 另请参阅

对于如何通过帮助命令获得 R 添加包中某一函数的信息，请参阅 1.8 节。

1.11 通过网络获取帮助

1.11.1 问题

在网上搜索有关 R 的信息和答案。

1.11.2 解决方案

在 R 软件中使用 `RSiteSearch` 函数按关键字或短语进行搜索：

```
RSiteSearch("key phrase")
```

在浏览器中，尝试使用以下网站进行搜索：

RSeek（*http://rseek.org*）

这是一个 Google 自定义搜索引擎，专注于检索与 R 软件有关的内容。

Stack Overflow（*http://stackoverflow.com/*）

Stack Overflow 是 Stack Exchange 的一个可搜索的问答网站，面向编程问题，如数据结构、代码和图形绘制。Stack Overflow 是你所有语法问题的绝佳"第一站"。

Cross Validated（*http://stats.stackexchange.com/*）

Cross Validated 是一个 Stack Exchange 站点，专注于统计、机器学习和数据分析，而不是编程。这是一个关于统计方法选择的好地方。

RStudio Community（*http://community.rstudio.com/*）

RStudio 社区网站是由 RStudio 主持的论坛。主题包括 R、RStudio 和相关技术。作为一个 RStudio 网站，这个论坛经常被 RStudio 工作人员和经常使用该软件的人访问。对于可能不适合 Stack Overflow 语法格式的问题，或者一般问题，这是一个很好的地方。

1.11.3 讨论

`RSiteSearch` 函数将打开浏览器窗口并将其指向 R 项目网站（*http://search.r-project.org/*）上的搜索引擎。在那里，你将看到可以优化的初始搜索。例如，通过以下命令可以搜索"canonical correlation"：

```
RSiteSearch("canonical correlation")
```

这对于在不离开 R 的情况下进行快速网络搜索非常方便。但是，搜索范围仅限于 R 文档和邮件列表中的存档文件。

RSeek 提供更广泛的搜索。它的优点在于利用了谷歌搜索引擎的强大功能，同时专注于与 R 相关的网站。它剔除了应用通用谷歌搜索得到的无关结果。RSeek 的魅力在于它会将检索到的结果加以整理来显示。

图 1-6 显示了访问 RSeek，并搜索"correlation"所得到的结果。请注意，顶部的选项卡允许输入不同类型的内容：

- 所有结果（All results）

- 包（Packages）

- 书籍（Books）

- 支持（Support）

- 文章（Articles）

- 针对初学者（For Beginners）

图 1-6：RSeek

Stack Overflow 是一个 Q&A 网站，这意味着任何人都可以提交问题，有经验的用户将提供答案——通常每个问题都有多个答案。读者对答案进行投票，所以好的答案往往会上升到顶部。这将创建一个丰富的问答对话数据库，并允许对该对话框进行搜索。Stack Overflow 是一个面向问题的极具针对性的网站，其中的主题也侧重 R 软件的编程问题。

Stack Overflow 为许多编程语言存放问题。因此，当在其搜索框中输入一个术语时，在其前面加上"[r]"，以便重点搜索 R 软件相关的问题。例如，搜索"[r]standard error"，将仅选择标签为 R 的有关问题，而排除与 Python 和 C++ 编程语言有关的问题。

Stack Overflow 还包含一个关于 R 语言的 wiki（*https://stackoverflow.com/tags/r/info*），

它提供了一个 R 社区策划的优秀的在线 R 资源列表。

Stack Exchange（Stack Overflow 的母公司）设计了一个用于统计分析的问答区域，称为
Cross Validated（*https://stats.stackexchange.com/*）。这个区域更侧重于统计而不是编程，
因此在寻求更多关注统计而不是 R 软件的答案时使用它。

RStudio 也有自己的讨论区（*https://community.rstudio.com/*）。这是一个提出一般性问题
和概念性问题的好地方，这些问题可能不适于在 Stack Overflow 网上提问。

1.11.4 另请参阅

如果搜索结果显示的是一个有用的添加包，可以参考 3.10 节将其安装在你的计算机上。

1.12 寻找相关函数与添加包

1.12.1 问题

R 有超过 10 000 个添加包，如何选择合适的添加包？

1.12.2 解决方案

- 要发现与某个字段相关的包，请访问 CRAN 的添加包分类列表（*http://cran.r-project. org/web/views/*）。选择你关心的领域的添加包列表，该列表将为你提供相关添加包 的链接和说明。或者访问 RSeek，按关键字搜索，单击 Task Views 选项卡，然后选 择适用的分类列表。

- 访问 crantastic（*http://crantastic.org/*）并按关键字搜索包。

- 要查找相关函数，访问 RSeek（*http://rseek.org*），按名称或关键字搜索，然后单击 Functions 选项卡。

1.12.3 讨论

对于初学者来说，这个问题尤其令人烦恼。你认为 R 软件可以解决你的问题，但你不知 道哪些添加包和函数会有用。邮件列表上的一个常见问题是："是否有解决问题 X 的添 加包？"这是初学 R 软件的用户的困惑之处。

在撰写本书时，CRAN 可以免费下载超过 1 万个添加包。每个添加包都有一个摘要页面，
其中包含对该添加包的简介，以及添加包帮助文档的链接。当你对某个添加包感兴趣
时，可以单击"参考手册"（Reference manual）链接查看 PDF 文档，其中包含该包的详
细信息。（摘要页面还包含用于安装添加包的下载链接，但很少以这种方式安装添加包；

请参阅 3.10 节。)

有时你只是对某一领域有兴趣，比如贝叶斯分析、计量经济学、运筹学或绘图。CRAN包含一组描述可能有用的添加包的任务视图页面。任务视图是一个很好的起点，你可以从中了解可用的内容。可以在 CRAN 任务视图（*http://cran.r-project.org/web/views/*）中查看任务视图页面列表，或按照解决方案中的说明搜索它们。CRAN 的任务视图列出了许多广泛的字段，并显示了每个字段中使用的包。例如，高性能计算（high-performance computing）、遗传学（genetics）、时间序列（time series）和社会科学（social science）的任务视图，仅举几例。

假设你碰巧知道一个有用的包的名称，比如说，在网上见到它的名字。CRAN 提供了完整的按字母顺序排列的添加包列表（*http://cran.r-project.org/web/packages/*），其中包含指向添加包摘要页面的链接。

1.12.4 另请参阅

可以下载并安装一个名为 sos 的 R 添加包，它提供了搜索添加包的强大的其他方法；参考 SOS（*http://cran.r-project.org/web/packages/sos/vignettws/sos.pdf*）的 vignette。

1.13 搜索邮件列表

1.13.1 问题

通过搜索邮件列表中的档案来寻找问题的答案。

1.13.2 解决方案

在浏览器中打开 Nabble（*http://r.789695.n4.nabble.com/*）。从你的问题中搜索关键字或其他搜索字词。这将显示支持邮件列表中的结果。

1.13.3 讨论

这个方法实际上只是 1.11 节的一个应用。但这是一个重要的应用，因为你应该在向列表提交新问题之前搜索邮件列表存档。你的问题可能已经在邮件列表中得到了回答。

1.13.4 另请参阅

CRAN 提供了一系列其他有关搜索网站的资源列表，请参阅 CRAN Search（*http://cran.r-project.org/search.html*）。

1.14 向 Stack Overflow 或社区的其他网站提交问题

1.14.1 问题

向 R 社区提交一个无法在线找到答案的问题。

1.14.2 解决方案

在线提问的第一步是创建一个可重现的例子。拥有可以运行并查看确切问题的示例代码是在线寻求帮助的最关键部分。具有良好可重现示例的问题由三个部分组成：

示例数据

这可以是模拟数据或是你提供的一些实际数据。

示例代码

此代码显示你尝试过的内容或你收到的错误。

书面说明

在这里，你可以解释提交内容、希望获得的内容以及尝试过的不起作用的内容。

讨论部分中介绍编写可重现示例的详细信息。一旦有了可重现的示例，就可以在 Stack Overflow 上发布你的问题（*https://stackoverflow.com/questions/ask*）。请务必在问询页面的 "Tags" 中包含 r 标签。

如果你的问题更为通用或与概念相关而不是关于特定语法的，则可以访问 RStudio 维护的 RStudio 社区论坛（RStudio Community discussion forum）（*https://community.rstudio.com/*）。请注意，该网站分为多个主题，因此请选择最适合你的问题的主题类别。

或者你可以将问题提交给 R 邮件列表（但不要提交到多个站点，如邮件列表和 Stack Overflow，因为这被认为是粗鲁的多方提交）。

邮件列表页面（*http://www.r-project.org/mail.html*）包含使用 R-help 邮件列表的一般信息和说明。一般过程如下：

1. 订阅 R 主要邮件列表，R-help（*http://bit.ly/2Xd4wB2*）。
2. 仔细、正确地写下你的问题，并包含可重现示例。
3. 将问题发送至 *r-help@r-project.org*。

1.14.3 讨论

R-help 邮件列表、Stack Overflow 和 RStudio 社区网站都是很好的资源，但请将它们视为最后的手段。阅读帮助页面、阅读文档、搜索帮助列表存档以及搜索 Web，你的问题很可能在那里已经得到了回答，很少有问题是独一无二的。但是，如果你已经用尽所有其他选择，也许是时候创建一个好问题了。

可重现示例是一个好的帮助请求的关键。第一个部分是示例数据。获得此功能的一个好方法是使用一些 R 函数来模拟数据。以下示例创建一个名为 example_df 的数据框，该数据框有三列，每列都有不同的数据类型：

```
set.seed(42)
n <- 4
example_df <- data.frame(
  some_reals = rnorm(n),
  some_letters = sample(LETTERS, n, replace = TRUE),
  some_ints = sample(1:10, n, replace = TRUE)
)
example_df
#>   some_reals some_letters some_ints
#> 1      1.371            R        10
#> 2     -0.565            S         3
#> 3      0.363            L         5
#> 4      0.633            S        10
```

请注意，此示例在开头使用命令 set.seed。这确保了每次运行此代码时，答案都是相同的。n 值是你要创建的示例数据的行数。尽可能简化示例数据以说明你的问题。

创建模拟数据的另一种方法是使用 R 附带的示例数据。例如，数据集 mtcars 包含一个数据框，其中包含有关不同汽车型号的 32 条记录：

```
data(mtcars)
head(mtcars)
#>                    mpg cyl disp  hp drat   wt qsec vs am gear carb
#> Mazda RX4         21.0   6  160 110 3.90 2.62 16.5  0  1    4    4
#> Mazda RX4 Wag     21.0   6  160 110 3.90 2.88 17.0  0  1    4    4
#> Datsun 710        22.8   4  108  93 3.85 2.32 18.6  1  1    4    1
#> Hornet 4 Drive    21.4   6  258 110 3.08 3.21 19.4  1  0    3    1
#> Hornet Sportabout 18.7   8  360 175 3.15 3.44 17.0  0  0    3    2
#> Valiant           18.1   6  225 105 2.76 3.46 20.2  1  0    3    1
```

如果你的示例仅可以使用你自己的数据重现，则可以使用 dput 将你自己的一些数据放入可在示例中使用的字符串中。我们将使用 mtcars 数据集中的两行来说明该方法：

```
dput(head(mtcars, 2))
#> structure(list(mpg = c(21, 21), cyl = c(6, 6), disp = c(160,
#> 160), hp = c(110, 110), drat = c(3.9, 3.9), wt = c(2.62, 2.875
#> ), qsec = c(16.46, 17.02), vs = c(0, 0), am = c(1, 1), gear = c(4,
#> 4), carb = c(4, 4)), row.names = c("Mazda RX4", "Mazda RX4 Wag"
#> ), class = "data.frame")
```

你可以将 structure 结果直接放在问题中：

```
example_df <- structure(list(mpg = c(21, 21), cyl = c(6, 6), disp = c(160,
160), hp = c(110, 110), drat = c(3.9, 3.9), wt = c(2.62, 2.875
), qsec = c(16.46, 17.02), vs = c(0, 0), am = c(1, 1), gear = c(4,
4), carb = c(4, 4)), row.names = c("Mazda RX4", "Mazda RX4 Wag"
), class = "data.frame")

example_df
#>                mpg cyl disp  hp drat   wt qsec vs am gear carb
#> Mazda RX4       21   6  160 110  3.9 2.62 16.5  0  1    4    4
#> Mazda RX4 Wag  21   6  160 110  3.9 2.88 17.0  0  1    4    4
```

可重现性良好的示例的第二部分是示例代码。示例代码应该尽可能简单，并说明你尝试做的或已经尝试过的内容。它不应该是一大堆包含许多无关内容的代码。将你的示例简化为必要的最少量代码。如果你使用任何添加包，请务必在代码的开头包含添加包调用。此外，不要在你的问题中包含任何可能对运行代码的人有害的内容，例如 `rm(list = ls())`，它会删除内存中的所有 R 对象。对那些试图帮助你的人要有同理心，意识到他们自愿花时间帮助你，并且是用他们自己的工作机器来运行你的代码。

要测试你的示例，请打开一个新的 R 会话并尝试运行它。一旦编辑了代码，就可以向可能提供反馈的读者给出更多信息了。在纯文本中，描述你尝试做什么、尝试过什么以及你的问题，并且尽可能简洁。与示例代码一样，你的目标是尽可能有效地与阅读问题的人进行沟通。你可能会发现，在你的描述中包含你正在运行的 R 版本以及所在平台（Windows、Mac、Linux）会很有帮助。你可以使用 `sessionInfo` 命令轻松获取该信息。

如果你要将问题提交到 R 邮件列表，你应该知道实际上存在几个邮件列表。R-help 是一般问题的主要列表。还有许多特殊兴趣小组（Special Interest Group，SIG）邮件列表，它们专门用于特定领域，如遗传学、金融、R 开发、甚至 R 工作。你可以在 *https://stat.ethz.ch/mailman/listinfo* 上查看完整列表。如果你的问题专注于某个领域，则可以通过选择相应的列表获得更好的答案。但是，与 R-help 一样，在提交问题之前，请仔细搜索 SIG 列表存档。

1.14.4 另请参阅

建议你在提交任何问题之前阅读 Eric Raymond 和 Rick Moen 的题为"如何以聪明的方式提出问题"的优秀论文（*https://www.catb.org/~esr/faqs/smart-questions.html*）。建议认真阅读。

Stack Overflow 有一篇很棒的文章，其中包含有关创建可重现示例的详细信息。你可以在（*https://stackoverflow.com/q/5963269/37751*）找到它。

Jenny Bryan 有一个很棒的 R 添加包叫作 `reprex`，它有助于创建一个良好的可重现的例子，并提供辅助函数来为 Stack Overflow 等网站编写 markdown 文本。你可以在她的 GitHub 页面（*https://github.com/tidyverse/reprex*）上找到该包。

第 2 章

基础知识

本章介绍的方法，既包含了解决问题的思想，也包含了解决问题的基本技巧。当然，本章中所举的案例都只是一些最常见的问题，但通过介绍这些问题，展示了大多数 R 编程中使用的基本知识和习惯语法，适用于包括本书 R 代码在内的几乎所有代码。如果你是 R 软件初学者，建议你浏览本章以熟悉这些语法。

2.1 在屏幕上显示内容

2.1.1 问题

通过 R 软件显示某一变量或表达式的值。

2.1.2 解决方案

在命令提示符后输入变量名称或表达式，R 软件会直接在屏幕中输出其值。使用 print 函数能输出任何变量和表达式值。使用 cat 函数能生成自定义格式的输出。

2.1.3 讨论

通过 R 软件显示一些内容非常容易——只需在命令提示符处输入：

```
pi
#> [1] 3.14
sqrt(2)
#> [1] 1.41
```

当输入这些表达式时，R 会计算表达式，然后自动调用 print 函数。所以前面的例子等同于如下命令：

```
print(pi)
#> [1] 3.14
```

```
print(sqrt(2))
#> [1] 1.41
```

print 函数的美妙之处在于它知道以何种格式显示结果，包括矩阵和列表等结构化变量：

```
print(matrix(c(1, 2, 3, 4), 2, 2))
#>      [,1] [,2]
#> [1,]    1    3
#> [2,]    2    4
print(list("a", "b", "c"))
#> [[1]]
#> [1] "a"
#>
#> [[2]]
#> [1] "b"
#>
#> [[3]]
#> [1] "c"
```

这很有用，因为你始终可以通过 print 函数查看数据。即使是复杂的数据结构，也无须编写特殊的显示逻辑。

但是，print 函数有一个很大的局限性：它一次只能显示一个对象。尝试显示多个变量会产生以下错误消息：

```
print("The zero occurs at", 2 * pi, "radians.")
#> Error in print.default("The zero occurs at", 2 * pi, "radians."):
#>     invalid 'quote' argument
```

只有通过多次使用 print 函数才能显示多个对象，这可能不是用户想要的：

```
print("The zero occurs at")
#> [1] "The zero occurs at"
print(2 * pi)
#> [1] 6.28
print("radians")
#> [1] "radians"
```

cat 函数是 print 函数的替代方法，它可以将多个对象连接并以连续的方式输出：

```
cat("The zero occurs at", 2 * pi, "radians.", "\n")
#> The zero occurs at 6.28 radians.
```

请注意，cat 函数默认在每个对象之间放置一个空格。你必须使用换行符（\n）才能结束本行语句。

cat 函数也可以显示简单的向量：

```
fib <- c(0, 1, 1, 2, 3, 5, 8, 13, 21, 34)
cat("The first few Fibonacci numbers are:", fib, "...\n")
#> The first few Fibonacci numbers are: 0 1 1 2 3 5 8 13 21 34 ...
```

使用 cat 函数可以更好地控制输出，这使得它在 R 程序中尤为重要。然而，它也有严重的限制，即它无法显示复合数据结构，如矩阵和列表。使用 cat 函数显示列表会得到以下错误消息：

```
cat(list("a", "b", "c"))
#> Error in cat(list("a", "b", "c")): argument 1 (type 'list') cannot
#>    be handled by 'cat'
```

2.1.4 另请参阅

有关控制输出格式，请参阅 4.2 节。

2.2 设定变量

2.2.1 问题

将某个值赋值给一个变量。

2.2.2 解决方案

使用赋值运算符（<-）进行赋值。在赋值前无须对变量进行声明。

```
x <- 3
```

2.2.3 讨论

R 软件采用"计算器"模式，方便快捷。但是，有时候需要定义变量并保存变量值。这省去了重复输入的时间并使你的工作更为明晰。

在 R 软件中，不必对变量进行声明或者显式地创建变量，只需要将值赋予一个名称，R 软件就会自动生成该名称的变量：

```
x <- 3
y <- 4
z <- sqrt(x^2 + y^2)
print(z)
#> [1] 5
```

注意，赋值操作由一个小于号（<）和一个连字符（-）构成，两个符号之间没有空格。

当使用此方法在命令行提示符处定义变量时，该变量将存储到当前的工作空间中。工作空间仅存储在计算机的内存中，但你可以把工作空间保存至本地硬盘。该变量会留存在工作空间，直至用户删除该变量。

R 软件是动态的输入语言，即可随意改变变量的数据类型。我们可以先定义 x 为数值型变量，随后马上对其赋值一个字符串向量，在这一过程中 R 软件能完全理解用户的意图：

```
x <- 3
print(x)
#> [1] 3

x <- c("fee", "fie", "foe", "fum")
print(x)
#> [1] "fee" "fie" "foe" "fum"
```

在某些 R 函数中，你会看到很特别的赋值符号 <<-：

```
x <<- 3
```

这一操作能强制赋值给一个全局变量，而不是局部变量。但是，这超出了本次讨论的范围。

为了全面介绍，在此给出另外两种赋值方式：在命令提示符中使用单个等号（=）也可以对变量进行赋值；在所有可以应用向左赋值符号（<-）的地方都可以应用向右赋值符号（->），它可以对右侧变量进行赋值（参数顺序互换了）。

```
foo <- 3
print(foo)
#> [1] 3

5 -> fum
print(fum)
#> [1] 5
```

我们建议你避免这些用法。等号赋值很容易与逻辑运算的检验相等中的等号混淆。向右赋值在某些情况下可能很有用，但对于那些不习惯看到它的人来说可能会令人困惑。

2.2.4 另请参阅

关于 assign 函数的帮助页面，请参考 2.4 节、2.14 节和 3.3 节。

2.3 列出所有变量

2.3.1 问题

你希望知道目前工作空间中存在哪些已定义的变量和函数。

2.3.2 解决方案

使用 ls 函数，而使用 ls.str 函数可以了解每个变量更详细的信息。你也可以在 RStudio 的"环境"（Environment）窗格中查看变量和函数，如下一个方法中的图 2-1 所示。

2.3.3 讨论

ls 函数可以显示当前工作空间中所有对象的名称：

```
x <- 10
y <- 50
z <- c("three", "blind", "mice")
f <- function(n, p) sqrt(p * (1 - p) / n)
ls()
#> [1] "f" "x" "y" "z"
```

注意，ls 函数输出的结果是一个字符串向量，其中向量的每个元素代表一个变量名。当工作空间中没有已定义的变量时，函数 ls 会返回一个空向量，它会产生如下令人迷惑的结果：

```
ls()
#> character(0)
```

事实上，R 软件采用这样的方式向用户说明，ls 函数返回一个长度为 0 的字符串向量，即工作空间中不含有任何已定义的变量。

如果你除了变量名称以外还想对变量有更多的了解，那么可以使用 ls.str 函数，该函数会返回变量的一些其他信息：

```
x <- 10
y <- 50
z <- c("three", "blind", "mice")
f <- function(n, p) sqrt(p * (1 - p) / n)
ls.str()
#> f : function (n, p)
#> x :  num 10
#> y :  num 50
#> z :  chr [1:3] "three" "blind" "mice"
```

之所以写为 ls.str，原因在于其既显示了变量的名称，又对所有变量使用了 str 函数，12.13 节对此进行了详细的说明。

ls 函数不会显示以点（.）开头的变量名，以点开头的变量一般作为隐藏变量不为用户所知（这一输出约定来源于 Unix 系统）。在 R 软件中，可以通过将 ls.str 函数中的 all.names 参数设定为 TRUE，强制列出所有变量：

```
ls()
#> [1] "f" "x" "y" "z"
```

```
ls(all.names = TRUE)
#> [1] ".Random.seed" "f"                 "x"                "y"
#> [5] "z"
```

RStudio 中的"环境"窗格也隐藏名称以点开头的对象。

2.3.4 另请参阅

2.4 节介绍如何删除变量，12.13 节介绍如何检查某一变量。

2.4 删除变量

2.4.1 问题

你希望从工作空间中删除不需要的变量或函数，或者完全删除其内容。

2.4.2 解决方案

使用 rm 函数。

2.4.3 讨论

在 R 软件的使用过程中，你的工作空间可能会很快变得杂乱无章。rm 函数永久删除工作空间中的一个或多个对象：

```
x <- 2 * pi
x
#> [1] 6.28
rm(x)
x
#> Error in eval(expr, envir, enclos): object 'x' not found
```

该命令无法"撤销"，即删除的变量无法找回。

你可以一次删除多个变量：

```
rm(x, y, z)
```

甚至可以立即删除整个工作空间。rm 函数有一个 list 参数，该参数由要删除的变量名称向量组成。回想一下，ls 函数返回所有变量名称，因此，你可以结合 rm 和 ls 来删除所有内容：

```
ls()
#> [1] "f" "x" "y" "z"
rm(list = ls())
ls()
#> character(0)
```

或者，可以单击 RStudio 中 "环境"（Environment）窗格顶部的扫帚图标，如图 2-1 所示。

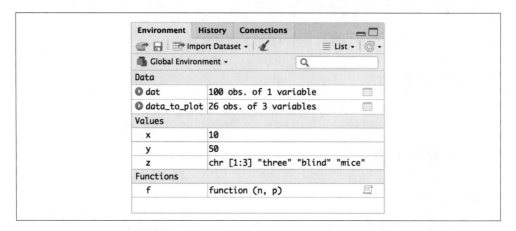

图 2-1：RStudio 中的 "环境" 窗格

 永远不要将 `rm(list = ls())` 放入与他人共享的代码中，例如添加包函数或者发送到邮件列表或 Stack Overflow 的示例代码。删除别人工作空间中的所有变量是很粗鲁的行为，会让你非常不受欢迎。

2.4.4 另请参阅

参考 2.3 节。

2.5 生成向量

2.5.1 问题

生成一个向量。

2.5.2 解决方案

通过 c(…) 命令对给定的值构造向量。

2.5.3 讨论

向量是不仅是 R 的另一种数据结构，也是 R 的核心部分。向量可以包含数字、字符串或逻辑值，但不能由多种形式混合构成。

c(...) 运算符可以从简单元素构造向量：

```
c(1, 1, 2, 3, 5, 8, 13, 21)
#> [1]  1  1  2  3  5  8 13 21
c(1 * pi, 2 * pi, 3 * pi, 4 * pi)
#> [1]  3.14  6.28  9.42 12.57
c("My", "twitter", "handle", "is", "@cmastication")
#> [1] "My"             "twitter"        "handle"         "is"
#> [5] "@cmastication"
c(TRUE, TRUE, FALSE, TRUE)
#> [1]  TRUE  TRUE FALSE  TRUE
```

如果 c(...) 的参数本身就是向量,它会将参数组合成一个向量:

```
v1 <- c(1, 2, 3)
v2 <- c(4, 5, 6)
c(v1, v2)
#> [1] 1 2 3 4 5 6
```

向量不能包含数据类型的混合,例如同时包含数字和字符串。如果你想创建一个包含混合元素的向量,R 软件将尝试对其进行如下的格式转换:

```
v1 <- c(1, 2, 3)
v3 <- c("A", "B", "C")
c(v1, v3)
#> [1] "1" "2" "3" "A" "B" "C"
```

在这里,我们尝试创建一个同时包含数字和字符串的向量。在创建向量之前,R 将所有数字转换为字符串,从而使数据元素兼容。请注意,R 会在没有提示的情况下执行这一步骤。

从技术上讲,只有两个数据元素具有相同的模式,它们才能共存于一个向量中。3.1415 和 "foo" 的模式分别是 numeric 和 character:

```
mode(3.1415)
#> [1] "numeric"
mode("foo")
#> [1] "character"
```

这两种模式不兼容。为了生成新的向量,R 软件将 3.1415 转换为 character 模式,因此它将与 "foo" 兼容:

```
c(3.1415, "foo")
#> [1] "3.1415" "foo"
mode(c(3.1415, "foo"))
#> [1] "character"
```

 c 是一个通用运算符,这意味着它可以处理许多数据类型,而不仅仅是向量。但是,它可能无法完全按照你的预期执行,因此在将其应用于其他数据类型和对象之前,请检查其在这些数据上的行为。

2.5.4 另请参阅

更多有关向量和其他数据结构的内容，请查看第 5 章的简介部分。

2.6 计算基本统计量

2.6.1 问题

使用 R 软件计算下列统计量：均值、中位数、标准差、方差、相关系数和协方差。

2.6.2 解决方案

采用如下函数进行计算，其中 x、y 均为向量。

* mean(x)
* median(x)
* sd(x)
* var(x)
* cor(x, y)
* cov(x, y)

2.6.3 讨论

当你第一次使用 R 时，可能会打开文档，并开始搜索名为 "标准差的计算程序" 的材料，并且认为这样一个重要的主题可能需要整整一章进行介绍。

实际上这并不复杂。

R 软件中，标准差和其他基本统计量能够通过简单的函数计算。一般来说，函数参数是数值向量，函数返回计算的统计量：

```
x <- c(0, 1, 1, 2, 3, 5, 8, 13, 21, 34)
mean(x)
#> [1] 8.8
median(x)
#> [1] 4
sd(x)
#> [1] 11
var(x)
#> [1] 122
```

其中 sd 函数计算样本标准差，var 函数计算样本方差。

cor 和 cov 函数分别计算两个向量之间的相关系数和协方差：

```
x <- c(0, 1, 1, 2, 3, 5, 8, 13, 21, 34)
y <- log(x + 1)
cor(x, y)
#> [1] 0.907
cov(x, y)
#> [1] 11.5
```

所有这些函数对于缺失值（NA）都很敏感。向量参数中的一个 NA 值会导致这些函数中的任何一个返回 NA 值，甚至可能造成计算机在计算过程中报错：

```
x <- c(0, 1, 1, 2, 3, NA)
mean(x)
#> [1] NA
sd(x)
#> [1] NA
```

虽然 R 软件对于缺失值的敏感程度有时会造成用户的不便，但是这种处理方式也是合情合理的。对于 R 软件返回的结果你应该慎重地考虑：数据中的 NA 值是否会使统计量无效？如果是，那么 R 软件正在做正确的事情。如果没有，那么可以设置参数 na.rm = TRUE，它将告诉 R 软件忽略 NA 值：

```
x <- c(0, 1, 1, 2, 3, NA)
sd(x, na.rm = TRUE)
#> [1] 1.14
```

在旧版本的 R 中，mean 函数和 sd 函数能够巧妙地处理数据框，自动地将数据框中的每一列认为是不同的变量，并分别计算每列的统计量。现在不再是这种情况了，因此，你可能会在线或在旧书中阅读到令人困惑的评论（如本书的第 1 版）。为了将函数应用于数据框的每一列，我们现在需要使用辅助函数。这类辅助函数在 tidyverse 中位于添加包 purrr 中。与 tidyverse 中的其他添加包一样，当你运行 library(tidyverse) 时，会加载该添加包。我们用来将函数应用于数据框的每一列的函数是 map_dbl：

```
data(cars)

map_dbl(cars, mean)
#> speed  dist
#>  15.4  43.0
map_dbl(cars, sd)
#> speed  dist
#>  5.29 25.77
map_dbl(cars, median)
#> speed  dist
#>    15    36
```

请注意，在此示例中，mean 函数和 sd 函数各自返回两个值，每个值对应于数据框中的一列数据的计算结果。（从技术上讲，它们返回一个双元素向量，其名称属性取自数据框的列名称。）

var 函数在没有映射函数的帮助下也能处理数据框。它计算数据框的列之间的协方差并返回协方差矩阵：

```
var(cars)
#>       speed dist
#> speed    28  110
#> dist    110  664
```

同样，如果 x 是数据框或矩阵，则 cor(x) 返回相关系数矩阵，cov(x) 返回协方差矩阵：

```
cor(cars)
#>       speed  dist
#> speed 1.000 0.807
#> dist  0.807 1.000
cov(cars)
#>       speed dist
#> speed    28  110
#> dist    110  664
```

2.6.4 另请参阅

参见 2.14 节、5.27 节和 9.17 节。

2.7 生成数列

2.7.1 问题

生成一个数列。

2.7.2 解决方案

使用表达式 $n{:}m$ 生成简单数列 $n, n+1, n+2, \cdots, m$：

```
1:5
#> [1] 1 2 3 4 5
```

对于增量不为 1 的数列，可以使用 seq 函数：

```
seq(from = 1, to = 5, by = 2)
#> [1] 1 3 5
```

使用 `rep` 函数生成一个由重复的数组成的数列：

```
rep(1, times = 5)
#> [1] 1 1 1 1 1
```

2.7.3 讨论

冒号运算符（*n*:*m*）会生成包含 *n*, *n*+1, *n*+2, ⋯, *m* 的向量：

```
0:9
#>  [1] 0 1 2 3 4 5 6 7 8 9
10:19
#>  [1] 10 11 12 13 14 15 16 17 18 19
9:0
#>  [1] 9 8 7 6 5 4 3 2 1 0
```

注意上述最后一个表达式（`9:0`）。因为 9 大于 0，所以 R 软件能以递减的形式生成数列。你还可以直接使用冒号运算符与管道符将数据传递给另一个函数：

```
10:20 %>% mean()
```

冒号运算符仅能生成增量为 1 的数列。`seq` 函数通过它的第三个参数规定数列元素的增量：

```
seq(from = 0, to = 20)
#>  [1]  0  1  2  3  4  5  6  7  8  9 10 11 12 13 14 15 16 17 18 19 20
seq(from = 0, to = 20, by = 2)
#>  [1]  0  2  4  6  8 10 12 14 16 18 20
seq(from = 0, to = 20, by = 5)
#>  [1]  0  5 10 15 20
```

或者，你可以指定输出数列的长度，然后 R 软件将计算必要的增量：

```
seq(from = 0, to = 20, length.out = 5)
#>  [1]  0  5 10 15 20
seq(from = 0, to = 100, length.out = 5)
#>  [1]   0  25  50  75 100
```

增量不必是整数。R 软件也可以创建具有小数增量的数列：

```
seq(from = 1.0, to = 2.0, length.out = 5)
#>  [1] 1.00 1.25 1.50 1.75 2.00
```

对于需要生成重复的值的数列，可以使用 `rep` 函数，生成的数列重复其第一个参数值：

```
rep(pi, times = 5)
#> [1] 3.14 3.14 3.14 3.14 3.14
```

2.7.4 另请参阅

有关创建日期型格式（Date 对象）的数列，请参阅 7.13 节。

2.8 向量比较

2.8.1 问题

比较两个向量，或者将一个向量的所有元素与某个常数进行比较。

2.8.2 解决方案

比较运算符（==、!=、<、>、<=、>=）能对两向量间的各个元素进行比较。这些运算符也能将向量中的所有元素与一个常数进行比较。返回结果是每两个元素间比较结果的逻辑值向量。

2.8.3 讨论

R 软件包含两个逻辑值 TRUE 和 FALSE。在其他编程语言中也称为布尔值（Boolean value）。

通过比较运算符比较两个值，并根据比较结果返回 TRUE 或 FALSE：

```
a <- 3
a == pi # Test for equality
#> [1] FALSE
a != pi # Test for inequality
#> [1] TRUE
a < pi
#> [1] TRUE
a > pi
#> [1] FALSE
a <= pi
#> [1] TRUE
a >= pi
#> [1] FALSE
```

可以使用 R 软件一次性地对两个向量进行比较，它会将两个向量中对应的元素进行比较，并以逻辑值向量方式返回比较结果：

```
v <- c(3, pi, 4)
w <- c(pi, pi, pi)
v == w # Compare two 3-element vectors
#> [1] FALSE  TRUE FALSE
v != w
#> [1]  TRUE FALSE  TRUE
v < w
#> [1]  TRUE FALSE FALSE
```

```
v <= w
#> [1]  TRUE  TRUE FALSE
v > w
#> [1] FALSE FALSE  TRUE
v >= w
#> [1] FALSE  TRUE  TRUE
```

还可以将向量与单个标量（scalar）进行比较，在这种情况下，R 软件会将标量扩展为向量的长度，然后执行逐元素比较。所以，之前的例子可以简化为：

```
v <- c(3, pi, 4)
v == pi # Compare a 3-element vector against one number
#> [1] FALSE  TRUE FALSE
v != pi
#> [1]  TRUE FALSE  TRUE
```

这是 5.3 节中讨论的循环规则的应用。

在比较两个向量之后，你经常会想知道比较结果中是否存在 TRUE，或者比较结果是否全为 TRUE。可以应用函数 any 和 all 来检验上述问题。这两个函数都针对逻辑型向量进行检验。如果向量元素中含有至少一个 TRUE，则 any 函数返回 TRUE。如果向量的所有元素都为 TRUE，则 all 函数返回 TRUE：

```
v <- c(3, pi, 4)
any(v == pi) # Return TRUE if any element of v equals pi
#> [1] TRUE
all(v == 0) # Return TRUE if all elements of v are zero
#> [1] FALSE
```

2.8.4 另请参阅

参见 2.9 节。

2.9 选取向量中的元素

2.9.1 问题

选取向量中的一个或多个元素。

2.9.2 解决方案

选择适合问题的索引技术：

* 根据元素在向量中的位置使用方括号来选取元素，如 v[3] 代表了 v 向量中的第三个元素。

- 索引前加负号（-），排除向量中对应位置的元素。

- 使用向量索引来选择多个元素值。

- 使用逻辑向量根据条件来选择元素。

- 使用名称来选择命名的元素。

2.9.3 讨论

从向量中选出某些元素是 R 的又一项强大功能。与其他编程语言一样，R 选取向量元素的基本方法是使用一对方括号和简单索引（下标）：

```
fib <- c(0, 1, 1, 2, 3, 5, 8, 13, 21, 34)
fib
#> [1]  0  1  1  2  3  5  8 13 21 34
fib[1]
#> [1] 0
fib[2]
#> [1] 1
fib[3]
#> [1] 1
fib[4]
#> [1] 2
fib[5]
#> [1] 3
```

注意，第一个元素的索引（或下标）为 1，而不是某些其他编程语言中的 0。

向量索引的一个很酷的功能是可以一次选择多个元素。向量索引本身可以是一个向量，并且根据索引向量中所指定的位置选择原向量中的元素：

```
fib[1:3] # Select elements 1 through 3
#> [1] 0 1 1
fib[4:9] # Select elements 4 through 9
#> [1]  2  3  5  8 13 21
```

索引 1:3 表示选择第 1、2、3 个元素，如上例所示。然而，索引向量不必是简单的数列。可以选择数据向量中的任何元素，如下例所示，它选择第 1、2、4 和 8 个元素：

```
fib[c(1, 2, 4, 8)]
#> [1]  0  1  2 13
```

R 将负索引解释为排除向量中相应索引的元素。例如，索引为 -1 表示排除第一个值并返回所有其他值：

```
fib[-1] # Ignore first element
#> [1]  1  1  2  3  5  8 13 21 34
```

通过使用负索引的索引向量，可以扩展上述方法来排除多个元素：

```
fib[1:3] # As before
#> [1] 0 1 1
fib[-(1:3)] # Invert sign of index to exclude instead of select
#> [1]  2  3  5  8 13 21 34
```

另一种索引技术使用逻辑向量的长度从数据向量中选择元素。与索引逻辑向量取值为 TRUE 的元素相对应的原始数据向量的元素将被选择：

```
fib < 10 # This vector is TRUE wherever fib is less than 10
#>  [1]  TRUE  TRUE  TRUE  TRUE  TRUE  TRUE  TRUE FALSE FALSE FALSE
fib[fib < 10] # Use that vector to select elements less than 10
#> [1] 0 1 1 2 3 5 8
fib %% 2 == 0 # This vector is TRUE wherever fib is even
#>  [1]  TRUE FALSE FALSE  TRUE FALSE FALSE  TRUE FALSE FALSE  TRUE
fib[fib %% 2 == 0] # Use that vector to select the even elements
#> [1]  0  2  8 34
```

通常，逻辑向量的长度应与数据向量的长度相同，这样才能清晰地选择或者排除每个元素。（如果长度不同，则需要了解 5.3 节中讨论的循环规则。）

结合向量比较、逻辑运算符和向量索引，可以使用少量的 R 代码完成强大的选择功能。

例如，选择大于中位数的所有元素：

```
v <- c(3, 6, 1, 9, 11, 16, 0, 3, 1, 45, 2, 8, 9, 6, -4)
v[ v > median(v)]
#> [1]  9 11 16 45  8  9
```

或者选择最小的 5% 和最大的 5% 的所有元素：

```
v[ (v < quantile(v, 0.05)) | (v > quantile(v, 0.95)) ]
#> [1] 45 -4
```

前面的例子使用 | 运算符，在索引时表示"或"。如果你想要"与"，则使用 & 运算符。

还可以选择超出平均值 ±1 标准差的所有元素：

```
v[ abs(v - mean(v)) > sd(v)]
#> [1] 45 -4
```

或者选择既不是 NA 也不是 NULL 的所有元素：

```
v <- c(1, 2, 3, NA, 5)
v[!is.na(v) & !is.null(v)]
#> [1] 1 2 3 5
```

最后一个索引特征允许你按名称选择元素。它假定向量具有 name 属性，即每个元素都定义各自的名称。可以指定一个字符串向量来完成该数据向量名称的定义：

```
years <- c(1960, 1964, 1976, 1994)
names(years) <- c("Kennedy", "Johnson", "Carter", "Clinton")
years
#> Kennedy Johnson  Carter Clinton
#>    1960    1964    1976    1994
```

定义名称后，可以按名称引用各个元素：

```
years["Carter"]
#> Carter
#>   1976
years["Clinton"]
#> Clinton
#>    1994
```

可以推广到使用名称来索引向量元素，R 软件会返回向量中对应名称的元素：

```
years[c("Carter", "Clinton")]
#>  Carter Clinton
#>    1976    1994
```

2.9.4 另请参阅

有关循环规则的更多信息，请参阅 5.3 节。

2.10 向量的计算

2.10.1 问题

对整个向量执行计算。

2.10.2 解决方案

基本的数学运算符可以对向量中的元素逐个进行计算。许多其他的函数也能对向量元素
逐个进行运算，并以向量的形式输出结果。

2.10.3 讨论

向量计算是 R 软件的一大特色。所有的基本数学运算符都能应用于向量对中。这些
运算符对两个向量中相应的元素对进行计算，即对两个向量中对应的元素进行基本
运算：

```
v <- c(11, 12, 13, 14, 15)
w <- c(1, 2, 3, 4, 5)
v + w
#> [1] 12 14 16 18 20
```

```
v - w
#> [1] 10 10 10 10 10
v * w
#> [1] 11 24 39 56 75
v / w
#> [1] 11.00  6.00  4.33  3.50  3.00
w^v
#> [1] 1.00e+00 4.10e+03 1.59e+06 2.68e+08 3.05e+10
```

注意，此处结果的长度等于原始向量的长度。其原因是，结果向量中的每个元素都是由输入向量对中对应的两个元素计算得到的。

如果将一个向量和一个常数进行运算，则会将该向量中的每个元素与常数进行运算：

```
w
#> [1] 1 2 3 4 5
w + 2
#> [1] 3 4 5 6 7
w - 2
#> [1] -1  0  1  2  3
w * 2
#> [1]  2  4  6  8 10
w / 2
#> [1] 0.5 1.0 1.5 2.0 2.5
2^w
#> [1]  2  4  8 16 32
```

例如，可以在一个表达式中得到一个向量减去其元素均值后的向量：

```
w
#> [1] 1 2 3 4 5
mean(w)
#> [1] 3
w - mean(w)
#> [1] -2 -1  0  1  2
```

同样，可以在一个表达式中计算向量的 z 分数（z-score），即将向量减去其均值并除以其标准差：

```
w
#> [1] 1 2 3 4 5
sd(w)
#> [1] 1.58
(w - mean(w)) / sd(w)
#> [1] -1.265 -0.632  0.000  0.632  1.265
```

然而，向量的运算功能远不止对元素进行简单运算，还有许多函数对整个向量进行运算。例如，sqrt 函数和 log 函数都可以应用于整个向量的每个元素，并以向量的形式返回结果：

```
w <- 1:5
w
```

```
#> [1] 1 2 3 4 5
sqrt(w)
#> [1] 1.00 1.41 1.73 2.00 2.24
log(w)
#> [1] 0.000 0.693 1.099 1.386 1.609
sin(w)
#> [1]  0.841  0.909  0.141 -0.757 -0.959
```

向量运算有两个很大的优点。第一个也是最明显的优点是操作的简便性，其他编程语言中需要通过循环实现的操作，在 R 软件中一行命令就可以实现。第二个优点是速度。大多数 R 的向量化操作直接由 C 语言代码实现，因此它们比你自己用 R 编写的代码快很多。

2.10.4 另请参阅

向量和常量之间的运算实际上是循环规则的一个特例，参见 5.3 节。

2.11 运算符优先级问题

2.11.1 问题

如果 R 软件输出结果有误，你希望了解是否运算符的优先级导致了错误。

2.11.2 解决方案

所有的运算符显示在表 2-1 中，并以最高优先级至最低优先级的顺序排列。相同优先级的运算符，除特指外皆以从左至右的顺序进行运算。

表 2-1：运算符优先级

运算符	含义	参考
[[[	索引	2.9 节
:: :::	使用名称空间访问变量	
$ @	元素提取、位置提取	
^	指数形式（从右到左）	
- +	元素的负、正	
:	创建数列	2.7 节，7.13 节
%any%（包括 %>%）	特殊运算符	本节讨论
* /	乘、除	本节讨论
+ -	加、减	
== != < > <= >=	比较	2.8 节
!	逻辑取反	
& &&	逻辑"与"、短路"与"	

表 2-1：运算符优先级（续）

运算符	含义	参考
||	逻辑"或"、短路"或"	
~	公式	11.1 节
-> ->>	向右赋值	2.2 节
=	赋值（从右向左）	2.2 节
<- <<-	赋值（从右向左）	2.2 节
?	帮助	1.8 节

了解每一个运算符或它们的含义并不重要。这里的列表只是为了让你了解不同的运算符具有不同的优先级。

2.11.3 讨论

用户在 R 中搞错运算符的优先级是经常遇到的问题。我们经常会犯这样的错误，例如不假思索地认为表达式 0:n-1 会生成从 0 到 $n-1$ 的数列，但事实并非如此：

```
n <- 10
0:n - 1
#> [1] -1 0 1 2 3 4 5 6 7 8 9
```

该表达式生成 -1 到 $n-1$ 的数列，因为 R 软件将上式理解为 (0:n)-1。

你可能不熟悉表 2-1 中的符号 *%any%*，R 中用两个百分号夹带一个符号的形式（%...%）表示一个二元运算符。R 中预先定义的二元运算符的含义如下：

%%

　　取模

%/%

　　整除

%*%

　　矩阵乘积

%in%

　　右侧操作数中包含左侧操作数时，为 TRUE；否则，为 FALSE

%>%

　　将结果从符号左侧传递到符号右侧函数的管道

你可以通过 %...% 记号来定义新的二元运算符，参见 12.17 节。这种运算符具有相同的优先级。

2.11.4 另请参阅

关于向量之间运算的细节，参阅 2.10 节；关于矩阵的运算，参阅 5.15 节；关于如何定义所需要的运算符，参阅 12.17 节。可以查看 R 软件中算术运算与语法的帮助页面，也可以参阅 *R in a Nutshell*（*https://oreil.ly/2wUtwyf*）第 5 章和第 6 章的内容。

2.12 减少输入，得到更多命令

2.12.1 问题

你对于输入大量长长的命令，尤其是不断重复输入同一命令感到枯燥。

2.12.2 解决方案

打开一个编辑器窗口将经常使用的 R 代码存放其中，并直接从该窗口中执行这些命令。在命令行仅仅输入一些简短的或者一次性的命令。

完成后，你可以把积累的命令存储为一个脚本文件，以便以后使用。

2.12.3 讨论

典型的 R 软件初学者会在控制台窗口中键入一个表达式，然后查看结果。当他有信心后，就开始输入更加复杂的表达式，甚至开始输入多行表达式。很快，他一遍又一遍地输入相同的多行命令（可能只有很小的变化），以便执行日益复杂的计算。

经验丰富的 R 用户通常不会重新键入复杂表达式。他们可能会输入相同的表达式一次或两次，当他们意识到这些命令有用且可重复使用时，他们会将其剪切并粘贴到编辑器窗口中。在以后需要使用部分命令时，他们会在编辑器窗口中选中这部分命令，并让 R 来执行，而不是重新输入这些命令。这种技术特别强大，因为他们的代码片段有时候会演变成很长的代码块。

在 RStudio 中，IDE 中的一些快捷方式可以促进这种工作方式。Windows 和 Linux 计算机的快捷方式与 Mac 计算机略有不同：Windows/Linux 使用 Ctrl 和 Alt 修改器，而 Mac 使用 Cmd 和 Opt。

打开脚本编辑器窗口

从主菜单中，选择"文件"（File）→"建立新脚本"（New File），然后选择要创建的文件类型——在本例中为 R 脚本（R script）。或者，如果你知道需要 R 脚本，可以按 Shift+Ctrl+N（Windows）或 Shift+Cmd+N（Mac）。

执行编辑器窗口中的某一行命令

将光标定位到需要执行的那一行命令上，按 Ctrl+Enter（Windows）或 Cmd+Enter（Mac）执行。

执行编辑器窗口中的多行命令

用鼠标选中需要执行的命令，然后按 Ctrl+Enter（Windows）或 Cmd+Enter（Mac）执行。

执行编辑器窗口中的全部命令

按 Ctrl+Alt+R（Windows）或 Cmd+Opt+R（Mac）执行编辑器窗口中的所有命令。或者从菜单中单击"代码"（Code）→"运行区域"（Run Region）→"全部运行"（Run All）。

可以通过选择"工具"（Tools）→"键盘快捷键帮助"（Keyboard Shortcuts Help）菜单项在 RStudio 中找到这些键盘快捷键和其他几个键盘快捷键。

在编辑器窗口中从控制台窗口重现命令行只是复制和粘贴的问题。退出 RStudio 时，它会询问是否要保存新脚本。你可以保存它以备将来重新使用，也可以丢弃它。

2.13 创建函数调用的管道

2.13.1 问题

在代码中创建许多中间变量不仅烦琐而且过于冗长，而嵌套 R 函数使得代码几乎不可读。

2.13.2 解决方案

使用管道运算符（%>%）使表达式更易于读写。由 Stefan Bache 创建并在 `magrittr` 包中找到的管道运算符，也广泛用于许多 `tidyverse` 函数。

使用管道运算符将多个函数组合成一个没有中间变量的函数"管道"(pipline)：

```
library(tidyverse)
data(mpg)

mpg %>%
  filter(cty > 21) %>%
  head(3) %>%
  print()
#> # A tibble: 3 x 11
#>   manufacturer model  displ  year   cyl trans drv     cty   hwy fl    class
```

```
#>   <chr>      <chr>  <dbl> <int> <int> <chr> <chr> <int> <int> <chr> <chr>
#> 1 chevrolet  malibu   2.4  2008     4 auto~ f        22    30 r     mids~
#> 2 honda      civic    1.6  1999     4 manu~ f        28    33 r     subc~
#> 3 honda      civic    1.6  1999     4 auto~ f        24    32 r     subc~
```

与使用中间临时变量相比，使用管道运算符更清晰、更易于阅读：

```
temp1 <- filter(mpg, cty > 21)
temp2 <- head(temp1, 3)
print(temp2)
#> # A tibble: 3 x 11
#>   manufacturer model  displ  year   cyl trans drv    cty   hwy fl    class
#>   <chr>        <chr>  <dbl> <int> <int> <chr> <chr> <int> <int> <chr> <chr>
#> 1 chevrolet    malibu   2.4  2008     4 auto~ f        22    30 r     mids~
#> 2 honda        civic    1.6  1999     4 manu~ f        28    33 r     subc~
#> 3 honda        civic    1.6  1999     4 auto~ f        24    32 r     subc~
```

2.13.3 讨论

管道运算符不向 R 提供任何新功能，但它可以极大地提高代码的可读性。它接受运算符
左侧的函数或对象的输出，并将其自身的输出作为运算符右侧的函数的第一个参数进行
传递。

如：

```
x %>% head()
```

即在功能上等价于：

```
head(x)
```

在这两种情况下，x 都是 head 函数的参数。我们可以提供额外的参数，但 x 始终是第
一个参数。以下两行命令在功能上也相同：

```
x %>% head(n = 10)
```

```
head(x, n = 10)
```

这种差异可能看起来很小，但是对于一个更复杂的例子，其好处开始出现。如果我们有
一个工作流程，想使用 filter 函数将数据限制为某些取值，然后使用 select 函数仅
保留某些变量，并使用 ggplot 创建一个简单的图形，可以使用中间变量：

```
library(tidyverse)

filtered_mpg <- filter(mpg, cty > 21)
selected_mpg <- select(filtered_mpg, cty, hwy)
ggplot(selected_mpg, aes(cty, hwy)) + geom_point()
```

这种增量方法具有相当的可读性，但会创建许多中间数据框，并要求用户跟踪许多对象

的状态，这可能会增加认知负担。但代码确实产生了所需的图形。

另一种方法是将函数嵌套在一起：

```
ggplot(select(filter(mpg, cty > 21), cty, hwy), aes(cty, hwy)) + geom_point()
```

虽然因为它只有一行，是非常简洁的，但这段代码需要更多的注意力来阅读和理解正在发生的事情。用户难以在大脑里解析的代码会导致犯错的可能性，并且在将来也可能更难维护。相反，我们可以使用管道：

```
mpg %>%
  filter(cty > 21) %>%
  select(cty, hwy) %>%
  ggplot(aes(cty, hwy)) + geom_point()
```

前面的代码以 mpg 数据集开始，并将其传递给 filter 函数，该函数仅保留城市（cty）大于 21 的 mpg 值记录。这些结果通过管道运算符输入 select 命令，该命令仅保留列出的变量 cty 和 hwy，然后通过管道运算符输入 ggplot 命令，产生图 2-2 中的点图。

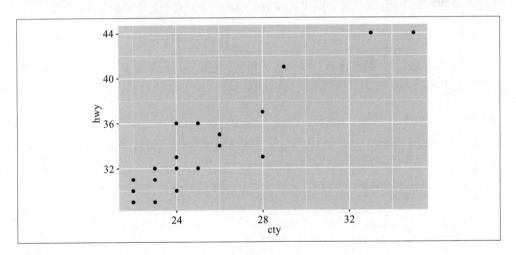

图 2-2：用管道绘图的示例

如果希望参数进入目标（右侧）函数，而不是第一个参数，请使用点（.）运算符。例如：

```
iris %>% head(3)
```

等价于：

```
iris %>% head(3, x = .)
```

在第二个示例中，我们使用点运算符将 iris 数据框传递到第二个命名参数。对于输入数据框位于第一个参数以外的位置的函数，这很方便。

在本书中，我们使用管道运算符，将数据转换与多个步骤结合在一起。我们通常在每个管道运算符之后使用换行符格式化代码，然后在下一行开始缩进代码。这使得代码可以被轻松识别为同一数据管道的一部分。

2.14 避免常见错误

2.14.1 问题

你希望避免 R 初学者常犯或者某些有经验的用户也会犯的错误。

2.14.2 讨论

下面是一些容易给你带来麻烦的地方。

调用函数时忘记添加括号

通过在函数名称后面添加括号来调用 R 函数。例如，下面这一行命令调用 ls 函数：

```
ls()
```

但是，如果省略括号，则 R 不执行该函数。相反，它显示了函数定义，大部分情况下这不是你想要的：

```
ls

# > function (name, pos = -1L, envir = as.environment(pos), all.names = FALSE,
# >     pattern, sorted = TRUE)
# > {
# >     if (!missing(name)) {
# >         pos <- tryCatch(name, error = function(e) e)
# >         if (inherits(pos, "error")) {
# >             name <- substitute(name)
# >             if (!is.character(name))
# >                 name <- deparse(name)
# > # etc.
```

将"<-"误认为"<（空格）-"

赋值运算符是 <-，< 和 - 之间没有空格：

```
x <- pi # Set x to 3.1415926...
```

如果你不小心在 < 和 - 之间插入了一个空格，则意义完全改变：

```
x < -pi # Oops! We are comparing x instead of setting it!
#> [1] FALSE
```

上述表达式变为对 x 和 -pi（负 π）的比较。它不会改变 x。如果你很幸运，x 是未定义的，R 软件会发出提示信息，提醒你未找到 x 变量：

```
x < -pi
#> Error in eval(expr, envir, enclos): object 'x' not found
```

如果定义了 x，则 R 将执行比较并返回逻辑值 TRUE 或 FALSE。这样的输出结果也会提醒你出现了错误，因为赋值表达式通常不会输出任何内容：

```
x <- 0 # Initialize x to zero
x < -pi # Oops!
#> [1] FALSE
```

错误地跨行输入表达式

R 软件会读取用户的输入，无论输入多少行，直到完成一个完整的表达式。它会使用 +
提示符提示你继续输入，直到它认为表达式已经完整。此示例将表达式拆分为两行：

```
total <- 1 + 2 + 3 + # Continued on the next line
  4 + 5
print(total)
#> [1] 15
```

问题在于跨行输入的过程中，R 软件误以为上一行的表达式已经完成，这很容易发生：

```
total <- 1 + 2 + 3 # Oops! R sees a complete expression
+ 4 + 5 # This is a new expression; R prints its value
#> [1] 9
print(total)
#> [1] 6
```

有两个地方可以让你意识到不妥之处：一是 R 软件给出了通常的提示符（>）而不是跨行继续输入的提示符（+）；二是 R 软件输出了 4+5 的结果。

这个常见的错误给一般用户带来麻烦。然而，这对程序员来说是一场噩梦，因为它可以将难以发现的错误引入 R 脚本中。

误将 = 用作 ==

双等于号运算符（==）作为逻辑运算符用于比较。如果不小心使用单个等于运算符
（=），将导致不可逆转地覆盖原来的变量值：

```
v <- 1 # Assign 1 to v
v == 0 # Compare v against zero
#> [1] FALSE
v = 0 # Assign 0 to v, overwriting previous contents
print(v)
#> [1] 0
```

将 1:(n+1) 误写为 1:n+1

你可能认为表达式 1:n+1 会生成 1,2,..., n, n+1 的数列。但结果并非如此。该表达式会给出 1,2,..., n 数列的每个元素都加 1 的数列，即数列 2,3,..., n, n+1。原因是 R 软件将 1:n+1 解释为 (1:n)+1。因此在输入时需要使用括号来获得你想要的结果：

```
n <- 5
1:n + 1
#> [1] 2 3 4 5 6
1:(n + 1)
#> [1] 1 2 3 4 5 6
```

循环规则导致的错误

当两个向量具有相同的长度时，向量计算和向量比较不会出错。然而，当参与运算的两个向量具有不同长度时，结果可能令人困惑。为了防止这种可能性，需要了解和熟记循环规则（参见 5.3 节）。

安装了软件包但没有使用 library() 或 require() 命令载入该软件包

安装软件包是使用它的第一步，还需要后续的一个步骤。使用 library 或 require 将软件包加载到 R 的搜索路径中。在此之前，R 将无法识别软件包中的函数或数据集（参见 3.8 节）：

```
x <- rnorm(100)
n <- 5
truehist(x, n)
#> Error in truehist(x, n): could not find function "truehist"
```

如果先加载添加包，那么代码会运行，将获得如图 2-3 所示的图表：

```
library(MASS) # Load the MASS package into R
truehist(x, n)
```

我们通常使用 library 而不是 require。原因是如果你创建一个使用 library 的 R 脚本，并且尚未安装所需的包，则 R 将返回错误。相反，如果未安装软件包，require 将仅返回 FALSE。

误将 lst[[n]] 写为 lst[n] 或反之

如果变量 lst 是一个列表，则可以通过两种方式对其进行索引：lst[[n]] 表示列表的第 n 个元素，而 lst[n] 表示仅含有 lst 的第 n 个元素的一个列表。因此两种方法差异很大。见 5.7 节。

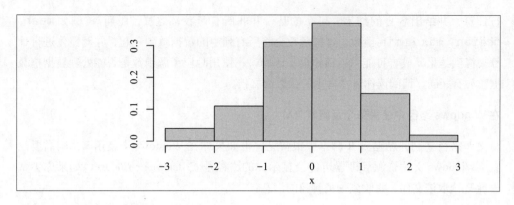

图 2-3: truehist 示例

将 & 与 && 混淆或将 | 与 || 混淆

& 和 | 用在含有逻辑值 TRUE 和 FALSE 的逻辑表达式中。参见 2.9 节。

&& 和 || 用在 if 和 while 语句的流控制表达式中。

习惯于其他编程语言的程序员会习惯在所有场合使用 && 和 ||，因为它们的运算速度更快。但是当应用于逻辑值向量时，这些运算符会产生奇特的结果，所以除非你确定它们能做你想做的事情，否则要避免使用它们。

对单一参数的函数给出多个参数

对于函数 mean(9,10,11)，你认为输出的结果是什么？结果不是 10 而是 9。函数 mean 仅计算第一个参数的平均值。第二个和第三个参数被解释为其他位置的参数。要将多个项目传递给单个参数，我们将它们放在带有 c 运算符的向量中。正如你所料，mean(c(9,10,11)) 将返回 10。

有些函数，例如 mean，仅计算一个参数。而其他函数（例如 max 和 min）接受多个参数并在所有参数中应用函数。在使用前，一定要对使用的函数有所了解。

将 max 与 pmax 混淆或将 min 与 pmin 混淆

max 和 min 函数有多个参数并返回一个值：所有参数中的最大值或最小值。

pmax 和 pmin 函数有多个参数但返回一个向量，它取各个参数相应元素的最大值或最小值。参见 12.8 节。

用某个无法识别数据框类型的函数处理数据框数据

有些函数能够灵活地识别数据框类型的数据。它们会对数据框中的各列数据分别进行计算，并给出各自的结果。可悲的是，并非所有函数都这样"聪明"，例如 `mean`、`median`、`max` 和 `min` 函数。这些函数会将所有列中的数据放到一起，并对整体进行计算来得到结果，或者可能只返回错误。因此，在使用时应了解函数是否能处理数据框数据。如有疑问，请阅读你正在考虑的函数的文档。

在 Windows 路径中使用单个反斜杠（\）

将文件路径复制并粘贴到 R 脚本中很常见，但如果你在 Windows 上使用 R，则需要注意。Windows 文件资源管理器可能会显示你的路径是 *C:\temp\my_file.csv*，如果你尝试告诉 R 读取该文件，将收到一条神秘的消息：

```
Error: '\m' is an unrecognized escape in character string starting ".\temp\m"
```

这是因为 R 将反斜杠视为特殊字符。你可以使用斜杠（/）或双反斜杠（\\）来解决这个问题：

```
read_csv(`./temp/my_file.csv`)
read_csv(`.\\temp\\my_file.csv`)
```

在检索问题是否有答案前就在 Stack Overflow 或邮件列表中发布问题

不要浪费你的时间，也不要浪费别人的时间。在将问题发布到邮件列表或 Stack Overflow 之前，请务必搜索他人的解答记录。可能有人已经回答了你的问题。如果是这样，你可以通过阅读该主题的讨论来获得帮助。参见 1.13 节。

2.14.3 另请参阅

参见 1.13 节、2.9 节、3.8 节、5.3 节、5.7 节和 12.8 节。

## 第 3 章

R 软件导览

R 和 RStudio 是史无前例的大型软件。同应用其他大型软件一样，你需要花时间对它进行配置、客户化、更新，以及把它融入你的计算机环境中。本章将帮助你完成这些任务。本章内容不涉及算法、统计或者绘图，它仅仅介绍如何处理作为软件的 R 和 RStudio。

3.1 获取和设定工作目录

3.1.1 问题

你希望改变工作目录，或者希望了解当前工作目录。

3.1.2 解决方案

RStudio

导航到 RStudio 右侧的"文件"（Files）窗格中相应的目录。然后从"文件"（File）窗格下方选择"更多"（More）→ "设置为工作目录"（Set As Working Directory），如图 3-1 所示。

控制台

使用 getwd 报告工作目录，并使用 setwd 进行修改：

```
getwd()
#> [1] "/Volumes/SecondDrive/jal/DocumentsPersonal/R-Cookbook"
setwd("~/Documents/MyDirectory")
```

3.1.3 讨论

工作目录很重要，因为它是所有文件输入和输出的默认位置——包括读取和写入数据文件、打开和保存脚本文件以及保存工作空间的镜像。当使用 R 软件直接打开文件而未指定绝对路径时，R 软件将假定该文件所在路径为你的工作目录。

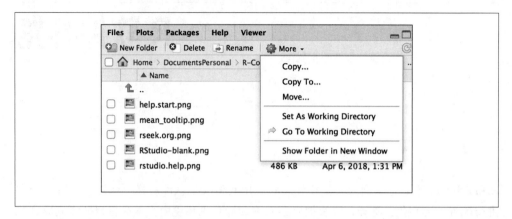

图 3-1：RStudio：设置为工作目录

如果你正在使用 RStudio 项目，则将默认工作目录为项目的主目录。有关创建 RStudio 项目的更多信息，请参阅 3.2 节。

3.1.4 另请参阅

有关在 Windows 系统下处理文件名，请参阅 4.5 节。

3.2 创建一个新的 RStudio 项目

3.2.1 问题

你想要创建一个新的 RStudio 项目，以便使所有文件与该项目相关。

3.2.2 解决方案

单击菜单"文件"（File）→"创建新项目"（New Project），如图 3-2 所示。

上述步骤将打开"创建新项目"（New Project）对话框，允许你选择要创建的项目类型，如图 3-3 所示。

3.2.3 讨论

对于 RStudio，项目是一个强大的概念。项目具有以下功能：

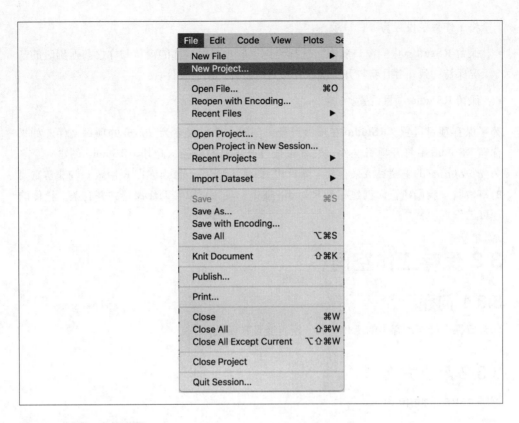

图 3-2：创建一个新项目

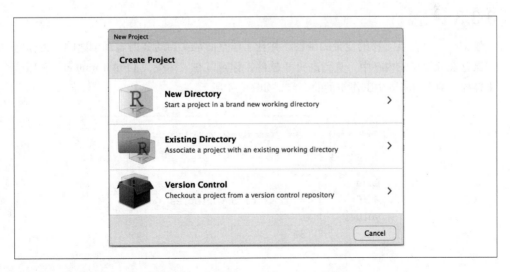

图 3-3："创建新项目"（New Project）对话框

- 将工作目录设置为项目目录。

- 保留 RStudio 中的窗口状态，这样当你返回项目时，你的窗口与你之前退出时的情况保持一致，并且将打开上次保存项目时打开的所有文件。

- 保留 RStudio 项目设置。

为了保存项目设置，RStudio 在项目目录中创建一个扩展名为 *.Rproj* 的项目文件。如果你在 RStudio 中打开项目文件，它就像是打开项目的捷径。此外，RStudio 创建一个名为 *.Rproj.user* 的隐藏目录来存放与项目相关的临时文件。每当你在 R 中做一些非常重要的事情时，我们建议你创建一个 RStudio 项目。项目可以帮助你保持井井有条，让你的项目工作更加容易。

3.3 保存工作空间

3.3.1 问题

你希望保存尚在内存中的工作空间、所有变量和函数。

3.3.2 解决方案

调研 `save.image` 函数。

```
save.image()
```

3.3.3 讨论

工作空间中保存当前 R 的变量和函数，并且工作空间是在启动 R 时自动创建的。工作空间保存在计算机的内存中，直到退出 R 软件。你可以在"环境"（Environment）选项卡中轻松查看 RStudio 中工作空间的内容，如图 3-4 所示。

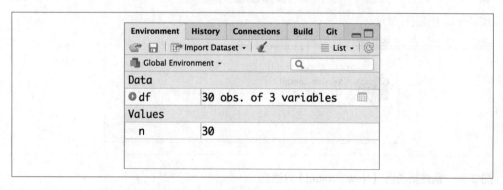

图 3-4：RStudio 的"环境"（Environment）窗格

然而，你可能希望在不退出 R 软件的情况下保存工作空间，因为你知道当你关闭笔记本电脑将其带回家时可能会导致数据丢失。在这种情况下，可以使用 `save.image` 函数。

工作空间存放于当前工作目录下的一个后缀名为 *.RData* 的文件中。当 R 启动时，计算机会查找该文件，找到后用它初始化工作空间。

可惜的是，工作空间不会保存当前打开的图形：例如，当你退出 R 时，屏幕上的图表会消失。工作空间也不会保存窗口位置或你对 RStudio 的设置。这就是为什么我们建议使用 RStudio 项目并编写 R 脚本，以便可以重现你创建的所有内容。

3.3.4 另请参阅

有关设置工作目录的信息，请参阅 3.1 节。

3.4 查看历史命令记录

3.4.1 问题

你希望查看近期使用过的一系列命令。

3.4.2 解决方案

根据你要完成的任务，可以使用几种不同的方法来访问之前的命令历史记录。如果你位于 RStudio 控制台（console）窗格中，则可以按向上箭头以交互方式滚动浏览过去的命令。

如果要查看过去命令的列表，可以使用 `history` 函数或访问 RStudio 中的“历史记录”（History）窗格以查看最近的输入：

```
history()
```

在 RStudio 中，在控制台中键入 **`history()`** 会打开“历史记录”（History）窗格（见图 3-5）。你还可以通过光标单击该窗格进行打开。

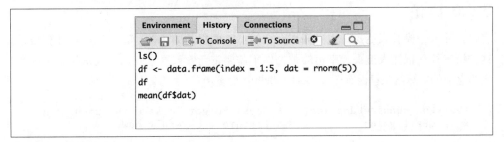

图 3-5：RStudio“历史记录”（History）窗格

3.4.3 讨论

`history` 函数能显示最近使用的命令。在 RStudio 中，`history` 函数将打开"历史记录"（History）窗格。如果你在 RStudio 之外运行 R，`history` 函数会显示最近的 25 行命令，当然你可以要求显示更多的历史命令：

```
history(100)          # Show 100 most recent lines of history
history(Inf)          # Show entire saved history
```

在 RStudio 中，"历史记录"（History）窗格按时间顺序显示过去命令的详尽列表，最新列表位于列表底部。你可以使用光标突出显示过去的命令，然后单击"To Console"或"To Source"将过去的命令分别复制到控制台或代码编辑器中。当你完成交互式数据分析并决定将某些过去的步骤保存到源文件以供以后使用时，这将非常方便。

在控制台中，你只需按向上箭头向后滚动输入即可查看历史记录，找回之前的命令，每按一次显示一行。

即使你已退出 R 或 RStudio，也可以查看命令历史记录。R 将历史记录保存在工作目录中名为 *.Rhistory* 的文件中。使用文本编辑器打开文件，然后滚动到底部，你会看到最近输入的命令。

3.5 保存先前命令产生的结果

3.5.1 问题

在 R 中键入一个表达式得到一个计算结果，却忘了将该结果保存到一个变量中。

3.5.2 解决方案

R 中有个一个名为 `.Last.value` 的特殊变量，它存储最近一个计算出的表达式值。在输入其他内容前，可以将该特殊变量保存到其他变量中。

3.5.3 讨论

有时在输入一段长表达式，或者调用一个运行时间很长的函数后，忘记保存计算结果。这种情况往往很让人沮丧。幸运的是，你不需要重新输入这个表达式或重新调用函数，因为之前的运算结果已保存于 `.Last.value` 变量中：

```
aVeryLongRunningFunction() # Oops! Forgot to save the result!
x <- .Last.value           # Capture the result now
```

需要注意的是，每次输入新的表达式后，`.Last.value` 的值都会被改写。因此需要立即

对它的值进行保存。若在输入新的表达式后才想起要保存先前的结果，那时候就太晚了。

3.5.4 另请参阅

有关找回命令记录，参见 3.4 节。

3.6 通过搜索路径显示已加载的软件包

3.6.1 问题

你希望查看当前 R 中已载入了哪些软件包。

3.6.2 解决方案

使用没有参数的 `search` 函数：

```
search()
```

3.6.3 讨论

搜索路径指的是当前已加载到内存中并可供使用的 R 软件包列表。尽管你的计算机上可能安装了许多 R 软件包，但在使用 R 的某个时刻，可能只有少数软件包已加载到 R 解释器中。因此你可能想知道当前已经加载了哪些 R 包。

没有参数的 `search` 函数将返回已加载的 R 包名称列表。生成的输出类似于：

```
search()
#>  [1] ".GlobalEnv"        "package:knitr"     "package:forcats"
#>  [4] "package:stringr"   "package:dplyr"     "package:purrr"
#>  [7] "package:readr"     "package:tidyr"     "package:tibble"
#> [10] "package:ggplot2"   "package:tidyverse" "package:stats"
#> [13] "package:graphics"  "package:grDevices" "package:utils"
#> [16] "package:datasets"  "package:methods"   "Autoloads"
#> [19] "package:base"
```

不同机器可能会返回不同的结果，具体取决于安装的情况。search 函数的返回结果是一个字符串的向量。第一个字符串是 ".GlobalEnv"，它指的是你的工作空间。大多数字符串都具有如 "package:*packagename*" 的形式，这表示名为 *packagename* 的 R 包当前已加载到 R 中。在前面的示例中，你可以看到安装了许多 tidyverse 包，包括 `purrr`、`ggplot2` 和 `tibble`。

R 通过搜索路径来查找函数。当你输入函数名称时，R 会在路径中依次搜索——直到它在一个加载的 R 包中找到该函数。如果找到该函数，则 R 执行它；否则，它会显示错误消息并停止。(另外需要注意的是：搜索路径也包含环境，而不仅仅是包，并且当 R 包中的对象已经初始化时，搜索算法会有所不同；有关详细信息，请参阅"R Language Definition"(*https://cran.r-project.org/doc/manuals/R-lang.pdf*)。)

由于工作空间（`.GlobalEnv`）是搜索列表中的第一项，因此 R 会首先在工作空间中寻找函数，然后再搜索其他 R 包。如果工作空间和其他 R 包中都包含某个同名的函数，则工作空间会"遮盖"后者中的函数，这意味着 R 会在找到工作空间中的函数后停止搜索，因此永远无法找到其他 R 包中的那个函数。如果你想要重新加载 R 包中的函数，这将是一个好消息；但如果你仍想要使用该 R 包的函数时，这一特性将成为你的障碍。如果你发现自己遇到了障碍，因为你（或加载的某个包）覆盖了现有加载包中的函数（或其他对象），你可以使用 *environment*`:: name` 的形式从加载的 R 包环境中调用对象。例如，如果要调用 `dplyr` 包中的 `count` 函数，可以使用 `dplyr::count` 进行调用。即使你没有加载包，使用完整显式名称来调用函数也是有效的，因此如果安装了 `dplyr` 但未加载，则仍然可以调用 `dplyr::count`。

一种越来越常见的情况是，在在线示例中显示完整的 *packagename*`:: function`。虽然这消除了函数来自何处的模糊性，但它使得示例代码非常冗长。

请注意，R 将仅在搜索路径中包含已加载的 R 包。因此，如果你已经安装了一个 R 包但未使用 `library(`*packagename*`)` 加载它，那么 R 将不会将该包添加到搜索路径中。

R 还使用搜索路径通过类似的过程查找 R 数据集（而不是文件）或任何其他对象。

对 Unix 和 Mac 用户来说，请勿将 R 的搜索路径与 Unix 搜索路径（PATH 环境变量）混淆。它们在概念上相似但却是根本不同的东西。R 搜索路径是 R 的内部路径，仅仅用于定位 R 函数和数据集，而 OS 搜索路径则用于定位可执行程序。

3.6.4 另请参阅

有关在 R 中加载 R 添加包的信息，请参见 3.8 节；有关查看已安装的 R 包列表（不仅仅是已加载的添加包）的信息，请参见 3.7 节。

3.7 查看已安装的 R 包列表

3.7.1 问题

你希望了解哪些 R 包已安装到你的计算机中。

3.7.2 解决方案

调用没有参数的 `library` 函数来查看基本的 R 包列表。使用 `installed.packages` 命令查看更多 R 包的细节信息。

3.7.3 讨论

不含参数的 `library` 函数会显示已安装的 R 包列表。

```
library()
```

这个一列表可能会很长。在 RStudio 中，它显示在编辑器窗口的新选项卡中。

可以使用 `installed.packages` 函数获取更多详细信息，该函数以矩阵形式返回有关计算机中已安装的 R 包的信息。矩阵每行对应一个已安装的 R 包。矩阵的列表示 R 包名称、搜索路径和版本等信息。这些信息来自已经安装的 R 包的内部数据库。

通过通常的索引方法，可以从该矩阵中得到有用的信息。以下代码段调用 `installed.packages` 并提取前五个 R 包的 Package 和 Version 列，以便查看每个软件包的安装版本：

```
installed.packages()[1:5, c("Package", "Version")]
#>           Package     Version
#> abind     "abind"     "1.4-5"
#> ade4      "ade4"      "1.7-13"
#> adegenet  "adegenet"  "2.1.1"
#> analogsea "analogsea" "0.6.6.9110"
#> ape       "ape"       "5.3"
```

3.7.4 另请参阅

有关如何将 R 包载入计算机内存的信息，请参阅 3.8 节。

3.8 使用 R 包中的函数

3.8.1 问题

计算机中已安装的 R 包可以是 R 的标准包，或者是通过网络下载的包。当你希望使用某个 R 包中的函数时，R 却不能找到该函数。

3.8.2 解决方案

使用函数 `library` 或者函数 `require` 把需要的 R 包载入 R 中：

```
library(packagename)
```

3.8.3 讨论

R 自带有一些标准包，但并不是所有这些软件包都会在启动 R 时自动加载。同样，你可以从 CRAN 或 GitHub 下载并安装许多有用的添加包，但是当你运行 R 时它们不会自动载入。例如，MASS 软件包是 R 的一个标准包，但在调用该包中的 lda 函数时可能会收到以下消息：

```
lda(x)
#> Error in lda(x): could not find function "lda"
```

R 显示无法在当前载入内存中的 R 包中找到 lda 函数。

当使用 library 函数或 require 函数时，R 将该对应的包加载到内存中，包的内容就可以使用了：

```
my_model <-
  lda(cty ~ displ + year, data = mpg)
#> Error in lda(cty ~ displ + year, data = mpg): could not find function "lda"

library(MASS)                          # Load the MASS library into memory
#>
#> Attaching package: 'MASS'
#> The following object is masked from 'package:dplyr':
#>
#>     select
my_model <-
  lda(cty ~ displ + year, data = mpg)  # Now R can find the function
```

在调用 library 函数之前，R 无法识别函数名称。用 library 函数载入 R 包后，该 R 包中的内容便可以调用了，此时可以正常调用 lda 函数。

注意，在 library 函数中的 R 包名称不需要用双引号括起来。

require 函数几乎与 library 函数相同，但 require 函数有两个特性便于脚本程序的编写。一是如果 R 包已成功加载，则返回 TRUE，否则返回 FALSE。二是如果加载失败，require 函数也会生成一个警告，而 library 载入失败时，会生成错误信息。

这两个函数都有一个共同特性：它们不会重新加载已经加载的包，因此可以两次重复调用同一个 R 包。这对编写脚本很有帮助。该脚本可以加载所需的包，同时不会重新加载已加载的包。

detach 函数将卸载当前已加载的包：

```
detach(package:MASS)
```

注意，R 包名称必须符合规范，即以 package::MASS 的形式出现。

卸载 R 包的一个原因是，该包中包含一个函数，其名称与搜索列表中该包后面的包的某函数重名。当发生这种情况时，次序在前的函数会掩盖次序在后的函数。你无法看到次序在后的函数，因为 R 在找到次序在前的函数后会停止搜索。因此，卸载次序在前的包会防止遮盖次序在后的包。

3.8.4 另请参阅

参见 3.6 节。

3.9 使用 R 的内置数据集

3.9.1 问题

你希望使用 R 的内置数据集，或使用来自某一个 R 包中的数据集。

3.9.2 解决方案

由于搜索路径中已包含 datasets 包，所以 R 的标准数据集是可以使用的。如果你已加载任何其他 R 包，则这些已加载 R 包附带的数据集也将在你的搜索路径中可用。

要调用其他 R 包中的数据集，使用 data 函数并在参数中给出相应的包名称和数据集名称：

```
data(dsname, package = "pkgname")
```

3.9.3 讨论

R 中包含了许多内置数据集。其他 R 包（例如 dplyr 和 ggplot2）也附带了示例数据，这些数据在其帮助文件中的示例中使用。由于 R 提供了这些数据集，你可以应用它们来进行试验，因此它们对学习和使用 R 很有帮助。

许多数据集都保存在一个名为 datasets 的 R 包中。该 R 包是 R 的基础包，它位于你的搜索路径中，因此可以即时访问其内容。例如，你可以调用内置数据集 pressure：

```
head(pressure)
#>   temperature pressure
#> 1           0   0.0002
#> 2          20   0.0012
#> 3          40   0.0060
#> 4          60   0.0300
#> 5          80   0.0900
#> 6         100   0.2700
```

如果你想了解有关 pressure 的更多信息，请使用 help 函数了解它：

```
help(pressure)        # Bring up help page for pressure dataset
```

你也可以通过调用不带参数的 data 函数来查看数据集的目录：

```
data()                # Bring up a list of datasets
```

任何 R 包都可以选择包含数据集，来补充 R 包 datasets 中的数据。例如，MASS 包中包含许多有趣的数据集。使用带有 package 参数的 data 函数可以访问相应的 R 包中的数据集。MASS 包含一个名为 Cars93 的数据集，可以通过以下方式将其加载到内存中：

```
data(Cars93, package = "MASS")
```

在调用数据之后，你可以使用 Cars93 数据集；然后可以执行如 summary(Cars93)、head(Cars93) 等命令。

当将 R 包加入搜索列表（例如，通过 library(MASS)）后，你就无须调用函数 data 来访问该包中的数据集了。因为在加载该 R 包后，它的数据集将自动可用。

可以使用 data 函数并把 R 包的名称作为 package 参数的值（不需要数据集名称参数），来查看 MASS 或其他包中的数据集列表：

```
data(package = "pkgname")
```

3.9.4 另请参阅

有关搜索路径的更多详情，参见 3.6 节；有关 R 包和 library 函数的更多信息，参见 3.8 节。

3.10 从 CRAN 网站安装 R 包

3.10.1 问题

你在 CRAN 网站中找到某 R 包，希望下载并安装到本地计算机中。

3.10.2 解决方案

R 代码

使用 install.packages 函数，将 R 包的名称放在引号中：

```
install.packages("packagename")
```

RStudio

RStudio 中的"软件包"（Packages）窗格有助于直接安装新的 R 包。此窗格中列出了计算机上安装的所有 R 包，以及说明和版本信息。要从 CRAN 加载新软件包，请单击"软件包"（Packages）窗格顶部附近的"安装"（Install）按钮，如图 3-6 所示。

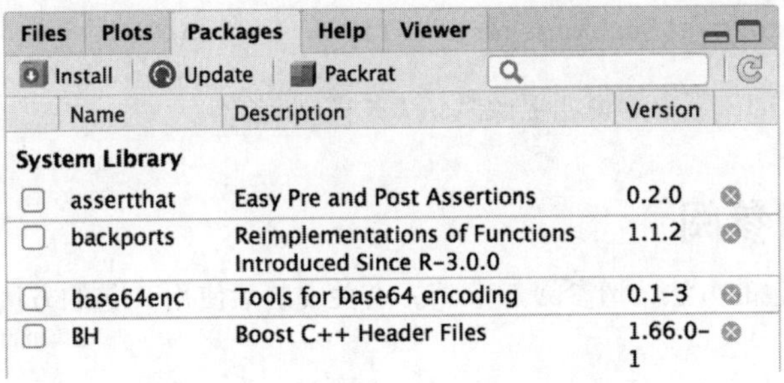

图 3-6：RStudio 的"软件包"（Packages）窗格

3.10.3 讨论

在本地安装软件包，是使用程序的第一步。如果要在 RStudio 之外安装软件包，安装程序可能会提示你提供可以从中下载软件包文件的镜像站点。然后它将显示 CRAN 镜像站点列表。列表中的第一个 CRAN 镜像为 0-Cloud。这通常是最佳选择，因为它将你连接到由 RStudio 赞助的全球镜像内容交付网络（Content Delivery Network，CDN）。如果要选择其他镜像，请选择一个地理位置靠近你的镜像。

CRAN 的官方服务器是一个相对一般的机器，它位于奥地利维也纳市的维也纳经济学院的统计和数学学院（WU Wien，Vienna，Austria）。如果每个 R 用户都从官方服务器下载，那么该服务器势必会超载，因此在全球各地有许多镜像站点。在 RStudio 中，默认 CRAN 服务器设置为 RStudio CRAN 镜像。所有 R 用户都可以访问 RStudio CRAN 镜像，而不仅仅是那些运行 RStudio IDE 的用户。

如果新的 R 包依赖于尚未在本地安装的其他软件包，则 R 安装程序将自动下载并安装所需的软件包。这一功能避免了用户去查询并解决各个 R 包之间依赖性这一繁重的任务，这是一个极大的优点。

在 Linux 或 Unix 系统中安装时需要特别注意。你可以选中在系统目录或个人目录中安装软件包。每个人都可以使用系统目录中的 R 包；而你的个人目录中的 R 包（通常）仅供你使用。因此，对于广泛应用的 R 包可以设定安装到系统目录中，而对于那些个人的或未测试的 R 包则可以安装到个人目录中。

默认情况下，`install.packages` 函数假定你正在执行系统目录中的安装。如果你没有足够的用户权限在系统目录进行安装，R 将询问你是否要在个人目录中安装该 R 包。R 建议的默认值通常是一个不错的选择。但是，如果要控制安装目录的路径，可以使用 `install.packages` 函数中的 `lib` 参数：

```
install.packages("packagename", lib = "~/lib/R")
```

或者你可以按照 3.12 节中的说明更改默认 CRAN 服务器。

3.10.4 另请参阅

有关查找相关 R 包的方法，请参阅 1.12 节；有关安装后使用 R 包的方法，请参阅 3.8 节。

另见 3.12 节。

3.11 从 GitHub 网站安装 R 包

3.11.1 问题

你找到了一个你想尝试的有趣 R 包。然而，作者尚未在 CRAN 上发布该软件包，但已在 GitHub 上发布。你想直接从 GitHub 安装软件包。

3.11.2 解决方案

确保安装并加载了 `devtools` 包：

```
install.packages("devtools")
library(devtools)
```

然后使用 `install_github` 和 GitHub 存储库的名称直接从 GitHub 安装。例如，要安装 Thomas Lin Pederson 的 `tidygraph` 包，将可以执行以下操作：

```
install_github("thomasp85/tidygraph")
```

3.11.3 讨论

`devtools` 包中包含用于从远程存储库（如 GitHub）安装 R 包的辅助函数。如果一个已构建的 R 包托管在 GitHub 上，则可以使用 `install_github` 函数通过将 GitHub 用户名和存储库名称作为字符串参数传递来安装该 R 包。你可以从 GitHub URL 或 GitHub 页面顶部确定 GitHub 用户名和 repo 名称，如图 3-7 所示。

图 3-7：GitHub 项目页面示例

3.12 设定或改变默认 CRAN 网站镜像

3.12.1 问题

你希望下载某些 R 包。希望设定或改变默认的 CRAN 网站镜像，这样 R 每次下载时不需要你选择镜像。

3.12.2 解决方案

在 RStudio 中，你可以从 RStudio 的"偏好"（Preferences）菜单更改默认的 CRAN 镜像，如图 3-8 所示。

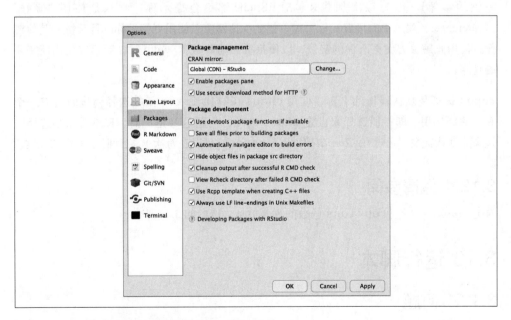

图 3-8：RStudio 添加包"偏好"（Preferences）项

如果你在没有 RStudio 的情况下运行 R，则可以使用以下解决方案更改 CRAN 镜像。此解决方案假设你有一个 .Rprofile，如 3.16 节中所述：

1. 调用 chooseCRANmirror 函数：

   ```
   chooseCRANmirror()
   ```

R 将呈现 CRAN 镜像列表。

2. 从列表中选择一个 CRAN 镜像，然后按 OK。

3. 要获取镜像的 URL，请查看 repos 选项的第一个元素：

   ```
   options("repos")[[1]][1]
   ```

4. 将此行添加到 .Rprofile 文件中。如果你需要 RStudio 的 CRAN 镜像，则可以执行以下操作：

   ```
   options(repos = c(CRAN = "http://cran.rstudio.com"))
   ```

或者你可以使用另一个 CRAN 镜像的 URL。

3.12.3 讨论

在每次安装 R 包的过程中都会使用相同的 CRAN 镜像（即离你最近的镜像或 RStudio 提供的镜像），因为每次加载 R 包时 RStudio 都不会提示你；它只是使用“偏好”（Preferences）菜单中的设置。你可能希望更改该镜像以使用更接近你的计算机的其他镜像。使用此解决方案更改你的镜像，以便每次启动 R 或 RStudio 时，都可以使用所需要的仓库。

repos 选项是默认镜像的名称。使用 chooseCRANmirror 函数选择镜像时会有一个重要的副作用，即按照选择来设定 repos 选项。问题是 R 退出时，R 不会保存选择的镜像为默认镜像。通过在 .Rprofile 中设置 repos，可以在每次 R 启动时恢复你的设定。

3.12.4 另请参阅

有关 .Rprofile 文件和 options 函数的更多信息，请参阅 3.16 节。

3.13 运行脚本

3.13.1 问题

你希望运行那些已保存到文本文件中的 R 代码。

3.13.2 解决方案

source 函数使 R 读取文本文件并执行其内容：

```
source("myScript.R")
```

3.13.3 讨论

建议将大篇幅的或常用的 R 代码存储于文本文件中，这样能免于重复输入同样的代码。使用 source 函数读取并运行这些代码，它等同于将这些代码键入 R 控制台。

假设文件 *hello.R* 中包含如下代码：

```
print("Hello, World!")
```

读取并执行该文件的内容：

```
source("hello.R")
#> [1] "Hello, World!"
```

设定参数 echo=TRUE，使 R 在运行这些代码前显示每一行代码，并在每一行代码前带有 R 提示符：

```
source("hello.R", echo = TRUE)
#>
#> > print("Hello, World!")
#> [1] "Hello, World!"
```

3.13.4 另请参阅

有关如何在用户界面运行 R 代码块，参见 2.12 节。

3.14 批量运行 R 代码

3.14.1 问题

你正在编写一个命令脚本，如 Unix 或 macOS 系统的 shell 脚本，或 Windows 系统中的批处理脚本，并且你希望在这些脚本中执行 R 代码。

3.14.2 解决方案

使用带有 CMD BATCH 子命令的方式运行 R 程序，并给出脚本文件名和输出文件名：

```
R CMD BATCH scriptfile outputfile
```

如果需要将输出结果发送到标准输出设备中，或者希望将命令行参数传递到脚本中，可以考虑应用 Rscript 命令：

```
Rscript scriptfile arg1 arg2 arg3
```

3.14.3 讨论

R 是一个交互式软件，提示用户输入，然后显示结果。有时你希望以批处理模式运行 R，从脚本中读取命令。这对于 shell 脚本中尤其有用，例如包含统计分析的脚本。

CMD BATCH 子命令将 R 置于批处理模式，读取脚本文件 *scriptfile* 并写入输出文件 *outputfile*。这个过程中不与用户交互。

你可能会根据你的情况使用命令行选项，调整 R 的批处理过程。例如，使用 --quiet 来避免启动信息，否则将使输出信息混乱：

```
R CMD BATCH --quiet myScript.R results.out
```

下面是一些其他批处理模式下的实用命令：

--slave

    类似于 --quiet，它禁止回送输入的信息，使 R 软件输出的信息更为简洁。

--no-restore

    在 R 启动时不还原工作空间。对于希望以空白工作空间启动 R 的脚本而言，这个选项很有必要。

--no-save

    在退出 R 时，不保存工作空间。否则，R 将保存当前工作空间并覆盖原有工作目录中的 .RData 文件。

--no-init-file

    不读取 .Rprofile 或 ~/.Rprofile 文件。

在脚本运行结束后，CMD BATCH 子命令一般会使用 proc.time 函数显示执行时间。如果你不需要显示该时间，可以在代码最后一行调用参数为 runLast = FALSE 的 q 函数，这将阻止调用 proc.time 函数。

CMD BATCH 子命令有两个限制：输出必须总是传送到一个文件中，并且无法简单地将命令行参数传递到脚本中。如果这两个限制中的一个成为问题，可以考虑使用 R 软件自带的 Rscript 程序。Rscript 命令的第一个命令行参数是脚本文件的名称，其余的参数将传递给脚本代码：

```
Rscript scriptfile.R arg1 arg2 arg3
```

在脚本中，命令行参数可以通过 `commandArgs` 函数来获取，它将参数作为字符串向量返回：

```
argv <- commandArgs(TRUE)
```

`Rscript` 程序采用与 `CMD BATCH` 相同的命令行选项。

将输出写入 `stdout`，这是 R 从调用它的 shell 脚本中继承来的。当然，可以通过一般的重定向方法将输出重定向到一个文件中：

```
Rscript --slave scriptfile.R arg1 arg2 arg3 >results.out
```

下面是一个名为 *arith.R* 的简易 R 脚本文件，它对两个命令行参数执行四次算术运算：

```
argv <- commandArgs(TRUE)
x <- as.numeric(argv[1])
y <- as.numeric(argv[2])

cat("x =", x, "\n")
cat("y =", y, "\n")
cat("x + y = ", x + y, "\n")
cat("x - y = ", x - y, "\n")
cat("x * y = ", x * y, "\n")
cat("x / y = ", x / y, "\n")
```

该脚本调用如下：

```
Rscript arith.R 2 3.1415
```

产生以下输出：

```
x = 2
y = 3.1415
x + y = 5.1415
x - y = -1.1415
x * y = 6.283
x / y = 0.6366385
```

在 Linux、Unix 或 Mac 上，你可以在脚本开头添加#！后跟随 `Rscript` 程序的路径，这样脚本就是完全自我包含的了（即代码变得完全独立于外部）。假设 `Rscript` 安装在系统上的 */usr/bin/Rscript* 目录中。你可以将此行添加到 *arith.R* 脚本中，使其成为自我包含的代码：

```
#!/usr/bin/Rscript --slave

argv <- commandArgs(TRUE)
x <- as.numeric(argv[1])
  .
```

```
. (etc.)
.
```

在 shell 提示符下，我们将脚本标记为可执行文件：

```
chmod +x arith.R
```

此时我们可以不用 Rscript 前缀而直接调用脚本代码：

```
arith.R 2 3.1415
```

3.14.4 另请参阅

有关 R 中运行脚本文件的详情，参见 3.13 节。

3.15 找到 R 的主目录

3.15.1 问题

你需要了解 R 的主目录，即所有配置文件与安装文件放置的目录。

3.15.2 解决方案

R 生成一个名为 R_HOME 的环境变量，可以通过 Sys.getenv 函数查看：

```
Sys.getenv("R_HOME")
#> [1] "/Library/Frameworks/R.framework/Resources"
```

3.15.3 讨论

大多数用户不需要知道 R 主目录。但系统管理员或高级用户必须知道，以便于管理或更改 R 的安装文件。

当 R 启动时，它定义了一个名为 R_HOME 的系统环境变量（不是 R 变量），它是 R 主目录的路径。Sys.getenv 函数可以查看系统环境变量值。以下是不同操作系统平台的示例。对于不同的计算机其返回的值也必然有所不同：

- Windows

  ```
  > Sys.getenv("R_HOME")
  [1] "C:/PROGRA~1/R/R-34~1.4"
  ```

- macOS

  ```
  > Sys.getenv("R_HOME")
  [1] "/Library/Frameworks/R.framework/Resources"
  ```

- Linux 或 Unix

```
> Sys.getenv("R_HOME")
[1] "/usr/lib/R"
```

Windows 系统中的结果看起来似乎很古怪，因为 R 返回的是旧的 DOS 风格形式的压缩路径名。在这种情况下，完整的用户友好的路径名应该是 C\Program Files\R\R-3.4.4。

在 Unix 和 macOS 上，可以从 shell 运行 R 程序并使用 RHOME 子命令显示主目录地址：

```
R RHOME
# /usr/lib/R
```

请注意，R 在 Unix 和 macOS 上的主目录中包含安装文件，但不一定包含 R 的可执行文件。例如，R 主目录是 */usr/lib/R*，而可执行文件可能存放于 */usr/bin* 目录中。

3.16 R 的自定义

3.16.1 问题

你希望通过改变配置选项或预加载 R 包，来客户化 R 进程。

3.16.2 解决方案

建立名为 *.Rprofile* 的脚本文件来对 R 进程进行自定义，R 会在启动时执行该文件。不同操作系统的 *.Rprofile* 文件存放位置有所不同：

macOS、Linux 或 Unix

　　文件保存于主目录中（*~/.Rprofile*）。

Windows

　　文件保存于 *Documents* 中。

3.16.3 讨论

R 在启动时会执行配置脚本文件（*.Rprofile*），允许你调整 R 配置选项。

可以创建名为 *.Rprofile* 的配置脚本文件，并将其放在主目录（macOS、Linux，Unix），或 *Documents* 目录（Windows）中。该脚本可以调用函数来进行进程的自定义，例如下面的简单脚本将设置两个环境变量，并将控制台提示符设置为 R>：

```
Sys.setenv(DB_USERID = "my_id")
Sys.setenv(DB_PASSWORD = "My_Password!")
options(prompt = "R> ")
```

配置文件 *.Rprofile* 在一个简单的程序环境中执行，因此它所能配置的功能有限。例如，尝试打开绘图窗口时会提示错误信息，因为尚未加载绘图 R 包。同时，在配置文件中也应避免进行复杂的计算。

你也可以通过将 *.Rprofile* 文件放在项目文件目录中来自定义特定项目。当 R 从该目录启动时，它会读取当前目录下的 *.Rprofile* 文件；你可以通过这样的方法对特定项目进行自定义配置（例如，将控制台提示符设置为特定项目名称）。然而，如果 R 在找到本地配置文件后，便不会读取全局配置文件。这种情况有时候会变得麻烦，但也容易解决：只需在局部配置文件中使用 source 函数获取全局配置文件。例如，在 Unix 系统中，局部配置文件将首先执行全局配置文件，然后执行其局部内容：

```
source("~/.Rprofile")
#
# ... remainder of local .Rprofile ...
#
```

设定选项

某些自定义通过调用 options 函数来设定配置选项。R 中有很多这样的选项，对 options 使用 help 函数可以查看这些选项的列表：

```
help(options)
```

下面有些例子：

browser=="*path*"
　　HTML 浏览器的默认路径。

digits=*n*
　　返回数值型时要显示的位数。

editor="*path*"
　　默认文本处理器路径。

prompt="*string*"
　　输入提示符。

repos="*url*"
　　默认存放 R 包的 URL 地址。

warn=*n*
　　控制显示警告消息。

可重复性

许多人在脚本中反复使用某些包（例如 tidyverse 包）。在 *.Rprofile* 中加载这些 R 包是很诱人，这样它们总是可用的，而无须输入任何内容。事实上，这个建议是在本书的第 1 版中给出的。但是，在 *.Rprofile* 中加载 R 包的缺点是可重复性差。如果其他人（或者你打算在另一台计算机上）尝试运行脚本，他们可能没有意识到你已在 *.Rprofile* 中加载了包。你的脚本是否适用于他们，具体取决于他们加载的 R 包。因此，虽然在 *.Rprofile* 中加载包可能很方便，但如果在 R 脚本中显式调用命令 library(*packagename*)，可以更好地与协作者（以及未来的自己）一起使用。

可重复性的另一个问题是用户在 *.Rprofile* 中更改 R 的默认行为。一个例子是设置 options(stringsAsFactors=FALSE)。这很有吸引力，因为许多用户更喜欢这种默认设置。但是，如果有人在未设置此选项的情况下运行脚本，则会得到不同的结果，或者根本无法运行脚本。这可能会导致相当大的挫败感。

作为指导，你可以在 *.Rprofile* 中添加以下内容：

- 更改 R 的外观（例如，digits）。
- 特定于本地环境（例如，browser）。
- 脚本之外的特别要求（即数据库密码）。
- 请勿更改分析结果。

启动顺序

下面简单介绍 R 启动时的一系列过程（使用 **help(Startup)** 命令查看详细信息）：

1. R 执行 *Rprofile.site* 脚本。这个脚本文件是系统级的脚本，允许系统管理员对默认选项进行自定义修改。该代码文件的完整路径是 *R_HOME/etc/Rprofile.site*。（*R_HOME* 是 R 主目录，参见 3.15 节。）

   R 发行版不包含 *Rprofile.site* 文件。所以系统管理员可以根据需要自行创建该文件。

2. R 执行工作目录中的 *.Rprofile* 脚本；如果该文件不存在，则执行用户主目录中的 *.Rprofile* 脚本。在这一步，用户可以根据自己的需要对 R 进行自定义。用户主目录中的 *.Rprofile* 脚本用于全局自定义。当 R 启动时，低级别目录中的 *.Rprofile* 脚本也可以执行特定的自定义，例如，对特定项目目录下的 R 进行自定义。

3. 如果当前工作目录中有 *.RData* 文件，那么 R 将载入该 *.RData* 文件中保存的工作空间。R 在退出时将工作空间保存在一个名为 *.RData* 的文件中。它将从该文件重新加载工作空间，并恢复对局部变量和函数的访问。你可以通过"工具"（Tools）→"全局选项"（Global Options）在 RStudio 中禁用此行为。我们建议你禁用此选项，始终明确保存并加载你的工作。

4. 如果你定义了一个 .First 函数，R 将执行该函数。.First 函数是用户或项目定义启动初始化代码的好地方。你可以在 .Rprofile 文件或工作空间中定义该函数。

5. R 执行 .First.sys 函数。这一步骤会加载默认包。该函数是 R 的内部函数，通常不会被用户或管理员更改。

注意，R 直到最后一步执行 .First.sys 函数时才会加载默认 R 包。在此之前，只加载了基础 R 包。这一点很重要，因为这意味着前面的步骤不能假设基础 R 包以外的软件包会被载入。它还解释了为什么在 .Rprofile 脚本文件中尝试打开绘图窗口时会出错：因为绘图 R 包尚未加载。

3.16.4 另请参阅

有关 Startup（help(Startup)）和 Options（help(options)）的内容，请参阅 R 帮助页面。有关加载 R 包的更多信息，请参阅 3.8 节。

3.17 在云端使用 R 和 RStudio

3.17.1 问题

你希望在云环境运行 R 和 RStudio。

3.17.2 解决方案

在云端使用 R 的最直接方法是使用 RStudio.cloud 的 Web 服务。要使用该服务，请使用 Web 浏览器前往 *http://rstudio.cloud* 并设置账户，或使用你的 Google 或 GitHub 账号登录。

3.17.3 讨论

登录后，单击"新建项目"（New Project）以在新工作空间中开始新的 RStudio 会话。你将会看到熟悉的 RStudio 界面，如图 3-9 所示。

请记住，在撰写本书时，RStudio.cloud 服务处于 alpha 测试状态，可能不是 100% 稳定。在你注销后，你的工作将继续存在。但是，与任何系统一样，最好确保备份所有工作。一个常见的工作模式是，将你在 RStudio.cloud 中的项目连接到 GitHub 存储库，并将你的更改经常地从 Rstudio.cloud 推送到 GitHub。此工作流程已在本书的编写中得到了广泛的使用。

使用 Git 和 GitHub 超出了本书的范围，但如果你有兴趣了解更多内容，我们强烈推荐 Jenny Bryan 的在线书 *Happy Git and GitHub for useR*（*http://happygitwithr.com/*）。

在当前的 alpha 状态下，RStudio.cloud 将每个会话限制为 1GB 的 RAM 和 3GB 的驱动器空间——因此它是一个很好的学习和教学平台，但可能还没有成为你想要在其上构建商业数据科学实验室的平台。随着平台的成熟，RStudio 已表达了提供更高处理能力和存储（作为付费服务等级的一部分）的意图。

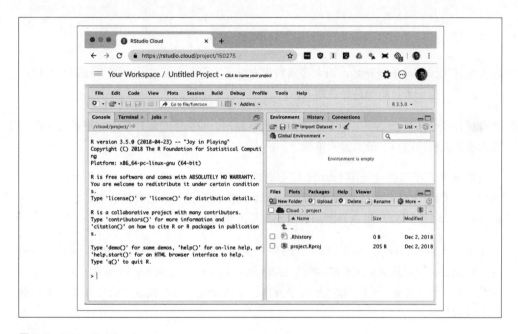

图 3-9：RStudio.cloud

如果你需要比 RStudio.cloud 提供的更多的计算能力，并且将为服务付费，可以使用亚马逊网络服务（AWS）（*https://amzn.to/2wUEhQV*）和谷歌云平台（*http://bit.ly/2WHWGzW*）提供的基于云的 RStudio 产品。其他支持 Docker 的云平台，如 Digital Ocean（*https://do.co/2WJ43C1*），也是云托管 RStudio 的合理选择。

第 4 章

输入与输出

所有统计工作都从数据开始，而大多数数据存储于文件和数据库中。对于任何大型统计项目而言，第一步可能都是处理输入。

所有统计工作最终都是将某些数值结果报告给客户，即便客户是你本人。格式化并产生输出也许是统计项目中最关键的步骤。

一般的 R 用户可以通过使用 readr 包中简单的函数进行数据输入，如使用 read.csv 函数读取 CSV 文件，或者使用 read.delim 函数读取更复杂的表格数据。也可以通过 print、cat 和 format 这样的函数给出简单的报告。

对于需要大量进行输入 / 输出（I/O）的用户来说，强烈推荐阅读 *R Data Import/Export* 这本指南书，可以从 R 的 CRAN 网站（*http://cran.r-project.org/doc/manuals/R-data.pdf*）下载得到。这本手册介绍了如何从电子表格、二进制文件、其他统计软件和关系型数据库中读取数据。

4.1 使用键盘输入数据

4.1.1 问题

你有少量数据，由于数据很少而无须费力创建一个输入文件。 你只希望将数据直接输入工作空间。

4.1.2 解决方案

对于很小的数据集，使用 c 函数建立向量并输入数据的内容：

```
scores <- c(61, 66, 90, 88, 100)
```

4.1.3 讨论

处理一个简单的问题时，你可能不想麻烦地创建数据文件，再用 R 软件读取这些文件。你可能只想简单地将这些数据输入到 R 中。最简单的方法是使用 c 函数把数据构造为向量，如解决方案中说明的那样。

通过将每个变量（列）作为向量输入，这个方法也适用于数据框：

```
points <- data.frame(
  label = c("Low", "Mid", "High"),
  lbound = c(0, 0.67,   1.64),
  ubound = c(0.67, 1.64,   2.33)
)
```

4.1.4 另请参阅

要将数据从另一个应用程序剪切并粘贴到 R 中，请务必查看 data pasta 包（*http://github.com/Miles/McBain/datapasta*），这是一个提供 RStudio 加载项的软件包，可以更轻松地将数据粘贴到脚本中。

4.2 显示更少的位数（或更多的位数）

4.2.1 问题

你觉得输出结果的数据包含太多或太少的位数，因此你希望 R 显示更少或更多位数。

4.2.2 解决方案

print 函数中的 digits 参数可以控制显示结果的位数。

在 cat 函数中，使用 format 函数（它也包含一个 digits 参数）来改变输出数据的格式。

4.2.3 讨论

R 一般以 7 位浮点数的形式作为输出。这对于大多数情况来说都没问题，但在很小的空间内打印大量数据时就会变得很麻烦。而有时如果结果只有几位小数，但 R 仍然会以 7 位的形式输出，这种情况会导致误解。

使用 print 函数中的 digits 参数可以改变输出数据的位数：

```
print(pi, digits = 4)
#> [1] 3.142
```

```
print(100 * pi, digits = 4)
#> [1] 314.2
```

cat 函数不允许直接控制数据的显示格式。不过，在调用 cat 函数之前可以使用 format 函数设定数据的格式：

```
cat(pi, "\n")
#> 3.14
cat(format(pi, digits = 4), "\n")
#> 3.142
```

在 R 中，函数 print 和 format 都会同时对整个向量一次性地进行格式化：

```
print(pnorm(-3:3), digits = 2)
#> [1] 0.0013 0.0228 0.1587 0.5000 0.8413 0.9772 0.9987
format(pnorm(-3:3), digits = 2)
#> [1] "0.0013" "0.0228" "0.1587" "0.5000" "0.8413" "0.9772" "0.9987"
```

注意，print 函数和 format 函数对向量元素进行一致的格式化：先找到格式化最小数值所需的有效位数，然后将所有数据格式化为相同的宽度（尽管不一定是相同的数据位数）。这对于格式化整个表格非常有用：

```
q <- seq(from = 0, to = 3, by = 0.5)
tbl <- data.frame(Quant = q,
                   Lower = pnorm(-q),
                   Upper = pnorm(q))
tbl                                    # Unformatted print
#>   Quant   Lower Upper
#> 1   0.0 0.50000 0.500
#> 2   0.5 0.30854 0.691
#> 3   1.0 0.15866 0.841
#> 4   1.5 0.06681 0.933
#> 5   2.0 0.02275 0.977
#> 6   2.5 0.00621 0.994
#> 7   3.0 0.00135 0.999
print(tbl, digits = 2)                 # Formatted print: fewer digits
#>   Quant  Lower Upper
#> 1   0.0 0.5000  0.50
#> 2   0.5 0.3085  0.69
#> 3   1.0 0.1587  0.84
#> 4   1.5 0.0668  0.93
#> 5   2.0 0.0228  0.98
#> 6   2.5 0.0062  0.99
#> 7   3.0 0.0013  1.00
```

如你所见，当对整个向量或列进行格式化时，向量或列中的每个元素的格式都相同。

你也可以使用 options 函数设定默认的位数（digits），它将改变所有输出结果的格式：

```
pi
#> [1] 3.14
```

```
options(digits = 15)
pi
#> [1] 3.14159265358979
```

但从我们的经验来看，这种方法不可取。因为它也改变了 R 的内置函数的输出格式，并且这种改变可能不会令人满意。

4.2.4 另请参阅

其他修改格式的函数包括 sprintf 和 formatC，有关详细信息，请参阅帮助页面。

4.3 将输出结果重定向到文件

4.3.1 问题

你希望将输出结果重定向到某一文件，而不是输出到 R 控制台。

4.3.2 解决方案

通过使用 cat 函数的 file 参数，可以对输出结果重定向：

```
cat("The answer is", answer, "\n", file = "filename.txt")
```

使用 sink 函数对所有 print 和 cat 函数的输出进行重定向。在使用 sink 函数时，用文件名作为参数就能将控制台中的输出结果重定向到该文件。当输出完成后，可以使用不带参数的 sink 函数来关闭文件，并将输出重新定向到控制台：

```
sink("filename")              # Begin writing output to file

# ... other session work ...

sink()                        # Resume writing output to console
```

4.3.3 讨论

函数 print 和 cat 通常将其结果输出到 R 控制台。在 cat 函数中，可以设定 file 参数把输出写入某个文件，其中 file 参数的值可以是文件名，也可以是链接。print 函数无法重定向其输出，但 sink 函数可以强制所有输出到一个文件。一个常用的方式是用 sink 函数捕获 R 脚本的输出：

```
sink("script_output.txt")    # Redirect output to file
source("script.R")           # Run the script, capturing its output
sink()                       # Resume writing output to console
```

如果重复地使用 cat 函数将结果重定向到文件中，请务必确认设置 append=TRUE。否则，每次调用 cat 函数都会覆盖文件的原有内容：

```
cat(data, file = "analysisReport.out")
cat(results, file = "analysisRepart.out", append = TRUE)
cat(conclusion, file = "analysisReport.out", append = TRUE)
```

像这样对文件名进行硬编码是一个烦琐且容易出错的过程。你是否注意到上述第二行中文件名出现了拼写错误？与其重复对文件名进行硬编码，我们建议打开一个到文件的连接并将结果输出到这一连接中：

```
con <- file("analysisReport.out", "w")
cat(data, file = con)
cat(results, file = con)
cat(conclusion, file = con)
close(con)
```

（在输出到连接时，你不需要 append = TRUE，因为在这里 append 是默认设置。）这种技术在 R 脚本中特别有用，因为它使你的代码更可靠，且更易于维护。

4.4 显示文件列表

4.4.1 问题

你希望得到一个显示工作目录中文件列表的 R 向量。

4.4.2 解决方案

函数 list.files 能显示当前工作目录中的文件：

```
list.files()
#>  [1] "_book"                  "_bookdown_files"
#>  [3] "_bookdown.yml"          "_common.R"
#>  [5] "_main.log"              "_main.rds"
#>  [7] "_output.yml"            "01_GettingStarted_cache"
#>  [9] "01_GettingStarted.md"   "01_GettingStarted.Rmd"
#> # etc.
```

4.4.3 讨论

该函数简单且方便，能够获取子目录中所有文件的名称。你可以使用它来刷新文件名的内存，或者将其作为到另一个进程的输入（如导入数据文件）。

你可以向 list.files 传递路径和模式，以显示特定路径中的文件并匹配特定的正则表达式模式：

```
list.files(path = 'data/') # show files in a directory
#>  [1] "ac.rdata"                  "adf.rdata"
#>  [3] "anova.rdata"               "anova2.rdata"
#>  [5] "bad.rdata"                 "batches.rdata"
#>  [7] "bnd_cmty.Rdata"            "compositePerf-2010.csv"
#>  [9] "conf.rdata"                "daily.prod.rdata"
#> [11] "data1.csv"                 "data2.csv"
#> [13] "datafile_missing.tsv"      "datafile.csv"
#> [15] "datafile.fwf"              "datafile.qsv"
#> [17] "datafile.ssv"              "datafile.tsv"
#> [19] "datafile1.ssv"            "df_decay.rdata"
#> [21] "df_squared.rdata"          "diffs.rdata"
#> [23] "example1_headless.csv"     "example1.csv"
#> [25] "excel_table_data.xlsx"     "get_USDA_NASS_data.R"
#> [27] "ibm.rdata"                 "iris_excel.xlsx"
#> [29] "lab_df.rdata"              "movies.sas7bdat"
#> [31] "nacho_data.csv"            "NearestPoint.R"
#> [33] "not_a_csv.txt"             "opt.rdata"
#> [35] "outcome.rdata"             "pca.rdata"
#> [37] "pred.rdata"                "pred2.rdata"
#> [39] "sat.rdata"                 "singles.txt"
#> [41] "state_corn_yield.rds"      "student_data.rdata"
#> [43] "suburbs.txt"               "tab1.csv"
#> [45] "tls.rdata"                 "triples.txt"
#> [47] "ts_acf.rdata"              "workers.rdata"
#> [49] "world_series.csv"          "xy.rdata"
#> [51] "yield.Rdata"               "z.RData"
list.files(path = 'data/', pattern = '\\.csv')
#> [1] "compositePerf-2010.csv" "data1.csv"
#> [3] "data2.csv"              "datafile.csv"
#> [5] "example1_headless.csv"  "example1.csv"
#> [7] "nacho_data.csv"         "tab1.csv"
#> [9] "world_series.csv"
```

要查看子目录中的所有文件，请使用：

```
list.files(recursive = T)
```

函数 list.files 的一个"问题"是它会忽略隐藏文件——通常是名称以点（.）开头的文件。如果你没有看到预期看到的文件，请尝试设置 all.files=TRUE：

```
list.files(path = 'data/', all.files = TRUE)
#>  [1] "."                         ".."
#>  [3] ".DS_Store"                 ".hidden_file.txt"
#>  [5] "ac.rdata"                  "adf.rdata"
#>  [7] "anova.rdata"               "anova2.rdata"
#>  [9] "bad.rdata"                 "batches.rdata"
#> [11] "bnd_cmty.Rdata"            "compositePerf-2010.csv"
#> [13] "conf.rdata"                "daily.prod.rdata"
#> [15] "data1.csv"                 "data2.csv"
#> [17] "datafile_missing.tsv"      "datafile.csv"
#> [19] "datafile.fwf"              "datafile.qsv"
#> [21] "datafile.ssv"              "datafile.tsv"
#> [23] "datafile1.ssv"             "df_decay.rdata"
```

```
#> [25] "df_squared.rdata"           "diffs.rdata"
#> [27] "example1_headless.csv"      "example1.csv"
#> [29] "excel_table_data.xlsx"      "get_USDA_NASS_data.R"
#> [31] "ibm.rdata"                  "iris_excel.xlsx"
#> [33] "lab_df.rdata"               "movies.sas7bdat"
#> [35] "nacho_data.csv"             "NearestPoint.R"
#> [37] "not_a_csv.txt"              "opt.rdata"
#> [39] "outcome.rdata"              "pca.rdata"
#> [41] "pred.rdata"                 "pred2.rdata"
#> [43] "sat.rdata"                  "singles.txt"
#> [45] "state_corn_yield.rds"       "student_data.rdata"
#> [47] "suburbs.txt"                "tab1.csv"
#> [49] "tls.rdata"                  "triples.txt"
#> [51] "ts_acf.rdata"               "workers.rdata"
#> [53] "world_series.csv"           "xy.rdata"
#> [55] "yield.Rdata"                "z.RData"
```

如果你只想查看目录中的文件而不是在过程中使用文件名，最简单的方法是打开 RStudio 右下角的"文件"（Files）窗格。但请记住，RStudio 的"文件"（Files）窗格隐藏了以点（.）开头的文件，如图 4-1 所示。

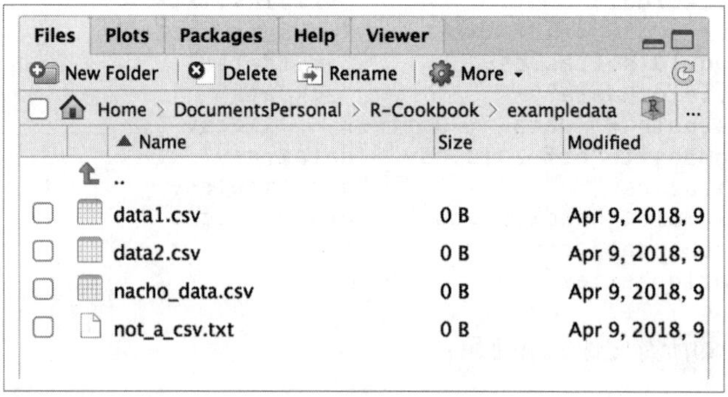

图 4-1：RStudio 的"文件"（Files）窗格

4.4.4 另请参阅

R 中还有其他便捷处理文件的函数，参见 help(files) 命令输出的文档。

4.5 解决无法在 Windows 中打开文件的问题

4.5.1 问题

你在 Windows 系统中运行 R，并且想使用名如 *C:\data\sample.txt* 的文件。R 显示无法打开该文件，但你知道该文件确实存在。

4.5.2 解决方案

文件路径中的反斜杠（\）会导致一些问题。可以通过以下两种方式解决此问题：

- 将反斜杠更改为正斜杠："C:/data/sample.txt"。

- 双写反斜杠："C:\\data\\sample.txt"。

4.5.3 讨论

在 R 中打开文件时，你以字符串的形式给出文件名。当文件地址中包含反斜杠（\），则会出现问题，因为反斜杠在字符串中具有特殊含义。你可能会碰到如下情况：

```
samp <- read_csv("C:\Data\sample-data.csv")
#> Error: '\D' is an unrecognized escape in character string starting ""C:\D"
```

R 会跳过反斜杠后面的字符，然后删除反斜杠。这会留下一个无意义的文件地址，例如本例中的 C:Datasample-data.csv。

简单的解决方案是使用正斜杠代替反斜杠。在 R 中正斜杠没有其他特殊意义，而 Windows 系统将正斜杠作为反斜杠来对待。这样问题解决了：

```
samp <- read_csv("C:/Data/sample-data.csv")
```

另一种解决方案是双写反斜杠，因为在 R 软件中两个反斜杠代表一个反斜杠字符：

```
samp <- read_csv("C:\\Data\\sample-data.csv")
```

4.6 读取固定宽度的数据记录

4.6.1 问题

你希望读取一个固定宽度数据记录的文件，即文件中的数据记录有固定的边界。

4.6.2 解决方案

使用 `readr` 包（它是 tidyverse 的一部分）中的 `read_fwf` 函数，它的主要参数是文件名和字段描述：

```
library(tidyverse)
records <- read_fwf("myfile.txt",
                    fwf_cols(col1 = 10,
                             col2 = 7))
records
```

上述形式使用 `fwf_cols` 参数将列名称和宽度传递给函数。你还可以通过其他方式传递列参数，如下文所述。

4.6.3 讨论

为了将数据读入 R，我们强烈推荐使用 readr 包。虽然 R 中有用于读取文本文件的基础 R 函数，但 readr 改进了这些基本函数，具有更快的性能、更好的默认设置和更大的灵活性。

假设我们要读取整个固定宽度的文件，例如 *fixed-width.txt*，如下所示：

```
Fisher      R.A.       1890 1962
Pearson     Karl       1857 1936
Cox         Gertrude   1900 1978
Yates       Frank      1902 1994
Smith       Kirstine   1878 1939
```

我们需要知道列宽。在这种情况下，每列分别为：

- Last name，10 个字符

- First name，10 个字符

- Year of birth，5 个字符

- Year of death，5 个字符

使用 read_fwf 定义列有五种不同的方法。根据你的情况，选择最容易使用（或记住）的那个：

- 如果列之间有空格，则 read_fwf 可以尝试猜测列宽，并使用 fwf_empty 选项：

```
file <- "./data/datafile.fwf"
t1 <- read_fwf(file,
          fwf_empty(file,
          col_names = c("last", "first", "birth", "death")))
#> Parsed with column specification:
#> cols(
#>   last = col_character(),
#>   first = col_character(),
#>   birth = col_double(),
#>   death = col_double()
#> )
```

- 你可以使用 fwf_widths 参数定义每一列，其中首先包含宽度向量，然后是名称向量：

```
t2 <- read_fwf(file, fwf_widths(c(10, 10, 5, 4),
                    c("last", "first", "birth", "death")))
#> Parsed with column specification:
#> cols(
#>   last = col_character(),
```

```
#>    first = col_character(),
#>    birth = col_double(),
#>    death = col_double()
#> )
```

- 可以使用 fwf_cols 定义每一列，该参数首先给出列名，然后是列宽：

```
t3 <-
  read_fwf("./data/datafile.fwf",
           fwf_cols(
             last = 10,
             first = 10,
             birth = 5,
             death = 5
           ))
#> Parsed with column specification:
#> cols(
#>    last = col_character(),
#>    first = col_character(),
#>    birth = col_double(),
#>    death = col_double()
#> )
```

- 每一列可以使用 fwf_cols 定义起始位置和结束位置：

```
t4 <- read_fwf(file, fwf_cols(
  last = c(1, 10),
  first = c(11, 20),
  birth = c(21, 25),
  death = c(26, 30)
))
#> Parsed with column specification:
#> cols(
#>    last = col_character(),
#>    first = col_character(),
#>    birth = col_double(),
#>    death = col_double()
#> )
```

- 你也可以使用 fwf_positions 定义每一列的起始位置向量、结束位置向量和列名称向量：

```
t5 <- read_fwf(file, fwf_positions(
  c(1, 11, 21, 26),
  c(10, 20, 25, 30),
  c("first", "last", "birth", "death")
))
#> Parsed with column specification:
#> cols(
#>    first = col_character(),
#>    last = col_character(),
#>    birth = col_double(),
#>    death = col_double()
#> )
```

read_fwf 函数返回一个 *tibble*，这是数据框的 tidyverse 风格。正如 tidyverse 软件包所常见的那样，read_fwf 具有很好的默认设置选择，这使得它比使用一些基础 R 函数导入数据更易于使用。例如，默认情况下，read_fwf 会将字符字段作为字符而不是因子导入，这可以防止用户感到痛苦和惊愕。

4.6.4 另请参阅

有关读取文本文件的更多讨论，请参见 4.7 节。

4.7 读取表格数据文件

4.7.1 问题

你希望读取包含空格分隔数据表的文本文件。

4.7.2 解决方案

使用 readr 包中的 read_table2 函数，该函数返回一个 tibble：

```
library(tidyverse)

tab1 <- read_table2("./data/datafile.tsv")
#> Parsed with column specification:
#> cols(
#>   last = col_character(),
#>   first = col_character(),
#>   birth = col_double(),
#>   death = col_double()
#> )
tab1
#> # A tibble: 5 x 4
#>   last    first    birth death
#>   <chr>   <chr>    <dbl> <dbl>
#> 1 Fisher  R.A.      1890  1962
#> 2 Pearson Karl      1857  1936
#> 3 Cox     Gertrude  1900  1978
#> 4 Yates   Frank     1902  1994
#> 5 Smith   Kirstine  1878  1939
```

4.7.3 讨论

表格数据文件非常常见。它们是具有简单格式的文本文件：

* 每行对应一条记录。

* 在每条记录中，不同记录、数据域（或变量）由分隔符分开，比如空格或 tab（制表符）。

* 每条记录包含相同数目的字段。

这种格式的数据比固定宽度的格式更为灵活，因为字段不需要按位置对齐。以下是 4.6
节中数据的表格格式，其中字段之间使用制表符分隔：

```
last    first    birth    death
Fisher  R.A.     1890     1962
Pearson Karl     1857     1936
Cox Gertrude     1900     1978
Yates   Frank    1902     1994
Smith   Kirstine 1878     1939
```

函数 read_table2 旨在对你的数据做出一些好的猜测。它假设你的数据在第一行中具
有列名称。函数 read_table2 会猜测你的分隔符，并根据数据集中的前 1000 条记录
来估算你的列类型。下面是一个以空格分隔数据的示例。

源文件如下所示：

```
last first birth death
Fisher R.A. 1890 1962
Pearson Karl 1857 1936
Cox Gertrude 1900 1978
Yates Frank 1902 1994
Smith Kirstine 1878 1939
```

函数 read_table2 做了一些合理的猜测：

```
t <- read_table2("./data/datafile1.ssv")
#> Parsed with column specification:
#> cols(
#>   last = col_character(),
#>   first = col_character(),
#>   birth = col_double(),
#>   death = col_double()
#> )
print(t)
#> # A tibble: 5 x 4
#>   last    first    birth death
#>   <chr>   <chr>    <dbl> <dbl>
#> 1 Fisher  R.A.      1890  1962
#> 2 Pearson Karl      1857  1936
#> 3 Cox     Gertrude  1900  1978
#> 4 Yates   Frank     1902  1994
#> 5 Smith   Kirstine  1878  1939
```

通常 read_table2 都能猜对。但与其他 readr 导入函数一样，你可以使用显式参数
覆盖默认值：

```
t <-
  read_table2(
    "./data/datafile1.ssv",
    col_types = c(
      col_character(),
```

```
        col_character(),
        col_integer(),
        col_integer()
    )
)
```

如果任何字段包含字符串 "NA"，则 read_table2 假定该值丢失并将其转换为 NA。你的数据文件可能使用不同的字符串来代表缺失值，在这种情况下会使用 na 参数。例如，SAS 中缺失值通常由单个句点（.）表示。我们可以使用 na ="." 来读取这样的文本文件。如果我们有一个名为 *datafile_missing.tsv* 的文件，最后一行的缺失值用 . 表示：

```
last      first       birth    death
Fisher    R.A.        1890     1962
Pearson   Karl        1857     1936
Cox       Gertrude    1900     1978
Yates     Frank       1902     1994
Smith     Kirstine    1878     1939
Cox       David       1924     .
```

我们可以使用如下方式导入：

```
t <- read_table2("./data/datafile_missing.tsv", na = ".")
#> Parsed with column specification:
#> cols(
#>   last = col_character(),
#>   first = col_character(),
#>   birth = col_double(),
#>   death = col_double()
#> )
t
#> # A tibble: 6 x 4
#>   last    first     birth death
#>   <chr>   <chr>     <dbl> <dbl>
#> 1 Fisher  R.A.       1890 1962
#> 2 Pearson Karl       1857 1936
#> 3 Cox     Gertrude   1900 1978
#> 4 Yates   Frank      1902 1994
#> 5 Smith   Kirstine   1878 1939
#> 6 Cox     David      1924   NA
```

我们是自我解释型数据的爱好者：文件中包含介绍其内容的信息。（计算机科学家称文件包含了元数据。）read_table2 函数默认假设文件的第一行是带有列名的标题行。如果你的文件没有列名，可以使用参数 col_names = FALSE 将其关闭。

read_table2 支持的其他类型的元数据是注释行。使用 comment 参数，你可以告诉 read_table2 区分注释行的字符。以下文件顶部有一个以 # 开头的注释行：

```
# The following is a list of statisticians
last first birth death
Fisher R.A. 1890 1962
```

```
Pearson Karl 1857 1936
Cox Gertrude 1900 1978
Yates Frank 1902 1994
Smith Kirstine 1878 1939
```

我们可以导入该文件如下：

```
t <- read_table2("./data/datafile.ssv", comment = '#')
#> Parsed with column specification:
#> cols(
#>   last = col_character(),
#>   first = col_character(),
#>   birth = col_double(),
#>   death = col_double()
#> )
t
#> # A tibble: 5 x 4
#>   last    first     birth death
#>   <chr>   <chr>     <dbl> <dbl>
#> 1 Fisher  R.A.       1890  1962
#> 2 Pearson Karl       1857  1936
#> 3 Cox     Gertrude   1900  1978
#> 4 Yates   Frank      1902  1994
#> 5 Smith   Kirstine   1878  1939
```

`read_table2` 有许多参数用于控制如何读取和解释输入文件。有关详细信息，请参阅帮助页面（`?read_table2`）或 readr 的 vignette（`vignette("readr")`）。如果你对 `read_table` 和 `read_table2` 之间的区别感到好奇，那么可以在帮助文件中查找。但简短的回答是，`read_table` 在文件结构和行长度方面略微不那么宽容。

4.7.4 另请参阅

如果你的数据文件是以逗号作为分隔符，请参阅 4.8 节来读取 CSV 文件。

4.8 读取 CSV 文件

4.8.1 问题

你希望读取逗号分隔值（Comma-Separated Value，CSV）文件中的数据。

4.8.2 解决方案

readr 包中的 `read_csv` 函数是一种快速（根据文档）读取 CSV 文件的方法。如果你的 CSV 文件有标题行，请使用以下命令：

```
library(tidyverse)

tbl <- read_csv("datafile.csv")
```

如果你的 CSV 文件不包含标题行，请将 col_names 选项设置为 FALSE：

```
tbl <- read_csv("datafile.csv", col_names = FALSE)
```

4.8.3 讨论

CSV 文件格式很流行，因为许多程序可以以该格式导入和导出数据，包括 R、Excel、其他电子表格软件、数据库管理器以及大多数统计软件包。CSV 文件是一个表格形式的平面文件，文件的每一行是一行数据，每行包含以逗号分隔的数据项。下面显示了一个非常简单的 CSV 文件，包含三行和三列。第一行是包含列名称的标题行，同时也用逗号分隔：

```
label,lbound,ubound
low,0,0.674
mid,0.674,1.64
high,1.64,2.33
```

read_csv 函数读取数据并创建一个 tibble。除非另有说明，否则该函数假定你的文件具有标题行：

```
tbl <- read_csv("./data/example1.csv")
#> Parsed with column specification:
#> cols(
#>   label = col_character(),
#>   lbound = col_double(),
#>   ubound = col_double()
#> )
tbl
#> # A tibble: 3 x 3
#>   label lbound ubound
#>   <chr>  <dbl>  <dbl>
#> 1 low    0      0.674
#> 2 mid    0.674  1.64
#> 3 high   1.64   2.33
```

注意，read_csv 从 tibble 的标题行中获取了列名。如果文件不包含标题，那么我们将指定 col_names = FALSE，R 将自动生成一系列列名（在本例中为 X1、X2 和 X3）：

```
tbl <- read_csv("./data/example1.csv", col_names = FALSE)
#> Parsed with column specification:
#> cols(
#>   X1 = col_character(),
#>   X2 = col_character(),
#>   X3 = col_character()
#> )
tbl
#> # A tibble: 4 x 3
#>   X1    X2    X3
#>   <chr> <chr> <chr>
```

```
#> 1 label lbound ubound
#> 2 low    0      0.674
#> 3 mid    0.674  1.64
#> 4 high   1.64   2.33
```

有时将元数据放入文件很方便。如果此元数据以公共字符开头，例如井号（#），则我们可以使用 comment = FALSE 参数来忽略元数据行。

read_csv 函数有许多有用的设置，其中一些选项及其默认值包括：

na = c("", "NA")
> 指示哪些值表示缺失值或 NA 值。

comment = ""
> 指示要作为注释或元数据忽略的行。

trim_ws = TRUE
> 指示是否在字段的开头和结尾处删除空格。

skip = 0
> 指示要在文件开头跳过的行数。

guess_max = min(1000, n_max)
> 指示导入列类型时要考虑的行数。

有关所有可用选项的更多详细信息，请参阅 R 帮助页面 help(read_csv)。

如果你有一个数据文件使用分号（;）作为分隔符并使用逗号（,）标十进制数，就像在北美以外常见的那样，那你应该使用 read_csv2 函数，它是为这种情况而构建的。

4.8.4 另请参阅

参见 4.9 节。另请参阅 readr 的 vignette：vignette(readr)。

4.9 写入 CSV 文件

4.9.1 问题

你希望使用逗号分隔符的格式保存矩阵或数据框。

4.9.2 解决方案

tidyverse 中 readr 包的 write_csv 函数可以写入 CSV 文件：

```
library(tidyverse)

write_csv(df, path = "outfile.csv")
```

4.9.3 讨论

write_csv 函数将表格数据以 CSV 格式写入一个 ASCII 文件。每行数据在文件中占用一行，数据间以逗号（,）分隔。我们可以从之前在 4.7 节中创建的数据框 tab1 开始：

```
library(tidyverse)

write_csv(tab1, "./data/tab1.csv")
```

此示例在数据目录中创建了一个名为 *tab1.csv* 的文件，该文件是当前工作目录的子目录。该文件如下所示：

```
last,first,birth,death
Fisher,R.A.,1890,1962
Pearson,Karl,1857,1936
Cox,Gertrude,1900,1978
Yates,Frank,1902,1994
Smith,Kirstine,1878,1939
```

write_csv 具有许多参数，通常具有非常好的默认值。如果你想调整输出，可以使用以下几个参数及其默认值：

col_names = TRUE
    指示第一行是否包含列名。

col_types = NULL
    write_csv 将查看前 1000 行（可以使用 guess_max 进行更改），并对列的数据类型做出明智的猜测。如果你更明确地声明列类型，可以通过将列类型向量传递给参数 col_types 来实现。

na = c("", "NA")
    指示哪些值表示缺失值或 NA 值。

comment = ""
    指示要作为注释或元数据忽略的行。

trim_ws = TRUE
    指示是否在字段的开头和结尾处删除空格。

skip = 0
    指示要在文件开头跳过的行数。

```
guess_max = min(1000, n_max)
```
指示猜测列类型时要考虑的行数。

4.9.4 另请参阅

有关当前工作目录的更多信息，请参阅 3.1 节；有关将数据保存到文件的其他方法，请参阅 4.18 节。有关读取和写入文本文件的更多信息，请参阅 readr 的 vignette:vignette (readr)。

4.10 从网络中读取表格或 CSV 格式数据

4.10.1 问题

你希望直接把网络上的数据读入 R 工作空间。

4.10.2 解决方案

使用 readr 包中的 read_csv 或 read_table2 函数，并以 URL 地址替代原来的文件名。这些函数将直接从远程服务器读取数据：

```
library(tidyverse)

berkley <- read_csv('http://bit.ly/barkley18', comment = '#')
#> Parsed with column specification:
#> cols(
#>   Name = col_character(),
#>   Location = col_character(),
#>   Time = col_time(format = "")
#> )
```

你也可以通过 URL 链接读取数据，这对于读取复杂数据而言可能是更好的方式。

4.10.3 讨论

网络中包含了大量的数据。你可以将数据下载到文件中，然后将文件读入 R，但直接从网络上读取更方便。将 URL 提供给 read_csv、read_table2 或 readr 包中的其他读取函数（取决于数据的格式），它们将为你下载和解析数据。中间不会出差错。

除了使用 URL 之外，该方法类似于 4.8 节中介绍的读取 CSV 文件或 4.15 节中介绍的读取复杂文件，因此这些方法中的所有内容也适用于本方法。

记住：URL 对 FTP 服务器和 HTTP 服务器都有效。这意味着 R 还可以使用 URL 从 FTP 站点读取数据：

```
tbl <- read_table2("ftp://ftp.example.com/download/data.txt")
```

4.10.4 另请参阅

参见 4.8 节和 4.15 节。

4.11 从 Excel 文件读取数据

4.11.1 问题

你希望从 Excel 文件中读取数据。

4.11.2 解决方案

openxlsx 包使得读取 Excel 文件变得简单：

```
library(openxlsx)
df1 <- read.xlsx(xlsxFile = "file.xlsx",
                 sheet = 'sheet_name')
```

4.11.3 讨论

openxlsx 包是用 R 读取和写入 Excel 文件的不错选择。如果我们需要从整个工作表中读取，一个简单的方法是使用 read.xlsx 函数。我们只需要传递一个文件名即可。如果需要，还可以传递我们要导入的工作表的名称：

```
library(openxlsx)

df1 <- read.xlsx(xlsxFile = "data/iris_excel.xlsx",
                 sheet = 'iris_data')
head(df1, 3)
#>   Sepal.Length Sepal.Width Petal.Length Petal.Width Species
#> 1          5.1         3.5          1.4         0.2  setosa
#> 2          4.9         3.0          1.4         0.2  setosa
#> 3          4.7         3.2          1.3         0.2  setosa
```

但 openxlsx 也支持更复杂的工作流程。

常见的模式是将 Excel 文件的指定表导入 R 的数据框。这会比较棘手，因为我们正在读取的工作表可能具有指定表以外的值，但我们只想读取指定的表范围。我们可以使用 openxlsx 中的函数来获取表的位置，然后将该范围的单元读入数据框。

首先，我们将整个工作簿加载到 R：

```
library(openxlsx)
wb <- loadWorkbook("data/excel_table_data.xlsx")
```

然后我们可以使用 getTables 函数来获取 input_data 表中所有 Excel 表的名称和范围，

并选择我们想要的一个表。在此示例中，我们所使用的 Excel 表名为 example_table：

```
tables <- getTables(wb, 'input_data')
table_range_str <- names(tables[tables == 'example_table'])
table_range_refs <- strsplit(table_range_str, ':')[[1]]

# use a regex to extract out the row numbers
table_range_row_num <- gsub("[^0-9.]", "", table_range_refs)

# extract out the column numbers
table_range_col_num <- convertFromExcelRef(table_range_refs)
```

现在，向量 col_vec 包含我们指定表的列数，而 table_range_row_num 包含我们
指定表的行数。然后我们可以使用 read.xlsx 函数仅导入我们需要的行和列：

```
df <- read.xlsx(
  xlsxFile = "data/excel_table_data.xlsx",
  sheet = 'input_data',
  cols = table_range_col_num[1]:table_range_col_num[2],
  rows = table_range_row_num[1]:table_range_row_num[2]
)
```

虽然这看起来很复杂，但与使用包含指定表的高度结构化 Excel 文件的分析师共享数据
时，这种设计模式可以省去很多麻烦。

4.11.4 另请参阅

你可以通过安装 openxlsx 包并运行 vignette('Introduction',package ='openxlsx')
来查看 openxlsx 包的 vignette。

readxl 包（*https://readxl.tidyverse.org/*）是 tidyverse 的一部分，可以快速、简单地读
取 Excel 文件。但是，readxl 当前不支持命名的 Excel 表。

writexl 包（*http://bit.ly/2F90oYs*）是一个快速的轻量级（无依赖关系）包，用于将数
据写入 Excel 文件（在 4.12 节中讨论）。

4.12 将数据框写入 Excel 文件

4.12.1 问题

你想要将 R 数据框写入 Excel 文件。

4.12.2 解决方案

openxlsx 包使得写入 Excel 文件相对容易。虽然 openxlsx 包中有很多选项，但典型

的设置模式是指定 Excel 文件名和工作簿名称：

```
library(openxlsx)
write.xlsx(df,
           sheetName = "some_sheet",
           file = "out_file.xlsx")
```

4.12.3 讨论

openxlsx 包具有大量用于控制 Excel 对象的许多方面的选项。例如，我们可以使用它来设置单元格颜色，定义命名范围和设置单元格轮廓。它还有一些辅助函数，如 write.xlsx 函数，使简单的任务变得非常容易。

当企业使用 Excel 时，最好将所有输入数据保存在 Excel 文件中的一个命名 Excel 表中，这样可以更轻松地访问数据并减少错误。但是，如果使用 openxlsx 包覆盖一个工作表中的一个 Excel 表，则可能存在新数据包含的行数少于其替换的 Excel 表行数的风险。这可能会导致错误，因为你最终会在连续的行中发现旧数据和新数据。解决方案是首先删除现有的 Excel 表，然后将新数据添加回相同的位置，并将新数据分配给指定的 Excel 表。为此，我们需要使用 openxlsx 包中更高级的 Excel 操作功能。

首先，我们使用 loadWorkbook 将 Excel 工作簿完整地读入 R：

```
library(openxlsx)

wb <- loadWorkbook("data/excel_table_data.xlsx")
```

在删除表之前，我们要提取表的起始行和列：

```
tables <- getTables(wb, 'input_data')
table_range_str <- names(tables[tables == 'example_table'])
table_range_refs <- strsplit(table_range_str, ':')[[1]]

# use a regex to extract out the starting row number
table_row_num <- gsub("[^0-9.]", "", table_range_refs)[[1]]

# extract out the starting column number
table_col_num <- convertFromExcelRef(table_range_refs)[[1]]
```

然后我们可以使用 removeTable 函数删除现有的指定 Excel 表：

```
removeTable(wb = wb,
            sheet = 'input_data',
            table = 'example_table')
```

现在我们可以使用 writeDataTable 将（R 自带的）iris 数据框写如 R 中的工作簿对象：

```
writeDataTable(
  wb = wb,
```

```
    sheet = 'input_data',
    x = iris,
    startCol = table_col_num,
    startRow = table_row_num,
    tableStyle = "TableStyleLight9",
    tableName = 'example_table'
)
```

此时我们可以保存工作簿，我们的表会更新。但是，最好在工作簿中保存一些元数据，以便让其他人确切知道数据更新的时间。我们可以使用 writeData 函数执行此操作，然后将工作簿保存到文件并覆盖原始文件。在此示例中，我们将元数据文本放在单元格 B:5 中，然后将工作簿保存回文件，覆盖原始文件：

```
writeData(
  wb = wb,
  sheet = 'input_data',
  x = paste('example_table data refreshed on:', Sys.time()),
  startCol = 2,
  startRow = 5
)

# then save the workbook
saveWorkbook(wb = wb,
            file = "data/excel_table_data.xlsx",
            overwrite = TRUE)
```

生成的 Excel 工作表如图 4-2 所示。

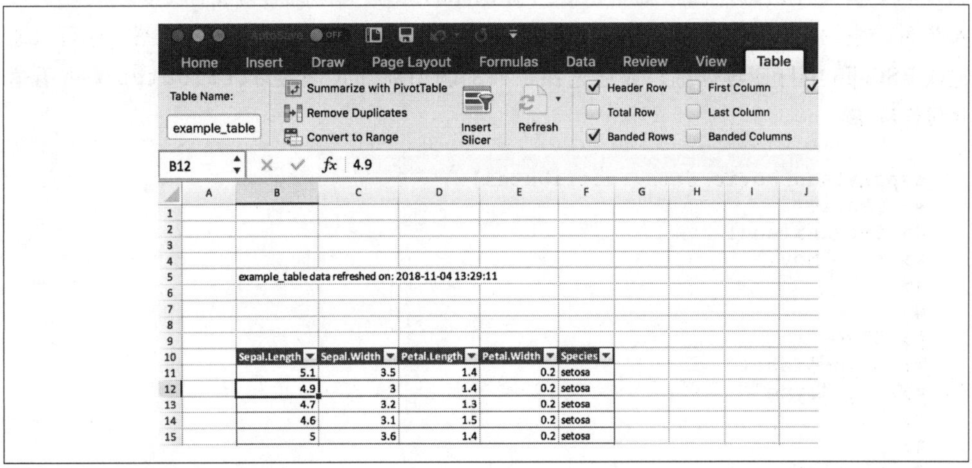

图 4-2：Excel 表和元数据文本

4.12.4 另请参阅

你可以通过安装 openxlsx 包并运行 vignette('Introduction', package =

'openxlsx') 来查看 openxlsx 包的 vignette。

readxl 包是 tidyverse 的一部分，可以快速、简单地读取 Excel 文件（在 4.11 节中讨论）。

writexl 包是一个快速轻量级（无依赖关系）包，可用于将数据写入 Excel 文件。

4.13 从 SAS 文件读取数据

4.13.1 问题

你希望将 SAS 统计分析软件（Statistical Analysis Software）的数据集读入 R 数据框。

4.13.2 解决方案

sas7bdat 包支持将 *.sas7bdat* 文件读入 R：

```
library(haven)

sas_movie_data <- read_sas("data/movies.sas7bdat")
```

4.13.3 讨论

SAS V7 及更高版本都支持 *.sas7bdat* 文件格式。haven 包中的 read_sas 函数支持读取 .sas7bdat 文件格式，包括变量标签。 如果你的 SAS 文件具有可变标签，则将它们导入 R 时，它们将存储在数据框的属性标签中。默认情况下不会输出这些标签。你可以通过在 RStudio 中打开数据框，或通过在每列上调用基础 R 函数 attributes 来查看这些属性标签：

```
sapply(sas_movie_data, attributes)
#> $Movie
#> $Movie$label
#> [1] "Movie"
#>
#>
#> $Type
#> $Type$label
#> [1] "Type"
#>
#>
#> $Rating
#> $Rating$label
#> [1] "Rating"
#>
#>
#> $Year
#> $Year$label
```

```
#> [1] "Year"
#>
#>
#> $Domestic__
#> $Domestic__$label
#> [1] "Domestic $"
#>
#> $Domestic__$format.sas
#> [1] "F"
#>
#>
#> $Worldwide__
#> $Worldwide__$label
#> [1] "Worldwide $"
#>
#> $Worldwide__$format.sas
#> [1] "F"
#>
#>
#> $Director
#> $Director$label
#> [1] "Director"
```

4.13.4 另请参阅

在大文件方面，sas7bdat 包要比 haven 文件慢得多，但它对文件属性的支持更为精细。如果 SAS 元数据对你很重要，那么你可以参考 sas7bdat::read.sas7bdat。

4.14 读取 HTML 表格数据

4.14.1 问题

你希望读取网络中 HTML 网页的表格数据。

4.14.2 解决方案

使用 rvest 包中的 read_html 和 html_table 函数。要阅读页面上的所有表格，请执行以下操作：

```
library(rvest)
library(tidyverse)

all_tables <-
  read_html("url") %>%
  html_table(fill = TRUE, header = TRUE)
```

注意，运行 install.packages('tidyverse') 时会安装 rvest，但它不是核心 tidyverse 包。因此，你必须显式加载该包。

4.14.3 讨论

网页内可以包含多个 HTML 表格数据。使用 read_html(*url*) 函数然后将其写入 html_table 能读取页面上的所有表并将其返回到列表中。这对于浏览页面非常有用，但如果你只想要一个特定的表，则会很麻烦。在这种情况下，可以使用 extract2(*n*) 命令选择第 *n* 个表。

例如，我们从 Wikipedia 文章中提取所有表格：

```
library(rvest)

all_tables <-
  read_html("https://en.wikipedia.org/wiki/Aviation_accidents_and_incidents") %>%
  html_table(fill = TRUE, header = TRUE)
```

read_html 将 HTML 文档中的所有表放入输出列表中。要从该列表中提取单个表，可以使用 magrittr 包中的函数 extract2：

```
out_table <-
  all_tables %>%
  magrittr::extract2(2)

head(out_table)
#>   Year Deaths[53] # of incidents[54]
#> 1 2018      1,040            113[55]
#> 2 2017        399                101
#> 3 2016        629                102
#> 4 2015        898                123
#> 5 2014      1,328                122
#> 6 2013        459                138
```

html_table 函数有两个常用参数，一个是 fill=TRUE，它使用 NA 填充缺失值；另一个是 header=TRUE，表示第一行包含表头名称。

以下示例从名为"World population"的 Wikipedia 页面加载所有表：

```
url <- 'http://en.wikipedia.org/wiki/World_population'
tbls <- read_html(url) %>%
  html_table(fill = TRUE, header = TRUE)
```

事实证明，该页面包含 23 个表格（或者说 html_table 认为可能包含的表格有 23 个）：

```
length(tbls)
#> [1] 23
```

在这个例子中，我们只关心第六个表（按国家/地区列出最大的人口数），所以我们可以使用方括号的形式——tbls [[6]]——访问该元素，或者我们也可以将它从 magrittr 包中传递到 extract2 函数中：

```
library(magrittr)
tbl <- tbls %>%
  extract2(6)
head(tbl, 2)
#>   Rank Country / Territory   Population         Date % of world population
#> 1    1      China[note 4] 1,397,280,000 May 11, 2019                 18.1%
#> 2    2              India 1,347,050,000 May 11, 2019                 17.5%
#>   Source
#> 1   [84]
#> 2   [85]
```

extract2 函数是 R 软件中 [[i]] 语法的"管道"版本：它从列表中提取单个列表元素。extract 函数类似于 [i]，它将元素 i 从原始列表返回到长度为 1 的列表中。

在该表中，第 2 列和第 3 列分别包含国家 / 地区名称和人口：

```
tbl[, c(2, 3)]
#>      Country / Territory   Population
#> 1          China[note 4] 1,397,280,000
#> 2                  India 1,347,050,000
#> 3          United States   329,181,000
#> 4              Indonesia   265,015,300
#> 5               Pakistan   212,742,631
#> 6                 Brazil   209,889,000
#> 7                Nigeria   188,500,000
#> 8             Bangladesh   166,532,000
#> 9        Russia[note 5]   146,877,088
#> 10                 Japan   126,440,000
```

马上我们可以看到数据存在问题：中国和俄罗斯的名字附有 [note 4] 和 [note 5]。在维基百科网站上，这些是脚注参考，但现在我们并不需要这些文本。除此之外，人口数量还包含逗号，因此你无法轻易将其转换为原始数字。所有这些问题都可以通过一些字符串处理来解决，但每个问题至少会为该过程增加一个步骤。

这说明了阅读 HTML 表格的主要障碍。HTML 旨在向人们而不是计算机呈现信息。当你从 HTML 页面"获取"信息时，你得到的东西对人们有用但对计算机很烦人。如果你有选择，请尝试面向计算机的数据表示形式，例如 XML、JSON 或 CSV。

 read_html(url) 和 html_table 函数是 rvest 包的一部分，它（有必要）庞大而复杂。每当你从专为人类读者而不是机器设计的网站中提取数据时，我们希望你进行后期处理以清理不必要的信息。

4.14.4 另请参阅

有关如何下载和安装 rvest 等软件包，请参阅 3.10 节。

4.15 读取复杂格式数据文件

4.15.1 问题

你希望读取一个复杂或非常规格式的数据文件。

4.15.2 解决方案

使用 readLines 函数读取各行，然后将它们作为字符串处理以提取数据项。

或者，使用 scan 函数读取每一个单元，并使用 what 参数描述文件中单元流。该函数可以将单元转换为数据，然后将数据组合成数据记录。

4.15.3 讨论

如果所有数据都用整齐的表格形式存放，那么工作将变得很轻松。我们可以使用 readr 包中的一个函数读取这些文件，然后轻松完成任务。

然而实际中并未如此完美！

你总会遇到某种奇异的文件格式，而你的工作是将文件的内容读入 R。

read.table 和 read.csv 函数是面向行来读取数据的，因此可能对这种数据无能为力。然而，readLines 和 scan 函数能解决这类问题，因为它们允许你基于每一行甚至每一个单元读取数据。

readLines 函数非常简单。它从文件中读取各行并将其作为字符串列表返回：

```
lines <- readLines("input.txt")
```

你可以使用参数 n 限制要读入的最大行数：

```
lines <- readLines("input.txt", n = 10)       # Read 10 lines and stop
```

scan 函数内容更为丰富。它一次读取一个单元（token），并根据指令进行处理。其中第一个参数是文件名或链接，第二个参数称为 what，描述 scan 函数所期望的输入文件的单元。what 参数的描述比较神秘但很奇妙：

what=numeric(0)

　　将下一个单元译为数值。

what=integer(0)

　　将下一个单元译为整数。

```
what=complex(0)
```
将下一个单元译为复合型数值。

```
what=character(0)
```
将下一个单元译为字符串。

```
what=logical(0)
```
将下一个标记解释为逻辑值。

scan 函数会重复执行给定的模式，直到读取了所有数据。

假设你的文件含有一列简单的数据，如下所示：

```
2355.09 2246.73 1738.74 1841.01 2027.85
```

使用 what=numeric(0) 参数表达"该文档内包含一系列数值型单元"：

```
singles <- scan("./data/singles.txt", what = numeric(0))
singles
#> [1] 2355.09 2246.73 1738.74 1841.01 2027.85
```

scan 函数的一大特性是，what 参数可以是包含多种单元类型的列表。scan 函数假定
数据文件会重复这个单元类型列表。例如，假定文件中包含三元组数据形式：

```
15-Oct-87 2439.78 2345.63 16-Oct-87 2396.21 2207.73
19-Oct-87 2164.16 1677.55 20-Oct-87 2067.47 1616.21
21-Oct-87 2081.07 1951.76
```

以列表的形式预先告知 scan 函数，数据文件会出现三个单元重复出现的序列：

```
triples <-
  scan("./data/triples.txt",
      what = list(character(0), numeric(0), numeric(0)))
triples
#> [[1]]
#> [1] "15-Oct-87" "16-Oct-87" "19-Oct-87" "20-Oct-87" "21-Oct-87"
#>
#> [[2]]
#> [1] 2439.78 2396.21 2164.16 2067.47 2081.07
#>
#> [[3]]
#> [1] 2345.63 2207.73 1677.55 1616.21 1951.76
```

对列表中的元素添加名称，scan 函数会将这些名称添加至对应的数据中：

```
triples <- scan("./data/triples.txt",
                what = list(
                    date = character(0),
                    high = numeric(0),
```

```
                     low = numeric(0)
                 ))
    triples
    #> $date
    #> [1] "15-Oct-87" "16-Oct-87" "19-Oct-87" "20-Oct-87" "21-Oct-87"
    #>
    #> $high
    #> [1] 2439.78 2396.21 2164.16 2067.47 2081.07
    #>
    #> $low
    #> [1] 2345.63 2207.73 1677.55 1616.21 1951.76
```

使用 `data.frame` 命令可以很容易地将其转换为数据框：

```
    df_triples <- data.frame(triples)
    df_triples
    #>        date     high      low
    #> 1 15-Oct-87 2439.78 2345.63
    #> 2 16-Oct-87 2396.21 2207.73
    #> 3 19-Oct-87 2164.16 1677.55
    #> 4 20-Oct-87 2067.47 1616.21
    #> 5 21-Oct-87 2081.07 1951.76
```

`scan` 函数还有许多其他的使用方法，以下几个技巧特别有用：

n=number

读取 *number* 个数据后停止读取（默认一直读取至文件末尾）。

nlines=number

读取 *number* 行数据后停止读取（默认一直读取至文件末尾）。

skip=number

读取数据前先跳过 *number* 行后再开始读取。

na.strings=list

将 *list* 中的字符串解释为 NA。

4.15.4 示例

我们使用该方法从 StatLib 中读取数据，StatLib 是由卡内基梅隆大学建立和维护的统计软件和数据库。Jeff Witmer 提供了一个名为 `wseries` 的数据集，显示了自 1903 年以来每次世界杯的输赢情况。该数据集存储在一个 ASCII 文件中，其中有 35 行注释，之后是 23 行数据。其中部分数据如下所示：

```
    1903  LWLlwwwW     1927  wwWW     1950  wwWW     1973  WLwllWW
    1905  wLwWW        1928  WWww     1951  LWlwwW   1974  wlWWW
    1906  wLwLwW       1929  wwLWW    1952  lwLWLww  1975  lwWLWlw
    1907  WWww         1930  WWllwW   1953  WWllwW   1976  WWww
```

```
1908  wWLww        1931  LWwlwLW   1954  WWww      1977  WLwwlW
.
. (etc.)
.
```

该数据的编码如下：L 表示在主场输球，l 表示在客场输球，W 表示在主场获胜，w 表示在客场获胜。数据以列而非行的形式存储。这增加了处理的难度。

以下通过 R 软件读取这些数据：

```
# Read the wseries dataset:
#     - Skip the first 35 lines
#     - Then read 23 lines of data
#     - The data occurs in pairs: a year and a pattern (char string)
#
world.series <- scan(
  "http://lib.stat.cmu.edu/datasets/wseries",
  skip = 35,
  nlines = 23,
  what = list(year = integer(0),
              pattern = character(0)),
)
```

scan 函数返回一个列表，其中包含两个元素：year 和 pattern。函数 scan 按从左到右的顺序读取数据，但由于数据以列的形式存储，因此显示结果的顺序较为奇怪：

```
world.series$year
#>  [1] 1903 1927 1950 1973 1905 1928 1951 1974 1906 1929 1952 1975 1907 1930
#> [15] 1953 1976 1908 1931 1954 1977 1909 1932 1955 1978 1910 1933 1956 1979
#> [29] 1911 1934 1957 1980 1912 1935 1958 1981 1913 1936 1959 1982 1914 1937
#> [43] 1960 1983 1915 1938 1961 1984 1916 1939 1962 1985 1917 1940 1963 1986
#> [57] 1918 1941 1964 1987 1919 1942 1965 1988 1920 1943 1966 1989 1921 1944
#> [71] 1967 1990 1922 1945 1968 1991 1923 1946 1969 1992 1924 1947 1970 1993
#> [85] 1925 1948 1971 1926 1949 1972
```

可以将列表根据年的顺序排列来解决这个问题：

```
perm <- order(world.series$year)
world.series <- list(year    = world.series$year[perm],
                     pattern = world.series$pattern[perm])
```

现在数据按时间顺序显示：

```
world.series$year
#>  [1] 1903 1905 1906 1907 1908 1909 1910 1911 1912 1913 1914 1915 1916 1917
#> [15] 1918 1919 1920 1921 1922 1923 1924 1925 1926 1927 1928 1929 1930 1931
#> [29] 1932 1933 1934 1935 1936 1937 1938 1939 1940 1941 1942 1943 1944 1945
#> [43] 1946 1947 1948 1949 1950 1951 1952 1953 1954 1955 1956 1957 1958 1959
#> [57] 1960 1961 1962 1963 1964 1965 1966 1967 1968 1969 1970 1971 1972 1973
#> [71] 1974 1975 1976 1977 1978 1979 1980 1981 1982 1983 1984 1985 1986 1987
#> [85] 1988 1989 1990 1991 1992 1993
```

```
world.series$pattern
#>  [1] "LWLlwwwW"  "wLwWW"     "wLwLwW"    "Wwww"      "wWLww"     "WLwlWlw"
#>  [7] "WWwlw"     "lWwWlW"    "wLwWllLW"  "wLwWw"     "wwWW"      "lwWWw"
#> [13] "WWlwW"     "WWllWw"    "wlwWLW"    "WWlwwLLw"  "wllWWWW"   "LlWwLwww"
#> [19] "WWwW"      "LwLwWw"    "LWlwlWW"   "LWllwWW"   "lwWLLww"   "wwWW"
#> [25] "WWww"      "wwLWW"     "WWllwW"    "LWwlwLW"   "WWwW"      "WWlww"
#> [31] "wlWLLww"   "LWwwlW"    "lwWWLw"    "WWwlw"     "wwWW"      "WWww"
#> [37] "LWlwlWW"   "WLwww"     "LWwww"     "WLWww"     "LWlwwW"    "LWLwwlw"
#> [43] "LWlwlww"   "WWllwLW"   "lwWWWLw"   "WLwww"     "wwWW"      "LWlwwW"
#> [49] "lwWLWLww"  "WWllwW"    "Wwww"      "llWWWlw"   "llWWWlw"   "lwLWWlw"
#> [55] "llWLWww"   "lwWWWLw"   "WLlwwLW"   "WLwww"     "wlWLWlw"   "wwwW"
#> [61] "WLlwwLW"   "llWWWlw"   "wwwW"      "wlWWLlw"   "lwLLWww"   "lwWWW"
#> [67] "wwwWLW"    "llWWWlw"   "wwLWLlw"   "WLwllWW"   "wlWWW"     "lwWLWlw"
#> [73] "WWww"      "WLwwlW"    "llWWWw"    "lwLLWww"   "WWllwW"    "llWWWw"
#> [79] "LWwllWW"   "LWwww"     "wlWWW"     "LLwlwWW"   "LLwwlWW"   "WWlllWW"
#> [85] "WWlww"     "WWww"      "WWww"      "WWlllWW"   "lwWWLw"    "WLwwlW"
```

4.16 读取 MySQL 数据库中的数据

4.16.1 问题

你希望读取 MySQL 数据库中的数据。

4.16.2 解决方案

遵循以下步骤：

1. 在计算机上安装 RMySQL 软件包并添加用户和密码。

2. 使用 DBI::dbConnect 函数打开数据库连接。

3. 使用 dbGetQuery 发起一个 SELECT，并返回结果集。

4. 完成后，使用 dbDisconnect 终止与数据库的连接。

4.16.3 讨论

使用此方法前需要在计算机上安装 RMySQL 包。反过来，该 R 包需要 MySQL 客户端程序。如果尚未在系统上安装和配置该程序，请查阅 MySQL 帮助文档，或向系统管理员寻求帮助。

使用 dbConnect 函数建立与 MySQL 数据库的连接。它返回一个连接对象，用于后续调用 RMySQL 函数：

```
library(RMySQL)

con <- dbConnect(
```

```
    drv = RMySQL::MySQL(),
    dbname = "your_db_name",
    host = "your.host.com",
    username = "userid",
    password = "pwd"
)
```

这里的用户名（username）、密码（password）和主机（host）等参数与通过 mysql 客户端程序访问 MySQL 的参数相同。这里给出的示例把这几个参数硬编码到 dbConnect 函数调用中，但实际上这是一种不明智的做法。因为它将你的密码放在纯文本文档中，从而产生安全问题。每当密码或主机发生变化时，它也会造成严重的问题，需要你搜索硬编码的值并进行修改。我们强烈建议使用 MySQL 的安全机制作为替代。MySQL 版本 8 引入了更高级的安全选项，但目前这些尚未内置到 RMySQL 客户端中。因此，我们建议你在 MySQL 配置文件（Unix 上的 *$HOME/.my.cnf* 和 Windows 上的 *C:\my.cnf*）中设置 default-authentication-plugin = mysql_native_password，进而使用 MySQL 本机密码。我们使用 loose-local-infile = 1 来确保我们有权写入数据库。确保除你之外的任何人都无法读取该文件。文件内以标记符分隔内容，例如 [mysqld] 和 [client]。将参数放入 [client] 部分中，此时配置文件包含以下内容：

```
[mysqld]
default-authentication-plugin=mysql_native_password
loose-local-infile=1

[client]
loose-local-infile=1
user="jdl"
password="password"
host=127.0.0.1
port=3306
```

只要在配置文件中设定好这些参数，就不再需要在调用 dbConnect 时提供它们，这样便简化了操作过程：

```
con <- dbConnect(
  drv = RMySQL::MySQL(),
  dbname = "your_db_name")
```

使用 dbGetQuery 函数将 SQL 语句提交到数据库，并读取结果集。完成该操作，首先需要有一个开放数据库链接：

```
sql <- "SELECT * from SurveyResults WHERE City = 'Chicago'"
rows <- dbGetQuery(con, sql)
```

你可以不局限于使用 SELECT 语句。任何能够生成结果集的 SQL 语句都可以。例如，如果你的 SQL 封装在存储过程中并且这些存储过程包含嵌入式的 SELECT 语句，则通常使用 CALL 语句。

使用 dbGetQuery 很方便，因为它将结果集打包到数据框中并返回数据框。这是 SQL 结果集的完美表示。结果集会以行和列格式的表格数据显示，数据框也是如此。结果集中列的名称由 SQL 的 SELECT 语句确定，R 把这些名称用于数据框的列名称。

重复调用 dbGetQuery 以执行多个查询。完成后，使用 dbDisconnect 断开数据库连接：

```
dbDisconnect(con)
```

下面是从股价数据库中读取和显示三行数据的完整过程。查询 IBM 股票在 2008 年最后 3 天的价格。假定在 *my.cnf* 文件中定义了 usrname、password、dbname 和 host 参数：

```
con <- dbConnect(RMySQL::MySQL())
sql <- paste(
  "select * from DailyBar where Symbol = 'IBM'",
  "and Day between '2008-12-29' and '2008-12-31'"
)
rows <- dbGetQuery(con, sql)

dbDisconnect(con)
print(rows)

##   Symbol        Day       Next OpenPx HighPx LowPx ClosePx AdjClosePx
## 1    IBM 2008-12-29 2008-12-30  81.72  81.72 79.68   81.25      81.25
## 2    IBM 2008-12-30 2008-12-31  81.83  83.64 81.52   83.55      83.55
## 3    IBM 2008-12-31 2009-01-02  83.50  85.00 83.50   84.16      84.16
##   HistClosePx  Volume OpenInt
## 1       81.25 6062600      NA
## 2       83.55 5774400      NA
## 3       84.16 6667700      NA
```

4.16.4 另请参阅

有关 RMySQL 的配置和使用方法，请参阅 3.10 节和相应的帮助文档。

有关如何在不编写任何 SQL 语句的情况下从 SQL 数据库获取数据的信息，请参阅 4.17 节。

R 可以从其他几个 RDBMS 中读取数据，包括 Oracle、Sybase、PostgreSQL 和 SQLite。有关详细信息，请参阅 R 基础发行版中自带的 *R Data Import/Export* 指南（参见 1.7 节），也可在 CRAN（*http://cran.r-project.org/doc/manuals/R-data.pdf*）上获得。

4.17 通过 dbplyr 访问数据库

4.17.1 问题

你想要访问数据库，但是你不想编写 SQL 代码来处理数据并将结果返回给 R。

4.17.2 解决方案

除了作为数据操作的语法之外，tidyverse 包 dplyr 还可以与 dbplyr 包一起将 dplyr 命令转换为 SQL 语句。

让我们使用 RSQLite 建立一个示例数据库。然后我们将连接到它并使用 dplyr 包和 dbplyr 包来提取数据。

我们首先通过将 msleep 示例数据加载到内存中的 SQLite 数据库来设置示例表：

```
con <- DBI::dbConnect(RSQLite::SQLite(), ":memory:")
sleep_db <- copy_to(con, msleep, "sleep")
```

现在在数据库中有一个表，我们可以从 R 创建一个对它的引用：

```
sleep_table <- tbl(con, "sleep")
```

sleep_table 对象是数据库中表的一种指针或别名。但是，dplyr 会将其视为常规的 tidyverse 的 tibble 或数据框，因此你可以使用 dplyr 和其他 R 命令对其进行操作。让我们从中选择睡眠不到三小时的所有动物：

```
little_sleep <- sleep_table %>%
  select(name, genus, order, sleep_total) %>%
  filter(sleep_total < 3)
```

当我们执行上述命令时，dbplyr 包不会获取数据。但它确实构建了查询并做好了准备。可以使用 show_query 查看 dplyr 构建的查询：

```
show_query(little_sleep)
#> <SQL>
#> SELECT *
#> FROM (SELECT `name`, `genus`, `order`, `sleep_total`
#> FROM `sleep`)
#> WHERE (`sleep_total` < 3.0)
```

要将数据恢复到本地计算机，请使用 collect 函数：

```
local_little_sleep <- collect(little_sleep)
local_little_sleep
#> # A tibble: 3 x 4
#>   name        genus         order           sleep_total
#>   <chr>       <chr>         <chr>                   <dbl>
#> 1 Horse       Equus         Perissodactyla            2.9
#> 2 Giraffe     Giraffa       Artiodactyla              1.9
#> 3 Pilot whale Globicephalus Cetacea                   2.7
```

4.17.3 讨论

当你仅编写 dplyr 命令来访问 SQL 数据库时，你可以不必从一种语言切换到另一种语言再返回结果，这样可以提高工作效率。另一种方法是将大块 SQL 代码存储为 R 脚本中的文本字符串，或者将 SQL 放在由 R 读入的单独文件中。

通过允许 dplyr 在后台创建 SQL，你可以不必维护单独的 SQL 代码来提取数据。

dbplyr 软件包使用 DBI 连接到你的数据库，因此需要一个 DBI 后端软件包来访问数据库。

一些常用的 DBI 后端包是：

odbc

　　使用开放式数据库连接（Open Database Connectivity，ODBC）协议连接到许多不同的数据库。当你连接到 Microsoft SQL Server 时，这通常是最佳选择。ODBC 在 Windows机器上通常很简单，但可能需要花费大量精力才能在 Linux 或 macOS 中工作。

RPostgreSQL

　　用于连接 Postgres 和 Redshift。

RMySQL

　　用于连接 MySQL 和 MariaDB。

RSQLite

　　用于连接硬盘或内存中的 SQLite 数据库。

bigrquery

　　用于连接 Google 的 BigQuery。

 此处讨论的每个 DBI 后端程序包都列在 CRAN 上，可以使用常用的 install.
packages（'*packagename*'）命令进行安装。

4.17.4 另请参阅

有关使用 R 和 RStudio 连接数据库的更多信息，请参阅 *https://db.rstudio.com/*。

有关 dbplyr 包中 SQL 语句转换的更多详细信息，请通过 vignette("sql-translation")
或 *http://bit.ly/2wVCOKe* 参阅 sql-translation 的 vignette。

4.18 保存和传送对象

4.18.1 问题

你希望保存一个或多个 R 对象以便于以后使用，或者希望将该 R 对象从一台计算机复制到另一台计算机。

4.18.2 解决方案

使用 save 函数将对象写入文件:

```
save(tbl, t, file = "myData.RData")
```

在自己的计算机或其他支持 R 软件的平台中,使用 load 函数读取该文件的内容:

```
load("myData.RData")
```

函数 save 以二进制数据方式保存数据。若要以 ASCII 码格式保存,可以使用 dput 或 dump 函数:

```
dput(tbl, file = "myData.txt")
dump("tbl", file = "myData.txt")     # Note quotes around variable name
```

4.18.3 讨论

假设你发现自己需要将大型复杂数据对象加载到其他工作空间,或者想要在 Linux 系统和 Windows 系统之间移动 R 对象。load 和 save 函数能帮助你完成以下这些操作: save 函数能将对象存储在一个跨平台的可携带的文件中; load 函数能读取这类文件。

当使用 load 函数时,其本身不会返回数据,而是在工作空间中创建一些变量,将文件中的数据加载到这些变量中,然后(以向量的形式)返回变量的名称。第一次运行 load 函数时,你可能会想要这样做:

```
myData <- load("myData.RData")      # Achtung! Might not do what you think
```

我们来看看 myData 是什么:

```
myData
#> [1] "tbl" "t"
str(myData)
#>  chr [1:2] "tbl" "t"
```

这可能令人费解,因为 myData 根本不包含你的数据。第一次遇到它时,这可能会让人感到困惑和沮丧。

还有一些其他事情要记住。首先,save 函数以二进制格式写入文件,以防止文件过大,有时你需要以 ASCII 码格式输出。例如,当你向邮件列表或 Stack Overflow 提交问题时,同时包含一段 ASCII 码数据代码可以允许其他人重现问题。在这种情况下,可以使用 dput 或 dump 函数,它将结果以 ASCII 码格式输出。

对特殊 R 包中的对象进行保存和加载时尤其需要注意。加载对象时,R 不会自动加载所需的 R 包,因此除非你之前自己加载了包,否则它无法"理解"该对象的内容。例如,假设我们有一个由 zoo 包创建的名为 z 的对象,我们将该对象保存在一个名为 z.RData

的文件中。以下命令会造成系统的误解：

```
load("./data/z.RData")    # Create and populate the z variable
plot(z)                    # Does not plot as expected: zoo pkg not loaded
```

图 4-3 显示了得到的图像，它只是一些点。

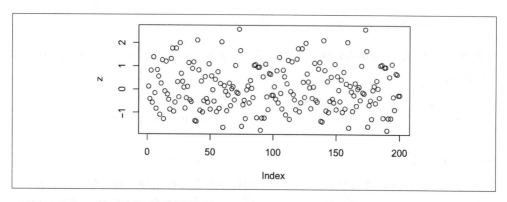

图 4-3: 没有加载 zoo 包时的绘图结果

我们需要在显示或绘制 zoo 数据前，先载入 zoo 包如下：

```
library(zoo)              # Load the zoo package into memory
load("./data/z.RData")    # Create and populate the z variable
plot(z)                    # Ahhh. Now plotting works correctly
```

你可以在图 4-4 中看到结果。

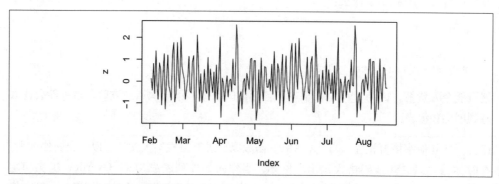

图 4-4: 加载 zoo 包后的绘图结果

4.18.4 另请参阅

如果你只是保存并加载单个数据框或其他 R 对象，则应考虑 **write_rds** 和 **read_rds** 函数。这些函数没有像 load 函数那样的"副作用"。

第 5 章

数据结构

在第 2 章中讨论过，在 R 中运用向量（vector），便可以得到很多结果。本章对向量以外的 R 数据结构进行探讨，讨论矩阵（matrix）、列表（list）、因子（factor）、数据框（data frame）以及 tibble（一种特殊的数据框）等数据结构。如果你学习过数据结构的相关概念，这里建议你先将它们搁置一边。因为 R 软件的数据结构与其他语言的数据结构有所不同。在开始介绍本章之前，我们将快速浏览一下 R 中的不同数据结构。

如果你想要学习技术层面的 R 软件数据结构，我建议你阅读 *R in a Nutshell*（*https://oreil.ly/2wUtwyf*）和 *R Language Definition*（*https://cran.r-project.org/doc/manuals/R-lang.pdf*）这两本书。本书的注解相对非正式。当我们开始使用 R 软件时，以下这些是我们所希望了解的概念。

向量

向量的主要性质包括：

向量是同质的
　　一个向量的所有元素（element）必须具有相同的类型，或者用 R 的术语讲，有相同的模式（mode）。

向量可按照位置进行索引
　　因此 v[2] 指代向量 v 的第二个元素。

向量可按照多重位置索引，返回一个子向量
　　因此 v[c(2,3)] 是向量 v 的一个子向量（subvector），由 v 的第二个元素和第三个元素组成。

向量的元素可以被命名

　　向量具有一个名称（names）属性，该属性的长度（length）与向量本身的长度相同，为向量元素提供名称：

```
v <- c(10, 20, 30)
names(v) <- c("Moe", "Larry", "Curly")
print(v)
#>    Moe Larry Curly
#>    10    20    30
```

如果向量元素具有名称，则可以按名称选择它们

　　继续上一个例子：

```
v[["Larry"]]
#> [1] 20
```

列表

列表的主要性质包括：

列表是非同质的

　　列表（list）可以包含不同类型的元素——用 R 软件术语来说，列表元素可以具有不同的类型。列表甚至可以包含其他结构对象，例如列表和数据框；这允许创建循环的数据结构。

列表可按位置索引

　　因此 lst[[2]] 指列表 lst 的第二个元素。注意这里的双方括号。双括号意味着 R 可以以任何类型返回元素。

列表允许你从中抽取子列表

　　因此 lst[c(2,3)] 是 lst 的子列表，由原来列表 lst 的第二个元素和第三个元素组成。注意，这里用的是单个方括号。单括号表示 R 将以一个列表来返回项目（item）。如果使用单个括号内的单个元素（例如 lst[2]）来提取数据，则 R 将返回长度为 1 的列表，其中第一个项目是所需的项目。

列表元素可以具有名称

　　lst[["Moe"]] 和 lst$Moe 都代表列表 lst 中名为"Moe"的元素。

由于列表是非同质的，并且由于它们的元素可以按照名称检索，因此列表就像其他编程语言中的字典（dictionary）、散列（hash）或查找表（lookup table）一样（参见 5.9 节中的讨论）。

令人惊讶的是，与大多数其他编程语言不同，在 R 软件中列表也可以按位置索引。

模式：实体类型

在 R 软件中，每个对象都有一个模式，它表明该对象如何存储在存储器中：作为数值型（number）、字符串型（character string）、指向其他对象的指针列表（list of pointers），或者作为一个函数（function）等（参见表 5-1）。

表 5-1：R 对象模式映射

对象	例子	模式
数字	3.1415	数值
数字向量	c(2.7182, 3.1415)	数值
字符串	"Moe"	字符
字符串向量	c("Moe", "Larry", "Curly")	字符
因子	factor(c("NY", "CA", "IL"))	数值
列表	list("Moe", "Larry", "Curly")	列表
数据框	data.frame(x=1:3, y=c("NY", "CA", "IL"))	列表
函数	print	函数

R 中的函数 mode 给出 R 对象的模式信息：

```
mode(3.1415)                          # Mode of a number
#> [1] "numeric"
mode(c(2.7182, 3.1415))               # Mode of a vector of numbers
#> [1] "numeric"
mode("Moe")                           # Mode of a character string
#> [1] "character"
mode(list("Moe", "Larry", "Curly"))   # Mode of a list
#> [1] "list"
```

向量和列表的主要区别是：

- 在一个向量中，所有元素必须具有相同的类型。

- 在一个列表中，元素可以具有不同的类型。

类：抽象类型

在 R 中，每个对象（object）同样有一个定义它们抽象类型的类（class）。该术语从面向对象的程序设计中借用而来。单个数字可以表示许多不同的含义：一段距离、一个时间点或者重量。由于所有这些对象存储为数字，它们都具有"numeric"模式，然而它们可以用不同的类来表明其含义。

例如，一个日期（Date）对象由单个数值构成：

```
d <- as.Date("2010-03-15")
mode(d)
#> [1] "numeric"
length(d)
#> [1] 1
```

它有一个日期类（Date），告诉我们如何解释这个数值——1970 年 1 月 1 日以来的天数：

```
class(d)
#> [1] "Date"
```

在 R 软件中，对象所在的类将决定如何处理这个对象。例如，泛型函数 print 具有专用版本（称为方法），用于根据类（class）打印对象，属于类 data.frame、Date、lm 等的对象有不同的打印处理。当你打印一个对象时，R 软件根据对象的类调用适当的打印函数。

纯量

纯量（Scalars）的奇特之处在于它们与向量的关系。在某些软件中，纯量和向量是两个不同的东西。在 R 中，它们是相同的：纯量只是仅包含一个元素的向量。在本书中，我们常使用术语"纯量"，但这只是"拥有唯一元素的向量"的简写。

考虑 R 中的常量 pi。它是一个纯量：

```
pi
#> [1] 3.14
```

鉴于纯量是单元素的向量，因此可以对 pi 使用向量函数：

```
length(pi)
#> [1] 1
```

你可以索引它。第一个（也是唯一的）元素当然是 π：

```
pi[1]
#> [1] 3.14
```

如果你要寻找第二个元素，那么你将一无所获：

```
pi[2]
#> [1] NA
```

矩阵

在 R 软件中，矩阵（matrix）只是具有维度（dimension）的向量。一开始看起来可能很奇怪，但你可以简单地通过赋予维数将向量简单地转换为矩阵。

向量有一个名为维数 dim 的属性，其初始值为 NULL，如下所示：

```
A <- 1:6
dim(A)
#> NULL
print(A)
#> [1] 1 2 3 4 5 6
```

当设置一个向量的 dim 属性时，便将维度赋予了它。现在我们将向量维数设置成 2×3 并输出它，看看会发生什么：

```
dim(A) <- c(2, 3)
print(A)
#>      [,1] [,2] [,3]
#> [1,]    1    3    5
#> [2,]    2    4    6
```

瞧！这个向量被重塑成了一个 2×3 的矩阵。

矩阵也可以由列表来创建。像向量一样，列表有一个 dim 属性，其初始值为 NULL：

```
B <- list(1, 2, 3, 4, 5, 6)
dim(B)
#> NULL
```

如果我们设置 dim 属性，它将给列表一个形式：

```
dim(B) <- c(2, 3)
print(B)
#>      [,1] [,2] [,3]
#> [1,] 1    3    5
#> [2,] 2    4    6
```

瞧！我们已将列表转换为 2×3 矩阵。

数组

对矩阵的讨论可以推广到三维甚至是 *n* 维结构。只需将更多的维数指定给相关向量（或列表）。以下示例创建了一个 2×3×2 的三维数组：

```
D <- 1:12
dim(D) <- c(2, 3, 2)
print(D)
#> , , 1
#>
#>      [,1] [,2] [,3]
#> [1,]    1    3    5
#> [2,]    2    4    6
```

```
#>
#> , , 2
#>
#>      [,1] [,2] [,3]
#> [1,]   7    9   11
#> [2,]   8   10   12
```

注意，由于不可能在二维介质中输出三维结构，R 软件一次仅输出结构的一个"片段"。

让我们感到非常奇怪的是，仅仅将 dim 属性赋予一个列表。就能将该列表转换成矩阵。这变得更加奇怪了。

考虑到列表可以是异质的（混合类型）。我们可以从一个异质的列表开始，赋予它维度，从而创建一个异质矩阵。以下代码段创建一个由数值和字符数据组成的矩阵：

```
C <- list(1, 2, 3, "X", "Y", "Z")
dim(C) <- c(2, 3)
print(C)
#>      [,1] [,2] [,3]
#> [1,] 1    3    "Y"
#> [2,] 2    "X"  "Z"
```

对我们来说，这很奇怪，因为我们通常认为矩阵纯粹是数值的，而不是非数值和字母的混合。R 软件没有这种限制。

出现一个异质矩阵的可能性看似有种强大而不可思议的魅力。然而，当你使用矩阵进行标准的矩阵运算时，会产生问题。例如，当矩阵 C（来自前一个例子）用于矩阵乘法时会发生什么？如果将其转换为数据框会发生什么？这时候，会得到很奇怪的答案。

在本书中，我们通常忽略异质矩阵这一"病态"情况。假设你应用的是一个简单的、纯数值的矩阵。如果矩阵包含混合数据，某些涉及矩阵的方法可能会产生奇怪的效果（或者根本没有结果输出）。例如，将这样的混合矩阵转换成向量或数据框时会出现问题（参见 5.29 节）。

因子

因子（factor）看起来和向量相似，但它具有特殊的性质。R 软件记录向量中的唯一值，并且每个唯一值称为关联因子的水平（level）。R 软件对因子使用精简的表示方法，使其能在数据框中有效存储。在其他程序设计语言中，一个因子会由一个枚举值的向量来表示。

以下是因子的两个关键作用：

分类变量

　　一个因子可以代表一个分类变量。分类变量用于列联表（contingency table）、线性回归（linear regression）、方差分析（ANOVA）、逻辑回归（logistic regression）以及许多其他领域。

分组

这是一种根据数据组别来分类或标记数据项的技术。详见第 6 章。

数据框

数据框（data frame）是一种强大且灵活的结构。大多数正式的 R 应用软件包含数据框。与在 SAS、SPSS 中的数据集或 SQL 数据库中的表一样，数据框旨在模拟数据集。

数据框是一种表格式的（或矩形的）数据结构，它有行和列。但是，数据框不是由矩阵实现的。相反，数据框是具有以下特征的列表：

- 列表的元素是向量或因子[注1]。

- 这些向量和因子构成数据框的列。

- 向量和因子必须都具有相同的长度；换句话说，所有列必须有相同的高度。

- 这些相等高度的列使数据框呈现矩形形状。

- 数据框的列必须命名。

由于数据框既是列表又是矩形结构，所以 R 软件提供了两种不同的模式来访问数据框内容：

- 可以使用列表运算符来提取数据框的列，例如 df[*i*]、df[[*i*]] 或 df$*name*。

- 可以使用类似矩阵的表示法，例如 df[*i*, *j*]、df[*i*,] 或 df[, *j*]。

你对数据框的理解可能取决于你的背景：

统计人员

数据框是一张观测值的表格。每一行包含一个观测值。每个观测值必须包含相同的变量。这些变量称为列，并且你可以通过名称访问它们。你也可以通过行号和列号查阅内容，就像使用矩阵一样。

结构化查询语言（SQL）的程序员

数据框是一张表格。表格完全驻留在内存中，你可以将它保存为一个文本文件，然后可以恢复它为数据框。你无须说明列类型，因为 R 可以自动辨识出列类型。

Excel 用户

数据框就像一张工作表，或者说是一定范围内的工作表。它更具限制性，因为工作表中的每一列都有一个类型。

注1：　一个数据框可以由向量、因子以及矩阵混合构建。矩阵的列成为数据框中的列。每个矩阵中的行数必须与向量和因子的长度相匹配。换句话说，数据框中的所有元素必须具有相同的高度。

SAS 用户

数据框是一个 SAS 数据集，其中的所有数据都存储于在内存中。R 软件可以在磁盘上读写数据框，但是当 R 处理数据框时，数据框必须位于存储器中。

R 程序员

数据框是一种混合数据结构，它的一部分为矩阵，另一部分为列表。数据框的一列可以包含数字、字符串或因子，但不能是它们的混合。你可以像索引一个矩阵一样检索数据框。数据框也是一个列表，其中列表的元素是数据框的列，因此你可以使用列表运算符来访问它们。

计算机科学家

数据框是一个矩形数据结构。每列具有特定数据类型，并且每列必须是数值型、字符串或因子。列必须有标签，行可以有标签或者没有标签。该数据表可以按位置检索，或者根据列名称或行名称进行检索。它也可以被列表运算符访问，在这种情况下，R 将数据框视为一个列表，其元素是数据框的列。

企业高管

你可以将名称和数字放入数据框中。数据框就像一个小数据库。你的职员将很乐意使用数据框。

tibble

tibble 是数据框的现代重构，由 Hadley Wickham 在 `tibble` 包中引入，这是 tidyverse 的核心包。与数据框一起使用的大多数常用函数也适用于 tibble。但是，tibble 比数据框的功能更少一些，并且更容易出现提示信息。这种情况可能会让你想起你最不喜欢的同事，但是，我们认为 tibble 将是你最喜欢的数据结构之一。功能少、出现提示信息多是一种特性，而不是一个错误。

与数据框不同的是：

- 默认情况下不提供行号。

- 不提供奇怪的、不必要的列名。

- 不会将数据强制转化为因子（除非明确要求）。

- 仅仅对长度为 1 的向量进行循环处理，其他长度的向量不循环。

- 除基本数据框功能外，还可以：

- 默认情况下，仅输出前四行和一些元数据。

- 在子集选取时始终返回一个 tibble 对象。

- 永远不要进行部分匹配：如果你想要一个 tibble 的列，你必须使用它的全名来访问它。

- 通过向你提供更多警告和消息来确保你了解软件正在执行的操作。

所有这些附加功能旨在减少出现的错误。

5.1 对向量添加数据

5.1.1 问题

你需要对向量添加额外的数据项。

5.1.2 解决方案

使用向量构造函数（c）构造带有额外数据项的向量：

```
v <- c(1, 2, 3)
newItems <- c(6, 7, 8)
c(v, newItems)
#> [1] 1 2 3 6 7 8
```

对于单个数据项，你也可以将新数据项赋给下一个向量元素。R 软件会自动扩充向量：

```
v <- c(1, 2, 3)
v[length(v) + 1] <- 42
v
#> [1]  1  2  3 42
```

5.1.3 讨论

如果你询问我们将如何附加一个数据项到一个向量，我们会建议你也许不必这样做。

 当你考虑整个向量而不是单个数据项时，R 软件会最大限度地发挥作用。你是否反复不断地将数据项附加到一个向量？如果是这样，那么你可能在一个循环中工作。对于小的向量，这不成问题；但对于大的向量，程序将运行缓慢。当你反复用一个元素扩展向量时，R 软件的内存管理将会出现问题。尝试用向量化操作替换循环。你将编写更少的代码，并且 R 软件将运行得更快。

然而，人们偶尔需要将数据添加到向量。我们的实验表明，它可以通过使用向量构造函数（c）创建一个新向量来连接旧数据和新数据。这是最有效率的方法。对于添加单个元素或多个元素，这个方法都十分奏效：

```
v <- c(1, 2, 3)
v <- c(v, 4) # Append a single value to v
v
#> [1] 1 2 3 4

w <- c(5, 6, 7, 8)
v <- c(v, w) # Append an entire vector to v
v
#> [1] 1 2 3 4 5 6 7 8
```

你也可以通过将一个数据项指定到超过向量末尾的位置来添加它，如解决方案中所示。事实上，R 在扩展向量方面非常自由。你可以对向量分配任何元素，R 将扩展向量以满足你的请求：

```
v <- c(1, 2, 3)     # Create a vector of three elements
v[10] <- 10         # Assign to the 10th element
v                   # R extends the vector automatically
#>  [1]  1  2  3 NA NA NA NA NA NA 10
```

注意，R 软件对下标越界并不会报错。它只是用缺失值（NA）来填充以扩展向量至需要的长度。

R 软件包括一个 append 函数，它通过将数据项添加到一个已有的向量来构建新的向量。然而，我们的实验表明，此函数的运行速度比向量构造函数和元素赋值的运行速度慢。

5.2 在向量中插入数据

5.2.1 问题

你需要将一个或多个数据值插入向量中。

5.2.2 解决方案

不考虑其名称，append 函数通过使用 after 参数将数据插入向量，该参数为新数据项提供插入点：

```
append(vec, newvalues, after = n)
```

5.2.3 讨论

新数据项将插入由 after 参数给出的位置。以下示例将数值 99 插入数列的中间（第 5 个元素之后）：

```
append(1:10, 99, after = 5)
#>  [1]  1  2  3  4  5 99  6  7  8  9 10
```

特殊值 after=0 表示将新数据项插入向量的最前面：

```
append(1:10, 99, after = 0)
#>  [1] 99  1  2  3  4  5  6  7  8  9 10
```

问题 5.1 节中的注释也适用于此处。如果要将单个数据项插入向量，你可能在元素水平工作；而在向量水平工作更容易编码，并且运行更快。

5.3 理解循环规则

5.3.1 问题

你想要理解奇妙的循环规则，它知道 R 软件如何处理不等长度的向量。

5.3.2 讨论

当作向量运算时，R 软件执行元素对元素的运算。当两个向量具有相同的长度时，这很有效：R 软件成对搭配这些向量的元素，并将操作应用于这些元素对。

但是，当向量长度不等时会发生什么？

在这种情况下，R 软件应用循环规则。R 从两个向量的第一个元素开始，成对处理向量元素。在某个元素位置，较短的向量已经处理完所有的元素，而较长的向量仍然具有未处理的元素。这时候，R 软件返回到较短向量的开始位置，"循环"应用它的元素，同时继续从较长向量中处理元素，直到这个操作完成为止。它将根据需要来循环较短向量的元素，直到操作完成。

可以进行如下的循环规则的可视化。下面是两个向量的图表，1：6 的整数和 1：3 的整数：

```
  1:6    1:3
 -----  -----
   1      1
   2      2
   3      3
   4
   5
   6
```

显然，向量 1：6 比向量 1：3 长。如果使用（1：6）+（1：3）添加向量，看上去向量 1：3 的元素太少。然而，R 软件循环应用向量 1：3 的元素，将这两个向量配对并产生一个有 6 个元素的向量：

```
  1:6    1:3    (1:6) + (1:3)
 -----  -----  ---------------
   1      1           2
   2      2           4
   3      3           6
```

```
4                    5
5                    7
6                    9
```

以下是你在 R 控制台中看到的内容：

```
(1:6) + (1:3)
#> [1] 2 4 6 5 7 9
```

不仅向量操作能调用循环规则，函数也可以。cbind 函数可以创建列向量，例如以下的列向量 1：6 和 1：3。当然，这两列有不同的高度：

```
cbind(1:6)
```

```
cbind(1:3)
```

如果我们尝试将这些列向量连接起来变成一个有两列的矩阵，那么它们的长度是不匹配的。由于向量 1：3 太短，因此 cbind 函数调用循环规则并循环应用 1：3 的元素：

```
cbind(1:6, 1:3)
#>      [,1] [,2]
#> [1,]    1    1
#> [2,]    2    2
#> [3,]    3    3
#> [4,]    4    1
#> [5,]    5    2
#> [6,]    6    3
```

如果较长的向量长度不是较短向量长度的倍数，则 R 会发出警告。由于这种操作很值得怀疑，并且运算逻辑中可能有漏洞，所以给出警告是个好现象：

```
(1:6) + (1:5) # Oops! 1:5 is one element too short
#> Warning in (1:6) + (1:5): longer object length is not a multiple of shorter
#> object length
#> [1]  2  4  6  8 10  7
```

一旦理解了循环规则，你就会意识到向量和纯量之间的操作只是该规则的应用。在此示例中，重复循环 10 直到向量加法完成：

```
(1:6) + 10
#> [1] 11 12 13 14 15 16
```

5.4 构建因子

5.4.1 问题

你有一个字符串向量或整数向量。你需要 R 将它们视为一个因子，R 的术语将其叫作分类变量（categorical variable）。

5.4.2 解决方案

`factor` 函数将离散值向量编码为一个因子：

```
f <- factor(v)   # v can be a vector of strings or integers
```

如果向量仅包含一些可能值的子集而非全集，那么可以应用第二个参数提供该因子的可能水平（level）：

```
f <- factor(v, levels)
```

5.4.3 讨论

在 R 软件中，每一个分类变量的可能值称为一个水平（level）。一个由水平值构成的向量称为因子（factor）。因子很适合 R 软件面向向量的特色，并且它们在 R 处理数据和建立统计模型方面有很广泛的应用。

大多数情况下，可以通过调用 `factor` 函数将分类数据转换为因子，该函数可以识别分类数据的不同水平，并将其打包成一个因子：

```
f <- factor(c("Win", "Win", "Lose", "Tie", "Win", "Lose"))
f
#> [1] Win  Win  Lose Tie  Win  Lose
#> Levels: Lose Tie Win
```

注意，当我们输出因子 f 时，R 软件没有对它的输出值使用引号，这里的输出值是水平而不是字符串。还要注意，当我们输出因子时，R 软件也在因子下方显示了其不同的水平。

如果向量仅包含所有可能水平的一个子集，那么 R 软件会输出所有可能水平的不完整视图。假设你有一个字符串值变量 `wday`，它给出了观察数据的日期位于一周中的哪一天。例如：

```
wday <- c("Wed", "Thu", "Mon", "Wed", "Thu",
          "Thu", "Thu", "Tue", "Thu", "Tue")
f <- factor(wday)
f
#>  [1] Wed Thu Mon Wed Thu Thu Thu Tue Thu Tue
#> Levels: Mon Thu Tue Wed
```

R 认为周一、周四、周二和周三是仅有的可能水平。星期五未列出。显然，实验室工作人员从未在星期五进行观察，因此 R 不知道星期五是一个可能值。因此，你需要明确地列出 `wday` 的因子的所有可能的水平：

```
f <- factor(wday, levels=c("Mon", "Tue", "Wed", "Thu", "Fri"))
f
#>  [1] Wed Thu Mon Wed Thu Thu Thu Tue Thu Tue
#> Levels: Mon Tue Wed Thu Fri
```

现在 R 知道 f 是一个有五个可能水平的因子。它也知道它们的正确顺序。R 软件最初在星期二之前放置星期四，因为它默认采用字母顺序。levels 参数明确定义了正确的顺序。

在许多情况下，没有必要显式地调用函数 factor。当 R 函数需要因子时，它通常会自动将数据转换为因子。例如，table 函数仅适用于因子变量，因此它会自动地将输入转换为因子。如果要指定全部水平取值或当需要控制水平的顺序时，必须显式地创建因子变量。

5.4.4 另请参阅

有关从连续数据创建一个因子，请参阅 12.5 节。

5.5 将多个向量合并成单个向量以及一个平行因子

5.5.1 问题

有几组数据，每组包含一个向量。需要将这些向量合并成一个长向量，并且同时创建一个平行因子来识别每个值的原始组。

5.5.2 解决方案

创建一个列表来包含这些向量。运用 stack 函数将列表合并成一个两列数据框：

```
comb <- stack(list(v1 = v1, v2 = v2, v3 = v3)) # Combine 3 vectors
```

该数据框的两个列称为 values 和 ind。第一列包含数据，第二列包含它的平行因子。

5.5.3 讨论

为何将所有数据混合成一个长向量和一个平行因子？原因是许多重要的统计函数需要该格式的数据。

假设你对大一新生、大二学生和大三学生的自信心水平进行调查（比如"你在学校里感到自信的时间百分比是多少？"）。现在有三个向量，分别是 freshmen（大一新生）、sophomores（大二学生）和 juniors（大三学生）。你需要对组间差异进行 ANOVA 方差分析。ANOVA 方差分析函数 aov 需要一个包含调查结果的向量和一个识别这些组的平行因子。可以使用 stack 函数合并这些组：

```
freshmen <- c(1, 2, 1, 1, 5)
sophomores <- c(3, 2, 3, 3, 5)
```

```
juniors <- c(5, 3, 4, 3, 3)

comb <- stack(list(fresh = freshmen, soph = sophomores, jrs = juniors))
print(comb)
#>    values   ind
#> 1       1 fresh
#> 2       2 fresh
#> 3       1 fresh
#> 4       1 fresh
#> 5       5 fresh
#> 6       3 soph
#> 7       2 soph
#> 8       3 soph
#> 9       3 soph
#> 10      5 soph
#> 11      5 jrs
#> 12      3 jrs
#> 13      4 jrs
#> 14      3 jrs
#> 15      3 jrs
```

现在可以对这两列进行 ANOVA 方差分析:

```
aov(values ~ ind, data = comb)
```

构建这个列表时,我们必须对列表元素提供标签(在此示例中,标签是 fresh、soph
和 jrs)。由于 stack 函数将标签用作平行因子的水平,所以这些标签是必需的。

5.6 创建列表

5.6.1 问题

需要创建并填充一个列表。

5.6.2 解决方案

要从单个数据项创建列表,可以使用 list 函数:

```
lst <- list(x, y, z)
```

5.6.3 讨论

列表可以非常简单,例如下面包含三个数的列表:

```
lst <- list(0.5, 0.841, 0.977)
lst
#> [[1]]
#> [1] 0.5
```

```
#>
#> [[2]]
#> [1] 0.841
#>
#> [[3]]
#> [1] 0.977
```

当 R 打印列表时，它根据每个列表元素的位置（[[1]]、[[2]]、[[3]]）标识它们并在其位置下打印元素值（例如，[1] 0.5）。

更有用的是，与向量不同，列表可以包含不同模式（类型）的元素。下面是一个极端的例子，它是一个由纯量、字符串、向量和函数混合组成的列表：

```
lst <- list(3.14, "Moe", c(1, 1, 2, 3), mean)
lst
#> [[1]]
#> [1] 3.14
#>
#> [[2]]
#> [1] "Moe"
#>
#> [[3]]
#> [1] 1 1 2 3
#>
#> [[4]]
#> function (x, ...)
#> UseMethod("mean")
#> <bytecode: 0x7ff04b0bc900>
#> <environment: namespace:base>
```

也可以通过先创建一个空列表，然后填充该列表的方法来构造列表。下面是用这个方法构造的混合列表：

```
lst <- list()
lst[[1]] <- 3.14
lst[[2]] <- "Moe"
lst[[3]] <- c(1, 1, 2, 3)
lst[[4]] <- mean
lst
#> [[1]]
#> [1] 3.14
#>
#> [[2]]
#> [1] "Moe"
#>
#> [[3]]
#> [1] 1 1 2 3
#>
#> [[4]]
#> function (x, ...)
#> UseMethod("mean")
#> <bytecode: 0x7ff04b0bc900>
#> <environment: namespace:base>
```

列表元素可以命名。list 函数允许你为每一个元素提供名称：

```
lst <- list(mid = 0.5, right = 0.841, far.right = 0.977)
lst
#> $mid
#> [1] 0.5
#>
#> $right
#> [1] 0.841
#>
#> $far.right
#> [1] 0.977
```

5.6.4 另请参阅

有关列表的更多信息，请参阅本章的介绍；有关用命名元素构建和应用列表的更多信息，请参阅 5.9 节。

5.7 根据位置选定列表元素

5.7.1 问题

需要根据位置访问列表元素。

5.7.2 解决方案

有以下方法可供选择。其中，lst 是一个列表变量：

lst[[n]]

从列表中选择第 n 个元素。

lst[c(n_1, n_2, ..., n_k)]

返回一个元素的列表，所选元素由相应的位置值确定。

注意，第一个例子将返回单个元素，第二个例子将返回一个列表。

5.7.3 讨论

假设我们有一个包含四个整数的列表，称为 years：

```
years <- list(1960, 1964, 1976, 1994)
years
#> [[1]]
#> [1] 1960
#>
```

```
#> [[2]]
#> [1] 1964
#>
#> [[3]]
#> [1] 1976
#>
#> [[4]]
#> [1] 1994
```

我们可以使用双方括号语法访问单个元素：

```
years[[1]]
#> [1] 1960
```

我们也可以使用单方括号语法提取子列表（sublist）：

```
years[c(1, 2)]
#> [[1]]
#> [1] 1960
#>
#> [[2]]
#> [1] 1964
```

上述两个例子的语法有微妙的差别，容易造成混淆：lst[[n]] 和 lst[n] 之间存在重要差异。它们不是等价的：

lst[[n]]

　　返回一个元素，而不是列表。它是 lst 的第 n 个元素。

lst[n]

　　返回一个列表，而不是一个元素。该列表包含一个元素，取自 lst 的第 n 个元素。

第二种形式是 lst[c(n₁, n₂, ..., nₖ)] 的特殊情况，其中我们消除了 c(…) 这样的构造，因为只有一个数值 n。

当我们检查上述结果的结构时，差异将变得明显——一个是数字，另一个是列表：

```
class(years[[1]])
#> [1] "numeric"

class(years[1])
#> [1] "list"
```

当我们用函数 cat 输出它们的值时，差异变得非常明显。回想一下函数 cat 可以打印基本数据值或向量，但是无法打印结构化对象：

```
cat(years[[1]], "\n")
#> 1960

cat(years[1], "\n")
#> Error in cat(years[1], "\n"): argument 1 (type 'list')
#> cannot be handled by 'cat'
```

很幸运，R 对这个问题做出了警告。在其他情况下，可能在经历漫长而艰辛的努力后发现你访问了一个子表而并非你想要的某个元素，反之亦然。

5.8 根据名称选定列表元素

5.8.1 问题

需要根据名称访问一个列表的元素。

5.8.2 解决方案

有以下方法可供选定。下面的例子中 lst 是一个列表：

lst[["*name*"]]

选择名为 *name* 的元素。如果列表中没有元素具有该名称，则返回 NULL。

lst$*name*

与之前相同，只是语法不同。

lst[c(*name*₁, *name*₂, ..., *name*ₖ)]

返回一个由函数 lst 中的参数所决定的元素构建的列表。

注意，前两个例子返回一个元素，而第三个例子返回一个列表。

5.8.3 讨论

列表的每个元素都可以有一个名称。如果列表元素已命名，则可以通过其名称选择元素。下面的例子创建了一个包含四个命名整数的列表：

```
years <- list(Kennedy = 1960, Johnson = 1964,
              Carter = 1976, Clinton = 1994)
```

以下两个表达式返回相同的值——名为"Kennedy"的元素：

```
years[["Kennedy"]]
#> [1] 1960
years$Kennedy
#> [1] 1960
```

以下两个表达式返回从 years 中提取的子列表：

```
years[c("Kennedy", "Johnson")]
#> $Kennedy
#> [1] 1960
#>
#> $Johnson
#> [1] 1964

years["Carter"]
#> $Carter
#> [1] 1976
```

前面提到按位置选择列表元素的两个例子（参见 5.7 节），lat[["*name*"]] 和 lst["*name*"] 之间也有类似的区别。它们不一样：

lst[["*name*"]]

这是一个元素，而不是列表。

lst["*name*"]

这是一个列表，而不是一个元素。

 第二种形式是 lst[c(*name₁*，*name₂*，...，*nameₖ*)] 的特例，这里由于只有一个名字（name），所以没有采用 c(...) 的形式。

5.8.4 另请参阅

请参阅 5.7 节，按位置而不是按名称访问元素。

5.9 构建一个名称 / 值关联表

5.9.1 问题

需要创建一个列表，该列表将名称和值关联起来，就像其他程序设计语言中的字典（dictionary）、散列（hash）或查找表（lookup table）。

5.9.2 解决方案

list 函数允许将名称赋予元素，创建一个名称和值的关联：

```
lst <- list(mid = 0.5, right = 0.841, far.right = 0.977)
```

如果有名称和值的平行向量，则可以创建一个空列表，然后使用向量化赋值语句填充列表：

```
values <- c(1, 2, 3)
names <- c("a", "b", "c")
lst <- list()
lst[names] <- values
```

5.9.3 讨论

可以命名列表的每个元素，并且可以按名称检索列表元素。这为你提供了一个基本的编程工具：将名称与值相关联的功能。

你可以在构建列表时指定元素名称。list 函数允许使用形如 *name=value* 的参数：

```
lst <- list(
  far.left = 0.023,
  left = 0.159,
  mid = 0.500,
  right = 0.841,
  far.right = 0.977
)
lst
#> $far.left
#> [1] 0.023
#>
#> $left
#> [1] 0.159
#>
#> $mid
#> [1] 0.5
#>
#> $right
#> [1] 0.841
#>
#> $far.right
#> [1] 0.977
```

命名元素的一种方法是创建一个空列表，然后通过赋值语句填充它：

```
lst <- list()
lst$far.left <- 0.023
lst$left <- 0.159
lst$mid <- 0.500
lst$right <- 0.841
lst$far.right <- 0.977
```

有时，有一个名称向量和一个相应值的向量：

```
values <- -2:2
names <- c("far.left", "left", "mid", "right", "far.right")
```

可以通过创建一个空列表来关联名称和值，然后使用向量化赋值语句对其进行填充：

```
lst <- list()
lst[names] <- values
lst
#> $far.left
#> [1] -2
#>
#> $left
#> [1] -1
#>
#> $mid
#> [1] 0
#>
#> $right
#> [1] 1
#>
#> $far.right
#> [1] 2
```

一旦建立了关联，列表就可以通过简单的列表查找将名称"转换"为值：

```
cat("The left limit is", lst[["left"]], "\n")
#> The left limit is -1
cat("The right limit is", lst[["right"]], "\n")
#> The right limit is 1

for (nm in names(lst)) cat("The", nm, "limit is", lst[[nm]], "\n")
#> The far.left limit is -2
#> The left limit is -1
#> The mid limit is 0
#> The right limit is 1
#> The far.right limit is 2
```

5.10 从列表中移除元素

5.10.1 问题

需要从列表中删除某个元素。

5.10.2 解决方案

将 NULL 赋给要移除的元素。R 将从列表中删除它。

5.10.3 讨论

要删除列表元素，请按位置或按名称选择它，然后将 NULL 赋值给所选元素：

```
years <- list(Kennedy = 1960, Johnson = 1964,
              Carter = 1976, Clinton = 1994)
years
#> $Kennedy
```

```
#> [1] 1960
#>
#> $Johnson
#> [1] 1964
#>
#> $Carter
#> [1] 1976
#>
#> $Clinton
#> [1] 1994
years[["Johnson"]] <- NULL # Remove the element labeled "Johnson"
years
#> $Kennedy
#> [1] 1960
#>
#> $Carter
#> [1] 1976
#>
#> $Clinton
#> [1] 1994
```

也可以通过这种方式删除多个元素:

```
years[c("Carter", "Clinton")] <- NULL # Remove two elements
years
#> $Kennedy
#> [1] 1960
```

5.11 将列表转换为向量

5.11.1 问题

需要将列表中的所有元素"展平"赋值给一个向量。

5.11.2 解决方案

使用 unlist 函数。

5.11.3 讨论

许多情况下需要向量。例如,R 中的基本统计函数适用于向量,但不适用于列表。如果 iq.scores 是一个包含数值的列表,那么我们不能直接计算它们的平均值:

```
iq.scores <- list(100, 120, 103, 80, 99)
mean(iq.scores)
#> Warning in mean.default(iq.scores): argument is not numeric or logical:
#> returning NA
#> [1] NA
```

替代的方法是，我们必须使用 unlist 将列表转换为向量，然后计算向量的平均值：

```
mean(unlist(iq.scores))
#> [1] 100
```

下面是另一个例子。我们可以用函数 cat 处理纯量和向量，但我们不能用它处理一个列表：

```
cat(iq.scores, "\n")
#> Error in cat(iq.scores, "\n"): argument 1 (type 'list') cannot be
#> handled by 'cat'
```

一种解决方案是在打印前将列表展平为向量：

```
cat("IQ Scores:", unlist(iq.scores), "\n")
#> IQ Scores: 100 120 103 80 99
```

5.11.4 另请参阅

诸如此类的转换将在 5.29 节中有更全面的讨论。

5.12 从列表中移除空值元素

5.12.1 问题

列表包含 NULL 值。需要移除它们。

5.12.2 解决方案

purrr 包中的 compact 函数将删除 NULL 元素。

5.12.3 讨论

考虑到我们通过设置元素值为 NULL 来移除它们（参见 5.10 节），好奇的读者可能想知道列表怎么会包含 NULL 元素。答案是我们可以创建一个包含 NULL 元素的列表：

```
library(purrr)      # or library(tidyverse)

lst <- list("Moe", NULL, "Curly")
lst
#> [[1]]
#> [1] "Moe"
#>
#> [[2]]
#> NULL
#>
```

```
#> [[3]]
#> [1] "Curly"

compact(lst)    # Remove NULL element
#> [[1]]
#> [1] "Moe"
#>
#> [[2]]
#> [1] "Curly"
```

实际上，在应用一些转换后，我们也可以在列表中最终得到 NULL 项。

请注意，在 R 中，NA 和 NULL 不是一回事。compact 函数将从列表中删除 NULL 但不删除 NA。要删除 NA 值，请参阅 5.13 节。

5.12.4 另请参阅

有关如何移除列表元素，请参阅 5.10 节；有关如何有条件地移除列表元素，请参见 5.13 节。

5.13 使用条件来移除列表元素

5.13.1 问题

需要按照条件检验从列表中删除元素，例如删除未定义的元素、负数或小于某个阈值的元素。

5.13.2 解决方案

从一个函数开始，当满足条件时返回 TRUE，否则返回 FALSE。然后使用 purrr 中的 discard 函数删除符合条件的值。例如，以下代码段使用 is.na 函数从 lst 中删除 NA 值：

```
lst <- list(NA, 0, NA, 1, 2)

lst %>%
  discard(is.na)
#> [[1]]
#> [1] 0
#>
#> [[2]]
#> [1] 1
#>
#> [[3]]
#> [1] 2
```

5.13.3 讨论

discard 函数用一个逻辑值函数为参数来删除列表中的某些元素，discard 函数是返回 TRUE 或 FALSE 的函数。discard 函数应用于列表的每个元素。如果 discard 函数返回 TRUE，则删除该元素；否则，它被保留。

假设我们要从 lst 中删除字符串。使用函数 is.character 作为判断命令，如果它的参数是一个字符串，则返回 TRUE，所以我们可以将它与 discard 一起使用：

```
lst <- list(3, "dog", 2, "cat", 1)

lst %>%
  discard(is.character)
#> [[1]]
#> [1] 3
#>
#> [[2]]
#> [1] 2
#>
#> [[3]]
#> [1] 1
```

你可以定义自己的判断命令并将其与 discard 一起使用。此示例通过定义判断命令 is_na_or_null 从列表中删除 NA 和 NULL 值：

```
is_na_or_null <- function(x) {
  is.na(x) || is.null(x)
}

lst <- list(1, NA, 2, NULL, 3)

lst %>%
  discard(is_na_or_null)
#> [[1]]
#> [1] 1
#>
#> [[2]]
#> [1] 2
#>
#> [[3]]
#> [1] 3
```

列表也可以包含复杂对象，而不仅仅是基本数据值。假设 mods 是由 lm 函数创建的线性模型列表：

```
mods <- list(lm(x ~ y1),
             lm(x ~ y2),
             lm(x ~ y3))
```

我们可以定义一个判断命令 filter_r2 来识别 R^2 值小于 0.70 的模型，然后使用函数从 mods 中删除这些模型：

```
filter_r2 <- function(model) {
  summary(model)$r.squared < 0.7
}
```

```
mods %>%
  discard(filter_r2)
```

keep 函数与 discard 函数具有相反的作用，它使用判断命令来保留列表元素而不是删除它们。

5.13.4 另请参阅

参见 5.7 节、5.10 节和 15.3 节。

5.14 矩阵初始化

5.14.1 问题

需要创建一个矩阵并且用给定值对它进行初始化。

5.14.2 解决方案

从一个向量或列表中获得数据，然后使用函数 matrix 使数据形成一个矩阵。下面的例子将向量形成了 2×3 矩阵（即两行和三列）：

```
vec <- 1:6
matrix(vec, 2, 3)
#>      [,1] [,2] [,3]
#> [1,]    1    3    5
#> [2,]    2    4    6
```

5.14.3 讨论

matrix 的第一个参数是数据，第二个参数是行数，第三个参数是列数。注意，解决方案中的矩阵逐列填充，而不是逐行填充。

我们通常用一个值，例如 0 或 NA 来初始化整个矩阵。如果 matrix 的第一个参数是单一值，则 R 将应用循环规则并自动复制该值以填充整个矩阵：

```
matrix(0, 2, 3) # Create an all-zeros matrix
#>      [,1] [,2] [,3]
#> [1,]    0    0    0
#> [2,]    0    0    0

matrix(NA, 2, 3) # Create a matrix populated with NAs
#>      [,1] [,2] [,3]
#> [1,]   NA   NA   NA
#> [2,]   NA   NA   NA
```

当然，你可以创建一个带有单行的矩阵，但是很难阅读：

```
mat <- matrix(c(1.1, 1.2, 1.3, 2.1, 2.2, 2.3), 2, 3)
mat
#>      [,1] [,2] [,3]
#> [1,]  1.1  1.3  2.2
#> [2,]  1.2  2.1  2.3
```

R 的一个通常习惯是以矩形形状键入数据来显示矩阵结构：

```
theData <- c(
  1.1, 1.2, 1.3,
  2.1, 2.2, 2.3
)
mat <- matrix(theData, 2, 3, byrow = TRUE)
mat
#>      [,1] [,2] [,3]
#> [1,]  1.1  1.2  1.3
#> [2,]  2.1  2.2  2.3
```

设置 byrow=TRUE 告诉矩阵数据是逐行而不是逐列的（这是默认值）。可以通过一个命令的形式完成，变为：

```
mat <- matrix(c(1.1, 1.2, 1.3,
                2.1, 2.2, 2.3),
              2, 3,
              byrow = TRUE)
```

以这种方式表达，很容易看到两行三列数据。

有一种快速应急的方法可将向量转换为矩阵：把维数赋值给向量。这部分在本章的介绍中进行了讨论。以下示例创建一个 vanilla 向量，然后将其转化为 2×3 矩阵：

```
v <- c(1.1, 1.2, 1.3, 2.1, 2.2, 2.3)
dim(v) <- c(2, 3)
v
#>      [,1] [,2] [,3]
#> [1,]  1.1  1.3  2.2
#> [2,]  1.2  2.1  2.3
```

我们发现这比使用矩阵更不透明，特别是因为这里没有 byrow 选项。

5.14.4 另请参阅

见 5.3 节。

5.15 执行矩阵运算

5.15.1 问题

需要执行矩阵运算，例如转置、求逆、乘法或构造单位矩阵。

5.15.2 解决方案

使用以下函数执行这些操作：

t(A)

    矩阵 A 转置

solve(A)

    矩阵 A 求逆

A %*% B

    矩阵 A 和矩阵 B 相乘

diag(n)

    构造 $n \times n$ 对角（单位）矩阵

5.15.3 讨论

回想一下，A*B 是逐元素的乘法，而 A %*% B 是矩阵乘法（参见 2.11 节）。

所有这些函数都返回一个矩阵。它们的参数可以是矩阵或数据框。如果它们是数据框，则 R 将首先将它们转换为矩阵（尽管仅在数据框只包含数值时才有用）。

5.16 将描述性名称赋给矩阵的行和列

5.16.1 问题

需要把描述性名称赋值给矩阵的行或列。

5.16.2 解决方案

每个矩阵都有一个 rownames 属性和一个 colnames 属性。下面的例子将字符串向量赋值给矩阵的相应属性：

```
rownames(mat) <- c("rowname1", "rowname2", ..., "rownameN")
colnames(mat) <- c("colname1", "colname2", ..., "colnameN")
```

5.16.3 讨论

R 允许你为矩阵的行和列指定名称，这对于输出矩阵很有用。如果定义了名称，R 将显示它们，从而提高输出的可读性。考虑有关 IBM、Microsoft 和 Google 的股票价格之间的相关矩阵：

```
print(corr_mat)
#>        [,1]  [,2]  [,3]
#> [1,] 1.000 0.556 0.390
#> [2,] 0.556 1.000 0.444
#> [3,] 0.390 0.444 1.000
```

在这种形式中，矩阵输出的结果是很难解释的。我们可以为行和列指定名称，阐明其含义：

```
colnames(corr_mat) <- c("AAPL", "MSFT", "GOOG")
rownames(corr_mat) <- c("AAPL", "MSFT", "GOOG")
corr_mat
#>       AAPL  MSFT  GOOG
#> AAPL 1.000 0.556 0.390
#> MSFT 0.556 1.000 0.444
#> GOOG 0.390 0.444 1.000
```

现在，你可以一目了然地看到哪些行和列适用于哪些股票。

命名行和列的另一个好处是，你可以通过这些名称引用矩阵元素：

```
# What is the correlation between MSFT and GOOG?
corr_mat["MSFT", "GOOG"]
#> [1] 0.444
```

5.17 从矩阵中选定一行或一列

5.17.1 问题

需要从矩阵中选择一行或一列。

5.17.2 解决方案

解决方案取决于输出结果的形式。如果结果是一个简单的向量，就可以使用普通索引：

```
mat[1, ]      # First row
mat[, 3]      # Third column
```

如果结果是一个单行矩阵或一个单列矩阵，就要包含 **drop=FALSE** 参数：

```
mat[1, , drop=FALSE]    # First row, one-row matrix
mat[, 3, drop=FALSE]    # Third column, one-column matrix
```

5.17.3 讨论

通常，当从矩阵中选择一行或一列时，R 会移除矩阵的维数属性，得到的结果是一个没有维数属性的向量：

```
mat[1, ]
#> [1] 1.1 1.2 1.3
mat[, 3]
#> [1] 1.3 2.3
```

但是，当包含 drop=FALSE 参数时，R 会保留维数属性。在这种情况下，选择一行会返回单行向量（一个 $1 \times n$ 矩阵）：

```
mat[1, , drop=FALSE]
#>      [,1] [,2] [,3]
#> [1,]  1.1  1.2  1.3
```

同样，用参数 drop=FALSE 选定一列会返回单列向量（$n \times 1$ 矩阵）：

```
mat[, 3, drop=FALSE]
#>      [,1]
#> [1,]  1.3
#> [2,]  2.3
```

5.18 用列数据初始化数据框

5.18.1 问题

数据按列来组织，需要将它们组合成一个数据框。

5.18.2 解决方案

如果数据由多个向量或因子来表示，用 data.frame 函数将它们组合到一个数据框：

```
df <- data.frame(v1, v2, v3, f1)
```

如果数据由一个包含向量或因子的列表来表示，使用 as.data.frame：

```
df <- as.data.frame(list.of.vectors)
```

5.18.3 讨论

数据框是列的集合，每个列对应于观察到的变量（在统计意义上，而不是编程意义）。如果数据已经组织成列的形式，那么构建数据框很容易。

data.frame 函数可以用向量构造数据框，其中每个向量是一个观测变量。假设有两个数值型预测变量，它们是一个分类预测变量和一个因变量。data.frame 函数可以用它们来创建一个数据框：

```
data.frame(pred1, pred2, pred3, resp)
#>  pred1 pred2 pred3 resp
```

```
#> 1  1.75  11.8    AM 13.2
#> 2  4.01  10.7    PM 12.9
#> 3  2.64  12.2    AM 13.9
#> 4  6.03  12.2    PM 14.9
#> 5  2.78  15.0    PM 16.4
```

注意，data.frame 从程序变量中得到列名。可以显式地提供列名来覆盖默认的列名：

```
data.frame(p1 = pred1, p2 = pred2, p3 = pred3, r = resp)
#>      p1    p2 p3    r
#> 1 1.75 11.8 AM 13.2
#> 2 4.01 10.7 PM 12.9
#> 3 2.64 12.2 AM 13.9
#> 4 6.03 12.2 PM 14.9
#> 5 2.78 15.0 PM 16.4
```

如果你更喜欢使用 tibble 而不是数据框，请使用 tidyverse 中的 tibble 函数：

```
tibble(p1 = pred1, p2 = pred2, p3 = pred3, r = resp)
#> # A tibble: 5 x 4
#>      p1    p2 p3        r
#>   <dbl> <dbl> <fct> <dbl>
#> 1  1.75  11.8 AM     13.2
#> 2  4.01  10.7 PM     12.9
#> 3  2.64  12.2 AM     13.9
#> 4  6.03  12.2 PM     14.9
#> 5  2.78  15.0 PM     16.4
```

数据也许组织成向量，但这些向量保存在列表中，而不是单个程序变量：

```
list.of.vectors <- list(p1 = pred1, p2 = pred2, p3 = pred3, r = resp)
```

在这种情况下，可以使用 as.data.frame 函数从列表中创建数据框：

```
as.data.frame(list.of.vectors)
#>      p1    p2 p3    r
#> 1 1.75 11.8 AM 13.2
#> 2 4.01 10.7 PM 12.9
#> 3 2.64 12.2 AM 13.9
#> 4 6.03 12.2 PM 14.9
#> 5 2.78 15.0 PM 16.4
```

或使用 as_tibble 创建一个 tibble：

```
as_tibble(list.of.vectors)
#> # A tibble: 5 x 4
#>      p1    p2 p3        r
#>   <dbl> <dbl> <fct> <dbl>
#> 1  1.75  11.8 AM     13.2
#> 2  4.01  10.7 PM     12.9
#> 3  2.64  12.2 AM     13.9
#> 4  6.03  12.2 PM     14.9
#> 5  2.78  15.0 PM     16.4
```

数据框中的因子

创建数据框和创建 tibble 之间存在重要差异。使用 `data.frame` 函数创建数据框时，R 在默认情况下会将字符值转换为因子。前面的 `data.frame` 示例中的 `pred3` 值被转换为一个因子，但这在输出中并不明显。

但是，`tibble` 和 `as_tibble` 函数不会更改字符数据。如果你看一下 `tibble` 示例，你会看到列 `p3` 的类型是 `chr`，意思是字符。

这种差异是你应该注意的。调试由这种细微差别引起的问题可能令人沮丧。

5.19 用行数据初始化数据框

5.19.1 问题

数据已经组织成行，而你需要将它们组合成一个数据框。

5.19.2 解决方案

将每一行数据存储在一个单行数据框中。然后使用 `rbind` 将多行结合到一个大型数据框中：

```
rbind(row1, row2, ... , rowN)
```

5.19.3 讨论

数据通常以一组观测结果的形式出现。每个观测（observation）都是一个包含多个值的记录或元组，每个值代表一个观测变量。一个平面文件的行通常是这样的：每一行是一条记录，每条记录包含多列，每列代表一个不同的变量（参见 4.15 节）。这些数据是以观测而非变量来组织的。换句话说，你一次只能获得一行而不是一列。

每个这样的行可能会以多种方式存储。一种显而易见的方式是把它存储为向量。如果有纯粹的数值型（numerical）数据，可以用向量存储。

但是，许多数据集是数值、字符和分类数据的混合，在这种情况下，向量将不起作用。我们建议将每个这样的异构行存储在一个单行数据框中。（可以将每一行存储在列表中，但此方法会变得更复杂。）

我们需要将这些行绑定到一个数据框中。这就是 `rbind` 函数的作用。它以这样一种方式结合它的参数，即每个参数在结果中变成一行。例如，如果讨论这三个观测结果，我们得到一个三行数据框：

```
r1 <- data.frame(a = 1, b = 2, c = "X")
r2 <- data.frame(a = 3, b = 4, c = "Y")
r3 <- data.frame(a = 5, b = 6, c = "Z")
rbind(r1, r2, r3)
#>   a b c
#> 1 1 2 X
#> 2 3 4 Y
#> 3 5 6 Z
```

当你处理大量的行时，它们可能会存储在列表中；也就是说，你将拥有一个行列表。来自 tidyverse 的 `dplyr` 包的 `bind_rows` 函数处理这种情况，如下所示：

```
list.of.rows <- list(r1, r2, r3)
bind_rows(list.of.rows)
#> Warning in bind_rows_(x, .id): Unequal factor levels: coercing to character
#> Warning in bind_rows_(x, .id): binding character and factor vector,
#> coercing into character vector

#> Warning in bind_rows_(x, .id): binding character and factor
vector,
#> coercing into character vector

#> Warning in bind_rows_(x, .id): binding character and factor vector,
#> coercing into character vector
#>   a b c
#> 1 1 2 X
#> 2 3 4 Y
#> 3 5 6 Z
```

有时，由于无法控制的原因，每行数据都存储在列表中而不是一行数据框中。例如，你可能正在处理函数或数据库包返回的行。`bind_rows` 也可以处理这种情况：

```
# Same toy data, but rows stored in lists
l1 <- list(a = 1, b = 2, c = "X")
l2 <- list(a = 3, b = 4, c = "Y")
l3 <- list(a = 5, b = 6, c = "Z")
list.of.lists <- list(l1, l2, l3)

bind_rows(list.of.lists)
#> # A tibble: 3 x 3
#>       a     b c
#>   <dbl> <dbl> <chr>
#> 1     1     2 X
#> 2     3     4 Y
#> 3     5     6 Z
```

数据框中的因子

如果你希望获得字符串而不是因子，那么你有两种选择。一种是在调用 `data.frame` 时将 `stringsAsFactors` 参数设置为 FALSE：

```
data.frame(a = 1, b = 2, c = "a", stringsAsFactors = FALSE)
```

```
#>     a b c
#>  1  1 2 a
```

当然，如果你获得了数据并且它已经存在于具有因子的数据框中，你可以使用此方法将所有因子转换为字符：

```
# same setup as in the previous examples
l1 <- list( a=1, b=2, c='X' )
l2 <- list( a=3, b=4, c='Y' )
l3 <- list( a=5, b=6, c='Z' )
obs <- list(l1, l2, l3)
df <- do.call(rbind, Map(as.data.frame, obs))

# Yes, you could use stringsAsFactors=FALSE above,
# but we're assuming the data.frame
# came to you with factors already

i <- sapply(df, is.factor)           # determine which columns are factors
df[i] <- lapply(df[i], as.character)   # turn only the factors to characters
```

请记住，如果使用 tibble 而不是数据框，则默认情况下不会强制字符成为因子。

5.19.4 另请参阅

如果数据按列而不是行组织，请参阅 5.18 节。

5.20 对数据框添加行

5.20.1 问题

需要将一个或多个新行添加到数据框。

5.20.2 解决方案

创建包含新行的第二个临时数据框。然后使用 rbind 函数将临时数据框附加到原始数据框。

5.20.3 讨论

假设我们有一个芝加哥地区郊区的数据框 suburbs：

```
suburbs <- read_csv("./data/suburbs.txt")
#> Parsed with column specification:
#> cols(
#>   city = col_character(),
#>   county = col_character(),
#>   state = col_character(),
#>   pop = col_double()
#> )
```

进一步假设我们想要追加一个新行。首先，我们使用新数据创建一行数据框：

```
newRow <- data.frame(city = "West Dundee", county = "Kane",
                     state = "IL", pop = 7352)
```

接下来，我们使用 rbind 函数将该行数据框添加到现有数据框：

```
rbind(suburbs, newRow)
#> # A tibble: 18 x 4
#>   city     county    state   pop
#>   <chr>    <chr>     <chr>   <dbl>
#> 1 Chicago  Cook      IL      2853114
#> 2 Kenosha  Kenosha   WI      90352
#> 3 Aurora   Kane      IL      171782
#> 4 Elgin    Kane      IL      94487
#> 5 Gary     Lake(IN)  IN      102746
#> 6 Joliet   Kendall   IL      106221
#> # ... with 12 more rows
```

rbind 函数告诉 R，我们要向 suburbs 添加一个新行，而不是新列。可能很明显 newRow 是一行而不是一列，但对 R 来说并不明显。（使用 cbind 函数添加一列。）

 新行必须使用与数据框相同的列名。否则，使用 rbind 函数会出现问题。

当然，我们可以将这两个步骤合二为一：

```
rbind(suburbs,
      data.frame(city = "West Dundee", county = "Kane",
                 state = "IL", pop = 7352))
#> # A tibble: 18 x 4
#>   city     county    state   pop
#>   <chr>    <chr>     <chr>   <dbl>
#> 1 Chicago  Cook      IL      2853114
#> 2 Kenosha  Kenosha   WI      90352
#> 3 Aurora   Kane      IL      171782
#> 4 Elgin    Kane      IL      94487
#> 5 Gary     Lake(IN)  IN      102746
#> 6 Joliet   Kendall   IL      106221
#> # ... with 12 more rows
```

我们甚至可以将这种技术扩展到多个新行，因为 rbind 函数允许多个参数：

```
rbind(suburbs,
      data.frame(city = "West Dundee", county = "Kane",
                 state = "IL", pop = 7352),
      data.frame(city = "East Dundee", county = "Kane",
                 state = "IL", pop = 3192)
```

```
)
#> # A tibble: 19 x 4
#>   city    county    state    pop
#>   <chr>   <chr>     <chr>    <dbl>
#> 1 Chicago Cook      IL     2853114
#> 2 Kenosha Kenosha   WI       90352
#> 3 Aurora  Kane      IL      171782
#> 4 Elgin   Kane      IL       94487
#> 5 Gary    Lake(IN)  IN      102746
#> 6 Joliet  Kendall   IL      106221
#> # ... with 13 more rows
```

值得注意的是，在前面的示例中，我们无缝地混合了 tibble 和数据框。suburbs 是一个 tibble，因为我们使用了函数 read_csv，它生成了 tibble，而 newRow 是使用 data.frame 创建的，它返回一个传统的 R 数据框。请注意，数据框包含因子而 tibble 不包含：

```
str(suburbs) # a tibble
#> Classes 'spec_tbl_df', 'tbl_df', 'tbl' and 'data.frame': 17 obs. of
#> 4 variables:
#>  $ city  : chr  "Chicago" "Kenosha" "Aurora" "Elgin" ...
#>  $ county: chr  "Cook" "Kenosha" "Kane" "Kane" ...
#>  $ state : chr  "IL" "WI" "IL" "IL" ...
#>  $ pop   : num  2853114 90352 171782 94487 102746 ...
#>  - attr(*, "spec")=
#>   .. cols(
#>   ..   city = col_character(),
#>   ..   county = col_character(),
#>   ..   state = col_character(),
#>   ..   pop = col_double()
#>   .. )
str(newRow) # a data.frame
#> 'data.frame':    1 obs. of  4 variables:
#>  $ city  : Factor w/ 1 level "West Dundee": 1
#>  $ county: Factor w/ 1 level "Kane": 1
#>  $ state : Factor w/ 1 level "IL": 1
#>  $ pop   : num 7352
```

当 rbind 函数的输入是 data.frame 对象和 tibble 对象的混合时，结果将与 rbind 函数的第一个参数具有相同的类型。所以这会生成一个 tibble：

```
rbind(some_tibble, some_data.frame)
```

而以下函数会生成一个数据框：

```
rbind(some_data.frame, some_tibble)
```

5.21 根据位置选择数据框的列

5.21.1 问题

你需要根据数据框的位置选择数据框中的列。

5.21.2 解决方案

使用 select 函数：

```
df %>% select(n₁, n₂, ..., nₖ)
```

其中 df 是数据框，n_1、n_2、$\cdots$、n_k 是整数，其值介于 1 和列数之间。

5.21.3 讨论

让我们使用芝加哥大都市区 16 个最大城市的人口数据集的前三行：

```
suburbs <- read_csv("data/suburbs.txt") %>% head(3)
#> Parsed with column specification:
#> cols(
#>    city = col_character(),
#>    county = col_character(),
#>    state = col_character(),
#>    pop = col_double()
#> )
suburbs
#> # A tibble: 3 x 4
#>   city    county  state    pop
#>   <chr>   <chr>   <chr>   <dbl>
#> 1 Chicago Cook    IL    2853114
#> 2 Kenosha Kenosha WI      90352
#> 3 Aurora  Kane    IL     171782
```

我们可以很快看到这是一个 tibble。以下代码将提取第一列（并且只提取第一列）：

```
suburbs %>%
  dplyr::select(1)
#> # A tibble: 3 x 1
#>   city
#>   <chr>
#> 1 Chicago
#> 2 Kenosha
#> 3 Aurora
```

以下代码将提取多个列：

```
suburbs %>%
  dplyr::select(1, 3, 4)
#> # A tibble: 3 x 3
#>   city    state    pop
#>   <chr>   <chr>   <dbl>
#> 1 Chicago IL    2853114
#> 2 Kenosha WI      90352
#> 3 Aurora  IL     171782
suburbs %>%
  dplyr::select(2:4)
#> # A tibble: 3 x 3
```

```
#>   county  state     pop
#>   <chr>   <chr>    <dbl>
#> 1 Cook    IL     2853114
#> 2 Kenosha WI       90352
#> 3 Kane    IL      171782
```

列表表达式

`select` 函数是 tidyverse 的 `dplyr` 包的一部分。基础的 R 还有自己的丰富函数，用于选择列，但代价是一些额外的语法。在你了解替代方案背后的逻辑之前，这些选择可能会令人困惑。

一种替代方法使用列表表达式，除非回想起数据框是列的列表，否则这可能看起来很奇怪。列表表达式从该列表中选择列。在阅读此解释时，请注意语法——双括号与单括号——的更改如何改变表达式的含义。

我们可以使用双括号（`[[` 和 `]]`）精确选择一列：

`df[[n]]`
> 返回*向量*——特定的 `df` 第 *n* 列中的向量

我们可以通过使用单个括号（`[` 和 `]`）选择一个或多个列。

`df[n]`
> 返回仅由 `df` 的第 *n* 列组成的数据框

`df[c(n₁, n₂, ..., nₖ)]`
> 返回从 *df* 的第 n_1 n_2 …… n_k 列构建的数据框

例如，我们可以使用列表表示法从 `suburbs` 选择第一列，即 `city` 列：

```
suburbs[[1]]
#> [1] "Chicago" "Kenosha" "Aurora"
```

该列是一个字符向量，所以 `suburbs[[1]]` 返回的是一个向量。

当我们使用单括号表示法时，结果会发生变化，如 `suburbs[1]` 或 `suburbs[c(1,3)]`。我们仍然得到请求的列，但 R 将它们留在数据框中。此示例将第一列作为单列数据框返回：

```
suburbs[1]
#> # A tibble: 3 x 1
#>   city
#>   <chr>
#> 1 Chicago
#> 2 Kenosha
#> 3 Aurora
```

此示例将第一列和第三列作为数据框返回：

```
suburbs[c(1, 3)]
#> # A tibble: 3 x 2
#>   city    state
#>   <chr>   <chr>
#> 1 Chicago IL
#> 2 Kenosha WI
#> 3 Aurora  IL
```

 表达式 suburbs[1] 实际上是 suburbs[c(1)] 的缩写形式。我们不需要
c(...)，因为参数只有一个 n。

容易混淆的一个主要原因是 suburbs[[1]] 和 suburbs[1] 看起来相似但产生了截然
不同的结果：

suburbs[[1]]

返回一列

suburbs[1]

返回仅包含一列的数据框

这里的要点是"一列"与"包含一列的数据框"不同。第一个表达式返回一个向量。第
二个表达式返回一个数据框，这是一个不同的数据结构。

矩阵式下标

你可以使用矩阵式下标从数据框中选择列：

df[, n]

返回从第 n 列获取的向量（假设 n 只包含一个值）

df[, c(n_1 n_2 ... n_k)]

返回由第 n_1, n_2, …, n_k 列构建的数据框

在这里有一个奇怪的情况是：你可能会得到一个列向量，或者你可能得到一个数据框，
这取决于你使用多少下标，以及你是在操作 tibble 还是 data.frame。索引时，tibble
将始终返回元素。但是，如果使用一个索引，data.frame 可能会返回一个向量。

在 data.frame 上有一个索引的简单情况下，你得到一个向量，如下所示：

```
# suburbs is a tibble so we convert for this example
suburbs_df &lt;- as.data.frame(suburbs)
```

```
suburbs_df[, 1]
#> [1] "Chicago" "Kenosha" "Aurora"
```

但是使用与多个索引相同的矩阵式语法会返回一个数据框：

```
suburbs_df[, c(1, 4)]
#>      city    pop
#> 1 Chicago 2853114
#> 2 Kenosha   90352
#> 3  Aurora  171782
```

这会产生问题。假设你在一些旧的 R 代码中看到此表达式：

```
df[, vec]
```

究竟是返回列还是数据框？这得看情况。如果 vec 包含一个值，那么你得到一个列；否则，你得到一个数据框。你无法从语法中分辨出来。

要避免此问题，可以在下标中包含 drop=FALSE，强制 R 返回数据框：

```
df[, vec, drop = FALSE]
```

现在，返回的数据结构没有任何含糊之处。这是一个数据框。

完成所有操作后，使用矩阵表示法从数据框中选择列可能会非常棘手。尽可能使用 select。

5.21.4 另请参阅

有关使用 drop=FALSE 的更多信息，请参阅 5.17 节。

5.22 根据名称选择数据框的列

5.22.1 问题

你需要根据数据名称从数据框中选择列。

5.22.2 解决方案

使用 select 并为其指定列名称。

```
df %>% select(name₁, name₂, ..., nameₖ)
```

5.22.3 讨论

数据框中的所有列都必须具有名称。如果你知道名称，通过名称而不是位置来选择通常更方便、更可读。请注意，使用 `select` 时，不要将列名称放在引号中。

此处描述的解决方案类似于 5.21 节的解决方案，我们按位置选择列。唯一的区别是，我们在这里使用列名而不是列号。5.21 节中的所有观察结果均适用于此处。

列表表达式

`select` 函数是 tidyverse 的一部分。基础的 R 本身也有几种丰富的方法，用于按名称选择列，但代价是一些额外的语法。

要选择单个列，请使用其中一个列表表达式。请注意，它们使用双括号（`[[` 和 `]]`）：

`df[["`*`name`*`"]]`
> 返回一个名为 *name* 的列

`df$`*`name`*
> 与之前相同，只是语法不同

要选择一个或多个列，请使用这些列表表达式。请注意，它们使用单括号（`[` 和 `]`）：

`df["`*`name`*`"]`
> 从数据框中选择一列

`df[c("`*`name`*$_1$`", "`*`name`*$_2$`", ..., "`*`name`*$_k$`")]`
> 选择多个列

矩阵式下标

基础的 R 还允许矩阵式下标，用于按名称从数据框中选择一个或多个列：

`df[, "`*`name`*`"]`
> 返回指定的列

`df[, c("`*`name`*$_1$`", "`*`name`*$_2$`", ..., "`*`name`*$_k$`")]`
> 选择数据框中的多个列

矩阵式下标可以返回列或数据框，因此请注意你提供的名称数量。有关此问题的讨论以及 `drop=FALSE` 的使用，请参阅 5.21 节中的解释。

5.22.4 另请参阅

请参阅 5.21 节，理解按位置而不是名称来选择数据框的列的方法。

5.23 修改数据框的列名

5.23.1 问题

需要更改数据框列的名称。

5.23.2 解决方案

dplyr 包中的 rename 函数使重命名非常简单：

```
df %>% rename(newname₁ = oldname₁, ... , newnameₙ = oldnameₙ)
```

其中 df 是数据框，*oldnamei* 是 df 中列的名称，*newnamei* 是所需的新名称。

注意，参数顺序为 *newname = oldname*。

5.23.3 讨论

数据框列必须具有名称。你可以使用 rename 函数更改它们：

```
df <- data.frame(V1 = 1:3, V2 = 4:6, V3 = 7:9)
df %>% rename(tom = V1, dick = V2)
#>   tom dick V3
#> 1   1    4  7
#> 2   2    5  8
#> 3   3    6  9
```

列名存储在名为 colnames 的属性中，因此重命名列的另一种方法是更改该属性：

```
colnames(df) <- c("tom", "dick", "V2")
df
#>   tom dick V2
#> 1   1    4  7
#> 2   2    5  8
#> 3   3    6  9
```

如果你恰好使用 select 来选择单个列，则可以同时重命名这些列：

```
df <- data.frame(V1 = 1:3, V2 = 4:6, V3 = 7:9)
df %>% select(tom = V1, V2)
#>   tom V2
#> 1   1  4
#> 2   2  5
#> 3   3  6
```

使用 select 重命名与使用 rename 重命名之间的区别在于，rename 将重命名你指定的内容，使所有其他列保持原样并保持不变，而 select 仅保留你选择的列。在前面的示例中，V3 将被删除，因为它不在 select 语句中。select 和 rename 都使用相同的参数顺序：*newname = oldname*。

5.23.4 另请参阅

见 5.29 节。

5.24 从数据框中移除 NA 值

5.24.1 问题

你的数据框包含 NA 值，它会给你带来问题。

5.24.2 解决方案

调用 na.omit 删除包含 NA 值的行：

```
clean_dfrm <- na.omit(dfrm)
```

5.24.3 讨论

我们经常偶然发现数据框中的一些 NA 值导致所有数据都看起来四分五裂。一种解决方案是调用 na.omit 简单地删除所有包含 NA 的行。

考虑包含 NA 值的数据框：

```
df <- data.frame(
  x = c(1, NA, 3, 4, 5),
  y = c(1, 2, NA, 4, 5)
)
df
#>    x  y
#> 1  1  1
#> 2 NA  2
#> 3  3 NA
#> 4  4  4
#> 5  5  5
```

cumsum 函数计算累加总和，但它会在 NA 值上出现问题：

```
colSums(df)
#>  x  y
#> NA NA
```

如果我们删除具有 NA 值的行，则 cumsum 可以完成其求和：

```
cumsum(na.omit(df))
#>    x  y
#> 1  1  1
#> 4  5  5
#> 5 10 10
```

但要小心！`na.omit` 函数删除整行。这些行中的非 NA 值也会消失，从而改变"累加总和"的含义。

此方法也适用于从向量和矩阵中删除 NA，但不适用于列表。

这里，一个显而易见的威胁是，简单地从数据中删除观察记录可能会使结果在数值上或统计上毫无意义。在分析中要确保删除缺失数据是有意义的。记住，`na.omit` 将删除整个行，而不仅仅是 NA 值，它可能会消除有用的信息。

5.25 根据名称排除列

5.25.1 问题

你需要使用列名从数据框中排除列。

5.25.2 解决方案

使用 `dplyr` 包中的 `select` 函数，并在列名前面加一个短划线（减号）以排除：

```
select(df, -bad)   # Select all columns from df except bad
```

5.25.3 讨论

在变量名前面放置一个减号告诉 `select` 函数删除该变量。

当我们从数据框计算相关系数矩阵时，这可以派上用场，我们想要排除非数据列，例如标签：

```
cor(patient_data)
#>              patient_id    pre  dosage    post
#> patient_id     1.0000   0.159 -0.0486   0.391
#> pre            0.1590   1.000  0.8104  -0.289
#> dosage        -0.0486   0.810  1.0000  -0.526
#> post           0.3912  -0.289 -0.5262   1.000
```

该相关系数矩阵包括 `patient_id` 和其他变量之间的无意义的"相关性"，这是令人讨厌的。我们可以删除 `patient_id` 列：

```
patient_data %>%
  select(-patient_id) %>%
  cor
#>          pre dosage   post
#> pre    1.000  0.810 -0.289
#> dosage 0.810  1.000 -0.526
#> post  -0.289 -0.526  1.000
```

我们可以以相同的方式排除多个列：

```
patient_data %>%
  select(-patient_id, -dosage) %>%
  cor()
#>         pre    post
#> pre   1.000  -0.289
#> post -0.289   1.000
```

5.26 合并两个数据框

5.26.1 问题

你需要将两个数据框的内容合并到一个数据框中。

5.26.2 解决方案

调用 cbind 函数并排合并两个数据框的列：

```
all.cols <- cbind(df1, df2)
```

调用 rbind 函数"堆叠"两个数据框的行：

```
all.rows <- rbind(df1, df2)
```

5.26.3 讨论

你可以通过以下两种方式之一合并数据框：通过并排放置列以创建更宽的数据框；或者通过"堆叠"行来创建更长的数据框。

cbind 函数将并排合并数据框：

```
df1 <- data.frame(a = c(1,2))
df2 <- data.frame(b = c(7,8))

cbind(df1, df2)
#>   a b
#> 1 1 7
#> 2 2 8
```

你通常会将具有相同高度（行数）的列合并在一起。然而，从技术上讲，cbind 不需要匹配的高度。如果一个数据框很短，R 将调用循环规则以根据需要扩展短列（参见 5.3 节），这可能是你想要的，也可能不是。

rbind 函数将"堆叠"两个数据框的行：

```
df1 <- data.frame(x = c("a", "a"), y = c(5, 6))
df2 <- data.frame(x = c("b", "b"), y = c(9, 10))
```

```
rbind(df1, df2)
#>    x      y
#> 1 a      5
#> 2 a      6
#> 3 b      9
#> 4 b      10
```

rbind 函数要求数据框具有相同的宽度——相同的列数和相同的列名。但是，列不必是相同的顺序（order），rbind 会解决这个问题。

最后，这个方法比标题意指的更为广泛。首先，你可以合并两个以上的数据框，因为 rbind 和 cbind 都接受多个参数。其次，你可以将此方法应用于其他数据类型，因为 rbind 和 cbind 也适用于向量、列表和矩阵。

5.27 根据共有列合并数据框

5.27.1 问题

你有两个共享一个相同列的数据框。你需要通过匹配共有列来合并它们的行，使它们成为一个数据框。

5.27.2 解决方案

我们可以使用 dplyr 包中的 join 函数将数据框连接在一个共有列上。如果只想要在两个数据框中共同出现的行，请使用 inner_join：

```
inner_join(df1, df2, by = "col")
```

其中 "col" 是两个数据框中共同出现的列。

如果你希望出现在任一数据框中的所有行，请使用 full_join：

```
full_join(df1, df2, by = "col")
```

如果你想要 df1 中的所有行，并将 df2 中的所有行匹配 df1，请使用：

```
left_join(df1, df2, by = "col")
```

或者从 df2 获取所有记录，并且将 df1 中的记录匹配 df2，请使用：

```
right_join(df1, df2, by = "col")
```

5.27.3 讨论

假设我们有 born 和 died 两个数据框，每个数据框都包含一个名为 name 的列：

```
born <- tibble(
  name = c("Moe", "Larry", "Curly", "Harry"),
  year.born = c(1887, 1902, 1903, 1964),
  place.born = c("Bensonhurst", "Philadelphia", "Brooklyn", "Moscow")
)

died <- tibble(
  name = c("Curly", "Moe", "Larry"),
  year.died = c(1952, 1975, 1975)
)
```

我们可以使用 name 来组合匹配的行，将它们合并到一个数据框中：

```
inner_join(born, died, by="name")
#> # A tibble: 3 x 4
#>   name  year.born place.born    year.died
#>   <chr>     <dbl> <chr>             <dbl>
#> 1 Moe        1887 Bensonhurst        1975
#> 2 Larry      1902 Philadelphia       1975
#> 3 Curly      1903 Brooklyn           1952
```

注意，inner_join 不需要对行进行排序，甚至不需要以相同的顺序进行排序。它找到了 Curly 的匹配行，即使它们出现在不同的位置。它删除了 Harry 的那一行，因为它只出现在 born 中。

这些数据框的 full_join 函数的应用结果包括两者的每一行，即使没有匹配值：

```
full_join(born, died, by="name")
#> # A tibble: 4 x 4
#>   name  year.born place.born    year.died
#>   <chr>     <dbl> <chr>             <dbl>
#> 1 Moe        1887 Bensonhurst        1975
#> 2 Larry      1902 Philadelphia       1975
#> 3 Curly      1903 Brooklyn           1952
#> 4 Harry      1964 Moscow              NA
```

如果数据框没有匹配值，则使用 NA 进行填充：如对于 Harry，year.died 填充为 NA。

如果我们没有为要加入的字段提供合并函数，那么它将尝试通过两个数据框中具有匹配名称的任何字段进行连接，并返回一个信息响应，说明它正在通过哪个字段进行合并：

```
full_join(born, died)
#> Joining, by = "name"
#> # A tibble: 4 x 4
#>   name  year.born place.born    year.died
#>   <chr>     <dbl> <chr>             <dbl>
#> 1 Moe        1887 Bensonhurst        1975
#> 2 Larry      1902 Philadelphia       1975
#> 3 Curly      1903 Brooklyn           1952
#> 4 Harry      1964 Moscow              NA
```

如果我们想对两个不具有相同名称的数据框进行连接，需要将 by 参数设定为等式向量：

```
df1 <- data.frame(key1 = 1:3, value=2)
df2 <- data.frame(key2 = 1:3, value=3)

inner_join(df1, df2, by = c("key1" = "key2"))
#>   key1 value.x value.y
#> 1    1       2       3
#> 2    2       2       3
#> 3    3       2       3
```

在前面的示例中，注意两个表如何具有一个名为 value 的字段，该字段在输出中被重命名。第一个表中的字段变为 value.x，而第二个表中的字段变为 value.y。当没有连接的列上存在命名冲突时，dplyr 连接将始终以这种方式重命名输出。

5.27.4 另请参阅

有关组合数据框的其他方法，请参阅 5.26 节。

该示例关于单个列 name 进行连接，但这些函数也可以关于多个列进行连接。有关详细信息，请键入 **?dplyr::join** 查看函数文档。

这些连接操作受到 SQL 的启发。就像在 SQL 中一样，dplyr 中有多种类型的连接，包括内部连接（inner）、左连接 (left)、右连接 (right)、全连接 (full)、半连接 (semi) 和反连接 (anti)。关于此方面的内容，请参阅函数文档。

5.28 基本数据类型之间的转换

5.28.1 问题

你有一个基本数据类型的数据值：字符型（character）、复数型（complex）、双精度型（double）、整型（integer）或逻辑型（logical）。你需要将此值转换为其他基本数据类型中的一种。

5.28.2 解决方案

对于每种基本数据类型，都有一个将值转换为该类型的函数。基本类型的转换函数包括：

- as.character(x)

- as.complex(x)

- as.numeric(x) or as.double(x)

- as.integer(x)

- as.logical(x)

5.28.3 讨论

将一种基本类型转换为另一种基本类型通常非常简单。如果转换有效，你会得到你期望的结果。如果它不起作用，你得到 NA：

```
as.numeric(" 3.14 ")
#> [1] 3.14
as.integer(3.14)
#> [1] 3
as.numeric("foo")
#> Warning: NAs introduced by coercion
#> [1] NA
as.character(101)
#> [1] "101"
```

如果你有一个基本类型的向量，这些函数会将它们应用于向量的每个值。因此，前面转换纯量的示例可以很容易地推广为转换整个向量：

```
as.numeric(c("1", "2.718", "7.389", "20.086"))
#> [1]  1.00  2.72  7.39 20.09
as.numeric(c("1", "2.718", "7.389", "20.086", "etc."))
#> Warning: NAs introduced by coercion
#> [1]  1.00  2.72  7.39 20.09    NA
as.character(101:105)
#> [1] "101" "102" "103" "104" "105"
```

将逻辑值转换为数值时，R 软件将 FALSE 转换为 0，并将 TRUE 转换为 1：

```
as.numeric(FALSE)
#> [1] 0
as.numeric(TRUE)
#> [1] 1
```

当你在逻辑值向量中计算 TRUE 的出现次数时，此行为很有用。如果 logvec 是逻辑值的向量，则 sum(logvec) 执行从逻辑值到整数值的隐式转换，并返回 logvec 中 TRUE 的数量：

```
logvec <- c(TRUE, FALSE, TRUE, TRUE, TRUE, FALSE)
sum(logvec) ## num true
#> [1] 4
length(logvec) - sum(logvec) ## num not true
#> [1] 2
```

5.29 从一种结构化数据类型转换到另一种数据类型

5.29.1 问题

你需要将变量从一种结构化数据类型转换为另一种，例如，将向量转换为列表，或将矩阵转换为数据框。

5.29.2 解决方案

这些函数将其参数转换为相应的结构化数据类型：

- `as.data.frame(x)`
- `as.list(x)`
- `as.matrix(x)`
- `as.vector(x)`

但是，其中一些转换可能会让你大吃一惊。我们建议你查看表 5-2 以获取更多详细信息。

5.29.3 讨论

在结构化数据类型之间转换可能很棘手。有些转化行为与你期望的一样。例如，如果将矩阵转换为数据框，则矩阵的行和列将很容易地成为数据框的行和列。

在其他情况下，结果可能会让你感到惊讶。表 5-2 总结了一些值得注意的例子。

表 5-2：数据转换

转换	转换方法	备注
向量到列表	`as.list(`*vec*`)`	不要用 `list(`*vec*`)`，它将建立含有一个元素的列表，该元素就是向量 *vec*
向量到矩阵	建立 1 列矩阵：`cbind(`*vec*`)` 或 `as.matrix(`*vec*`)` 建立 1 行矩阵：`rbind(`*vec*`)` 建立 *n*×*m* 矩阵：`matrix(`*vec*`,n,m))`	参见 5.14 节
向量到数据框	建立 1 列数据框：`as.data.frame(`*vec*`)` 建立 1 行数据框：`as.data.frame(rbind(`*vec*`))`	
列表到向量	`unlist(`*lst*`)`	用 `unlist` 而不用 `as.vector`，参见 5.11 节
列表到矩阵	建立 1 列矩阵：`as.matrix(`*lst*`)` 建立 1 行矩阵：`as.matrix(rbind(`*lst*`))` 建立 *n*×*m* 矩阵：`matrix(`*lst*`,n,m)`	
列表到数据框	列表元素作为数据框列：`as.data.frame(`*lst*`)` 列表元素作行：参考 5.19 节	

表 5-2：数据转换（续）

转换	转换方法	备注
矩阵到向量	`as.vector(`*mat*`)`	所有矩阵元素作为向量元素返回
矩阵到列表	`as.list(`*mat*`)`	所有矩阵元素存于一个列表中
矩阵到数据框	`as.data.frame(`*mat*`)`	
数据框到向量	对于 1 行的数据框：`df[1,]` 对于 1 列的数据框：`df[,1]` 或 `df[[1]]`	参见注记 2
数据框到列表	`as.list(`*df*`)`	参见注记 3
数据框到矩阵	`as.matrix(`*df*`)`	参见注记 4

在上面表格中引用的注记如下：

1. 当你将列表转换为向量时，如果列表包含相同模式的单元值，则转换将清晰地进行。如果列表包含混合模式（例如，数值型和字符型），在这种情况下，所有内容都将转换为字符。如果列表包含其他结构化数据类型（例如子列表或数据框），在这种情况下非常奇怪的事情会发生，所以不要这样做。

2. 仅当数据框包含一行或一列时，才能将数据框转换为向量。要将其所有元素提取到一个长向量中，请使用函数 `as.vector(as.matrix(`*df*`))`。但是只有数据框全部是数值型或字符串型才有意义；如果情况并非如此，所有值会先转换为字符串。

3. 将数据框转换为列表可能看起来很奇怪，因为数据框已经是列表（即列的列表）。使用 `as.list` 函数实质上删除了类（`data.frame`），因此显示出了隐含的列表。当需要 R 将数据结构视为列表时会非常有用，比如说，为了方便打印。

4. 将数据框转换为矩阵时要小心。如果数据框仅包含数值，则会得到数值型矩阵。如果它只包含字符值，则你会得到一个字符型矩阵。但是，如果数据框是数字、字符和因子的混合，则所有值首先转换为字符型。最终结果将是字符串矩阵。

有关矩阵的特殊问题

此处详细介绍矩阵转换的问题，前提是你的矩阵是同质的——所有元素都具有相同的模式（例如，都为数值型或都为字符型）。当矩阵是由列表构建而来时，矩阵也可以是异质的。如果是这样的话，转换就会变得混乱。例如，将混合模式矩阵转换为数据框时，数据框的列实际上是列表（以容纳混合数据）。

5.29.4 另请参阅

有关基本数据类型的转换，请参见 5.28 节；有关存在问题的转换的评论，请参阅本章的介绍。

## 第 6 章

数据转换

虽然传统的编程语言使用循环（loop），但 R 软件传统上鼓励使用向量化操作和 apply 系列函数来批量处理数据，从而大大简化了计算。没有什么来阻止你在 R 中编写循环，它将你的数据分成你想要的任何小块，然后在每个小块上进行操作。但是，在许多情况下，使用向量化函数可以提高代码的速度、可读性和可维护性。

然而，在最近的发展中，tidyverse 中的添加包——特别是其中的 purrr 和 dplyr 包——在 R 中引入了新的术语，使得上述概念更容易学习，并且更加一致。purrr 这个名字来源于短语"纯 R"（Pure R）。"纯函数"（pure function）是一个函数，其结果仅由其输入决定，并且不会产生任何副作用。然而，你不必为了使用 purrr 而去理解函数式编程概念。大多数用户需要知道的是，purrr 包含的函数可以帮助我们以一种与 tidyverse 中的其他添加包（如 dplyr）很好地融合的方式对数据进行"块对块"(chunk by chunk) 操作。

基础的 R 有许多 apply 函数——apply、lapply、sapply、tapply 和 mapply——以及 by 和 split。这些是基础 R 多年来一直有效的基本函数。我们在决定到底专注于介绍基础 R 的 apply 函数，还是介绍更新的"tidy"方法之间有过艰难的决定。经过多次辩论，我们选择试图介绍 purrr 方法并提及基础的 R 方法，并在一些地方对两者进行说明。purrr 和 dplyr 的接口非常干净，我们相信，在大多数情况下，它们更直观。

6.1 将函数应用于列表的每个元素

6.1.1 问题

你有一个列表，并且需要将函数应用于列表的每个元素。

6.1.2 解决方案

使用 map 将函数应用于列表的每个元素：

```
library(tidyverse)

lst %>%
  map(fun)
```

6.1.3 讨论

让我们看一个具体的例子，即获取一个列表的每个元素中所有数值的平均值：

```
library(tidyverse)

lst <- list(
  a = c(1,2,3),
  b = c(4,5,6)
)
lst %>%
  map(mean)
#> $a
#> [1] 2
#>
#> $b
#> [1] 5
```

map 函数将为列表中的每个元素调用一次函数。你的函数需要一个参数，即列表的元素。map 函数将收集函数返回的结果，并将它们返回到一个列表中。

purrr 添加包中包含一整套 map 函数，它们应用于列表或向量，然后返回与输入具有相同元素数的对象。它们返回的对象类型与使用的 map 函数的类型有关。有关完整的 map 类函数的列表，请参阅帮助文件。有一些最常见的 map 函数如下：

map

　　始终返回一个列表，列表的元素可以是不同的类型。这与基础的 R 函数 lapply 非常相似。

map_chr

　　返回一个字符型向量。

map_int

　　返回一个整数型向量。

map_dbl

　　返回一个浮点数值型向量。

让我们快速浏览一个为演示 map 函数而构造的函数，它可以返回字符型或整数型结果：

```
fun <- function(x) {
  if (x > 1) {
```

```
      1
    } else {
      "Less Than 1"
    }
  }

  fun(5)
  #> [1] 1
  fun(0.5)
  #> [1] "Less Than 1"
```

让我们创建一个可以应用上述函数 fun 的元素列表，并查看不同的 map 函数的行为：

```
  lst <- list(.5, 1.5, .9, 2)

  map(lst, fun)
  #> [[1]]
  #> [1] "Less Than 1"
  #>
  #> [[2]]
  #> [1] 1
  #>
  #> [[3]]
  #> [1] "Less Than 1"
  #>
  #> [[4]]
  #> [1] 1
```

你可以看到该 map 函数生成了一个列表，它是混合数据类型。

map_chr 将生成一个字符型向量，并将数值强制转换为字符：

```
  map_chr(lst, fun)
  #> [1] "Less Than 1" "1.000000"    "Less Than 1" "1.000000"

  ## or using pipes
  lst %>%
    map_chr(fun)
  #> [1] "Less Than 1" "1.000000"    "Less Than 1" "1.000000"
```

而 map_dbl 将尝试将字符型强制转换为双精度型，并尝试以下操作：

```
  map_dbl(lst, fun)
  #> Error: Can't coerce element 1 from a character to a double
```

如前所述，基础的 R 的 lapply 函数与 map 非常相似。基础的 R 的 sapply 函数更像我们之前讨论过的其他 map 函数，因为该函数试图将结果简化为向量或矩阵。

6.1.4 另请参阅

参见 15.3 节。

6.2 将函数应用于数据框的每一行

6.2.1 问题

你有一个函数，并且你需要将其应用于数据框的每一行。

6.2.2 解决方案

`mutate` 函数将基于一个向量创建一个新变量。但是如果我们使用的函数不能接受向量并输出向量，那么我们必须使用 `rowwise` 函数进行逐行操作。

我们可以在管道（pipe）链中使用 `rowwise` 函数，来告诉 `dplyr` 逐行执行以下所有命令：

```
df %>%
  rowwise() %>%
  row_by_row_function()
```

6.2.3 讨论

让我们创建一个函数，并将其应用于数据框的每一行。对于从数 a 到数 b、每 2 个数值间隔为 c 的等差序列，我们的函数将计算该序列的和：

```
fun <- function(a, b, c) {
  sum(seq(a, b, c))
}
```

让我们生成一些数据来应用这个函数，然后使用 `rowwise` 函数将我们的函数 `fun` 应用于它：

```
df <- data.frame(mn = c(1, 2, 3),
                 mx = c(8, 13, 18),
                 rng = c(1, 2, 3))

df %>%
  rowwise %>%
  mutate(output = fun(a = mn, b = mx, c = rng))
#> Source: local data frame [3 x 4]
#> Groups: <by row>
#>
#> # A tibble: 3 x 4
#>      mn    mx   rng output
#>   <dbl> <dbl> <dbl>  <dbl>
#> 1     1     8     1     36
#> 2     2    13     2     42
#> 3     3    18     3     63
```

如果我们尝试在没有 `rowwise` 函数的情况下运行此函数，它会给出一个错误，因为 `seq` 函数无法处理整个向量：

```
df %>%
   mutate(output = fun(a = mn, b = mx, c = rng))
#> Error in seq.default(a, b, c): 'from' must be of length 1
```

6.3 将函数应用于矩阵的每一行

6.3.1 问题

你有一个矩阵，希望将函数应用于每一行，计算每一行的函数结果。

6.3.2 解决方案

使用 apply 函数。将第二个参数设置为 1，它表明逐行应用一个函数：

```
results <- apply(mat, 1, fun)    # mat is a matrix, fun is a function
```

apply 函数将为矩阵的每一行调用一次 fun，然后将返回值放到一个向量中，然后返回该向量。

6.3.3 讨论

你可能会注意到我们在此仅显示基础的 R 的 apply 函数的使用，在其他方法中将说明应用 purrr 的替代方法。在撰写本书时，矩阵运算不在添加包 purrr 的考虑范围内，因此我们使用非常可靠的基础的 R 的 apply 函数。如果你真的喜欢 purrr 语法，那么你首先要将矩阵转换为数据框或 tibble，这时可以使用这些函数。但是如果你的矩阵很大，你会发现使用 purrr 时运行速度会大大降低。

假设我们有一个包含纵向数据 (longitudinal) 的名为 long 的矩阵，每行包含一个对象的数据，而列包含的是重复观察记录：

```
long <- matrix(1:15, 3, 5)
long
#>      [,1] [,2] [,3] [,4] [,5]
#> [1,]    1    4    7   10   13
#> [2,]    2    5    8   11   14
#> [3,]    3    6    9   12   15
```

我们可以通过对每一行应用 mean 函数来计算每个受试者的平均观察值。其结果是一个向量：

```
apply(long, 1, mean)
#> [1] 7 8 9
```

如果我们的矩阵有行名，apply 会使用它们来识别结果向量的元素，这很方便：

```
rownames(long) <- c("Moe", "Larry", "Curly")
apply(long, 1, mean)
#>   Moe Larry Curly
#>     7     8     9
```

被调用的函数应该期望一个参数，即一个向量，它将是矩阵的一行。该函数可以返回纯量 (scalar) 或向量。在被调用函数返回向量的情况下，apply 将结果组合成一个矩阵。range 函数返回一个两元素向量，即最小值和最大值，因此将其应用于 long 会产生一个矩阵：

```
apply(long, 1, range)
#>      Moe Larry Curly
#> [1,]   1     2     3
#> [2,]  13    14    15
```

你也可以在数据框上使用此方法。如果数据框是同质的——所有元素都是数字或所有元素都是字符串，它都有效。当数据框具有不同类型的列时，从行中提取向量是不明智的，因为向量必须是同质的。

6.4 将函数应用于每一列

6.4.1 问题

你有一个矩阵或数据框，需要把一个函数应用到矩阵或数据框的每一列。

6.4.2 解决方案

对于矩阵，使用 apply 函数。将第二个参数设置为 2，它们会把函数应用于数据框的连续列。因此，如果矩阵或数据框被命名为 mat，并且我们想要将名为 fun 的函数应用于每一列，它将如下所示：

```
apply(mat, 2, fun)
```

对于数据框，使用 purrr 中的 map_df 函数：

```
df2 <- map_df(df, fun)
```

6.4.3 讨论

让我们看一个带有实际数据的例子，并将 mean 函数应用于该矩阵的每一列：

```
mat <- matrix(c(1, 3, 2, 5, 4, 6), 2, 3)
colnames(mat) <- c("t1", "t2", "t3")
mat
#>      t1 t2 t3
```

```
#> [1,]  1  2  4
#> [2,]  3  5  6

apply(mat, 2, mean)  # Compute the mean of every column
#>  t1  t2  t3
#> 2.0 3.5 5.0
```

在基础的 R 中，`apply` 函数用于处理矩阵或数据框。`apply` 的第二个参数决定了方向：

- 参数为 1 表示逐行处理。

- 参数为 2 表示逐列处理。

这比看起来更麻烦。我们从"行和列"两方面讨论矩阵，因此行代表 1、列代表 2。

数据框是比矩阵更复杂的数据结构，因此有更多选项。你可以简单地使用 `apply`，在这种情况下，R 会将数据框转换为矩阵，然后应用你的函数。如果数据框只包含一种类型的数据，这样做没有问题。但如果数据框同时包含数值型和字符型，则上述做法可能无法执行你想要的操作。在各列数据类型不同的情况下，R 将强制所有列具有相同的类型，因此可能执行你并不需要的类型转换。

幸运的是，有多种可选方法。回想一下，数据框是一种列表：它是数据框列的列表。*purrr* 有一系列 map 函数可以返回不同类型的对象。这里特别感兴趣的是 `map_df`，它返回一个 `data.frame`（因此变量名为 `df`）：

```
df2 <- map_df(df, fun) # Returns a data.frame
```

函数 `fun` 需要一个参数，即数据框中的一列。

以下是检查数据框中列类型的常用方法。在本例中，该数据框的 `batch` 列似乎包含数字：

```
load("./data/batches.rdata")
head(batches)
#>   batch clinic dosage shrinkage
#> 1     3     KY     IL    -0.307
#> 2     3     IL     IL    -1.781
#> 3     1     KY     IL    -0.172
#> 4     3     KY     IL     1.215
#> 5     2     IL     IL     1.895
#> 6     2     NJ     IL    -0.430
```

但是使用 `map_df` 打印出每列的类会显示 `batch` 是一个因子：

```
map_df(batches, class)
#> # A tibble: 1 x 4
#>   batch  clinic dosage shrinkage
#>   <chr>  <chr>  <chr>  <chr>
#> 1 factor factor factor numeric
```

注意输出的第三行重复地输出 `<chr>`。这是因为函数 class 的输出被放入数据框，然后打印出来。数据框的中间部分的列是字符数据。最后一行告诉我们原始数据框有三个因子列和一个数值型字段。

6.4.4 另请参见

参见 5.21 节、6.1 节和 6.3 节。

6.5 将函数应用于平行向量或列表

6.5.1 问题

你有一个带有多个参数的函数。你需要将函数应用于向量，并得到一个向量结果。不幸的是，该函数没有向量化；也就是说，它适用于纯量，但不适用于向量。

6.5.2 解决方案

使用 tidyverse 中的核心添加包 *purrr* 中的 map 或 pmap 函数。最通用的解决方案是将向量放在一个列表中，然后使用 pmap 函数：

```
lst <- list(v1, v2, v3)
pmap(lst, fun)
```

pmap 函数将获取 lst 的元素并将它们作为输入传递给 fun。

如果你只有两个向量作为输入传递给函数，则使用 map2 函数将非常方便，可以省去将向量放在列表中的步骤。map2 函数将返回一个列表：

```
map2(v1, v2, fun)
```

而 map2 的其他类型变体（map2_chr、map2_dbl 等）将返回如其名称所示类型的向量。因此，如果函数 fun 只返回一个双精度型结果，则使用 map2 的变体：

```
map2_dbl(v1, v2, fun)
```

purrr 的函数中的类型变体，指的是函数所期望的输出类型。所有的函数类型变体都返回具有其相应类型的向量；而无类型变体的函数则返回列表，其中可以有混合类型的数据。

6.5.3 讨论

R 的基本运算符，如 x+y，是向量化的；这意味着它们按元素计算结果，并返回结果向量。此外，许多 R 函数都是向量化的。

但是，并非所有函数都是向量化的。非向量化函数仅适用于标量，如果对它们使用向量参数从好的方面说会产生错误，而坏的情况是它们会产生无意义的结果。在这种情况下，purrr 的 map 函数可以为你有效地向量化函数。

考虑 15.3 节中的 gcd 函数，该函数有两个参数：

```
gcd <- function(a, b) {
   if (b == 0) {
     return(a)
   } else {
     return(gcd(b, a %% b))
   }
}
```

如果我们将 gcd 应用于两个向量，结果是错误的答案和一堆错误消息：

```
gcd(c(1, 2, 3), c(9, 6, 3))
#> Warning in if (b == 0) {: the condition has length > 1 and only the first
#> element will be used

#> Warning in if (b == 0) {: the condition has length > 1 and only the first
#> element will be used

#> Warning in if (b == 0) {: the condition has length > 1 and only the first
#> element will be used
#> [1] 1 2 0
```

该函数没有向量化，但我们可以使用 map 来"向量化"它。在这种情况下，由于我们有两个输入，我们应该使用 map2 函数。这给出了两个向量之间的元素的最大公约数（GCD）：

```
a <- c(1, 2, 3)
b <- c(9, 6, 3)
my_gcds <- map2(a, b, gcd)
my_gcds
#> [[1]]
#> [1] 1
#>
#> [[2]]
#> [1] 2
#>
#> [[3]]
#> [1] 3
```

注意，map2 返回列表。如果我们想要向量化的输出，我们可以对输出结果使用 unlist：

```
unlist(my_gcds)
#> [1] 1 2 3
```

或使用其中一种类型变体，例如 map2_dbl。

purrr 函数的 map 系列为你提供了一系列返回特定输出类型的变体。函数名称的后缀表示它们将返回的向量类型。虽然 map 和 map2 返回列表，但由于特定类型的变体确定会返回其指定类型的对象，因此可以将它们放在原子向量中。例如，我们可以使用 `map_chr` 函数要求 R 将结果强制转换为字符型输出，或使用 `map2_dbl` 函数以确保结果是双精度型输出：

```
map2_chr(a, b, gcd)
#> [1] "1.000000" "2.000000" "3.000000"
map2_dbl(a, b, gcd)
#> [1] 1 2 3
```

如果我们的数据有两个以上的向量，或者数据已经在列表中，我们可以使用 `pmap` 系列函数，它将列表作为输入：

```
lst <- list(a,b)
pmap(lst, gcd)
#> [[1]]
#> [1] 1
#>
#> [[2]]
#> [1] 2
#>
#> [[3]]
#> [1] 3
```

或者如果我们想要一个向量作为输出：

```
lst <- list(a,b)
pmap_dbl(lst, gcd)
#> [1] 1 2 3
```

使用 `purrr` 函数时，请记住 `pmap` 系列是平行映射器，它将列表作为输入，而 `map2` 函数将两个向量（并且只有两个向量）作为输入。

6.5.4 另请参阅

这实际上只是 6.1 节的一个特例。有关 map 函数变体的更多讨论，请参阅该方法。此外，Jenny Bryan 在她的 GitHub 网站（*https://jennybc.github.io/purrrtutorial/*）上收集了大量的 purrr 教程。

6.6 将函数应用于一组数据

6.6.1 问题

你的数据元素以组的形式出现。你需要按组处理数据，例如，按组求和，或者按组求平均值。

6.6.2 解决方案

最简单的分组方法是使用 `dplyr` 包的 `group_by` 函数和 `summarize` 函数。例如，对于数据框 df，其中包含变量 grouping_var，我们想要将函数 fun 应用于 v1 和 v2 的所有组合，可以使用 group_by：

```
df %>%
  group_by(v1, v2) %>%
  summarize(
    result_var = fun(value_var)
  )
```

6.6.3 讨论

让我们看一个特定的例子，其中输入数据框 df 包含一个我们想要分组的变量 my_group，以及一个名为 values 的字段，我们想要计算一些统计信息：

```
df <- tibble(
  my_group = c("A", "B","A", "B","A", "B"),
  values = 1:6
)

df %>%
  group_by(my_group) %>%
  summarize(
    avg_values = mean(values),
    tot_values = sum(values),
    count_values = n()
  )
#> # A tibble: 2 x 4
#>   my_group avg_values tot_values count_values
#>   <chr>         <dbl>      <int>        <int>
#> 1 A                 3          9            3
#> 2 B                 4         12            3
```

输出中，根据我们定义的三个汇总字段，每个分组都有一个计算结果。

 值得注意的是，summarize 函数将默默地从 group_by 中删除最后一个分组变量。这是自动完成的，因为将分组保留在适当的位置，将意味着没有任何组在其中有多行。最后一个分组变量仅从分组向量中删除，而不是从数据框中删除。该字段仍保留，但它不用于分组。第一次观察到它时，这可能会令人惊讶。

6.7 基于条件生成一个新列

6.7.1 问题

你需要根据某些条件在数据框中创建新列。

6.7.2 解决方案

使用 tidyverse 的 dplyr 包，我们可以使用 `mutate` 函数创建新的数据框列，然后使用 `case_when` 函数来实现条件逻辑：

```
df %>%
  mutate(
    case_when(my_field == "something" ~ "result",
              my_field != "something else" ~ "other result",
              TRUE ~ "all other results")
  )
```

6.7.3 讨论

来自 `dplyr` 包的 `case_when` 函数类似于 SQL 中的 CASE　WHEN 或 Excel 中的嵌套 IF 语句。该函数测试每个元素，当它发现条件为 TRUE 时，返回 "~"（代字号）右侧的值。

让我们看一个例子，我们想要在数据框中添加一个描述取值的文本变量。首先，让我们在数据框中设置一些简单的示例数据，其中一列名为 `vals`：

```
df <- data.frame(vals = 1:5)
```

现在让我们实现创建一个用于生成 `new_vals` 字段的逻辑。如果 `vals` 小于或等于 2，我们将返回 `2 or less`；如果该值大于 2 且小于或等于 4，我们将返回 `2 to 4`；否则我们将返回 `over 4`：

```
df %>%
  mutate(new_vals = case_when(vals <= 2 ~ "2 or less",
                              vals > 2 & vals <= 4 ~ "2 to 4",
                              TRUE ~ "over 4"))
#>   vals   new_vals
#> 1    1  2 or less
#> 2    2  2 or less
#> 3    3     2 to 4
#> 4    4     2 to 4
#> 5    5     over 4
```

你可以在示例中看到条件位于 ~ 的左侧，而结果返回值位于右侧。每个条件用逗号分隔。`case_when` 将按顺序评估每个条件，并在其中一个条件返回 TRUE 时立即停止评估。我们的最后一行是 "或其他"（or else）声明。将条件设置为 TRUE 可确保如果上面没有条件返回 TRUE，则满足此条件。

6.7.4 另请参阅

有关使用 `mutate` 的更多示例，请参阅 6.2 节。

第 7 章

字符串和日期

字符串？日期？在统计软件包中？

只要读取文件或打印报告，你就需要字符串。当你处理现实世界的问题时，你就需要日期。

R 具备处理字符串和日期的功能。R 的字符串功能与面向字符串处理的编程语言（如 Perl 语言）相比，显得很笨拙。但是这是一个不同工作选择不同的适合工具的问题。我们不会在 Perl 中执行逻辑回归。

tidyverse 中的 `stringr` 添加包和 `lubridate` 添加包改进了一些字符串和日期的问题。与本书的其他章节一样，这里的示例来自基础的 R 以及添加包，这使得学习起来更轻松、更快捷、更方便。

日期和时间类

R 有各种各样处理日期和时间的类。如果你喜欢有多种选择，这是很好的；但是如果你喜欢简单地生活，这是烦人的。类之间存在重要区别：一些类是只针对日期的类，一些是日期时间 (datetime) 类。所有类都可以处理日历日期（例如，2019 年 3 月 15 日），但并非所有类都可以表示日期时间（2019 年 3 月 1 日上午 11:45）。

下列类包含在基础 R 中：

Date

Date 类可以表示日历日期，但不能表示时钟时间。它是一个可靠的、通用的类，用于处理日期，包括转换、格式化、基本日期算法和时区处理。本书中与大多数日期相关的方法都是基于 Date 类构建的。

POSIXct

这是一个日期时间类，它可以表示精确度为一秒的时刻。在 R 内部，日期时间存储

187

从 1970 年 1 月 1 日起到该时间的以秒计的一个数值，因此它是一个非常紧凑的表示。建议将该类用于存储日期时间信息（例如，应用在数据框中）。

POSIXlt

这也是一个日期时间类，但它的表示存储在一个包含年、月、日、小时、分钟和秒的 9 元素列表中。此表示可以轻松提取日期部分，例如月份或小时。显然，这个表示没有 POSIXct 类紧凑，因此它通常用于中间处理而不是用于存储数据。

基础 R 还提供了在不同日期表示之间轻松转换的函数：as.Date、as.POSIXct 和 as.POSIXlt。

以下 R 添加包可从 CRAN 下载：

chron

chron 包可以表示日期和时间，但不会增加处理时区和夏令时的复杂性。因此比 Date 类更容易使用，但功能不如 POSIXct 和 POSIXlt 强大。它对计量经济学或时间序列分析的工作很有用。

lubridate

这是一个 tidyverse 中的包，旨在使日期和时间更容易处理，同时保持重要的功能，如时区。它特别适合用于日期时间算法。该添加包介绍了一些有用的结构，如持续时间、周期和间隔。lubridate 包是 tidyverse 的一部分，因此它在 install.packages('tidyverse') 时安装，但它不是 tidyverse 的核心部分，因此当你运行 library(tidyverse) 时它不会被加载。这意味着你必须通过运行 library(lubridate) 显式加载它。

mondate

这是一个专门的包，用于处理以月为单位的日期和年份。它可以用于会计和精算工作，例如需要逐月计算的地方。

timeDate

这是一个考虑周全的用于处理日期和时间的高性能的软件包，它包括日期算法、工作日、节假日、转换以及对时区的一般化处理。它最初是用于金融建模的 Rmetrics 添加包的一部分，金融模型中对日期和时间的精度要求是至关重要的。如果你对日期功能有苛刻的要求，可以考虑使用这个软件包。

你应该选择哪个类？Gabor Grothendieck 和 Thomas Petzoldt 撰写的文章 "Date and Time Classes in R" 提供了以下建议：

"考虑使用哪个类时，总是选择支持你的应用的最不复杂的类。也就是说，尽可能地使用 Date 类，否则使用 chron 类，然后考虑 POSIX 类。这样的策略将大大降低潜在犯错误的可能，并增加应用程序的可靠性。"

另请参阅

有关日期时间类内在的更多详细信息，请参阅 help(DateTimeClasses) 给出的文档。请参阅 Gabor Grothendieck 和 Thomas Petzoldt2004 年 6 月撰写的文章 "Date and Time Classes in R"，它是关于日期和时间功能的很好的介绍。2001 年 6 月，Brian Ripley 和 Kurt Hornik 撰写的文章 "Date-Time Classes" 着重讨论了两个 POSIX 类。Garrett Grolemund 和 Hadley Wickham（O'Reilly）的《*R for Data Science*》一书（*https://oreil.ly/2ΠWxCs*）的第 16 章，"日期和时间"（*hrrp://bit.ly/2F7dSUI*），对 lubridate 包进行了很好的介绍。

7.1 获取字符串长度

7.1.1 问题

你想知道一个字符串的长度。

7.1.2 解决方案

使用 nchar 函数，而非 length 函数。

7.1.3 讨论

nchar 函数接受一个字符串为参数，并返回字符串中的字符数：

```
nchar("Moe")
#> [1] 3
nchar("Curly")
#> [1] 5
```

如果将 nchar 应用于字符串向量，则返回每个字符串的长度：

```
s <- c("Moe", "Larry", "Curly")
nchar(s)
#> [1] 3 5 5
```

你可能认为 length 函数返回字符串的长度。其实不然——它返回向量的长度。将 length 函数应用于单个字符串时，R 返回值 1，因为它将该字符串视为一个向量——一个只有一个元素的向量：

```
length("Moe")
#> [1] 1
length(c("Moe", "Larry", "Curly"))
#> [1] 3
```

7.2 连接字符串

7.2.1 问题

你想要将两个或多个字符串连接到一个字符串中。

7.2.2 解决方案

使用 paste 函数。

7.2.3 讨论

paste 函数将多个字符串连接在一起。换句话说，它通过把给定的字符串首尾连接来创建一个新字符串：

```
paste("Everybody", "loves", "stats.")
#> [1] "Everybody loves stats."
```

默认情况下，paste 函数会在一对字符串之间插入一个空格，如果这是你想要的结果，则会很方便。sep 参数允许你指定一个不同的分隔符。例如使用空字符串（""）作为分隔符，它将字符串没有间隔地连接在一起：

```
paste("Everybody", "loves", "stats.", sep = "-")
#> [1] "Everybody-loves-stats."
paste("Everybody", "loves", "stats.", sep = "")
#> [1] "Everybodylovesstats."
```

想要不加入分隔符并将字符串连接在一起是一种常见的习惯用法。函数 paste0 可以非常方便地实现这一过程：

```
paste0("Everybody", "loves", "stats.")
#> [1] "Everybodylovesstats."
```

该函数对非字符串参数兼容。它尝试通过调用 as.character 函数将它们转换为字符串：

```
paste("The square root of twice pi is approximately", sqrt(2 * pi))
#> [1] "The square root of twice pi is approximately 2.506628274631"
```

如果一个或多个参数是字符串的向量，则 paste 函数将生成所有参数的组合（因为循环规则）：

```
stooges <- c("Moe", "Larry", "Curly")
paste(stooges, "loves", "stats.")
#> [1] "Moe loves stats."   "Larry loves stats." "Curly loves stats."
```

有时你想将这些组合加入一个大字符串。collapse 参数允许你定义一个顶级分隔符，并指示 paste 函数使用该分隔符连接新生成的字符串：

```
paste(stooges, "loves", "stats", collapse = ", and ")
#> [1] "Moe loves stats, and Larry loves stats, and Curly loves stats"
```

7.3 提取子串

7.3.1 问题

你想要根据位置提取一个字符串的一部分。

7.3.2 解决方案

使用 substr(*string*, *start*, *end*) 函数来提取开始于 *start*、结束于 *end* 的子串。

7.3.3 讨论

substr 函数接受一个字符串、一个起始点和一个结束点。它返回起始点和结束点之间的子串：

```
substr("Statistics", 1, 4) # Extract first 4 characters
#> [1] "Stat"
substr("Statistics", 7, 10) # Extract last 4 characters
#> [1] "tics"
```

就像许多 R 函数一样，substr 允许第一个参数为字符串向量。在这种情况下，它会在向量中的每个字符串上应用 substr 函数，并返回一个子字符串构成的向量：

```
ss <- c("Moe", "Larry", "Curly")
substr(ss, 1, 3) # Extract first 3 characters of each string
#> [1] "Moe" "Lar" "Cur"
```

实际上，所有参数都可以是向量，在这种情况下，substr 会将它们视为平行向量。从每个字符串中，它根据相应的起始点和结束点提取子串。这里有一些有用的技巧。例如，以下代码段从每个字符串中提取最后两个字符，每个子字符串从原始字符串的倒数第二个字符开始，到最后一个字符结束：

```
cities <- c("New York, NY", "Los Angeles, CA", "Peoria, IL")
substr(cities, nchar(cities) - 1, nchar(cities))
#> [1] "NY" "CA" "IL"
```

你可以通过利用循环规则拓展这个技巧，但我们不建议你这么做。

7.4 根据分隔符分割字符串

7.4.1 问题

你需要将字符串拆分为子串。子串由分隔符分隔。

7.4.2 解决方案

使用 strsplit，它接受两个参数——字符串和子串的分隔符：

```
strsplit(string, delimiter)
```

delimiter 可以是简单字符串或正则表达式。

7.4.3 讨论

字符串通常包含由相同的分隔符分隔的多个子串。一个例子是文件路径，它的各个组成部分由斜杠（/）分隔：

```
path <- "/home/mike/data/trials.csv"
```

我们可以使用 strsplit 和分隔符 / 将该路径拆分为多个组成部分：

```
strsplit(path, "/")
#> [[1]]
#> [1] ""           "home"      "mike"      "data"      "trials.csv"
```

注意，第一个"部分"实际上是一个空字符串，因为第一个斜杠之前没有任何内容。

另请注意，strsplit 返回一个列表，并且列表的每个元素都是一个子字符串构成的向量。这种两级结构是必要的，因为第一个参数可以是字符串向量。每个字符串被拆分为多个子串（向量），然后这些向量以一个列表的形式返回。

如果你只在一个字符串上运行，则可以用下列方法返回结果列表的第一个元素：

```
strsplit(path, "/")[[1]]
#> [1] ""           "home"      "mike"      "data"      "trials.csv"
```

此示例拆分三个文件路径并返回一个 3 元素构成的列表：

```
paths <- c(
  "/home/mike/data/trials.csv",
  "/home/mike/data/errors.csv",
  "/home/mike/corr/reject.doc"
```

```
)
strsplit(paths, "/")
#> [[1]]
#> [1] ""            "home"      "mike"      "data"      "trials.csv"#>
#>
#> [[2]]
#> [1] ""            "home"      "mike"      "data"      "errors.csv"
#>
#> [[3]]
#> [1] ""            "home"      "mike"      "corr"      "reject.doc"
```

strsplit 的第二个参数（分隔符参数）实际上比这些示例演示的功能要强大得多。它可以是一个正则表达式，匹配比简单字符串更复杂的模式。实际上，当不需要启用正则表达式功能时（及其对特殊字符的解释），则必须包含 fixed=TRUE 参数。

7.4.4 另请参阅

要了解有关 R 中正则表达式的更多信息，请参阅 regexp 函数的帮助页面。请参阅由 Jeffrey E.F.Friedl 撰写的 O'Reilly 的 *Mastering Regular Expressions*（*https://oreil.ly/2XhDBnm*），以了解有关正则表达式的更多信息。

7.5 替代子串

7.5.1 问题

在字符串中，你想要用一个子串替代另一个子串。

7.5.2 解决方案

使用 sub 替换字符串的第一个匹配的子串实例：

```
sub(old, new, string)
```

使用 gsub 替换字符串的所有匹配的子串实例：

```
gsub(old, new, string)
```

7.5.3 讨论

sub 函数在字符串 *string* 中查找子串 *old* 的第一个实例，并将其替换为子串 *new*：

```
str <- "Curly is the smart one. Curly is funny, too."
sub("Curly", "Moe", str)
#> [1] "Moe is the smart one. Curly is funny, too."
```

gsub 同样如此，但它替代字符串中的所有子串 *old* 的实例（全局替换），而不仅仅是第一个实例：

```
gsub("Curly", "Moe", str)
#> [1] "Moe is the smart one. Moe is funny, too."
```

为了从字符串中移除一个子串，只需将子串 *new* 设置为空：

```
sub(" and SAS", "", "For really tough problems, you need R and SAS.")
#> [1] "For really tough problems, you need R."
```

参数 *old* 可以是正则表达式，它允许匹配比简单字符串更复杂的模式。这实际上是默认的设置，因此如果不希望 sub 和 gsub 将 *old* 解释为正则表达式，则必须设置 fixed=TRUE 参数。

7.5.4 另请参阅

要了解有关 R 中正则表达式的更多信息，请参阅 regexp 函数的帮助页面。请参阅 *Mastering Regular Expressions*，以了解有关正则表达式的更多信息。

7.6 生成字符串的所有成对组合

7.6.1 问题

你有两组字符串，并且你需要生成这两组字符串的所有组合（即它们的笛卡儿积）。

7.6.2 解决方案

同时使用 outer 和 paste 函数生成所有可能组合的矩阵：

```
m <- outer(strings1, strings2, paste, sep = "")
```

7.6.3 讨论

函数 outer 旨在形成外积。然而，它允许第三个参数用任何函数来代替简单的乘法。在这个方法中，我们用字符串连接（paste）替换乘法，结果是字符串的所有组合。

假设我们有四个试验场地和三个处理：

```
locations <- c("NY", "LA", "CHI", "HOU")
treatments <- c("T1", "T2", "T3")
```

我们可以应用 outer 和 paste 来生成试验场地和处理的所有组合，如下所示：

```
outer(locations, treatments, paste, sep = "-")
#>      [,1]      [,2]      [,3]
```

```
#> [1,] "NY-T1"  "NY-T2"  "NY-T3"
#> [2,] "LA-T1"  "LA-T2"  "LA-T3"
#> [3,] "CHI-T1" "CHI-T2" "CHI-T3"
#> [4,] "HOU-T1" "HOU-T2" "HOU-T3"
```

将函数 outer 的第四个参数传递给 paste。在这种情况下，传递 sep ="-" 来定义连接字符串的分隔符。

outer 的结果是矩阵。如果你需要生成的组合以向量的形式出现，请使用 as.vector 函数对它进行转换。

在特殊情况下，当你把一组字符串和它自身进行组合而顺序并不重要时，结果将是重复的组合：

```
outer(treatments, treatments, paste, sep = "-")
#>      [,1]    [,2]    [,3]
#> [1,] "T1-T1" "T1-T2" "T1-T3"
#> [2,] "T2-T1" "T2-T2" "T2-T3"
#> [3,] "T3-T1" "T3-T2" "T3-T3"
```

或者你可以使用 expand.grid 来获得一对代表所有组合的向量：

```
expand.grid(treatments, treatments)
#>   Var1 Var2
#> 1   T1   T1
#> 2   T2   T1
#> 3   T3   T1
#> 4   T1   T2
#> 5   T2   T2
#> 6   T3   T2
#> 7   T1   T3
#> 8   T2   T3
#> 9   T3   T3
```

但是，假设我们需要所有唯一的处理组合时。我们可以通过移除下三角形（或上三角形）来消除重复的组合。*lower.tri* 函数识别该三角形，把它转换为所有在下三角形外的元素：

```
m <- outer(treatments, treatments, paste, sep = "-")
m[!lower.tri(m)]
#> [1] "T1-T1" "T1-T2" "T2-T2" "T1-T3" "T2-T3" "T3-T3"
```

7.6.4 另请参阅

关于调用 *paste* 来生成字符串组合的内容，请参阅 13.3 节。CRAN 上的 gtools 包 (*https://cran.r-project.org/web/packages/gtools/index.html*) 具有函数 combinations 和 permutation，这可能有助于相关任务。

7.7 得到当前日期

7.7.1 问题

你需要知道今天的日期。

7.7.2 解决方案

Sys.Date 函数返回当前日期:

```
Sys.Date()
#> [1] "2019-05-13"
```

7.7.3 讨论

Sys.Date 函数返回一个 Date 对象。在前面的示例中,因为结果输出在双引号内,它似乎返回一个字符串。然而,Sys.Date 返回 Date 对象,R 将该对象转换为字符串以进行输出。你可以通过检查 Sys.Date 的结果来看到它的类:

```
class(Sys.Date())
#> [1] "Date"
```

7.7.4 另请参阅

参见 7.9 节。

7.8 转换字符串为日期

7.8.1 问题

你有日期的字符串表示形式,例如 "2018-12-31",需要将其转换为 Date 对象。

7.8.2 解决方案

你可以使用 as.Date 函数,但必须知道字符串的格式。默认情况下,as.Date 假定字符串的格式为 *yyyy-mm-dd*。为了处理其他格式的字符串日期,必须指定 as.Date 的参数 format。例如,如果日期是美国日期风格,则使用 format ="%m/%d/%Y"。

7.8.3 讨论

此示例显示 as.Date 假定的默认格式,即 ISO 8601 标准格式 *yyyy-mm-dd*:

```
as.Date("2018-12-31")
#> [1] "2018-12-31"
```

as.Date 函数返回一个 Date 对象（如前面的方法中那样），在这里被转换回字符串进行输出，这解释了输出结果两边的双引号。

字符串可以是其他格式，但你必须提供参数 format，以便 as.Date 可以解释你的字符串。有关允许的日期格式的详细信息，参阅 stftime 函数的帮助页面。

作为一个简单的美国人，我们经常错误地尝试将美国日期格式（*mm*/*dd*/*yyyy*）转换为 Date 对象，得到下列不愉快的结果：

```
as.Date("12/31/2018")
#> Error in charToDate(x): character string is not in a standard
#> unambiguous format
```

以下是转换美国格式的日期的正确方法：

```
as.Date("12/31/2018", format = "%m/%d/%Y")
#> [1] "2018-12-31"
```

可以观察到格式字符串 Y 被设置成大写以表示四位数年份。如果你使用 2 位数字的年份，则应该使用小写的 y。

7.9 转换日期为字符串

7.9.1 问题

通常因为你需要输出一个日期，所以你需要把这个相应的 Date 对象转换为字符串。

7.9.2 解决方案

使用 format 函数或 as.character 函数：

```
format(Sys.Date())
#> [1] "2019-05-13"
as.character(Sys.Date())
#> [1] "2019-05-13"
```

这两个函数都允许使用参数 format 来控制格式。 使用 format ="％m/％d/％Y" 来获取美式日期，例如：

```
format(Sys.Date(), format = "%m/%d/%Y")
#> [1] "05/13/2019"
```

7.9.3 讨论

参数 `format` 定义输出字符串的外观。标准字符（例如斜杠（/）或连字符（-））都可以简单地复制到输出字符串。百分号（％）和其后另一个字母构成的双字母组合在这里具有特殊的含义。一些常见的组合是：

% b

缩写的月份名称（"Jan"）。

% B

完整的月份名称（"January"）。

% d

两位数的日期。

% m

两位数字的月份。

% y

没有世纪的年份（00-99）。

% Y

有世纪的年份。

有关格式化编码的完整列表，请参阅 `strftime` 函数的帮助页面。

7.10 转换年、月、日为日期

7.10.1 问题

你有一个由年、月和日表示的日期。现在需要将这些元素合并成一个 Date 对象来表示。

7.10.2 解决方案

使用 `ISOdate` 函数：

```
ISOdate(year, month, day)
```

结果是一个 POSIXct 对象，你可以将其转换为 Date 对象：

```
year <- 2018
month <- 12
day <- 31
```

```
as.Date(ISOdate(year, month, day))
#> [1] "2018-12-31"
```

7.10.3 讨论

一个常用的情况是，输入数据包含三个数字，分别是日期的年、月和日。ISOdate 函数可以将它们组合成一个 POSIXct 对象：

```
ISOdate(2020, 2, 29)
#> [1] "2020-02-29 12:00:00 GMT"
```

你可以将日期保留为 POSIXct 格式。然而，当处理纯日期（而不是日期和时间）时，我们经常将它们转换为 Date 对象并且删掉未使用的时间信息：

```
as.Date(ISOdate(2020, 2, 29))
#> [1] "2020-02-29"
```

尝试转换无效日期会导致 NA：

```
ISOdate(2013, 2, 29) # Oops! 2013 is not a leap year
#> [1] NA
```

ISOdate 可以处理整个年、月和日的向量，对于输入数据的大规模转换非常方便。以下示例从多个年份的 1 月的第三个星期三的年、月、日的数字开始，然后将它们全部组合到 Date 对象中：

```
years <- 2010:2014 months <- rep(1, 5)
days <- 5:9
ISOdate(years, months, days)
#> [1] "2010-01-05 12:00:00 GMT" "2011-01-06 12:00:00 GMT"
#> [3] "2012-01-07 12:00:00 GMT" "2013-01-08 12:00:00 GMT"
#> [5] "2014-01-09 12:00:00 GMT"
as.Date(ISOdate(years, months, days))
#> [1] "2010-01-05" "2011-01-06" "2012-01-07" "2013-01-08" "2014-01-09"
```

完美主义者会注意到月份向量是多余的，因此可以通过调用循环规则进一步简化最后一个表达式：

```
as.Date(ISOdate(years, 1, days))
#> [1] "2010-01-05" "2011-01-06" "2012-01-07" "2013-01-08" "2014-01-09"
```

你还可以使用 ISOdatetime 函数扩展此方法以处理年、月、日、小时、分钟和秒数据（有关详细信息，请参阅帮助页面）：

```
ISOdatetime(year, month, day, hour, minute, second)
```

7.11 得到儒略日期

7.11.1 问题

给定一个 Date 对象，你需要提取儒略日期（Julian date）——在 R 中，是 1970 年 1 月 1 日以来的天数。

7.11.2 解决方案

将 Date 对象转换为整数或使用 `julian` 函数：

```
d <- as.Date("2019-03-15")
as.integer(d)
#> [1] 17970
jd <- julian(d)
jd
#> [1] 17970
#> attr(,"origin")
#> [1] "1970-01-01"
attr(jd, "origin")
#> [1] "1970-01-01"
```

7.11.3 讨论

儒略“日期”只是自任意起点以来的天数。在 R 中，起始点是 1970 年 1 月 1 日，与 Unix 系统的起点相同。因此，1970 年 1 月 1 日的儒略日期为零，如下所示：

```
as.integer(as.Date("1970-01-01"))
#> [1] 0
as.integer(as.Date("1970-01-02"))
#> [1] 1
as.integer(as.Date("1970-01-03"))
#> [1] 2
```

7.12 提取日期的一部分

7.12.1 问题

给定 Date 对象，你需要提取日期的一部分，例如星期几、一年中的某一天、日历日、日历月或日历年。

7.12.2 解决方案

将 Date 对象转换为 POSIXlt 对象，该对象是一个日期的各个部分的列表。然后从该列表中提取所需的部分：

```
d <- as.Date("2019-03-15")
p <- as.POSIXlt(d)
p$mday          # Day of the month
#> [1] 15
p$mon           # Month (0 = January)
#> [1] 2
p$year + 1900 # Year
#> [1] 2019
```

7.12.3 讨论

POSIXlt 对象将日期表示为日期的各个部分的列表。使用 as.POSIXlt 函数将 Date
对象转换为 POSIXlt 对象，它将提供包含日期的这些相应部分的列表：

sec

    秒（0-61）

min

    分钟（0-59）

hour

    小时数（0-23）

mday

    该月的天数（1-31）

mon

    月份（0-11）

year

    自 1900 年以来的年份

wday

    该周的某一天（0-6,0 = 星期天）

yday

    该年的某一天（0-365）

isdst

    夏令时标记

使用这些日期部分，就可以知道 2020 年 4 月 2 日是星期四（wday = 4），是该年的第
93 天（因为 1 月 1 日 yday = 0）：

```
d <- as.Date("2020-04-02")
as.POSIXlt(d)$wday
#> [1] 4
as.POSIXlt(d)$yday
#> [1] 92
```

一个常见的错误是未能在返回的年份加上 1900，该错误使你误以为生活在很久以前：

```
as.POSIXlt(d)$year # Oops!
#> [1] 120
as.POSIXlt(d)$year + 1900
#> [1] 2020
```

7.13 创建日期序列

7.13.1 问题

你想要创建一个日期序列，例如日、月份或年度的日期序列。

7.13.2 解决方案

seq 函数是一个泛型函数，具有一个 Date 对象的版本。它可以创建一个 Date 序列，类似于它创建一个数字序列的方式。

7.13.3 讨论

seq 的典型用法指定开始日期（from）、结束日期（to）和增量（by）。增量 1 表示每日日期：

```
s <- as.Date("2019-01-01")
e <- as.Date("2019-02-01")
seq(from = s, to = e, by = 1) # One month of dates
#>  [1] "2019-01-01" "2019-01-02" "2019-01-03" "2019-01-04" "2019-01-05"
#>  [6] "2019-01-06" "2019-01-07" "2019-01-08" "2019-01-09" "2019-01-10"
#> [11] "2019-01-11" "2019-01-12" "2019-01-13" "2019-01-14" "2019-01-15"
#> [16] "2019-01-16" "2019-01-17" "2019-01-18" "2019-01-19" "2019-01-20"
#> [21] "2019-01-21" "2019-01-22" "2019-01-23" "2019-01-24" "2019-01-25"
#> [26] "2019-01-26" "2019-01-27" "2019-01-28" "2019-01-29" "2019-01-30"
#> [31] "2019-01-31" "2019-02-01"
```

另一个典型用法指定开始日期（from）、增量（by）和日期数（length.out）：

```
seq(from = s, by = 1, length.out = 7) # Dates, one week apart
#> [1] "2019-01-01" "2019-01-02" "2019-01-03" "2019-01-04" "2019-01-05"
#> [6] "2019-01-06" "2019-01-07"
```

增量（by）是灵活的，并且可以指定天、周、月或者年：

```
seq(from = s, by = "month", length.out = 12)    # First of the month
for one year
#>  [1] "2019-01-01" "2019-02-01" "2019-03-01" "2019-04-01" "2019-05-01"
#>  [6] "2019-06-01" "2019-07-01" "2019-08-01" "2019-09-01" "2019-10-01"
#> [11] "2019-11-01" "2019-12-01"
seq(from = s, by = "3 months", length.out = 4) # Quarterly dates for one year
#>  [1] "2019-01-01" "2019-04-01" "2019-07-01" "2019-10-01"
seq(from = s, by = "year", length.out = 10)    # Year-start dates for one decade
#>  [1] "2019-01-01" "2020-01-01" "2021-01-01" "2022-01-01" "2023-01-01"
#>  [6] "2024-01-01" "2025-01-01" "2026-01-01" "2027-01-01" "2028-01-01"
```

小心月份结尾部分的 by="month"。在这个例子中，2 月的结尾部分溢出到了 3 月，这也许不是你想要的结果：

```
seq(as.Date("2019-01-29"), by = "month", len = 3)
#> [1] "2019-01-29" "2019-03-01" "2019-03-29"
```

第 8 章

概率

概率论是统计学的基础，而 R 有许多用于处理概率、概率分布以及随机变量的机制。本章中的方法向你展示怎样从分位数计算概率，从概率计算分位数，生成给定分布的随机变量，绘制分布图等。

分布的名称

R 对每个概率分布都有一个简称。这个名称用于识别与分布相关的函数。例如，正态分布的名称是"norm"，它是表 8-1 中的函数名称的词根。

表 8-1：正态分布函数

函数名	目的
dnorm	正态概率密度
pnorm	正态分布函数
qnorm	正态分位数函数
rnorm	正态分布的随机数

表 8-2 描述了一些常见的离散分布，表 8-3 描述了几个常见的连续分布。

表 8-2：离散分布

离散分布名称	R 函数	参数
二项分布	binom	n：试验次数。p：一次试验中事件成功的概率
几何分布	geom	p：一次试验中事件成功的概率
超几何分布	hyper	m：瓮中白球个数。n：瓮中黑球个数。k：从瓮中抽取的球的个数
负二项分布	nbinom	size：成功的试验个数。prob：成功试验概率。mu：均值
泊松分布	pois	lambda：均值

表 8-3：连续分布

连续分布名称	R 函数	参数
贝塔分布	beta	shape1：形状 1。shape2：形状 2
柯西分布	cauchy	location：位置。scale：大小
卡方分布	chisq	df：自由度
指数分布	exp	rate：发生率
F 分布	f	df1：第一自由度。df2：第二自由度
伽马分布	gamma	rate：发生率。scale：大小
对数正态分布	lnorm	meanlog：对数均值。sdlong：对数标准差
逻辑分布	logis	location：位置。scale：大小
正态分布	norm	mean：均值。sd：标准差
学生 t 分布	t	df：自由度
均匀分布	unif	min：下边界。max：上边界
威布尔分布	weibull	shap：形状。scale：大小
Wilcoxon 分布	wilcox	m：第一个样本的样本量。n：第二个样本的样本量

 所有与分布有关的函数都需要分布参数，例如二项分布的 size 和 prob 或者几何分布的 prob。玄机在于分布参数也许不是你所期望的。例如，我们希望一个指数分布的参数为 β，它是均值。然而，R 的惯例是把指数分布定义为 rate=1/β，所以我经常提供错误的值。这个教训是，在调用一个与分布有关的函数前，查找帮助说明页，确保参数是正确的。

得到关于概率分布的帮助

为了了解 R 软件中一个特殊的概率分布的函数信息，使用这个分布的帮助指令，并应用该分布的全称。例如，显示与正态分布有关的函数：

    ?Normal

有些分布的名称不容易通过 help 命令获取帮助信息，例如"学生 t 分布"。这些分布有特殊的帮助名称，如表 8-2 和表 8-3 所示：负二项分布（NegBinomial）、卡方分布（Chisquare）、对数正态分布（Lognormal）和学生 t 分布（TDist）。因此，为得到关于学生 t 分布的帮助，可用：

    ?TDist

另请参阅

有许多其他的分布在可下载的软件包中得以实现，参见概率分布的 CRAN 任务视图

（ *http://cran.r-project.org/web/views/Distributions.html* ）。添加包 SuppDists 是 R 基础包的一部分，并且它包含 10 个补充分布。R 添加包 MASS 也是基础包的一部分，它为分布提供附加支持，例如适用于一些普通分布的最大似然拟合、从多元正态分布中抽样等。

8.1 计算组合数

8.1.1 问题

你需要计算从 n 项中取 k 项的组合数目。

8.1.2 解决方案

调用 choose 函数：

```
choose(n, k)
```

8.1.3 讨论

计算离散变量概率的一个常见问题是计算组合数：可以从 n 个元素的集合中抽取大小为 k 的不同子集的数量。该数量由 $n!/r!(n-r)!$ 给出，但使用 choose 函数更方便，特别是当 n 和 k 的值十分大时：

```
choose(5, 3)   # How many ways can we select 3 items from 5 items?
#> [1] 10
choose(50, 3)  # How many ways can we select 3 items from 50 items?
#> [1] 19600
choose(50, 30) # How many ways can we select 30 items from 50 items?
#> [1] 4.71e+13
```

这些数字也称为二项式系数。

8.1.4 另请参阅

这个方法只计算组合数，关于生成组合的内容参见 8.2 节。

8.2 生成组合

8.2.1 问题

你需要生成所有从 n 项中取 k 项的组合。

8.2.2 解决方案

使用 combn 函数:

```
items <- 2:5
k <- 2
combn(items, k)
#>      [,1] [,2] [,3] [,4] [,5] [,6]
#> [1,]    2    2    2    3    3    4
#> [2,]    3    4    5    4    5    5
```

8.2.3 讨论

我们可以使用 combn(1:5,3) 生成从 1 到 5、一次取 3 个数的所有组合:

```
combn(1:5, 3)
#>      [,1] [,2] [,3] [,4] [,5] [,6] [,7] [,8] [,9] [,10]
#> [1,]    1    1    1    1    1    1    2    2    2    3
#> [2,]    2    2    2    3    3    4    3    3    4    4
#> [3,]    3    4    5    4    5    5    4    5    5    5
```

该函数不限于数字。也可以生成字符串组合。以下是从 5 项一次取 3 项的所有组合:

```
combn(c("T1", "T2", "T3", "T4", "T5"), 3)
#>      [,1] [,2] [,3] [,4] [,5] [,6] [,7] [,8] [,9] [,10]
#> [1,] "T1" "T1" "T1" "T1" "T1" "T1" "T2" "T2" "T2" "T3"
#> [2,] "T2" "T2" "T2" "T3" "T3" "T4" "T3" "T3" "T4" "T4"
#> [3,] "T3" "T4" "T5" "T4" "T5" "T5" "T4" "T5" "T5" "T5"
```

 随着项数 n 的增加,组合的数量可能会剧增,特别是 k 不接近于 1 或 n 时。

8.2.4 另请参阅

请参阅 8.1 节,了解如何在生成大集合之前,计算可能的组合数。

8.3 生成随机数

8.3.1 问题

你需要生成随机数。

8.3.2 解决方案

生成 0 到 1 之间均匀分布的随机数可以由 runif 函数处理。此示例生成一个均匀随机数:

```
runif(1)
#> [1] 0.915
```

 如果你要大声读出 runif（或者默读），应该读为"are unif"，而不是"run if"。术语 runif 是"随机统一"的组合词（portmanteau），所以不应该听起来是一个流控制函数。

R 也可以从其他分布中生成随机变量。对于给定的分布，随机数生成器的名称是放在分布的简称前的"r"（例如，正态分布的随机数生成器是 rnorm）。此示例从标准正态分布生成一个随机值：

```
rnorm(1)
#> [1] 1.53
```

8.3.3 讨论

大多数编程语言都有一个功能薄弱的随机数生成器，它只能生成一个随机数，均匀分布在 0.0 和 1.0 之间。R 并非如此。

R 可以从除均匀分布之外的许多概率分布生成随机数。生成 0 到 1 之间的均匀随机数的简单情况由 runif 函数处理：

```
runif(1)
#> [1] 0.83
```

runif 的参数是要生成的随机数的数量。生成 10 个这样的值的向量就像生成 1 个值的向量一样简单：

```
runif(10)
#>  [1] 0.642 0.519 0.737 0.135 0.657 0.705 0.458 0.719 0.935 0.255
```

R 实现的所有分布都有随机数生成器。只需在分布名称前加上"r"，就可以得到相应随机数生成器的名称。以下是一些常见的随机数生成器：

```
runif(1, min = -3, max = 3)     # One uniform variate between -3 and +3
#> [1] 2.49
rnorm(1)                        # One standard Normal variate
#> [1] 1.53
rnorm(1, mean = 100, sd = 15)   # One Normal variate, mean 100 and SD 15
#> [1] 114
rbinom(1, size = 10, prob = 0.5) # One binomial variate
#> [1] 5
rpois(1, lambda = 10)           # One Poisson variate
#> [1] 12
rexp(1, rate = 0.1)             # One exponential variate
```

```
#> [1] 3.14
rgamma(1, shape = 2, rate = 0.1) # One gamma variate
#> [1] 22.3
```

与 runif 一样，第一个参数是要生成的随机数的数量。随后的参数是分布的参数，例如正态分布的 mean 和 sd，以及二项式分布的 size 和 prob 等。有关详细信息，请参阅 R 函数的帮助页面。

到目前为止给出的示例使用简单的纯量来表示分布参数。然而，参数也可以是向量，在这种情况下，R 会在生成随机数时重复循环向量。以下示例生成了三个正态分布的随机数，它们分别来自均值为 -10、0 和 +10，标准差都为 1.0 的三个正态分布：

```
rnorm(3, mean = c(-10, 0, +10), sd = 1)
#> [1] -9.420 -0.658 11.555
```

参数本身是随机的，在诸如分层模型情况下，这是一种强大的功能。下一个示例计算 30 个正态随机数，其平均值本身是超参数为 $\mu = 0$ 和 $\sigma = 0.2$ 的正态分布的随机数：

```
means <- rnorm(30, mean = 0, sd = 0.2)
rnorm(30, mean = means, sd = 1)
#>  [1] -0.5549 -2.9232 -1.2203  0.6962  0.1673 -1.0779 -0.3138 -3.3165
#>  [9]  1.5952  0.8184 -0.1251  0.3601 -0.8142  0.1050  2.1264  0.6943
#> [17] -2.7771  0.9026  0.0389  0.2280 -0.5599  0.9572  0.1972  0.2602
#> [25] -0.4423  1.9707  0.4553  0.0467  1.5229  0.3176
```

如果要生成许多随机值且参数向量很短，则 R 会对参数向量应用循环规则。

8.3.4 另请参阅

请参阅本章的开始部分。

8.4 生成可再生的随机数

8.4.1 问题

你需要生成一系列随机数，但是每次运行程序时都希望重现相同的序列。

8.4.2 解决方案

在运行 R 代码之前，调用 set.seed 函数将随机数生成器初始化为已知状态：

```
set.seed(42) # Or use any other positive integer...
```

8.4.3 讨论

生成随机数后，你可能经常希望每次执行程序时都重现相同的"随机"数序列。这样，就可以从运行中获得相同的结果。本书的其中一位作者曾对一个庞大的证券组合进行复杂的蒙特卡罗分析。用户抱怨每次程序运行时得到的结果略有不同。作者回答：分析完全由随机数驱动，所以输出中当然存在随机性。解决方案是在程序开始时将随机数生成器设置为已知状态。这样，它每次都会产生相同的（准）随机数，从而产生一致的、可重复的结果。

在 R 中，`set.seed` 函数将随机数生成器设置为已知状态。该函数接受一个整型参数，它可以是任何正整数，但必须使用相同的整数才能获得相同的初始状态。

该函数没有返回值。它在幕后运行，初始化（或重新初始化）随机数生成器。这里的关键是，使用相同的种子（参数值），就在同一个地方重新启动随机数生成器：

```
set.seed(165)    # Initialize generator to known state
runif(10)        # Generate ten random numbers
#>  [1] 0.116 0.450 0.996 0.611 0.616 0.426 0.666 0.168 0.788 0.442

set.seed(165)    # Reinitialize to the same known state
runif(10)        # Generate the same ten "random" numbers
#>  [1] 0.116 0.450 0.996 0.611 0.616 0.426 0.666 0.168 0.788 0.442
```

 当你设置种子值并生成固定随机数序列时，你将消除可能对像蒙特卡罗模拟这样的算法至关重要的随机源。在你的应用程序中调用 `set.seed` 之前，试问自己：我是否削弱了我的程序的价值，甚至可能破坏了其逻辑？

8.4.4 另请参阅

有关生成随机数的更多信息，请参阅 8.3 节。

8.5 生成随机样本

8.5.1 问题

你需要随机采样数据集。

8.5.2 解决方案

函数 `sample` 将从集合中随机选择 n 项：

```
sample(set, n)
```

8.5.3 讨论

假设世界职业大赛的数据包含一个比赛举行的年份向量。你可以使用函数 sample 随机
选择 10 年：

```
world_series <- read_csv("./data/world_series.csv")
sample(world_series$year, 10)
#>  [1] 2010 1961 1906 1992 1982 1948 1910 1973 1967 1931
```

这些项是随机选择的，因此再次运行 sample 函数（通常）会产生不同的结果：

```
sample(world_series$year, 10)
#>  [1] 1941 1973 1921 1958 1979 1946 1932 1919 1971 1974
```

函数 sample 通常是不放回采样，这意味着它不会一次选择两个相同的项。一些统计程
序（尤其是 Bootstrap 程序）需要使用放回采样，这意味着一个项目可以在样本中多次出
现。指定 replace=TRUE 可以设定放回采样。

使用放回采样很容易实现简单的 Bootstrap 程序。假设有一个 1000 个随机数的向量 x，
从正态分布中得出，均值为 4，标准差为 10：

```
set.seed(42)
x <- rnorm(1000, 4, 10)
```

此代码片段从 x 中采样 1000 次，并计算样本的中位数：

```
medians <- numeric(1000)    # empty vector of 1000 numbers
for (i in 1:1000) {
  medians[i] <- median(sample(x, replace = TRUE))
}
```

从 Bootstrap 估计，我们可以估计中位数的置信区间：

```
ci <- quantile(medians, c(0.025, 0.975))
cat("95% confidence interval is (", ci, ")\n")
#> 95% confidence interval is ( 3.16 4.49 )
```

我们知道 x 是从正态分布创建的，均值为 4，因此样本中位数也应该是 4。（在像这样的
对称分布中，均值和中位数是相同的。）我们的置信区间很容易包含该值。

8.5.4 另请参阅

有关随机排列向量的信息，请参阅 8.7 节；有关 Bootstrap 的更多信息，请参阅 13.8 节；
8.4 节讨论了如何为伪随机数设置种子。

8.6 生成随机序列

8.6.1 问题

你需要生成随机序列，例如一个模拟硬币投掷的序列或一个伯努利试验的模拟序列。

8.6.2 解决方案

使用函数 sample。从可能值集合中取样，并设置 replace = TRUE：

```
sample(set, n, replace = TRUE)
```

8.6.3 讨论

函数 sample 从一个集合中随机选定项。它通常是不放回采样，这意味着它不会两次选择相同的项，如果你尝试采样的数量超过集合中存在的项数，则会返回错误信息。但是，使用 replace = TRUE，样本可以反复选定项，这允许你生成长的随机项序列。

以下示例生成一个模拟抛 10 次硬币的随机序列：

```
sample(c("H", "T"), 10, replace = TRUE)
#>  [1] "H" "T" "H" "T" "T" "T" "H" "T" "T" "H"
```

下一个例子生成一个 20 次伯努利试验序列——随机的成功或失败。我们使用 TRUE 表示一次成功：

```
sample(c(FALSE, TRUE), 20, replace = TRUE)
#>  [1]  TRUE FALSE  TRUE  TRUE FALSE  TRUE FALSE FALSE  TRUE  TRUE FALSE
#> [12]  TRUE  TRUE FALSE  TRUE  TRUE FALSE FALSE FALSE FALSE
```

默认情况下，样本等概率地在集合元素中选择，因此选择 TRUE 或 FALSE 的概率都为 0.5。对于通常的伯努利试验，成功的概率 p 不一定是 0.5。你可以通过 sample 的参数 prob 使抽样偏向某个事件。这个参数是一个概率向量，每个概率值对应一个事件。假设我们想要生成 20 个伯努利试验，其成功概率为 $p = 0.8$。我们将 FALSE 的概率设置为 0.2，将 TRUE 的概率设置为 0.8：

```
sample(c(FALSE, TRUE), 20, replace = TRUE, prob = c(0.2, 0.8))
#>  [1]  TRUE  TRUE FALSE  TRUE  TRUE  TRUE  TRUE  TRUE  TRUE  TRUE  TRUE
#> [12]  TRUE  TRUE  TRUE  TRUE  TRUE FALSE FALSE  TRUE  TRUE
```

结果序列明显偏向 TRUE。我们选择这个例子是因为它是一个一般技巧的简单演示。对于二元序列的特殊情况，可以使用 rbinom 函数，二项式变量的随机生成器为：

```
rbinom(10, 1, 0.8)
#> [1] 1 0 1 1 1 1 1 0 1 1
```

8.7 随机排列向量

8.7.1 问题

你需要生成向量的随机排列。

8.7.2 解决方案

如果 v 是向量，则 sample(v) 返回 v 的一个随机排列。

8.7.3 讨论

这里把函数 sample 用于从大型数据集抽样。但是，该函数的默认参数使你可以创建一个数据集的重新随机排列。函数调用 sample(v) 等效于：

```
sample(v, size = length(v), replace = FALSE)
```

这意味着"以随机顺序选定 v 的所有元素并且每个元素只使用一次"。这是一个随机排列。以下是一个 $1, \cdots, 10$ 的随机排列：

```
sample(1:10)
#> [1] 7 3 6 1 5 2 4 8 10 9
```

8.7.4 另请参阅

有关 sample 函数的更多信息，请参见 8.5 节。

8.8 计算离散分布的概率

8.8.1 问题

你需要计算与离散随机变量相关的简单概率或累积概率。

8.8.2 解决方案

对于简单概率 $P(X = x)$，使用密度函数计算。所有 R 中的内置概率分布都有一个密度函数，其函数名称为前缀"d"加在分布名称前，例如，dbinom 是二项分布的密度函数。

对于累积概率 $P(X \leqslant x)$，使用分布函数计算。所有 R 中的内置概率分布都有一个分布函数，其函数名称为前缀"p"加在分布名称前——因此，pbinom 是二项分布的分布函数。

8.8.3 讨论

假设我们有一个二项随机变量 X，总试验次数为 10，其中每个试验的成功概率为 1/2。那么，我们可以通过调用 dbinom 来计算观察 $x = 7$ 的概率：

```
dbinom(7, size = 10, prob = 0.5)
#> [1] 0.117
```

以上代码计算出约 0.117 的概率。R 调用密度函数 dbinom。有些教科书称之为概率质量函数（probability mass function）或概率函数（probability function）。这里将其称为密度函数，可使离散分布和连续分布之间的术语保持一致（参见 8.9 节）。

累积概率 $P(X{\leqslant}x)$ 由分布函数给出，有时称为累积概率函数。二项分布的分布函数是 pbinom。以下是 $x = 7$ 的累积概率（即 $P(X{\leqslant}7)$）：

```
pbinom(7, size = 10, prob = 0.5)
#> [1] 0.945
```

观察到 $X{\leqslant}7$ 的概率约为 0.945。

表 8-4 给出了一些常见离散分布的密度函数和分布函数。

表 8-4：离散分布

分布	密度函数：$P(X{=}x)$	分布函数：$P(X{\leqslant}x)$
二项分布	dbinom(*x*, size, prob)	pbinom(*x*, size, prob)
几何分布	dgeom(*x*, prob)	pgeom(*x*, prob)
泊松分布	dpois(*x*, lambda)	ppois(*x*, lambda)

与累积概率相对应的是生存函数 $P(X{>}x)$。所有的分布函数都可以通过指定 lower.tail = FALSE 来找到这个右尾概率：

```
pbinom(7, size = 10, prob = 0.5, lower.tail = FALSE)
#> [1] 0.0547
```

因此，我们可知观察到 $X > 7$ 的概率约为 0.055。

区间概率 $P(x_1 {<} X {\leqslant} x_2)$ 是在 x_1 和 x_2 之间观察到 X 的概率。它可以作为两个累积概率之间的差而简单计算出来：$P(X{\leqslant}x_2) - P(X{\leqslant}x_1)$。这里的 $P(3 {<} X {\leqslant} 7)$ 对于我们的二项式变量为：

```
pbinom(7, size = 10, prob = 0.5) - pbinom(3, size = 10, prob = 0.5)
#> [1] 0.773
```

R 允许你为这些函数指定 x 的多个值，并返回一个相应的概率向量。在这里，我们计算两个累积概率 $P(X \leqslant 3)$ 和 $P(X \leqslant 7)$，在其中调用 pbinom：

```
pbinom(c(3, 7), size = 10, prob = 0.5)
#> [1] 0.172 0.945
```

这导致一个用于计算区间概率的准确描述。函数 diff 计算一个向量中连续两个元素的差。将它应用于 pbinom 的输出以获得累积概率的差异，换句话说，区间概率为：

```
diff(pbinom(c(3, 7), size = 10, prob = 0.5))
#> [1] 0.773
```

8.8.4 另请参阅

有关 R 中内置概率分布的更多信息，请参阅本章的开始部分。

8.9 计算连续分布的概率

8.9.1 问题

你需要计算连续随机变量的分布函数（Distribution Function，DF）或累积分布函数（Cumulative Distribution Function，CDF）。

8.9.2 解决方案

使用分布函数，计算 $P(X \leqslant x)$。所有 R 的内置概率分布都有一个分布函数，它的名称为前缀 "p" 加在分布的缩写名称前，例如，pnorm 是正态分布的分布函数。

例如，我们可以计算抽奖低于 0.8 的概率，假设来自标准正态分布，如下所示：

```
pnorm(q = .8, mean = 0, sd = 1)
#> [1] 0.788
```

8.9.3 讨论

R 中的概率分布函数遵循一个一致模式，因此该方法的解决方案与离散随机变量的解决方案基本相同（参见 8.8 节）。显著的差异是连续变量在单个点没有 "概率"，即不存在 $P(X = x)$。相反，它们在某一点上具有 "密度"。

鉴于这种一致性，8.8 节中对分布函数的讨论也适用于这里。表 8-5 给出了几个连续分布的分布函数。

表 8-5: 连续分布

分布	分布函数: $P(X \leqslant x)$
正态分布	pnorm(x, mean, sd)
学生 t 分布	pt(x, df)
指数分布	pexp(x, rate)
伽马分布	pgamma(x, shape, rate)
卡方分布	pchisq(x, df)

我们可以使用 pnorm 计算一个人身高不超过 66 英寸（1 英寸＝0.0254 米）的概率，假设人的身高是一个正态分布，均值为 70 英寸，标准差为 3 英寸。从数学上讲，我们需要在 $X \sim N(70,3)$ 的条件下计算 $P(X \leqslant 66)$：

```
pnorm(66, mean = 70, sd = 3)
#> [1] 0.0912
```

同样，可以使用 pexp 来计算均值为 40 的指数变量小于 20 的概率：

```
pexp(20, rate = 1 / 40)
#> [1] 0.393
```

与离散概率相似，连续概率的函数使用 lower.tail=FALSE 来指定生存函数 $P(X>x)$。下面对 pexp 的调用给出了指数变量大于 50 的概率：

```
pexp(50, rate = 1 / 40, lower.tail = FALSE)
#> [1] 0.287
```

与离散概率一样，连续变量的区间概率 $P(x_1<X<x_2)$ 被计算为两个累积概率之差 $P(X<x_2)-P(X<x_1)$。对于上述指数变量，这里 $P(20<X<50)$ 表示它可能落在 20 到 50 之间：

```
pexp(50, rate = 1 / 40) - pexp(20, rate = 1 / 40)
#> [1] 0.32
```

8.9.4 另请参阅

有关 R 中内置概率分布的更多信息，请参阅本章的开始部分。

8.10 转换概率为分位数

8.10.1 问题

给定概率 p 和分布，你需要确定 p 的相应分位数：找到 x 值，使得 $P(X \leqslant x)= p$。

8.10.2 解决方案

R 中的每个内置分布包含一个将概率转换为分位数的分位数函数。函数的名称为前缀 "q" 放在分布名称前。例如，qnorm 是正态分布的分位数函数。

分位数函数的第一个参数是概率。剩下的参数是分布的参数，例如 mean、shape 或 rate：

```
qnorm(0.05, mean = 100, sd = 15)
#> [1] 75.3
```

8.10.3 讨论

计算分位数的一个常见例子是计算置信区间。如果想知道标准正态变量的 95% 置信区间 ($\alpha = 0.05$)，那么需要概率为 $\alpha/2 = 0.025$ 和 $(1-\alpha)/2 = 0.975$ 的分位数：

```
qnorm(0.025)
#> [1] -1.96
qnorm(0.975)
#> [1] 1.96
```

按照 R 的设计准则，分位数函数的第一个参数可以是一个概率向量，在这种情况下，我们得到一个分位数向量。我们可以将这个例子简化为一行命令来计算：

```
qnorm(c(0.025, 0.975))
#> [1] -1.96  1.96
```

所有 R 的内置概率分布都提供了分位数函数。表 8-6 显示了一些常见离散分布的分位数函数。

表 8-6：离散分布的分位数函数

分布	分位数函数
二项分布	qbinom(*p*, size, prob)
几何分布	qgeom(*p*, prob)
泊松分布	qpois(*p*, lambda)

表 8-7 显示了常见连续分布的分位数函数。

表 8-7：连续分布的分位数函数

分布	分位数函数
正态分布	qnorm(*p*, mean, sd)
学生 *t* 分布	qt(*p*, df)
指数分布	qexp(*p*, rate)
伽马分布	qgamma(*p*, shape, rate) 或 qgamma(*p*, shape, scale)
卡方分布	qchisq(*p*, df)

8.10.4 另请参阅

确定数据集的分位数与确定分布的分位数不同——参见 9.5 节。

8.11 绘制密度函数

8.11.1 问题

你需要绘制概率分布的密度函数。

8.11.2 解决方案

在一定范围内定义一个向量 x。将分布的密度函数应用于 x，然后绘制结果。如果 x 是你关心的绘图范围上的点向量，则使用 d_____ 密度函数之一（例如对数正态分布的 dlnorm 或正态分布的 dnorm）计算密度：

```
dens <- data.frame(x = x,
                    y = d_____(x))
ggplot(dens, aes(x, y)) + geom_line()
```

以下是绘制区间 –3 到 +3 的标准正态分布的具体示例：

```
library(ggplot2)

x <- seq(-3, +3, 0.1)
dens <- data.frame(x = x, y = dnorm(x))

ggplot(dens, aes(x, y)) + geom_line()
```

图 8-1 显示了平滑密度函数。

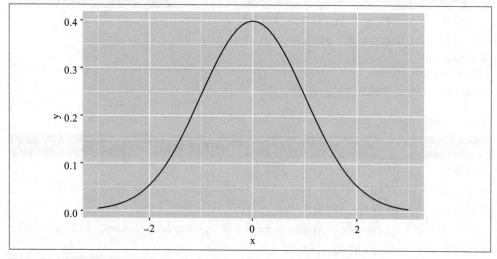

图 8-1：平滑密度函数

8.11.3 讨论

所有 R 的内置概率分布都包括密度函数。对于一个特定的密度，函数名称是在分布名称前面加上"d"。正态分布的密度函数是 dnorm，伽马分布的密度函数是 dgamma，依此类推。

如果密度函数的第一个参数是向量，则函数计算每个点的密度并返回密度向量。以下代码创建了 4 个密度图（见图 8-2）：

```
x <- seq(from = 0, to = 6, length.out = 100) # Define the density domains
ylim <- c(0, 0.6)

# Make a data.frame with densities of several distributions
df <- rbind(
  data.frame(x = x, dist_name = "Uniform"=, y = dunif(x, min   = 2, max = 4)),
  data.frame(x = x, dist_name = "Normal"=, y = dnorm(x, mean  = 3, sd = 1)),
  data.frame(x = x, dist_name = "Exponential", y = dexp(x, rate  = 1 / 2)),
  data.frame(x = x, dist_name = "Gamma"=, y = dgamma(x, shape = 2, rate = 1)) )

# Make a line plot like before, but use facet_wrap to create the grid
ggplot(data = df, aes(x = x, y = y)) +
  geom_line() +
  facet_wrap(~dist_name)  # facet and wrap by the variable dist_name
```

图 8-2 显示了 4 个密度图。然而，原始密度图本身很少有用，我们经常对感兴趣的区域加上阴影。

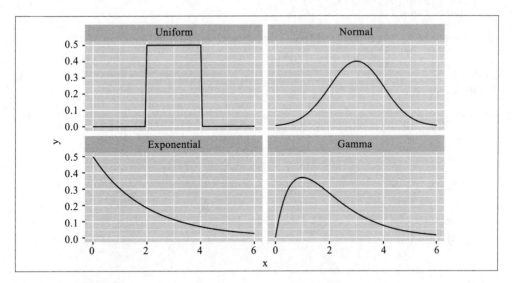

图 8-2：多个密度图

图 8-3 是在第 75 个百分位到第 95 个百分位加上阴影后的正态分布。

我们通过先绘制密度图，然后使用 ggplot2 中的 geom_ribbon 函数创建阴影区域。

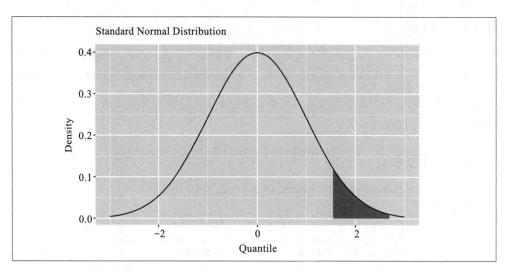

图 8-3：带阴影的标准正态分布

首先，创建一些数据并绘制密度曲线（如图 8-4 所示）：

```
x <- seq(from = -3, to = 3, length.out = 100)
df <- data.frame(x = x, y = dnorm(x, mean = 0, sd = 1))

p <- ggplot(df, aes(x, y)) +
  geom_line() +
  labs(
    title = "Standard Normal Distribution",
    y = "Density",
    x = "Quantile"
  )
p
```

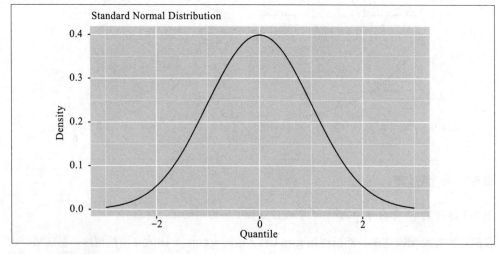

图 8-4：密度图

接下来，通过计算我们感兴趣的分位数的 x 值来定义感兴趣的区域。最后，使用 `geom_ribbon` 对原始数据的子集添加彩色阴影：

```
q75 <- quantile(df$x, .75)
q95 <- quantile(df$x, .95)

p +
  geom_ribbon(
    data = subset(df, x > q75 & x < q95),
    aes(ymax = y),
    ymin = 0,
    fill = "blue",
    color = NA,
    alpha = 0.5
  )
```

结果如图 8-5 所示。

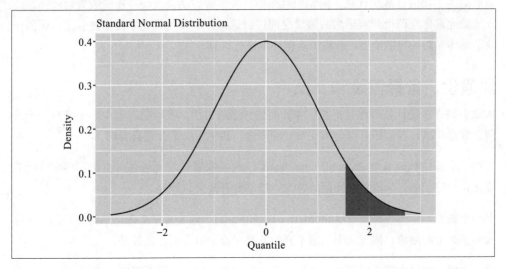

图 8-5：带阴影的正态密度

第 9 章

统计概论

R 的任何有意义的应用都包括统计、模型或图形。本章介绍统计知识。其中，一些方法简单描述了如何计算统计量，例如相对频率。大多数方法涉及统计检验或置信区间。统计检验允许你在两个相互矛盾的假设之间进行选择，具体过程在下面描述。置信区间反映了总体参数的可能范围，并根据数据样本进行计算。

原假设、备择假设和 p 值

本章中的许多统计检验都使用久经考验的统计推断方法。在检验过程中，一般有一个或两个数据样本。我们还有两个相互对立的假设，其中一个是合理真实的。

其中一个假设称为原假设（null hypothesis），它意味着没有发生任何变化：平均值没有变化；治疗无效；你得到了预期的答案；模型没有改善，等等。

另一个假设，称为备择假设（alternative hypothesis），即发生了变化：平均值增加；治疗改善了患者的健康；你有一个意想不到的答案；模型拟合更好，等等。

需要根据数据确定哪个假设更有可能为真。我们通过以下步骤做到这一点：

1. 首先，我们假设原假设是正确的。

2. 我们计算一个检验统计量。它可能是一个简单的指标，例如样本的平均值，或者它也可能是非常复杂的指标。关键要求是我们必须知道统计量的分布。我们可能知道样本均值的分布，例如，通过应用中心极限定理。

3. 从统计量及其分布，我们可以计算 p 值，它是在假设原假设为真时，得到这么大的检验统计量值或者更大值的概率。

4. 如果 p 值太小，我们就有强有力的证据反对原假设。这被称为拒绝原假设。

5. 如果 p 值不小，那么我们没有这样的证据。这被称为不能拒绝原假设。

这里有一个必需的判断：什么时候 p 值"太小"？

 在本书中，我们遵循共同惯例，当 $p<0.05$ 时我们拒绝原假设，当 $p>0.05$ 时我们不能拒绝它。用统计术语来讲，我们选择了 $\alpha=0.05$ 的显著性水平，作为反对原假设的强有力证据和证据不足之间的边界值。

然而，在实际中，"这需要依情况而定"。选择的显著性水平取决于具体问题。传统的 $p<0.05$ 界限值适用于许多问题。在我们的工作中，数据噪声特别大，因此我们经常选取 $p<0.10$。对于在高风险领域工作的人，可能需要选取 $p<0.01$ 或 $p<0.001$。

在这个方法中，我们提到检验包含一个 p 值，以便你可以将 p 值与选择的显著性水平 α 进行比较。我们用这些方法来帮助你解释这种比较。9.4 节（两个因素的独立检验）中提到：

"通常，p 值小于 0.05 表示变量可能不独立，而超过 0.05 的 p 值不能提供任何这样的证据。"

或者用以下简洁的说法：

- 原假设：变量是独立的。

- 备择假设：变量不是独立的。

- 对于 $\alpha=0.05$，如果 $p<0.05$，则我们拒绝原假设，给出强有力的证据表明变量不是独立的；如果 $p>0.05$，我们就不能拒绝原假设。

- 当然，你可以自由选择自己的 α，在这种情况下，拒绝或不能拒绝的决定可能会有所不同。

请记住，这里的方法给出的对检验结果的解释是非正式的解释，而不是严格的数学解释。我们使用通俗的语言，希望你能有实际的理解，并了解检验的应用。如果假设检验的精确语义对你的工作至关重要，我们建议你参考"另请参阅"部分，或其他关于数理统计的教科书中引用的参考文献。

置信区间

假设检验是一个众所周知的数学方法，但它容易令人感到迷惑。首先，它的语义是很微妙的。检验并不能给出一个明确、有用的结论。你可能会得到拒绝原假设的有力证据，但这就是你所能得到的结论。其次，它不会给你一个数字，它给出的只有证据。

如果你想要数字，请使用置信区间。对于一个给定的置信水平，它会给出一个总体参数的估计范围。本章中的方法可以计算总体的均值、中位数和总体比例的置信区间。

例如，9.9 节根据样本数据计算总体均值的 95% 置信区间。它的区间为 97.16 $<\mu<$ 103.98，这意味着总体均值 μ 在 95.16 和 103.98 之间的概率为 95%。

另请参阅

统计术语和惯例可以有所不同。本书一般遵循 Dennis Wackerly 等人的 *Mathematical Statistic with Applications* 第 6 版（Duxbury 出版社）的惯例。我们还建议你阅读这本书，以了解有关本章所描述的统计检验的更多信息。

9.1 数据的汇总

9.1.1 问题

你需要对数据有一个基本的统计汇总。

9.1.2 解决方案

函数 summary 对于向量、矩阵、因子和数据框提供了一些有用的统计汇总：

```
summary(vec)
#>    Min. 1st Qu.  Median    Mean 3rd Qu.    Max.
#>     0.0     0.5     1.0     1.6     1.9    33.0
```

9.1.3 讨论

解决方案展示了一个向量的汇总。1st Qu. 和 3rd Qu. 分别是第一个四分位数和第三个四分位数。同时，输出还有中位数和均值，它们是十分有用的，你可以快速检测到分布是否是偏的。例如，解决方案中的输出显示的平均值大于中位数，这表明分布可能偏向右侧，正如你对于对数正态分布 (lognormal) 所期望的那样。

对矩阵的汇总是逐列处理的。这里我们看到的是对矩阵 mat 的汇总，其中有三列分别为 Samp1、Samp2 和 Samp3：

```
summary(mat)
#>      Samp1            Samp2              Samp3
#> Min.   :  1.0    Min.   :-2.943    Min.   : 0.04
#> 1st Qu.: 25.8    1st Qu.:-0.774    1st Qu.: 0.39
#> Median : 50.5    Median :-0.052    Median : 0.85
#> Mean   : 50.5    Mean   :-0.067    Mean   : 1.60
#> 3rd Qu.: 75.2    3rd Qu.: 0.684    3rd Qu.: 2.12
#> Max.   :100.0    Max.   : 2.150    Max.   :13.18
```

一个因子的汇总给出计数：

```
summary(fac)
#> Maybe    No   Yes
#>    38    32    30
```

字符串向量的汇总作用不大，只给出了向量长度：

```
summary(char)
#>     Length     Class      Mode
#>        100 character character
```

数据框的汇总包含所有这些特征。它也是逐列处理，根据列的类型，给出适当的汇总。
对数值型数据返回一个统计汇总，对因子数据返回计数（字符串未汇总）：

```
suburbs <- read_csv("./data/suburbs.txt")
summary(suburbs)
#>       city              county             state
#>  Length:17          Length:17          Length:17
#>  Class :character   Class :character   Class :character
#>  Mode  :character   Mode  :character   Mode  :character
#>
#>
#>
#>        pop
#>  Min.   :   5428
#>  1st Qu.:  72616
#>  Median :  83048
#>  Mean   : 249770
#>  3rd Qu.: 102746
#>  Max.   :2853114
```

一个列表的"汇总"是相当特别的：它仅给出每个列表元素的数据类型。以下是一个向
量列表的汇总：

```
summary(vec_list)
#>   Length Class  Mode
#> x 100    -none- numeric
#> y 100    -none- numeric
#> z 100    -none- character
```

汇总一个向量列表，你需要对每个列表元素调用 summary：

```
library(purrr)
map(vec_list, summary)
#> $x
#>    Min. 1st Qu.  Median    Mean 3rd Qu.    Max.
#>  -2.572  -0.686  -0.084  -0.043   0.660   2.413
#>
#> $y
#>    Min. 1st Qu.  Median    Mean 3rd Qu.    Max.
#>  -1.752  -0.589   0.045   0.079   0.769   2.293
#>
#> $z
```

```
#>     Length    Class    Mode
#>        100 character character
```

不幸的是，summary 函数不计算变量波动大小，例如标准偏差或绝对偏差的中值。这是一个严重的缺点，因此我们通常在调用 summary 后立即调用 sd 或 mad（绝对偏差中位数）。

9.1.4 另请参阅

参见 2.6 节和 6.1 节。

9.2 计算相对频数

9.2.1 问题

你需要计算样本中某些观测值的相对频数。

9.2.2 解决方案

通过使用一个逻辑表达式来识别你感兴趣的观察结果；然后使用函数 mean 计算识别的观测值的比例。例如，给定一个向量 x，可以通过以下方式找到正数值的相对频数：

```
mean(x > 3)
#> [1] 0.12
```

9.2.3 讨论

逻辑表达式（例如 $x > 3$）生成逻辑值向量（TRUE 和 FALSE），x 的每个元素对应一个逻辑值。函数 mean 分别将这些值转换为 1 和 0，并计算平均值。它给出了值为 TRUE 的比例，换句话说，即你感兴趣的观测值的相对频数。例如，在解决方案中，这是大于 3 的数值的相对频数。

这里的概念非常简单。棘手的部分是设计一个合适的逻辑表达式。这里有些例子：

mean(lab == "NJ")
　　取值为 NJ 的 lab 所占比例

mean(after > before)
　　效果增加的观测值所占的比例

mean(abs(x-mean(x))> 2 * sd(x))
　　偏离平均值超过两个标准差的观测值所占的比例

```
mean(diff(ts)> 0)
```
时间序列中大于前一个观测值的观测值所占的比例

9.3 因子数据的表格和列联表创建

9.3.1 问题

你需要将一个因子呈现为表格或根据多个因子构建列联表。

9.3.2 解决方案

函数 table 产生一个因子的计数：

```
table(f1)
#> f1
#>  a  b  c  d  e
#> 14 23 24 21 18
```

它还可以根据两个或多个因子生成列联表（交叉表）：

```
table(f1, f2)
#>     f2
#> f1   f  g  h
#>   a  6  4  4
#>   b  7  9  7
#>   c  4 11  9
#>   d  7  8  6
#>   e  5 10  3
```

9.3.3 讨论

函数 table 也适用于字符串，而不仅仅是因子：

```
t1 <- sample(letters[9:11], 100, replace = TRUE)
table(t1)
#> t1
#>  i  j  k
#> 20 40 40
```

函数 table 计算一个或多个因子的水平，例如因子 initial 和因子 outcome 的水平计数：

```
set.seed(42)
initial <- factor(sample(c("Yes", "No", "Maybe"), 100, replace =
TRUE))
outcome <- factor(sample(c("Pass", "Fail"), 100, replace = TRUE))

table(initial)
#> initial
```

```
#> Maybe    No   Yes
#>    39    31    30

table(outcome)
#> outcome
#> Fail Pass
#>   56   44
```

函数 table 的更大功能在于生成列联表，也称为交叉表。列联表中的每个单元格都会计算行 / 列组合发生的次数：

```
table(initial, outcome)
#>         outcome
#> initial Fail Pass
#>   Maybe   23   16
#>   No      20   11
#>   Yes     13   17
```

这个表格显示 initial = Yes 和 outcome = Fail 的组合发生了 13 次, initial = Yes 和 outcome = Pass 的组合发生了 17 次，依此类推。

9.3.4 另请参阅

xtabs 函数也可以生成列联表。它有一个公式界面，有些人更喜欢使用这个函数。

9.4 检验分类变量独立性

9.4.1 问题

有两个因子类型的分类变量。需要用卡方检验来验证它们的独立性。

9.4.2 解决方案

使用函数 table 从两个因子中生成列联表。然后使用函数 summary 对列联表进行卡方检验。在这个例子中，我们有两个因子向量，我们在之前的方法中创建了它们：

```
summary(table(initial, outcome))
#> Number of cases in table: 100
#> Number of factors: 2
#> Test for independence of all factors:
#>   Chisq = 3, df = 2, p-value = 0.2
```

输出结果包括一个 p 值。通常，p 值小于 0.05 表示变量可能不是独立的，而超过 0.05 的 p 值不能提供任何两个变量不独立的证据。

9.4.3 讨论

此示例对 9.3 节中的列联表执行卡方检验，得到的 p 值为 0.2：

```
summary(table(initial, outcome))
#> Number of cases in table: 100
#> Number of factors: 2
#> Test for independence of all factors:
#>   Chisq = 3, df = 2, p-value = 0.2
```

大的 p 值表明 initial 和 outcome 这两个因子可能是独立的。实践中，我们说这两个变量之间没有联系。这是有道理的，因为这个示例数据是通过使用先前方法中的函数 sample 简单地抽取随机数据来创建的。

9.4.4 另请参阅

chisq.test 函数也可以执行此检验。

9.5 计算数据集的百分位数（和四分位数）

9.5.1 问题

给定分数 f，你想知道数据相应的百分位数。也就是说，你寻找观测值 x，使得小于 x 的观测值的比例为 f。

9.5.2 解决方案

使用函数 quantile。第二个参数是分数 f：

```
quantile(vec, 0.95)
#>   95%
#> 1.43
```

对于四分位数，可以省略第二个参数：

```
quantile(vec)
#>      0%     25%     50%     75%    100%
#> -2.0247 -0.5915 -0.0693  0.4618  2.7019
```

9.5.3 讨论

假设 vec 在 0 和 1 之间包含 1000 个观测值。函数 quantile 可以告诉你哪个观测值为数据的下 5%边界：

```
vec <- runif(1000)
quantile(vec, .05)
```

```
#>      5%
#> 0.0451
```

如果我们将概率的含义理解为相对概率，那么函数 quantile 的文档将该函数的第二个参数称为"概率"。

在真正的 R 风格中，第二个参数可以是由概率值构成的向量；在这种情况下，quantile 函数返回相应的分位数向量，每个分位数对应一个概率值：

```
quantile(vec, c(.O5, .95))
#>      5%     95%
#> 0.0451 0.9363
```

上例是一个方便的识别数据中间的 90% 观测值的方法。

如果你完全省略第二个参数，那么 R 假定你想要的概率值为 0、0.25、0.50、0.75 和 1.0，即四分位数：

```
quantile(vec)
#>        0%       25%       50%       75%      100%
#> 0.000405  0.235529  0.479543  0.737619  0.999379
```

令人惊讶的是，函数 quantile 实现了九种不同的算法用于计算分位数。在假设默认算法是最适合你的算法之前，请先研究该函数的帮助页面。

9.6 求分位数的逆

9.6.1 问题

给定数据中的一个观测值 x，你想知道其相应的分位数。 也就是说，你想知道小于 x 的数据的比例。

9.6.2 解决方案

假设数据存储在一个向量 vec 中，把数据与观察值进行比较，然后使用 mean 计算小于 x 的观测值（例如 1.6）的相对频数，如下例所示：

```
mean(vec < 1.6)
#> [1] 0.948
```

9.6.3 讨论

表达式 vec<x 将 vec 向量的每个元素与 x 进行比较并返回逻辑值的向量，如果 vec[n]<x，则第 n 个逻辑值为 TRUE。函数 mean 将这些逻辑值转换为 0 和 1：0 表示

FALSE；1 表示 TRUE。所有 1 和 0 的平均值就是 vec 中小于 x 的值的比例，或 x 的逆分位数。

9.6.4 另请参阅

这是 9.2 节中描述的方法的一个应用。

9.7 数据转换为 z 分数

9.7.1 问题

你有一个数据集，需要计算所有数据元素的相应 z 分数。（又称为规范化数据。）

9.7.2 解决方案

调用函数 scale：

```
scale(x)
#>              [,1]
#> [1,]   0.8701
#> [2,]  -0.7133
#> [3,]  -1.0503
#> [4,]   0.5790
#> [5,]  -0.6324
#> [6,]   0.0991
#> [7,]   2.1495
#> [8,]   0.2481
#> [9,]  -0.8155
#> [10,] -0.7341
#> attr(,"scaled:center")
#> [1] 2.42
#> attr(,"scaled:scale")
#> [1] 2.11
```

这个方法适用于向量、矩阵和数据框。在向量的情况下，scale 返回规范化值的向量。在矩阵和数据框的情况下，scale 独立地对每一列进行规范化，并在矩阵中返回规范化值的列。

9.7.3 讨论

你可能还需要对单一值 y 相对于数据集 x 进行规范化，这可以通过使用向量化运算进行：

```
(y - mean(x)) / sd(x)
#> [1] -0.633
```

9.8 检验样本均值（t 检验）

9.8.1 问题

你从一个总体中得到一个样本。根据给定的这个样本，你想知道总体的平均值是否为一个特定值 m。

9.8.2 解决方案

函数 t.test 应用于样本 x，使用参数 mu = m：

    t.test(x, mu = m)

输出包括一个 p 值。通常，如果 $p < 0.05$，那么总体平均值不太可能是 m，而如果 $p > 0.05$ 则不能提供这样的证据。

如果样本量 n 很小，则潜在的总体必须是正态分布的，这样才能从 t 检验中获得有意义的结果。多大的样本为"小"呢？一个好的经验法则是样本量 $n < 30$。

9.8.3 讨论

t 检验是统计学的主要方法，下面是它的基本用途：从一个样本推论总体均值。以下示例模拟来自均值为 $\mu = 100$ 的正态总体的模拟抽样。然后使用 t 检验来验证总体平均值是否为 95，并且 t.test 报告 p 值为 0.005：

```
x <- rnorm(75, mean = 100, sd = 15)
t.test(x, mu = 95)
#>
#>   One Sample t-test
#>
#> data:  x
#> t = 3, df = 70, p-value = 0.005
#> alternative hypothesis: true mean is not equal to 95
#> 95 percent confidence interval:
#>   96.5 103.0
#> sample estimates:
#> mean of x
#>      99.7
```

p 值很小，因此（基于样本数据）95 不太可能是总体平均值。

通俗地说，我们可以如下解释 p 值低的原因。如果总体平均值实际为 95，则观察我们的检验统计量（$t = 2.8898$ 或更极端的值）的概率仅为 0.005。这是非常不可能的，但这是我们观察到的值。因此，我们得出结论，原假设是错误的，因此样本数据不支持总体平均值为 95 的原假设。

形成鲜明对比的是，对于平均值为 100 的检验，p 值为 0.9：

```
t.test(x, mu = 100)
#>
#>  One Sample t-test
#>
#> data: x
#> t = -0.2, df = 70, p-value = 0.9
#> alternative hypothesis: true mean is not equal to 100
#> 95 percent confidence interval:
#>    96.5 103.0
#> sample estimates:
#> mean of x
#>        99.7
```

较大的 p 值表明样本与总体平均值 μ 为 100 的假设是一致的。在统计学术语中，数据不提供证据拒绝均值为 100 的假设。

一个常见的情况是检验平均值为零。如果省略 mu 参数，则默认为 0。

9.8.4 另请参阅

t.test 函数是一个很奇妙的函数。有关其他用途，请参见 9.9 节和 9.15 节。

9.9 均值的置信区间

9.9.1 问题

对于一个总体样本，需要确定总体平均值的置信区间。

9.9.2 解决方案

将 t.test 函数应用于样本 x：

```
t.test(x)
```

输出结果包括 95% 置信水平的置信区间。为了得到其他置信水平的区间，请使用 conf.level 参数。

如 9.8 节所述，如果你的样本数量 n 很小，那么总体必须是正态分布的，以便得到一个有意义的置信区间。同样，判断样本量是否小的一个经验法则是 $n < 30$。

9.9.3 讨论

将 t.test 函数应用于向量会产生大量输出。其中会有置信区间：

```
t.test(x)
#>
#>  One Sample t-test
#>
#> data:  x
#> t = 50, df = 50, p-value <2e-16
#> alternative hypothesis: true mean is not equal to 0
#> 95 percent confidence interval:
#>   94.2 101.5
#> sample estimates:
#> mean of x
#>      97.9
```

在此示例中，置信区间约为 $94.2 < \mu < 101.5$，有时简单写为 $(94.2, 101.5)$。

我们可以通过设置 conf.level=0.99，将置信度提高到 99%：

```
t.test(x, conf.level = 0.99)
#>
#>  One Sample t-test
#>
#> data:  x
#> t = 50, df = 50, p-value <2e-16
#> alternative hypothesis: true mean is not equal to 0
#> 99 percent confidence interval:
#>   92.9 102.8
#> sample estimates:
#> mean of x
#>      97.9
```

上述变化将置信区间扩大至 $92.9 < \mu < 102.8$。

9.10 中位数的置信区间

9.10.1 问题

你有一个样本数据，并且你想知道中位数的置信区间。

9.10.2 解决方案

使用 wilcox.test 函数，设置 conf.int=TRUE：

```
wilcox.test(x, conf.int = TRUE)
```

输出结果将包含中位数的置信区间。

9.10.3 讨论

用于计算均值的置信区间的过程是明确定义的并且是众所周知的。遗憾的是，同样的过程不适用于中位数。有多种计算中位数置信区间的过程。它们都不是专门用于"计算中位数执行区间的程序"。应用 Wilcoxon 符号秩检验是一个非常标准的计算中位数置信区间的过程。

`wilcox.test` 函数实现了该过程。在输出中包括置信水平为 95% 的置信区间，在本例中约为 (−0.102,0.646)：

```
wilcox.test(x, conf.int = TRUE)
#>
#>  Wilcoxon signed rank test
#>
#> data:  x
#> V = 200, p-value = 0.1
#> alternative hypothesis: true location is not equal to 0
#> 95 percent confidence interval:
#>  -0.102  0.646
#> sample estimates:
#> (pseudo)median
#>           0.311
```

可以通过设置 `conf.level` 来更改置信度，例如 `conf.level=0.99` 或其他值来改变置信水平。

输出还包括一个名为伪中位数（pseudomedian）的结果，它在函数的帮助页面上有定义。不要假设它等于中位数，它们是截然不同的：

```
median(x)
#> [1] 0.314
```

9.10.4 另请参阅

Bootstrap 程序对估计中位数的置信区间也很有用，参见 8.5 节和 13.8 节。

9.11 检验样本比例

9.11.1 问题

你可以从包含成功和失败两个事件的总体样本中抽取一个样本数据。你认为成功的真实比例是 p，并且你需要使用样本数据来检验该假设。

9.11.2 解决方案

调用 `prop.test` 函数。假设样本大小为 n 且样本包含 x 次成功：

```
prop.test(x, n, p)
```

输出结果包括一个 p 值。通常，p 值小于 0.05 表示真实比例不太可能是 p，而超过 0.05

的 p 值则不能提供这样的证据。

9.11.3 讨论

假设你在棒球赛季开始时遇到芝加哥小熊队吼叫着的粉丝。小熊队已经打了 20 场比赛，赢了 11 场比赛，或者说赢得 55% 的比赛。基于这些证据，球迷"非常自信"小熊队将在今年赢得一半以上的比赛。他们应该那么自信吗？

prop.test 函数可以评估球迷的逻辑。在这里，观察的数量是 $n = 20$，成功的数量是 $x = 11$，p 是赢得比赛的真实概率。我们想知道基于这些数据得出 $p > 0.5$ 是否合理。通常情况下，prop.test 会检验 $p \neq 0.05$ 的情况，但我们可以通过设置 alternative = "greater" 来检查 $p > 0.5$：

```
prop.test(11, 20, 0.5, alternative = "greater")
#>
#>   1-sample proportions test with continuity correction
#>
#> data:  11 out of 20, null probability 0.5
#> X-squared = 0.05, df = 1, p-value = 0.4
#> alternative hypothesis: true p is greater than 0.5
#> 95 percent confidence interval:
#>   0.35 1.00
#> sample estimates:
#>    p
#
> 0.55
```

函数 prop.test 的输出显示一个大的 p 值，0.55，所以我们不能拒绝原假设（$p = 50\%$）；也就是说，我们无法合理地得出结论 p 大于 1/2。小熊队的球迷基于过少的数据，是对他们的球队过于自信了。这并不奇怪。

9.12 比例的置信区间

9.12.1 问题

你从包含成功和失败的总体样本中抽取一个样本数据。根据样本数据，你需要给出总体成功比例 p 的一个置信区间。

9.12.2 解决方案

应用 prop.test 函数。假设样本大小为 n 且样本包含 x 次成功：

```
prop.test(x, n)
```

函数输出的结果包括 p 的置信区间。

9.12.3 讨论

我们订阅了一份写得很好的股票市场通讯，但其中包括一个部分声称可以识别可能上涨的股票。它通过在股票价格中寻找某种模式来实现这一点。例如，它最近报道了某种股票遵循这种模式。它还报告说，在最后该模式发生了九次之后，该股票上涨了六次。因此该文的作者得出结论，股票再次上涨的概率为 6/9，即 66.7%。

调用 prop.test，我们可以获得股票效仿这个模式上涨次数的真实比例的置信区间。这里，观察值的数量是 $n = 9$，成功的数量是 $x = 6$。输出显示，在 95% 置信水平下的置信区间为（0.309,0.910）：

```
prop.test(6, 9)
#> Warning in prop.test(6, 9): Chi-squared approximation may be incorrect
#>
#>  1-sample proportions test with continuity correction
#>
#> data:  6 out of 9, null probability 0.5
#> X-squared = 0.4, df = 1, p-value = 0.5
#> alternative hypothesis: true p is not equal to 0.5
#> 95 percent confidence interval:
#>  0.309 0.910
#> sample estimates:
#>     p
#> 0.667
```

该文的作者非常愚蠢地说股票上涨的可能性是 66.7%。他们可能会引导读者陷入一个非常糟糕的赌注。

默认情况下，prop.test 计算 95% 置信水平的置信区间。应用参数 conf.level 设定其他的置信水平：

```
prop.test(x, n, p, conf.level = 0.99)   # 99% confidence level
```

9.12.4 另请参阅

参见 9.11 节。

9.13 检验正态性

9.13.1 问题

你需要一个统计检验来确定数据样本是否来自一个正态分布总体。

9.13.2 解决方案

使调用 shapiro.test 函数：

```
shapiro.test(x)
```

输出结果包括一个 p 值。通常，$p < 0.05$ 表示总体可能不是正态分布的，而 $p > 0.05$ 则没有提供这样的证据。

9.13.3 讨论

此示例显示了样本数据 x 的 p 值为 0.4：

```
shapiro.test(x)
#>
#>   Shapiro-Wilk normality test
#>
#> data:  x
#> W = 1, p-value = 0.4
```

较大的 p 值表明样本总体可能是正态分布的。下一个示例显示样本数据 y 的 p 值非常小，因此该样本不太可能来自正态总体：

```
shapiro.test(y)
#>
#>   Shapiro-Wilk normality test
#>
#> data:  y
#> W = 0.7, p-value = 7e-13
```

这里的 Shapiro-Wilk 检验是一个标准的 R 函数，所以我们重点介绍。你也可以安装 R 软件的 `nortest` 添加包，该添加包专用于正态性检验。该添加包含有以下检验：

- Anderson-Darling 检验（`ad.test`）
- Cramer-von Mises 检验（`cvm.test`）
- Lilliefors 检验（`lillie.test`）
- Pearson 卡方检验正态性复合假设（`pearson.test`）
- Shapiro-Francia 检验（`sf.test`）

所有这些检验中存在的问题都是它们的原假设：它们都假设总体是正态分布的，除非你证明不是这样。因此，在检验显示一个较小的 p 值前，总体必须是明显非正态的，然后就可以拒绝该原假设。这使得检验相当保守，倾向于错误地相信数据的正态性。

我们建议同时使用直方图（10.19 节）和 Q-Q 图（10.21 节）来评估数据的正态性，而不是仅依赖于统计检验。分布的尾部太厚了吗？峰值是否太高？你的判断可能比单一统计检验更好。

9.13.4 另请参阅

有关如何安装 `nortest` 添加包，请参阅 3.10 节。

9.14 游程检验

9.14.1 问题

数据是只有两个取值的序列：例如"是"和"否"、"0"和"1"、"真"和"假"或其他二值数据。你想知道：序列是随机的吗？

9.14.2 解决方案

tseries 包中包含 runs.test 函数，该函数检查序列的随机性。序列应该是一个有两个水平的因子：

```
library(tseries)
runs.test(as.factor(s))
```

runs.test 函数报告一个 p 值。通常，p 值小于 0.05 表示序列可能不是随机的，而 p 值超过 0.05 则没有提供这样的证据。

9.14.3 讨论

游程（run）是由相同值组成的子序列，例如全是 1 或全是 0。一个随机序列应该是这两个值的随机混合，没有太多的游程。它也不应该包含太少的游程——一个完美的交替数值序列（0,1,0,1,0,1,...），它不包含游程，但你会说它是随机的吗？

runs.test 函数检查序列中的游程次数。如果有太多或太少的游程，它会报告一个较小的 p 值。

第一个示例生成 0 和 1 的随机序列，然后对该序列进行游程检验。毫不奇怪，runs.test 报告一个较大的 p 值，表明序列可能是随机的：

```
s <- sample(c(0, 1), 100, replace = T)
runs.test(as.factor(s))
#>
#>  Runs Test
#>
#> data:  as.factor(s)
#> Standard Normal = 0.1, p-value = 0.9
#> alternative hypothesis: two.sided
```

然而，下一个序列包含三次游程，因此报告的 p 值非常低：

```
s <- c(0, 0, 0, 0, 1, 1, 1, 1, 0, 0, 0, 0)
runs.test(as.factor(s))
#>
#>  Runs Test
```

```
#>
#> data:  as.factor(s)
#> Standard Normal = -2, p-value = 0.02
#> alternative hypothesis: two.sided
```

9.14.4 另请参阅

参见 5.4 节和 8.6 节。

9.15 比较两个样本的均值

9.15.1 问题

你有分别来自两个总体的样本。你想知道这两个总体是否可以有相同的均值。

9.15.2 解决方案

通过调用 t.test 函数执行 t 检验：

    t.test(x, y)

默认情况下，t.test 假定数据不是配对数据。如果观测值是成对的（即，如果每个 x_i 与一个 y_i 配对），则指定 paired=TRUE：

    t.test(x, y, paired = TRUE)

在任何一种情况下，t.test 都会计算一个 p 值。通常，如果 $p < 0.05$，那么均值可能是不同的，而 $p > 0.05$ 则没有提供这样的证据：

* 如果其中一个样本量较小，则总体必须正态分布。这里，"较小" 意味着少于 20 个数据点。

* 如果两个总体具有相同的方差，请指定 var.equal=TRUE 以获得较低的保守性检验（即更有效的检验）。

9.15.3 讨论

我们经常使用 t 检验来快速检验两个总体之间是否存在差异。它要求样本足够大（即，两个样本都具有 20 个或更多个观测值）或者其所在的总体是正态分布的。我们不希望 "正态分布" 这个词让你望文生义。生成钟形的、对称的图形就足够好了。

这里的一个关键区别是数据是否包含配对观测值，因为这两种情况的结果可能不同。假设我们想知道早上喝咖啡能否提高 SAT 成绩。我们可以通过两种方式进行实验：

- 随机选择一组人。对他们进行两次 SAT 测试，一次是早晨喝了咖啡，一次是早晨没有喝咖啡。对于每个人，我们将获得两个 SAT 分数。这些是配对的观测值。

- 随机选择两组人。一组人早晨享用一杯咖啡并参加 SAT 考试。另一组则没有喝咖啡，直接接受 SAT 测试。每个人都有一个分数，但分数不会以任何方式配对。

统计上，这些实验是完全不同的。在实验 1 中，每个人有两个观测值（喝咖啡和不喝咖啡），并且它们在统计上并不是独立的。在实验 2 中，观测值是独立的。

如果你有配对观测值（实验 1）并错误地将它们按照未配对观测值进行分析（实验 2），那么你得到 p 值为 0.3 的结果：

```
load("./data/sat.rdata")
t.test(x, y)
#>
#>  Welch Two Sample t-test
#>
#> data:  x and y
#> t = -1, df = 200, p-value = 0.3
#> alternative hypothesis: true difference in means is not equal to 0
#> 95 percent confidence interval:
#>  -46.4  16.2
#> sample estimates:
#> mean of x mean of y
#>      1054      1069
```

较大的 p 值会使你得出结论，这些组之间没有差异。通过用配对方法分析相同数据，将检验结果与未配对的检验结果进行比较：

```
t.test(x, y, paired = TRUE)
#>
#>  Paired t-test
#>
#> data:  x and y
#> t = -20, df = 100, p-value <2e-16
#> alternative hypothesis: true difference in means is not equal to 0
#> 95 percent confidence interval:
#>  -16.8 -13.5
#> sample estimates:
#> mean of the differences
#>                    -15.1
```

p 值急剧下降到 2×10^{-16}，我们得出了完全相反的结论。

9.15.4 另请参阅

如果总体不是正态分布（钟形）且样本之一很小，请考虑使用 9.16 节中描述的 Wilcoxon-Mann-Whitney 检验。

9.16 比较两个非参数样本的位置

9.16.1 问题

你有来自两个总体的样本。你不知道总体的分布，但你知道它们有相似的形状。你想知道：其中一个总体与另一个相比是否偏左或者偏右？

9.16.2 解决方案

你可以使用非参数检验，即 Wilcoxon-Mann-Whitney 检验，该检验由 `wilcox.test` 函数实现。对于配对观测值（每个 x_i 与 y_i 配对），设置参数 paired= TRUE：

```
wilcox.test(x, y, paired = TRUE)
```

对于不配对的观测值，参数 paired 默认为 FALSE：

```
wilcox.test(x, y)
```

检验的输出结果包括一个 p 值。通常，p 值小于 0.05 表示第二个总体可能相对于第一个总体偏左或偏右，而 p 值超过 0.05 则没有提供这样的证据。

9.16.3 讨论

当我们不再对总体分布做出假设时，我们进入了非参数统计世界。Wilcoxon-Mann-Whitney 检验是非参数的，因此它比 t 检验适用于更多的数据集，因为 t 检验需要数据是正态分布的（对于小样本）。该检验唯一的假设是两个总体具有相同的形状。

在这个方法中，我们要问：第二个总体相对于第一个总体偏左或者偏右了吗？这类似于询问第二个总体的平均值是小于还是大于第一个总体的平均值。然而，Wilcoxon-Mann-Whitney 检验回答了一个不同的问题：它告诉我们两个总体的中心位置是否有显著差异，或者等效地说，它们的相对频率是否不同。

假设我们随机选择一组员工，并要求每个员工在两种不同的情况下完成相同的任务：在有利条件下和不利条件下，例如在嘈杂的环境中。我们在两种情况下测量他们的完成时间，因此我们对每位员工进行两次测量。我们想知道两次结果是否有显著差异，但我们不能假设它们是正态分布的。

观察结果是配对的，因此我们必须设置 paired=TRUE：

```
load(file = "./data/workers.rdata")
wilcox.test(fav, unfav, paired = TRUE)
#>
#>  Wilcoxon signed rank test
```

```
#>
#> data:  fav and unfav
#> V = 10, p-value = 1e-04
#> alternative hypothesis: true location shift is not equal to 0
```

p 值几乎接近于零。从统计学上讲，我们拒绝完成时间相等的假设。实际上，完成时间不同的结论是合理的。

在此示例中，设置 paired=TRUE 非常重要。将数据视为未配对是错误的，因为观察结果不是独立的，按照未配对观测值进行分析可能会产生虚假的结果。使用 paired=FALSE 运行示例会产生 p 值 0.1022，这会导致错误的结论。

9.16.4 另请参阅

有关参数检验的内容参见 9.15 节。

9.17 检验相关系数的显著性

9.17.1 问题

你在计算两个变量的相关系数，但你不知道它在统计意义上是否显著。

9.17.2 解决方案

cor.test 函数可以计算相关系数的 p 值和置信区间。如果变量来自正态分布总体，则使用默认的相关系数算法，即 Pearson 方法：

```
cor.test(x, y)
```

对于非正态总体，请使用 Spearman 方法：

```
cor.test(x, y, method = "spearman")
```

该函数返回多个值，包括显著性检验的 p 值。通常，$p < 0.05$ 表示相关性可能是显著的，而 $p > 0.05$ 则表明它不是。

9.17.3 讨论

根据我们的经验，人们往往不对相关系数的显著性进行检验。事实上，许多人并不知道相关系数可以是不显著的。他们将数据输入计算机，计算相关性，并盲目地相信结果。但是，他们应该问自己：有足够的数据吗？相关程度是否足够大？幸运的是，cor.test 函数回答了这些问题。

假设我们有两个向量 x 和 y，它们都取自正态总体。我们可能会满足于它们的相关性大于 0.75：

```
cor(x, y)
#> [1] 0.751
```

但这种想法是很天真的。如果我们运行 cor.test，它会报告相对较大的 p 值 0.09：

```
cor.test(x, y)
#>
#>   Pearson's product-moment correlation
#>
#> data:  x and y
#> t = 2, df = 4, p-value = 0.09
#> alternative hypothesis: true correlation is not equal to 0
#> 95 percent confidence interval:
#>  -0.155  0.971
#> sample estimates:
#>   cor
#> 0.751
```

p 值高于传统定义的阈值 0.05，因此我们得出结论，相关性不太可能是显著的。

你还可以使用置信区间检验相关系数。在此示例中，置信区间为 (−0.155,0.971)。区间内包含零，因此相关系数有可能为零，在这种情况下就没有相关性。同样，你不太可能确信所报告的相关系数是显著的。

函数 cor.test 的输出中还包括函数 cor 能输出的相关系数的点估计（在底部，标记为 "样本估计"(sample estimates))，这为你节省了运行 cor 的额外步骤。

默认情况下，cor.test 计算 Pearson 相关分析，它假设潜在的总体是正态分布的。Spearman 方法没有做出这样的假设，因为它是非参数估计。使用非正态数据时，使用 method="Spearman"。

9.17.4 另请参阅

有关计算简单相关系数的信息，请参阅 2.6 节。

9.18 检验组的等比例

9.18.1 问题

你有来自两个或多个组的样本。其中，各组的数据元素是二值数据：成功或失败。你想知道这些组是否具有相等的成功比例。

9.18.2 解决方案

调用带有两个向量参数的 prop.test 函数：

```
ns <- c(48, 64)
nt <- c(100, 100)
prop.test(ns, nt)
#>
#>  2-sample test for equality of proportions with continuity
#>  correction
#>
#> data:  ns out of nt
#> X-squared = 5, df = 1, p-value = 0.03
#> alternative hypothesis: two.sided
#> 95 percent confidence interval:
#>  -0.3058 -0.0142
#> sample estimates:
#> prop 1 prop 2
#>   0.48   0.64
```

这两个参数是平行向量。第一个向量 ns 表示每个组中的成功次数。第二个向量 nt 给出相应组的大小（通常称为试验次数）。

输出结果包括一个 p 值。通常，p 值小于 0.05 表示组的比例可能不同，而 p 值超过 0.05 则没有提供这样的证据。

9.18.3 讨论

在 9.11 节中，我们讨论了基于一个样本的比例检验。在这里，我们有来自多个总体的样本，需要比较它们所在总体的比例。

本书的其中一位作者最近向 38 名学生讲授统计学，其中 14 人获得了 A 级成绩。一位同事向 40 名学生讲授了同一门学科，其中 10 名学生得到 A 级成绩。我们想知道：本书的那位作者是否显著地比同事更容易给学生 A 级成绩，从而造成分数贬值？

我们使用 prop.test。"成功"意味着授予 A 级成绩，因此成功向量包含两个元素，即作者给学生的 A 数量和同事给学生的 A 数量：

```
successes <- c(14, 10)
```

试验次数是相应班级的学生人数：

```
trials <- c(38, 40)
```

prop.test 输出产生的 p 值为 0.4：

```
prop.test(successes, trials)
#>
#>  2-sample test for equality of proportions with continuity
#>  correction
#>
#> data:  successes out of trials
#> X-squared = 0.8, df = 1, p-value = 0.4
```

```
#> alternative hypothesis: two.sided
#> 95 percent confidence interval:
#>  -0.111  0.348
#> sample estimates:
#> prop 1 prop 2
#>  0.368  0.250
```

较大的 p 值意味着我们不能拒绝原假设：证据并不表明教师的评分之间存在任何差异。

9.18.4 另请参阅

参见 9.11 节。

9.19 组均值间成对比较

9.19.1 问题

你有多个样本，要在样本均值之间执行成对比较。也就是说，你想把任何一个样本的均值与其他任何一个样本的均值进行比较。

9.19.2 解决方案

将所有数据放入一个向量中，并创建一个平行因子来识别数据的组别。调用 pairwise. t.test 执行均值的成对比较：

```
pairwise.t.test(x, f)   # x is the data, f is the grouping factor
```

输出包含一个 p 值的表格，其中每个 p 值对应每一组对。按照惯例，如果 $p < 0.05$，那么两组可能具有不同的平均值，而 $p > 0.05$ 则没有提供这样的证据。

9.19.3 讨论

这方法比 9.15 节更复杂，9.15 节仅仅比较了两个样本的均值。这里，有多个样本，并要把任何一个样本的均值与其他任何一个样本的均值进行比较。

从统计学上讲，成对比较是棘手的。这与简单地对每个可能的配对执行 t 检验不同。必须调整 p 值，否则你将获得过于乐观的结果。函数 pairwise.t.test 和 p.adjust 的帮助页面描述了 R 中提供的调整算法。建议任何需要进行严肃配对比较的人都应该查看帮助页面并查阅有关该主题的书籍。

假设我们正在使用来自 5.5 节的数据样本，我们将大学新生、大二学生和大三学生的数据合并到一个名为 comb 的数据框中。数据框有两列：一列数据名为 values，另一列中的分组因子名为 ind。我们可以使用 pairwise.t.test 来执行组之间的成对比较：

```
pairwise.t.test(comb$values, comb$ind)
#>
#>  Pairwise comparisons using t-tests with pooled SD
#>
#> data:  comb$values and comb$ind
#>
#>      fresh soph
#> soph 0.001 -
#> jrs  3e-04 0.592
#>
#> P value adjustment method: holm
```

请注意 p 值表。大三学生与大学新生的比较以及大二学生与大学新生的比较都产生了较小的 p 值：分别为 0.001 和 0.0003。我们可以得出结论，这些群体之间存在显著差异。然而，大二学生与大三学生的比较产生（相对）较大的 p 值为 0.592，因此它们没有显著差异。

9.19.4 另请参阅

参见 5.5 节和 9.15 节。

9.20 检验两样本的相同分布

9.20.1 问题

你有两个样本，你想知道：它们来自同一个分布吗？

9.20.2 解决方案

Kolmogorov-Smirnov 检验比较两个样本，并检验它们是否来自同一分布。ks.test 函数实现了该检验：

```
ks.test(x, y)
```

输出结果包括一个 p 值。通常，p 值小于 0.05 表示两个样本（x 和 y）是从不同的分布中提取的，而 p 值超过 0.05 则没有提供这样的证据。

9.20.3 讨论

Kolmogorov-Smirnov 检验的强大优势在于两点。首先，它是一个非参数检验，因此无须对数据分布做出任何假设：它适用于所有分布。其次，它根据样本数据检验总体的位置、离差和形状。如果这些特征不一致，那么该检验将检测到这一点，从而可以推断出数据的基础分布是不同的。

假设我们怀疑向量 x 和 y 来自不同的分布。在这里，`ks.test` 报告的 p 值为 0.04：

```
ks.test(x, y)
#>
#>   Two-sample Kolmogorov-Smirnov test
#>
#> data:  x and y
#> D = 0.2, p-value = 0.04
#> alternative hypothesis: two-sided
```

根据较小的 p 值可以得出结论，样本来自不同的分布。然而，当我们对 x 和另一个样本 z 进行检验时，p 值（0.6）要大得多，这表明 x 和 z 可以具有相同的总体分布：

```
z <- rnorm(100, mean = 4, sd = 6)
ks.test(x, z)
#>
#>   Two-sample Kolmogorov-Smirnov test
#>
#> data:  x and z
#> D = 0.1, p-value = 0.6
#> alternative hypothesis: two-sided
```

第 10 章

图形

图形是 R 的一个强大功能。添加包 `graphics` 是 R 标准发布版的一部分，它包含许多有用的函数用于创建各种图形。ggplot2 扩展了基本功能并使其更容易，ggplot2 是 tidyverse 包的一部分。在本章中，我们将重点介绍使用 `ggplot2` 的示例，我们偶尔会建议使用其他包。在本章的"另请参阅"部分中，我们提到了以不同方式执行相同工作的其他包中的函数。如果你对 `ggplot2` 或基本的图形提供的内容不满意，我们建议你探索这些替代方案。

图形是一个广泛的主题，我们只能在这里做一下粗浅的论述。Winston Chang 的 *R Graphics Cookbook*（第 2 版）（*https://oreil.ly/2IhNUQj*），是 O'Reilly 的 Cookbook 系列的一部分，并介绍了许多有用的方法，`ggplot2` 包是其中的重点。如果你想深入研究，我们推荐 Paul Murrell 的 *R Graphics*（Chapman & Hall）。这本书讨论了 R 图形背后的原理，说明如何使用图形函数，并包含大量示例，包括创建该书中图形的代码。有些例子非常令人惊叹。

说明

本章中的图表大多是简单明了的。这是我们有意为之的。当你调用 `ggplot` 函数时，如：

```
library(tidyverse)

df <- data.frame(x = 1:5, y = 1:5)
ggplot(df, aes(x, y)) +
  geom_point()
```

你将获得 x 和 y 的简单图形表示，如图 10-1 所示。

你可以使用颜色（color）、标题（title）、标签（label）、图例（legend）、文本（text）等来装饰图形，但随后对 `ggplot` 的调用变得越来越拥挤，模糊了基本意图：

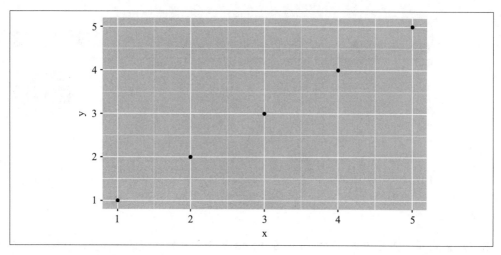

图 10-1：简单的图形表示

```
ggplot(df, aes(x, y)) +
  geom_point() +
  labs(
    title = "Simple Plot Example",
    subtitle = "with a subtitle",
    x = "x-values",
    y = "y-values"
  ) +
  theme(panel.background = element_rect(fill = "white", color = "grey50"))
```

结果如图 10-2 所示。我们希望保持方法的简洁性，因此我们强调基本过程，然后在后面的部分（如 10.2 节中）显示如何添加装饰。

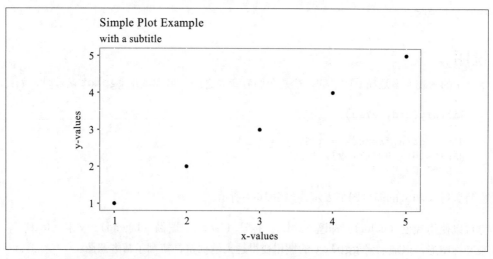

图 10-2：略微复杂的图形表示

关于 ggplot2 基础知识的注释

虽然该包被称为 ggplot2，但包中的主要绘图函数称为 ggplot。了解 ggplot 图的基本部分非常重要。在前面的示例中，你可以看到我们将数据传递到 ggplot，然后通过将描述绘图某些方面的小命令堆叠在一起来定义图形的创建方式。这种命令的叠加是"图形语法"（grammar of graphics）精神的一部分（这就是 gg 的来源）。要了解更多信息，你可以阅读 ggplot 作者 Hadley Wickham 撰写的"A Layered Grammar of Graphics"（图形分层语法）（*http:bit.ly/2If6eJz*）。这个概念起源于 Leland Wilkinson，他阐述了从一组原语（即动词和名词）构建图形的想法。使用 ggplot，无须为每种类型的图形表示进行基本数据的重新整形。通常，数据保持不变，用户稍微更改语法即可以不同的方式可视化。这比基本图形更加具有一致性，基本图形通常需要对数据进行重新整形以改变其可视化方式。

当我们谈论 ggplot 图形时，需要定义 ggplot 图的组件：

几何对象函数（geometric object function）

> 这些函数是描述正在创建的图形类型的几何对象。它们的名字以 geom_ 开头，包括 geom_line、geom_boxplot 和 geom_point 等几十种类型。

美学（aesthetic）

> 美学或美学映射与 ggplot 交互，用于传递原始数据中的哪些字段被映射到图形中的哪些视觉元素。即 ggplot 函数调用中的 aes 行。

统计数据（stat）

> 统计数据是在显示数据之前完成的统计变换。并非所有图形都有统计数据，但一些常见的统计数据包括 stat_ecdf（经验累积分布函数），以及 stat_identity，它告诉 ggplot 传递数据而不进行任何统计计算。

分面函数（facet function）

> 分面即为绘制子图，其中每个子图表示数据的子组。分面函数包括 facet_wrap 和 facet_grid。

主题（theme）

> 主题是图中与数据无关的视觉元素。这些可能包括标题（title）、边距（margin）、目录位置（table of contents locations）或字体（font）选择。

图层（layer）

> 图层是数据、美学、几何对象、统计数据和其他选项的组合，用于在 ggplot 图形中生成可视图层。

ggplot 中的"长"与"宽"数据

ggplot 的新手用户第一个可能混淆的问题是他们倾向于在绘制之前将其数据重新整形为"宽"数据。这里的"宽"意味着他们绘制的每个变量都是底层数据框中的列。这是许多用户在使用 Excel 时应用的方法，然后将它们带到 R 中。而 ggplot 更容易使用"长"数据进行工作，其中附加变量作为行添加到数据框而不是列中。添加更多测量值作为行的巨大副作用是，可以对任何正确构造的 ggplot 图形实现自动更新以反映新数据，而不用对 ggplot 代码进行更改。如果将每个附加变量添加为列，则必须更改绘图代码以引入其他变量。在本章其余部分的示例中，这种"长"与"宽"数据的概念将变得更加明显。

其他添加包中的图形

R 具有高度可编程性，许多人已经扩展了其图形机制的附加特性。通常，R 的添加包含有绘制该添加包的结果和对象的专用函数。例如，zoo 包实现了一个时间序列对象。如果创建一个 zoo 对象 z，并调用 plot(z)，那么 zoo 包将进行绘图，它会创建一个自定义的专门用于显示时间序列的图形。zoo 使用基本图形，因此生成的图形将不是 ggplot 图形。

甚至有的添加包整体用于使用新的图形范例以对 R 进行扩展。lattice 包是 ggplot2 之前的基本图形的替代品。它使用强大的图形范例，使你可以更轻松地创建信息图形。lattice 包由 Deepayan Sarkar 建立，他同时出版了 *Lattice: Multivariate Data Visualization with R*（Springer），该书对 lattice 包进行了解释和说明。*R in a Nutshell*（O'Reilly）也对 lattice 包进行了描述。

Hadley Wickham 和 Garrett Grolemund 出版的 *R for Data Science* 有两章介绍了有关图形处理的内容。该书第 7 章（Exploratory Data Analysis）侧重于使用 ggplot2 探索数据，而第 28 章（Graphics for Communication）探讨了使用图形与其他人进行交流。*R for Data Science* 已印刷出版，也可在线获得（*https://r4ds.had.co.nz/*）。

10.1 创建散点图

10.1.1 问题

你有成对的观测值：$(x_1, y_1), (x_2, y_2), \cdots, (x_n, y_n)$。你想创建一个成对数据的散点图。

10.1.2 解决方案

我们可以通过调用 ggplot 函数，通过数据框传递数据，并调用几何点函数 geom_point

来绘制数据：

```
ggplot(df, aes(x, y)) +
  geom_point()
```

在此示例中，数据框名为 df，数据 x 和 y 位于名为 x 和 y 的字段中，我们将其传递给 aes(x, y)。

10.1.3 讨论

散点图通常是处理新数据集的第一步。如果在 x 和 y 之间有任何关系，这是一个看清数据间关系的快速方法。

使用 ggplot 进行绘图需要告诉 ggplot 要使用哪个数据框，然后创建要生成的图形类型以及要使用的美学映射（aes）。在这种情况下，aes 定义了 df 的哪个字段进入图中的哪个轴。然后命令 geom_point 声明你想要的是一个散点图，而不是一条线或其他类型的图形。

我们可以使用内置的 mtcars 数据集来说明，x 轴上为马力（horsepower，hp），y 轴上为燃油经济性（fuel economy，mpg）：

```
ggplot(mtcars, aes(hp, mpg)) +
  geom_point()
```

结果图如图 10-3 所示。

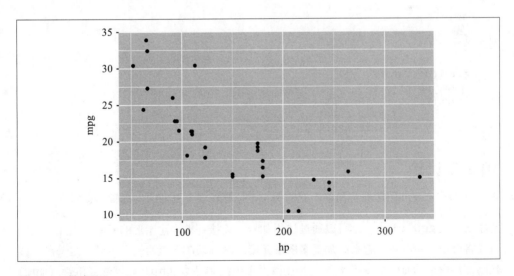

图 10-3：散点图

10.1.4 另请参阅

关于添加标题和标签的内容，请参阅 10.2 节；关于添加网格的内容，请参阅 10.3 节；关于添加图例的内容，请参阅 10.6 节；关于绘制多个变量的内容，请参见 10.8 节。

10.2 添加标题和标签

10.2.1 问题

你需要为图形添加一个标题或给坐标轴添加多个标签。

10.2.2 解决方案

使用 ggplot 函数，我们添加了一个 labs 元素来控制标题和坐标轴的标签。

在 ggplot 中调用 labs 时，请指定：

title

　　你需要的标题文本

x

　　x 轴标签

y

　　y 轴标签

例如：

```
ggplot(df, aes(x, y)) +
  geom_point() +
  labs(title = "The Title",
       x = "X-axis Label",
       y = "Y-axis Label")
```

10.2.3 讨论

在 10.1 节中创建的图形非常简单。它需要一个标题和多个更好的坐标轴标签。

请注意，在 ggplot 中，你可以通过使用加号 + 连接符来构建图形的元素。因此，我们通过将命令语句串在一起来添加更多图形元素。你可以在下面的代码中看到这一点，该代码使用内置的 mtcars 数据集，并在散点图中绘制马力（hp）与燃油经济性（mpg）的关系，如图 10-4 所示。

```
ggplot(mtcars, aes(hp, mpg)) +
  geom_point() +
  labs(title = "Cars: Horsepower vs. Fuel Economy",
       x = "HP",
       y = "Economy (miles per gallon)")
```

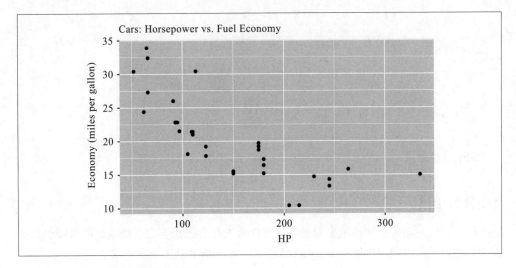

图 10-4：添加一个标题和多个标签

10.3 添加（或去除）网格

10.3.1 问题

需要更改图形的背景网格。

10.3.2 解决方案

使用 ggplot 时，背景网格的默认设置正如你在之前的阅读中看到的那样。但是，我们可以使用 theme 函数或通过将预先打包的主题应用于图表来更改背景网格。

我们可以使用 theme 函数改变图形的背景面板。此示例将背景网格删除，如图 10-5 所示。

```
ggplot(df) +
  geom_point(aes(x, y)) +
  theme(panel.background = element_rect(fill = "white", color = "grey50"))
```

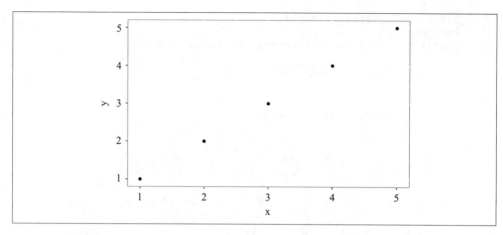

图 10-5：白色背景

10.3.3 讨论

ggplot 默认使用灰色网格填充背景。你可能会发现自己想要完全删除该网格或将其更改为其他内容。我们将创建一个 ggplot 图形，然后逐步改变背景样式。

我们可以通过创建一个 ggplot 对象来添加或更改图形的各个方面，然后调用该对象并使用 + 来添加修改语句。ggplot 图形中的背景阴影实际上是三个不同的图形元素。

panel.grid.major
    默认情况下，主要网格为深白色。

panel.grid.minor
    默认情况下，次要网格为浅白色。

panel.background
    默认情况下，背景为灰色。

如果仔细查看图 10-4 的背景，可以看到这些元素。

如果我们将背景设置为 element_blank，那么主网格和次网格仍然存在，但它们是在白色上添加白色的元素，所以我们在图 10-6 中看不到它们。

```
g1 <- ggplot(mtcars, aes(hp, mpg)) +
  geom_point() +
  labs(title = "Cars: Horsepower vs. Fuel Economy",
       x = "HP",
       y = "Economy (miles per gallon)") +
  theme(panel.background = element_blank())
g1
```

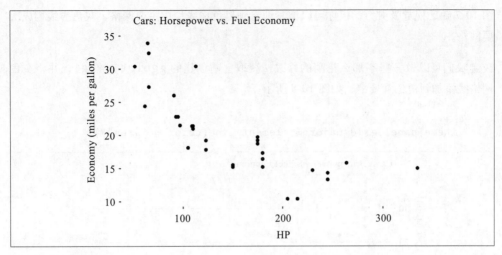

图 10-6：空白背景

请注意，在前面的代码中，我们将 **ggplot** 图放入一个名为 **g1** 的变量中。然后我们通过调用 **g1** 输出图形。将图形放在 **g1** 中意味着我们可以添加更多图形组件而无须重建图形。

我们想要显示具有不寻常图案的背景网格以进行说明，比如对其更改颜色并设置线型，如本例所示（见图 10-7）。

```
g2 <- g1 + theme(panel.grid.major =
                 element_line(color = "black", linetype = 3)) +
  # linetype = 3 is dash
  theme(panel.grid.minor =
        element_line(color = "darkgrey", linetype = 4))
  # linetype = 4 is dot dash
g2
```

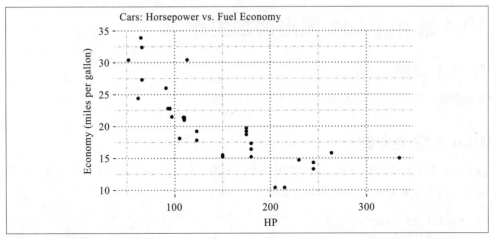

图 10-7：主要和次要网格线

图 10-7 缺乏视觉吸引力，但你可以清楚地看到黑色虚线构成主要网格，灰色虚线构成次要网格。

或者我们可以做一些不那么花哨的修改，获取之前创建的 ggplot 对象 g1，并将灰色网格线添加到白色背景中，如图 10-8 所示。

```
g1 +
  theme(panel.grid.major = element_line(color = "grey"))
```

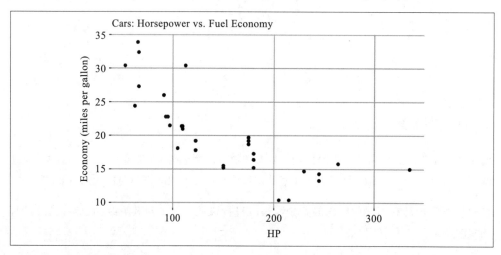

图 10-8：灰色主要网格线

10.3.4 另请参阅

请参阅 10.4 节，了解如何将整个预制主题应用于你的图形。

10.4 给 ggplot 图形添加主题

10.4.1 问题

你需要使用预设的颜色、样式和格式集合进行绘图。

10.4.2 解决方案

ggplot 支持主题（theme），这些主题是图形设置的集合。要使用其中一个主题，只需使用 + 将所需的 theme 函数添加到 ggplot：

```
ggplot(df, aes(x, y)) +
  geom_point() +
  theme_bw()
```

ggplot2 包中包含以下主题：

```
theme_bw()
theme_dark()
theme_classic()
theme_gray()
theme_linedraw()
theme_light()
theme_minimal()
theme_test()
theme_void()
```

10.4.3 讨论

让我们从一个简单的绘图开始，然后通过一些内置主题展示它的外观。图 10-9 显示了未应用主题的基本 ggplot 图。

```
p <- ggplot(mtcars, aes(x = disp, y = hp)) +
  geom_point() +
  labs(title = "mtcars: Displacement vs. Horsepower",
       x = "Displacement (cubic inches)",
       y = "Horsepower")
p
```

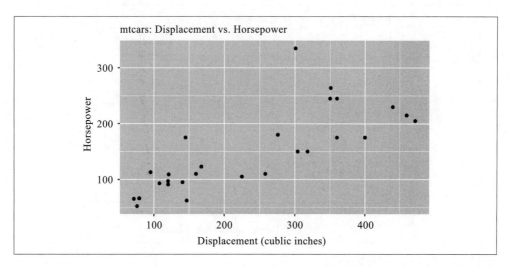

图 10-9：开始绘图

我们使用相同的图，但是为每个图应用不同的主题。图 10-10 显示了应用黑白主题的情况。

```
p + theme_bw()
```

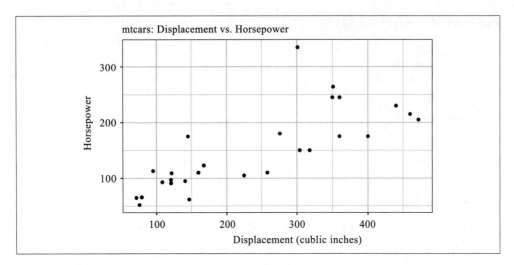

图 10-10: 使用 theme_bw

图 10-11 显示了经典主题。

```
p + theme_classic()
```

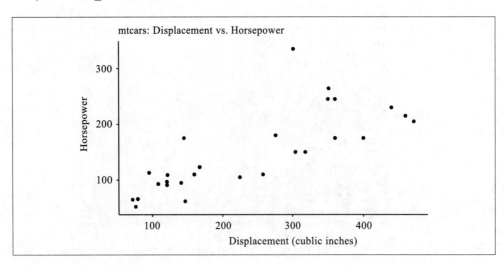

图 10-11: 使用 theme_classic

图 10-12 显示了简约主题。

```
p + theme_minimal()
```

图 10-13 显示了空白主题。

```
p + theme_void()
```

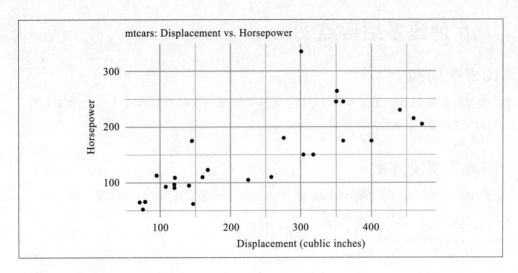

图 10-12: 使用 theme_minimal

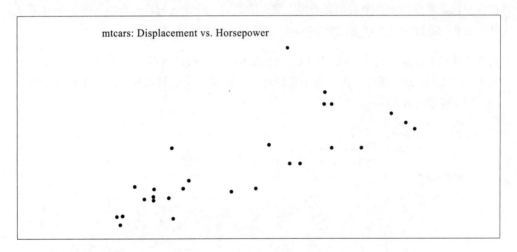

图 10-13: 使用 theme_void

除了 ggplot2 中包含的主题之外，还有像 ggtheme 这样的包，其中包含的主题可以使你的数字看起来更像是 Stata 或 *The Economist* 等流行工具和出版物中的数字。

10.4.4 另请参阅

请参阅 10.3 节以了解如何更改单个主题元素。

10.5 创建多组散点图

10.5.1 问题

在数据框中的每个记录有多个观察值：x、y 和表示观测值组别的因子 f。你想要创建 x 和 y 的散点图，以区分不同的组。

10.5.2 解决方案

使用 ggplot，我们通过将 shape = f 传递给 aes 函数将形状映射到因子 f：

```
ggplot(df, aes(x, y, shape = f)) +
  geom_point()
```

10.5.3 讨论

在一个散点图中绘制多个组别会产生无意义的混乱，除非我们将一个组与另一个组区分开来。我们通过设置 aes 函数的 shape 参数在 ggplot 中进行区分。

内置的 iris 数据集包含 Petal.Length 和 Petal.Width 的配对度量。每个度量还具有一个 Species 属性，用于指示花的种类。如果一次绘制所有数据，我们将得到如图 10-14 所示的散点图。

```
ggplot(data = iris,
       aes(x = Petal.Length,
           y = Petal.Width)) +
  geom_point()
```

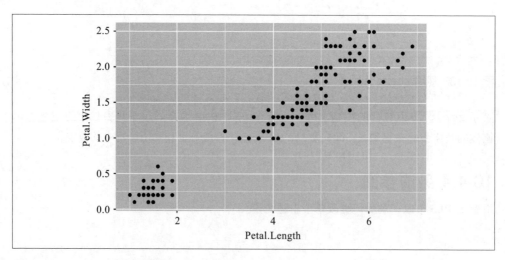

图 10-14: iris: 长度与宽度

如果我们按物种区分点，那么图形将提供更多信息。除了通过形状区分物种外，我们还可以通过颜色区分。我们可以在 aes 调用中添加 shape = Species 和 color = Species，以使每个物种具有不同的形状和颜色，如图 10-15 所示。

```
ggplot(data = iris,
       aes(
         x = Petal.Length,
         y = Petal.Width,
         shape = Species,
         color = Species
       )) +
    geom_point()
```

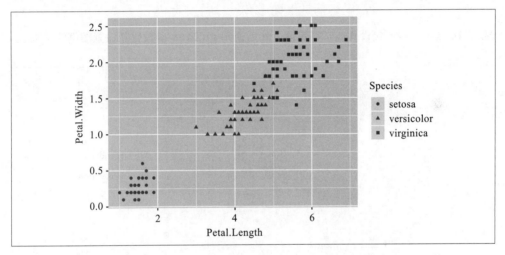

图 10-15: iris: 形状和颜色

ggplot 也为你设置了一个图例，可以很方便地使用。

10.5.4 另请参阅

有关如何添加图例的更多信息，请参阅 10.6 节。

10.6 添加（或去除）图例

10.6.1 问题

图形需要包含一个图例，即添加小方框为读者解释图形中的元素。

10.6.2 解决方案

在大多数情况下，ggplot 会自动添加图例，如上一节中所示。但是如果我们在 aes

函数中没有明确的分组，那么 ggplot 默认情况下不会显示图例。如果我们需要强制 ggplot 显示图例，可以将图形的形状或线型设置为常量。然后 ggplot 将显示一个组的图例。我们使用 guides 函数来指导 ggplot 如何标记图例。

我们使用 iris 散点图来进行说明：

```
g <- ggplot(data = iris,
        aes(x = Petal.Length,
            y = Petal.Width,
            shape="Observation")) +
    geom_point()  +
    guides(shape=guide_legend(title="My Legend Title"))
g
```

图 10-16 显示了将形状设置为字符串值，然后使用 guides 函数重新设置图例的结果。

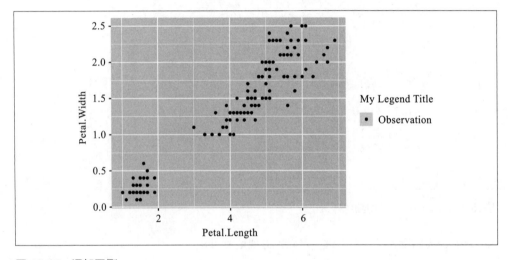

图 10-16：添加图例

更常见的情况是，你可能希望关闭图例，可以调用 theme 函数通过设定 legend. position = "none" 来执行此操作。图 10-17 显示了将此操作添加到上一个方法的 iris 图中时的结果。

```
g <- ggplot(data = iris,
            aes(
                x = Petal.Length,
                y = Petal.Width,
                shape = Species,
                color = Species
            )) +
    geom_point() +
    theme(legend.position = "none")
g
```

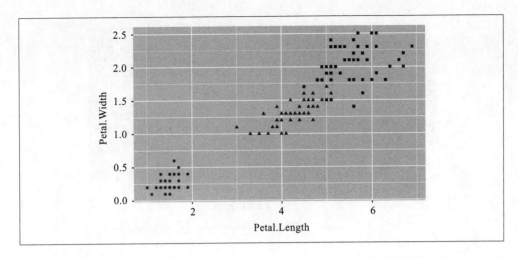

图 10-17：删除图例

10.6.3 讨论

在没有分组的情况下，向 ggplot 添加图例是通过将字符串传递给 aes 中的分组参数来"欺骗"ggplot 显示图例。虽然这不会改变分组（因为只有一个组），但它会导致图例显示一个名称。

然后我们可以使用 guides 函数来改变图例标题。值得注意的是，我们并没有改变任何有关数据的信息，只是利用设置来强制 ggplot 显示通常不显示的图例，除此之外我们没有任何额外付出。

ggplot 的一个巨大好处是它有非常好的默认值。获取标签及其点类型之间的位置和对应关系是自动完成的，但如果需要，可以覆盖它。要完全删除图例，我们使用 theme(legend.position = "none") 设置 theme 参数。我们还可以将 legend.position 设置为 "left"、"right"、"bottom"、"top" 或双元素数值向量。使用双元素数值向量，以传递你想要的 ggplot 图例特定坐标。如果你正在使用坐标位置，则 x 和 y 位置的传递值在 0 到 1 之间，按此顺序排列。

图 10-18 显示了一个位于底部的图例示例，通过调整 legend.position 创建。

```
g + theme(legend.position = "bottom")
```

或者我们可以使用双元素数值向量将图例放在特定位置，如图 10-19 所示。此示例将图例的中心放在距离右边 80%、距离底部 20% 的位置：

```
g + theme(legend.position = c(.8, .2))
```

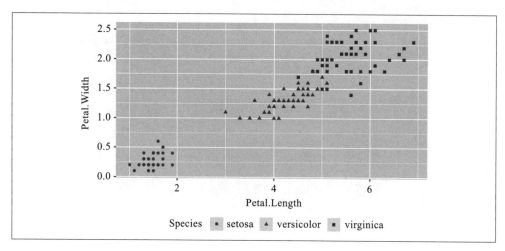

图 10-18：在底部添加图例

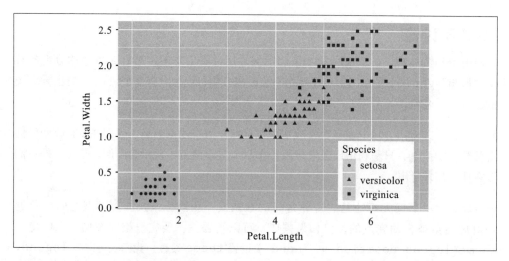

图 10-19：在图中某一处添加图例

除了图例之外的许多方面，**ggplot** 使用明智的默认值，但提供了覆盖它们和调整细节的灵活性。你可以通过键入 **?theme** 或查看 ggplot 在线参考资料（*http://ggplot2.tidyverse.org/reference/theme.html*），找到与图例相关的 ggplot 选项的更多详细信息。

10.7 绘制散点图的回归线

10.7.1 问题

绘制数据点对，同时需要添加一条说明它们线性回归关系的线。

10.7.2 解决方案

使用 ggplot，并且无须首先使用 R 中的 lm 函数计算线性模型。我们可以使用 geom_ smooth 函数来调用 ggplot 函数内部的线性回归模型。

如果我们的数据在数据框中，并且 *x* 和 *y* 数据在列 x 和列 y 中，我们绘制回归线如下：

```
ggplot(df, aes(x, y)) +
  geom_point() +
  geom_smooth(method = "lm",
              formula = y ~ x,
              se = FALSE)
```

参数 se = FALSE 告诉 ggplot 不要在我们的回归线周围绘制标准误差带。

10.7.3 讨论

假设我们正在对 faraway 包中的 strongx 数据集进行建模。我们可以使用 R 中的内置 lm 函数创建线性模型。我们可以使用变量 energy 一个线性函数来预测变量 crossx。首先，让我们看一下数据的简单散点图（见图 10-20）。

```
library(faraway)
data(strongx)

ggplot(strongx, aes(energy, crossx)) +
  geom_point()
```

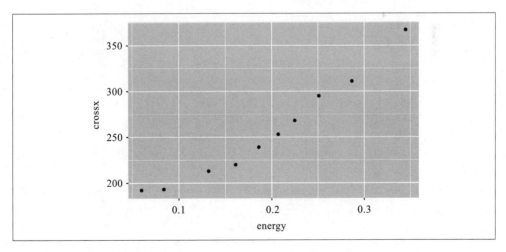

图 10-20：strongx 数据集的散点图

ggplot 可以动态计算线性模型，然后绘制回归线以及我们的数据（见图 10-21）。

```
g <- ggplot(strongx, aes(energy, crossx)) +
  geom_point()

g + geom_smooth(method = "lm",
                formula = y ~ x)
```

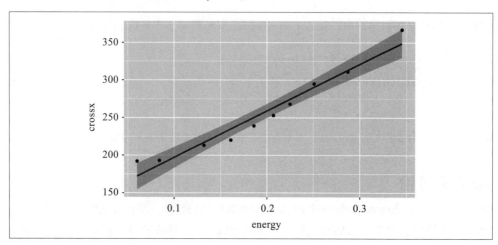

图 10-21：ggplot 中的简单线性模型

我们可以通过添加 se = FALSE 选项来关闭置信区间，如图 10-22 所示。

```
g + geom_smooth(method = "lm",
                formula = y ~ x,
                se = FALSE)
```

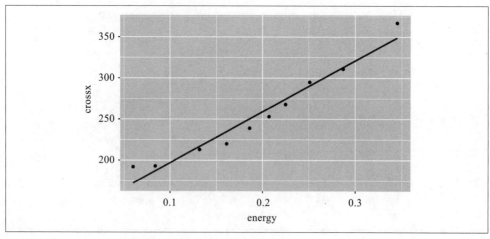

图 10-22：ggplot 中不包含 se 的简单线性模型

请注意，在 geom_smooth 中，我们使用 x 和 y 而不是变量名。ggplot 根据美学在绘图中设置了 x 和 y。geom_smooth 支持多种平滑方法。你可以通过键入 **?geom_smooth**

来探索帮助文档中的选项说明。

如果我们想要绘制一条存储在另一个 R 对象中的直线，我们可以使用 `geom_abline` 在图形上绘制。在下面的例子中，我们从回归模型 m 中获取截距项和斜率，并将它们添加到我们的图中（见图 10-23）。

```
m <- lm(crossx ~ energy, data = strongx)

ggplot(strongx, aes(energy, crossx)) +
  geom_point() +
  geom_abline(
    intercept = m$coefficients[1],
    slope = m$coefficients[2]
  )
```

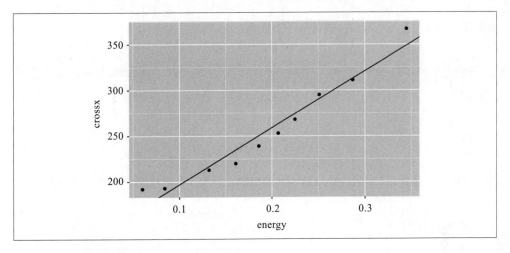

图 10-23：根据斜率和截距绘制的简单直线

这产生了与图 10-22 非常相似的图。如果想从简单线性模型以外的来源绘制直线，那么使用 `geom_abline` 可以很方便地完成这一任务。

10.7.4 另请参阅

有关线性回归和 `lm` 函数的更多信息，请参见第 11 章。

10.8 多变量散点图的绘制

10.8.1 问题

数据集包含多个数值型变量。你想得到所有变量对的散点图。

10.8.2 解决方案

ggplot 没有任何内置方法来创建成对图形；但是，GGally 包提供了 ggpairs 函数实现这一功能：

```
library(GGally)
ggpairs(df)
```

10.8.3 讨论

当你拥有大量变量时，很难找到它们之间的相互关系。一种有用的技术是查看所有变量对的散点图。如果逐对编码，则相当烦琐，但是 GGally 添加包中的 ggpairs 函数提供了一次生成所有这些散点图的简单方法。

数据集 iris 包含四个数值型变量和一个分类变量：

```
head(iris)
#>   Sepal.Length Sepal.Width Petal.Length Petal.Width Species
#> 1          5.1         3.5          1.4         0.2  setosa
#> 2          4.9         3.0          1.4         0.2  setosa
#> 3          4.7         3.2          1.3         0.2  setosa
#> 4          4.6         3.1          1.5         0.2  setosa
#> 5          5.0         3.6          1.4         0.2  setosa
#> 6          5.4         3.9          1.7         0.4  setosa
```

列之间的关系是什么？使用 ggpairs 按列绘制会产生多个散点图，如图 10-24 所示。

```
library(GGally)
ggpairs(iris)
```

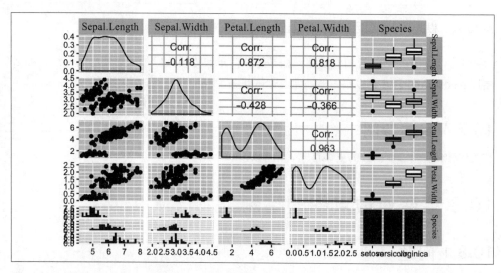

图 10-24：使用 ggpairs 绘制的 iris 数据图

ggpairs 函数功能很强，但不是特别快。如果你只是进行交互式工作并希望快速查看数据，则基础 R 的 plot 函数可提供更快的输出（见图 10-25）。

```
plot(iris)
```

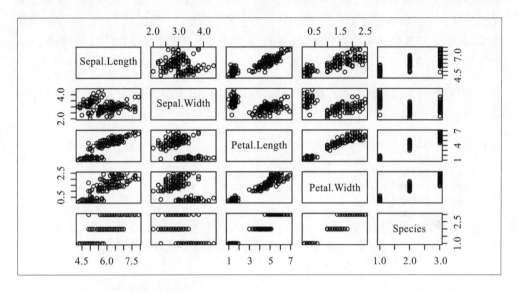

图 10-25：plot 函数生成的成对图

虽然 ggpairs 函数的绘制速度不如基础 R 中 plot 函数快，但它能在对角线上生成密度图，并在图的上三角中报告相关性。当存在因子或字符列时，ggpairs 会在图形的下三角中给出柱状图，在图形的上三角中给出箱线图。这些是理解数据关系的很好补充。

10.9 创建多个分组的散点图

10.9.1 问题

数据集包含（至少）两个数值型变量以及一个定义组的因子或字符字段。需要为数值型变量创建多个散点图，每个水平的因子或字符字段都有一个散点图。

10.9.2 解决方案

我们通过在图形中加入 facet_wrap，在 ggplot 中绘制这种称为条件图的图形。在这个例子中，我们使用数据框 df，它包含三列 x、y 和 f，f 是一个因子（或一个字符串）：

```
ggplot(df, aes(x, y)) +
  geom_point() +
  facet_wrap( ~ f)
```

10.9.3 讨论

条件图（conditioning plot, coplot）是探索和说明因子的影响或比较不同组的另一种方式。

`Cars93` 数据集包含截至 1993 年描述 93 种汽车模型的 27 个变量。其中两个数值变量是代表城市中每加仑（1 加仑 = 3.785 41 立方分米）英里（1 英里 = 1 609.344 米）数的 `MPG.city`，以及发动机马力 `Horsepower`。其中一个分类变量是 `Origin`，根据汽车型号的生产位置，可以是美国或非美国。

探索 MPG 和马力之间的关系，我们可能会问：美国出产和非美国出产的汽车有不同的关系吗？

让我们为其绘制一个分面图（见图 10-26）：

```
data(Cars93, package = "MASS")
ggplot(Cars93, aes(MPG.city, Horsepower)) +
  geom_point() +
  facet_wrap( ~ Origin)
```

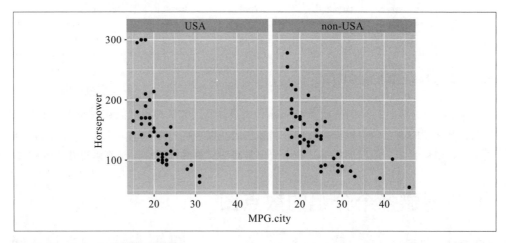

图 10-26：`Cars93` 数据的分面图

由此产生的图形揭示了一些信息。如果我们真的需要 300 马力（1 马力 = 735.499 瓦）的汽油，那么我们将不得不购买一辆在美国生产的汽车；但如果我们想要高 MPG，在非美国型号中有更多选择。这些信息可以通过统计分析来解决，但视觉呈现可以更快地揭示它们。

请注意，使用 `facet` 会生成具有相同 x 轴和 y 轴范围的子图。这有助于避免在不同坐标轴范围对数据进行目视检查时所产生的误导。

10.9.4 另请参阅

基础 R 的绘图函数 `coplot` 可以仅使用基本图形完成非常相似的绘图。

10.10 创建条形图

10.10.1 问题

需要创建一幅条形图。

10.10.2 解决方案

常见的情况是，有一列数据代表一个组，另一列代表该组的度量。此格式是"长"数据，因为数据垂直运行，而不是每个组都有一列。

使用 ggplot 中的 geom_bar 函数，我们可以按高度绘制条形。如果数据已经聚合，我们添加 stat = "identity"，以便 ggplot 知道在绘制之前它不需要对数值按组进行聚合：

```
ggplot(data = df, aes(x, y)) +
  geom_bar(stat = "identity")
```

10.10.3 讨论

让我们中使用 Cars93 数据集中福特（Ford）制造的汽车进行说明：

```
ford_cars <- Cars93 %>%
  filter(Manufacturer == "Ford")

ggplot(ford_cars, aes(Model, Horsepower)) +
  geom_bar(stat = "identity")
```

图 10-27 显示了生成的条形图。

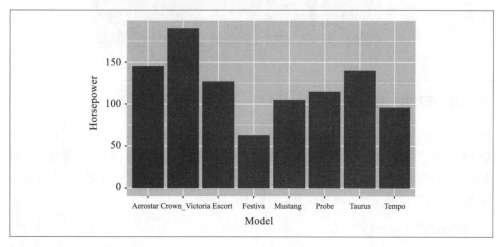

图 10-27：福特汽车条形图

此示例使用 stat = "identity"，它假定条形高度方便地存储为一个字段中的值，每列只有一个记录。然而，情况并非总是如此。通常，你有一个数值型向量和一个对数据进行分组的平行因子或字符字段，并且你希望生成组均值或组总计的条形图。

让我们使用内置的 airquality 数据集来举例说明，该数据集包含五个月内某个位置的每日温度数据。数据框具有数值型的 Temp 列、Month 列和 Day 列。如果我们想用 ggplot 绘制月平均温度，我们不需要预先计算平均值；相反，我们可以让 ggplot 在绘图命令中执行此操作。为了告诉 ggplot 计算平均值，我们将 stat = "summary"，fun.y = "mean" 传递给 geom_bar 命令。我们还可以使用内置常量 month.abb 将月份数转换为日期，其中包含月份的缩写：

```
ggplot(airquality, aes(month.abb[Month], Temp)) +
  geom_bar(stat = "summary", fun.y = "mean") +
  labs(title = "Mean Temp by Month",
       x = "",
       y = "Temp (deg. F)")
```

图 10-28 显示了结果图。但是你可能会注意到月份是按字母顺序排列的，这不是我们通常喜欢看到的月份排序方式。

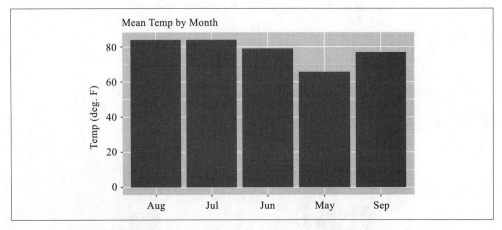

图 10-28：条形图：逐月温度

我们可以使用 dplyr 中的一些函数和 tidyverse 的 forcats 包中的 fct_inorder 函数来修复排序问题。为了按正确的顺序获取月份，我们可以按 Month（即月份数）对数据框进行排序。然后我们可以应用 fct_inorder，它将按照因子在数据中出现的顺序排列因子。你可以在图 10-29 中看到正确排序的条形图：

```
library(forcats)

aq_data <- airquality %>%
```

```
    arrange(Month) %>%
    mutate(month_abb = fct_inorder(month.abb[Month]))

ggplot(aq_data, aes(month_abb, Temp)) +
    geom_bar(stat = "summary", fun.y = "mean") +
    labs(title = "Mean Temp by Month",
         x = "",
         y = "Temp (deg. F)")
```

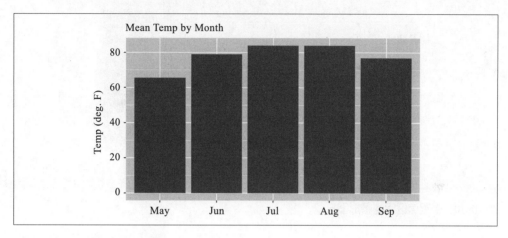

图 10-29：正确排序的条形图

10.10.4 另请参阅

有关添加置信区间的信息，请参阅 10.11 节；有关添加颜色，请参阅 10.12 节。输入 **?geom_bar** 以获取 ggplot 中绘制条形图的帮助文档。

你还可以使用基础 R 中的 barplot 函数或 lattice 包中的 barchart 函数绘制条形图。

10.11 对条形图添加置信区间

10.11.1 问题

需要在一张条形图中增加置信区间。

10.11.2 解决方案

假设我们有一个数据框 df，其中包含列 group（组名）、stat（统计列），以及 lower 和 upper（表示置信区间的相应限制）。我们可以使用 geom_bar 函数和 geom_errorbar 函数显示每个组的统计数据条形图及其置信区间：

```
ggplot(df, aes(group, stat)) +
```

```
geom_bar(stat = "identity") +
geom_errorbar(aes(ymin = lower, ymax = upper), width = .2)
```

图 10-30 显示了带置信区间的条形图。

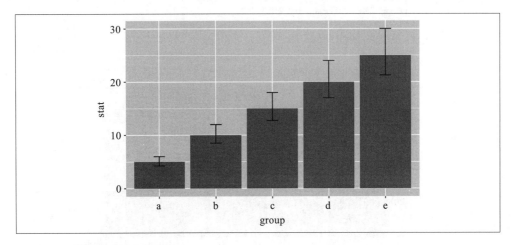

图 10-30：带置信区间的条形图

10.11.3 讨论

大多数条形图显示点估计值，由条形图的高度显示，但很少包括置信区间。统计学家非常不喜欢这样。点估计只描述了一半的内容，置信区间给出了完整的故事。

幸运的是，我们可以使用 **ggplot** 绘制误差线。困难的部分是计算区间。在前面的例子中，我们的数据间隔为 –15% 和 +20%。但是，在 10.10 节中，我们在绘制它们之前计算了组平均值。如果让 **ggplot** 为我们进行计算，我们可以使用内置的 **mean_se** 函数和 **stat_summary** 函数来获得平均值的标准误差。

让我们使用之前使用的 **airquality** 数据。首先，我们将执行因子排序程序（来自先前的方法），以按所需顺序获取月份名称：

```
aq_data <- airquality %>%
  arrange(Month) %>%
  mutate(month_abb = fct_inorder(month.abb[Month]))
```

现在我们可以绘制条形图以及相关的标准误差，如图 10-31 所示：

```
ggplot(aq_data, aes(month_abb, Temp)) +
geom_bar(stat = "summary",
         fun.y = "mean",
         fill = "cornflowerblue") +
stat_summary(fun.data = mean_se, geom = "errorbar") +
labs(title = "Mean Temp by Month",
```

```
        x = "",
        y = "Temp (deg. F)")
```

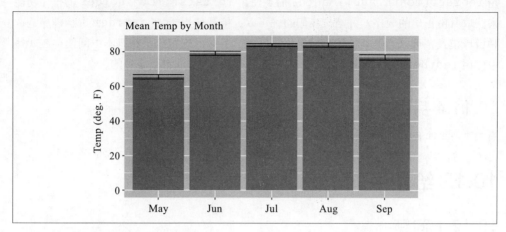

图 10-31：具有误差线的月平均温度

有时你需要根据条形图的高度对条形图中的列进行降序排列，如图 10-32 所示。当你在 ggplot 中使用汇总统计信息时，这可能会有点混乱，但秘诀是在重新排序语句中使用 mean 来按因子的平均值对因子进行排序。注意，我们没有在 reorder 中引用 mean，而是在 geom_bar 中引用了 mean：

```
ggplot(aq_data, aes(reorder(month_abb, -Temp, mean), Temp)) +
  geom_bar(stat = "summary",
           fun.y = "mean",
           fill = "tomato") +
  stat_summary(fun.data = mean_se, geom = "errorbar") +
  labs(title = "Mean Temp by Month",
       x = "",
       y = "Temp (deg. F)")
```

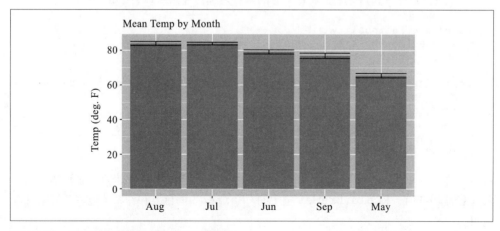

图 10-32：按平均值降序排列的月平均温度

查看此示例以及图 10-32 中的结果，你可能会想知道，为什么我们不在第一个示例中使用 reorder(month_abb, Month) 而是使用 forcats::fct_inorder 的排序功能来获取月份正确的顺序？好吧，我们的确可以。但是使用 fct_inorder 进行排序是一种设计模式，可以为更复杂的事物提供灵活性。另外，它很容易在脚本中阅读。在 aes 中使用 reorder 有点密集，以后更难阅读，但这两种方法都是合理的。

10.11.4 另请参阅

有关 t.test 的更多信息，请参阅 9.9 节。

10.12 给条形图上色

10.12.1 问题

需要对条形图的条形块进行上色或涂上阴影。

10.12.2 解决方案

使用 gplot，我们将 fill 参数添加到 aes 调用中，让 ggplot 为我们选择颜色：

```
ggplot(df, aes(x, y, fill = group))
```

10.12.3 讨论

我们可以在 aes 中使用 fill 参数告诉 ggplot 上色时需要参考的字段。如果将数值型字段传递给 ggplot，我们将获得连续的颜色渐变，如果传递因子或字符字段，我们将为每个组获得对比色。这里我们将每个月的字符名称传递给 fill 参数：

```
aq_data <- airquality %>%
  arrange(Month) %>%
  mutate(month_abb = fct_inorder(month.abb[Month]))

ggplot(data = aq_data, aes(month_abb, Temp, fill = month_abb)) +
  geom_bar(stat = "summary", fun.y = "mean") +
  labs(title = "Mean Temp by Month",
       x = "",
       y = "Temp (deg. F)") +
  scale_fill_brewer(palette = "Paired")
```

我们通过调用 scale_fill_brewer(palette = "Paired") 来定义条形图中的颜色（见图 10-33）。RColorBrewer 包中的 "Paired" 调色板和许多其他调色板都可以使用。

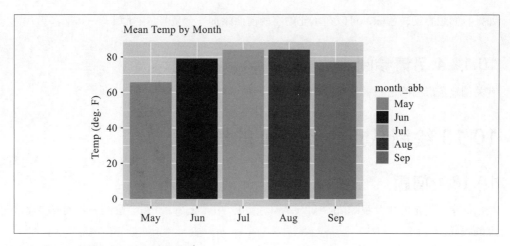

图 10-33：上色后的每月温度条形图

如果想根据温度改变每个条形的颜色，我们不能只设置 fill = Temp——虽然看起来很直观，ggplot 不会理解我们想要按月分组后的平均温度。解决这个问题的方法是访问图形中名为 ..y .. 的特殊字段，它是 y 轴上的计算值。但我们不希望图例标记为 ..y ..，因此我们在 labs 调用中添加 fill = "Temp" 以更改图例的名称。结果如图 10-34 所示：

```
ggplot(airquality, aes(month.abb[Month], Temp, fill = ..y..)) +
  geom_bar(stat = "summary", fun.y = "mean") +
  labs(title = "Mean Temp by Month",
       x = "",
       y = "Temp (deg. F)",
       fill = "Temp")
```

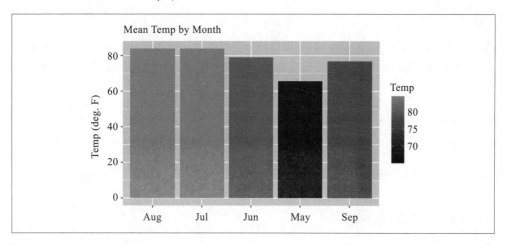

图 10-34：按数值型字段上色的条形图

如果我们想要反转色标，可以在填充的字段前面添加一个负号 -：fill=-..y..。

10.12.4 另请参阅

有关创建条形图的信息，请参阅 10.10 节。

10.13 绘制从点 *x* 到点 *y* 的线

10.13.1 问题

数据框中有给定的成对观测值：(x_1, y_1)、(x_2, y_2)、$\cdots$、(x_n, y_n)。需要绘制一系列连接数据点的线段。

10.13.2 解决方案

使用 ggplot，我们可以使用 geom_point 绘制点：

```
ggplot(df, aes(x, y)) +
  geom_point()
```

由于 **ggplot** 图形是逐个元素构建的，我们可以通过用两个 geom（geom_line 和 geom_line）很容易地在同一图形中同时绘制点和通过这些点的线：

```
ggplot(df, aes(x , y)) +
  geom_point() +
  geom_line()
```

10.13.3 讨论

为了说明，让我们看一下 **ggplot2** 附带的一些美国经济数据示例。这个示例数据框有一个名为 date 的列，我们将在 *x* 轴上绘制，还有一个名为 unemploy 的字段，即失业人数：

```
ggplot(economics, aes(date , unemploy)) +
  geom_point() +
  geom_line()
```

图 10-35 显示了绘制的结果图形，其中包含线和点，因为我们使用了两个 geom。

10.13.4 另请参阅

参见 10.1 节。

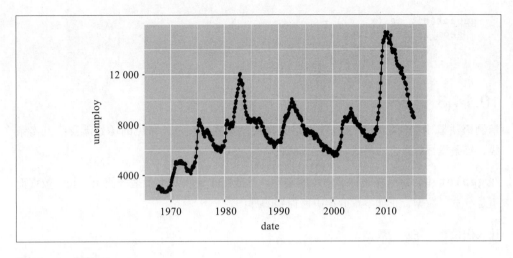

图 10-35：折线图

10.14 改变线的类型、宽度或者颜色

10.14.1 问题

你正在绘制一条线，需要更改其类型、宽度或颜色。

10.14.2 解决方案

ggplot 使用 linetype 参数来控制线的外观。选项包括：

- linetype = "solid" 或 linetype = 1（默认值）
- linetype = "dashed" 或 linetype = 2
- linetype = "dotted" 或 linetype = 3
- linetype = "dotdash" 或 linetype = 4
- linetype = "longdash" 或 linetype = 5
- linetype = "twodash" 或 linetype = 6
- linetype = "blank" 或 linetype = 0（抑制绘图）

我们可以通过将 linetype、col 和 size 作为参数传递给 geom_line 来更改线条特征。例如，如果我们想将线型更改为虚线、红色和重线，我们可以将以下参数传递给 geom_line：

```
ggplot(df, aes(x, y)) +
  geom_line(linetype = 2,
            size = 2,
            col = "red")
```

10.14.3 讨论

示例语法显示如何绘制一条线并指定其样式、宽度或颜色。常见的场景涉及绘制多条线，每条线都有自己的样式、宽度或颜色。

在 ggplot 中，这可能是许多用户的难题。挑战在于 ggplot 最适合使用"长"数据而不是"宽"数据，正如本章介绍中所提到的那样。

让我们设置一些示例数据：

```
x <- 1:10
y1 <- x**1.5
y2 <- x**2
y3 <- x**2.5
df <- data.frame(x, y1, y2, y3)
```

我们的示例数据框有四列宽数据：

```
head(df, 3)
#>   x   y1 y2    y3
#> 1 1 1.00  1  1.00
#> 2 2 2.83  4  5.66
#> 3 3 5.20  9 15.59
```

我们可以使用 tidyverse 包中的核心添加包 tidyr 中的 gather 函数来扩展我们的宽数据。在这个例子中，我们使用 gather 来创建一个名为 bucket 的新列，并将我们的列名放在那里，同时保留我们的变量 x 和 y：

```
df_long <- gather(df, bucket, y, -x)
head(df_long, 3)
#>   x bucket    y
#> 1 1     y1 1.00
#> 2 2     y1 2.83
#> 3 3     y1 5.20
tail(df_long, 3)
#>     x bucket   y
#> 28  8     y3 181
#> 29  9     y3 243
#> 30 10     y3 316
```

现在我们可以将 bucket 传递给 col 参数并获得多条线，每条线都有不同的颜色：

```
ggplot(df_long, aes(x, y, col = bucket)) +
  geom_line()
```

图 10-36 显示了结果图，每个变量以不同的颜色表示。

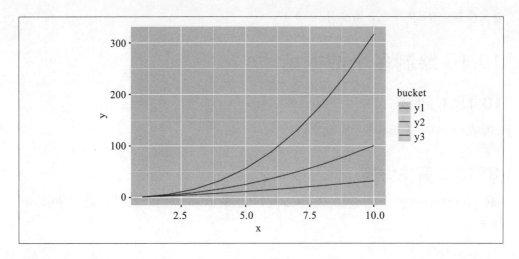

图 10-36：多线图

通过变量改变线宽很简单——只需将数值变量传递给参数 `size` 即可：

```
ggplot(df, aes(x, y1, size = y2)) +
  geom_line() +
  scale_size(name = "Thickness based on y2")
```

用 *x* 改变线宽的结果如图 10-37 所示。

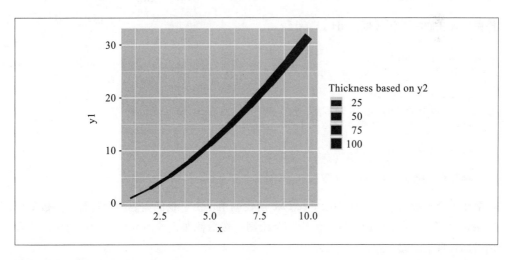

图 10-37：将线宽作为 *x* 的函数

10.14.4 另请参阅

有关绘制线的基本信息，请参阅 10.13 节。

10.15 绘制多个数据集

10.15.1 问题

需要在一个图中显示多个数据集。

10.15.2 解决方案

我们可以创建一个空图，然后在图中添加两个不同的 geom，将多个数据框添加到 ggplot 图中：

```
ggplot() +
  geom_line(data = df1, aes(x1, y1)) +
  geom_line(data = df2, aes(x2, y2))
```

此代码使用 geom_line，但你可以使用任何 geom。

10.15.3 讨论

我们可以在绘图之前使用 dplyr 中的一个连接函数将数据合并到一个数据框中。但是，接下来我们将创建两个单独的数据框，然后将它们分别添加到 ggplot 图中。

首先设置我们的示例数据框 df1 和 df2：

```
# example data
n <- 20

x1 <- 1:n
y1 <- rnorm(n, 0, .5)
df1 <- data.frame(x1, y1)

x2 <- (.5 * n):((1.5 * n) - 1)
y2 <- rnorm(n, 1, .5)
df2 <- data.frame(x2, y2)
```

通常我们会将数据框直接传递给 ggplot 函数调用。由于我们需要两个具有不同数据源的 geom，我们将使用 ggplot 创建一个绘图，然后添加两个 geom_line 调用，每个调用都有自己的数据源：

```
ggplot() +
  geom_line(data = df1, aes(x1, y1), color = "darkblue") +
  geom_line(data = df2, aes(x2, y2), linetype = "dashed")
```

ggplot 允许我们对不同的 geom_ 函数进行多次调用，每个 geom_ 函数都有自己的数据源（如果需要）。然后 ggplot 将查看我们正在绘制的所有数据，并调整范围以适应所有数据。

绘制两个数据集的结果如图 10-38 所示。

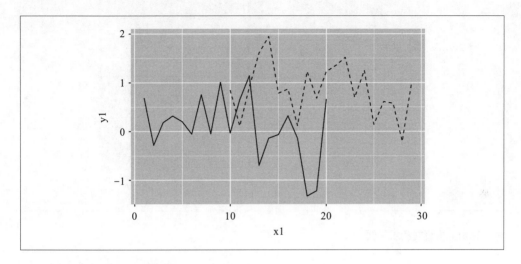

图 10-38：一幅图中包含两条线

10.16 添加垂直线和水平线

10.16.1 问题

需要在绘图中添加垂直线或水平线，例如通过原点的轴或指向阈值的指针。

10.16.2 解决方案

ggplot 函数 geom_vline 和 geom_hline 分别生成垂直线和水平线。这些函数还可以使用参数 color、linetype 和 size 来设置线条样式：

```
# using the data.frame df1 from the prior recipe
ggplot(df1) +
  aes(x = x1, y = y1) +
  geom_point() +
  geom_vline(
    xintercept = 10,
    color = "red",
    linetype = "dashed",
    size = 1.5
```

```
) +
geom_hline(yintercept = 0, color = "blue")
```

图 10-39 显示了添加的水平线和垂直线的结果图。

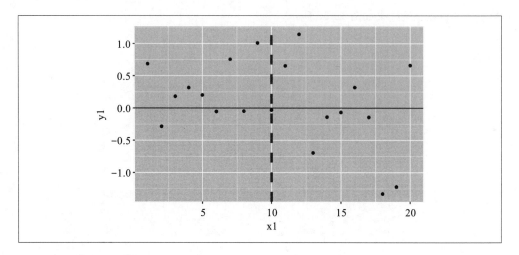

图 10-39：垂直线和水平线

10.16.3 讨论

线的典型用途是绘制规则间隔。假设我们有一个由许多点构成的样本数据 samp。首先，我们用平均线进行绘制。然后我们计算并绘制偏离平均值 ±1 和 ±2 标准偏差的虚线。我们可以使用 geom_hline 将这些线条添加到我们的图中：

```
samp <- rnorm(1000)
samp_df <- data.frame(samp, x = 1:length(samp))

mean_line <- mean(samp_df$samp)
sd_lines <- mean_line + c(-2, -1, +1, +2) * sd(samp_df$samp)

ggplot(samp_df) +
  aes(x = x, y = samp) +
  geom_point() +
  geom_hline(yintercept = mean_line, color = "darkblue") +
  geom_hline(yintercept = sd_lines, linetype = "dotted")
```

图 10-40 显示了上例中的数据集 samp 以及平均值和标准偏差线。

10.16.4 另请参阅

有关更改线型的更多信息，请参见 10.14 节。

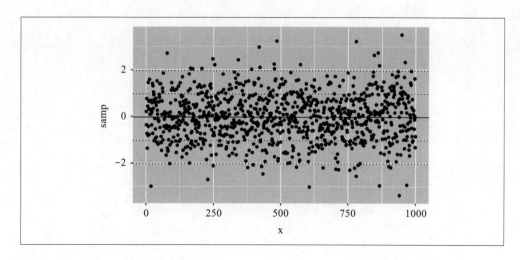

图 10-40：带平均值和 SD 带的图形

10.17 创建箱线图

10.17.1 问题

需要创建数据的箱线图。

10.17.2 解决方案

使用 ggplot 中的 geom_boxplot 函数将箱线图添加到 ggplot 图形中。使用先前方法中的数据框 samp_df，我们可以创建数据框的 x 列中数值的箱线图。结果图如图 10-41 所示：

```
ggplot(samp_df) +
  aes(y = samp) +
  geom_boxplot()
```

10.17.3 讨论

箱线图提供了数据集的快速简便的可视化汇总：

- 中间的粗线是中位数。

- 中位数周围的方框表示第一和第三四分位数；箱线图中间盒子的底是 Q1，盒子的顶部是 Q3。

- 方框上方和下方的"胡须"显示除去异常值外的数据范围。

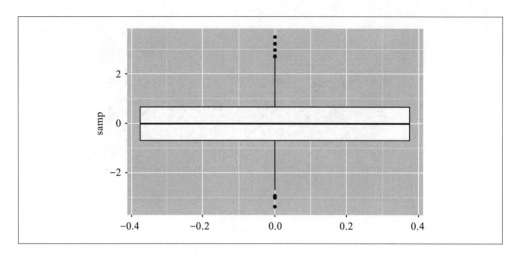

图 10-41：单个箱线图

- 圆圈代表异常值。默认情况下，异常值定义为偏离方框距离超过 $1.5 \times IQR$ 的任何值。（IQR 是四分位距，即 Q3-Q1。）在这个例子中，方框上部有一些异常值。

我们可以通过翻转坐标来旋转箱线图。在某些情况下，这会产生更具吸引力的图形，如图 10-42 所示：

```
ggplot(samp_df) +
  aes(y = samp) +
  geom_boxplot() +
  coord_flip()
```

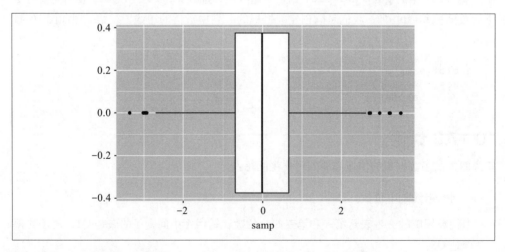

图 10-42：反转后的单个箱线图

10.17.4 另请参阅

单个箱线图是很乏味的。有关创建多个箱线图的信息，请参阅 10.18 节。

10.18 对每个因子水平创建箱线图

10.18.1 问题

数据集包含数值型变量和因子（或其他分类文本）。需要创建多个根据因子水平分类的数值型变量的箱线图。

10.18.2 解决方案

使用 ggplot，我们将分类变量的名称传递给 aes 中调用的参数 x。然后，生成的箱线图将按分类变量中的值进行分组：

```
ggplot(df) +
  aes(x = factor, y = values) +
  geom_boxplot()
```

10.18.3 讨论

这个方法是另一种探索和说明两个变量之间关系的好方法。在这种情况下，我们想知道数值变量是否根据类别的取值而变化。

来自 MASS 包的数据集 UScereal 包含许多关于早餐麦片的变量。一个变量是每份的含糖量，另一个是货架位置（从地板开始向上计算）。谷物制造商可以就货架位置进行谈判，将其产品置于最有销售潜力的位置。我们想知道：他们把高糖谷物食品放在哪里？我们可以生成图 10-43，并通过为每个货架创建一个箱线图来探索该问题：

```
data(UScereal, package = "MASS")

ggplot(UScereal) +
  aes(x = as.factor(shelf), y = sugars) +
  geom_boxplot() +
  labs(
    title = "Sugar Content by Shelf",
    x = "Shelf",
    y = "Sugar (grams per portion)"
  )
```

箱线图显示货架 #2 有含糖最高的谷物。难道这是由于这个货架在儿童视觉高度的位置而孩子会影响他们父母的谷物消费选择？

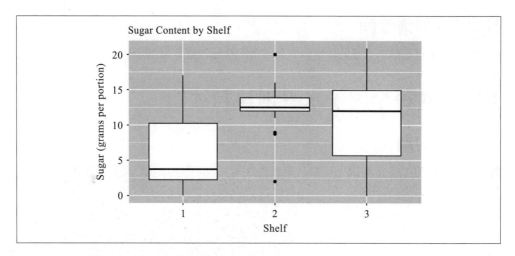

Sugar Content by Shelf

图 10-43: 按货架编号分别绘制的箱线图

请注意，在 aes 调用中，我们必须告诉 ggplot 将货架编号视为一个因子。否则，ggplot 不会将货架视作一个分组变量并做出反应，并且将只打印一个箱线图。

10.18.4 另请参阅

有关创建一个基本箱线图的信息，请参阅 10.17 节。

10.19 创建直方图

10.19.1 问题

需要创建数据的直方图。

10.19.2 解决方案

使用 geom_histogram，并将 x 设置为数值向量。

10.19.3 讨论

图 10-44 是数据集 Cars93 的 MPG.city 列的直方图：

```
data(Cars93, package = "MASS")

ggplot(Cars93) +
  geom_histogram(aes(x = MPG.city))
#> `stat_bin()` using `bins = 30`. Pick better value with `binwidth`.
```

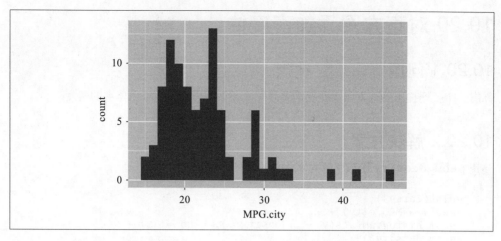

图 10-44：按 MPG 计数的直方图

`geom_histogram` 函数必须决定要创建多少个用于存储数据的分组（bin）。在此示例中，默认算法选择了 30 个分组。如果想要更少的箱子，我们会通过参数 `bins` 来告诉 `geom_histogram` 我们想要多少箱子：

```
ggplot(Cars93) +
  geom_histogram(aes(x = MPG.city), bins = 13)
```

图 10-45 显示了具有 13 个分组的直方图。

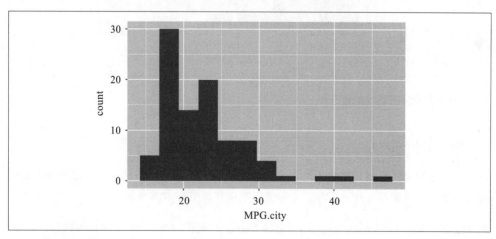

图 10-45：具有较少分组的按 MPG 计数的直方图

10.19.4 另请参阅

基础的 R 函数 `hist` 和 `lattice` 包的 `histogram` 函数提供了许多相同的功能。

10.20 对直方图添加密度估计

10.20.1 问题

你有一个数据样本的直方图，并且需要添加一条曲线来显示数据所体现的密度。

10.20.2 解决方案

使用 geom_density 函数估算样本密度，如图 10-46 所示：

```
ggplot(Cars93) +
  aes(x = MPG.city) +
  geom_histogram(aes(y = ..density..), bins = 21) +
  geom_density()
```

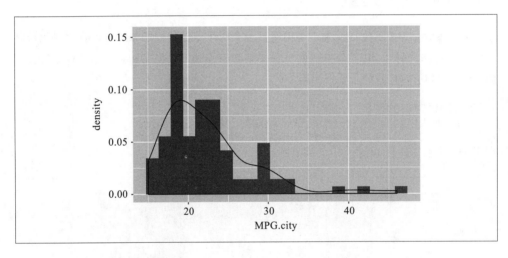

图 10-46：具有密度估计的直方图

10.20.3 讨论

直方图表示数据的密度函数，但它很粗糙。更平滑的估计可以帮助你更好地可视化数据所在的分布。核密度估计（KDE）是单变量数据密度更平滑的表示。

在 ggplot 中，我们在 geom_histogram 函数中传递 aes(y = ..density ..) 并使用 geom_density 函数。

以下示例从伽马分布中获取样本，然后绘制直方图和估计密度，如图 10-47 所示：

```
samp <- rgamma(500, 2, 2)
```

```
ggplot() +
  aes(x = samp) +
  geom_histogram(aes(y = ..density..), bins = 10) +
  geom_density()
```

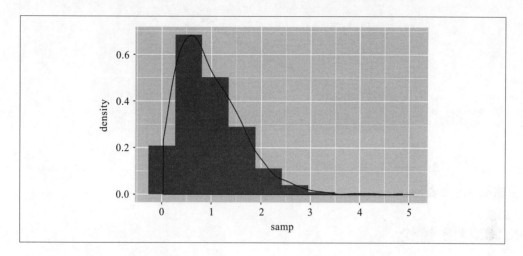

图 10-47：伽马分布的直方图和估计密度

10.20.4 另请参阅

`geom_density` 函数非参数地近似密度的形状。如果你知道数据所在的实际分布，请使用 8.11 节绘制密度函数。

10.21 创建正态 Q-Q 图

10.21.1 问题

需要创建数据的 Q-Q 图，通常是因为需要知道数据分布与正态分布的差异。

10.21.2 解决方案

使用 ggplot，我们可以使用 `stat_qq` 函数和 `stat_qq_line` 函数创建一个 Q-Q 图，显示观测点和 Q-Q 线。图 10-48 显示了结果图：

```
df <- data.frame(x = rnorm(100))

ggplot(df, aes(sample = x)) +
  stat_qq() +
  stat_qq_line()
```

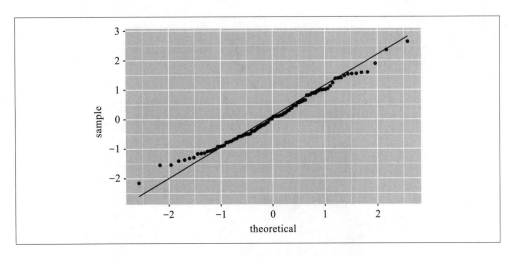

图 10-48：Q-Q 图

10.21.3 讨论

有时，了解数据是否符合正态分布非常重要。Q-Q 图是良好的初步检查方法。

Cars93 数据集包含 Price 列。它是正态分布的吗？此代码段创建了变量 Price 的 Q-Q 图，如图 10-49 所示：

```
ggplot(Cars93, aes(sample = Price)) +
  stat_qq() +
  stat_qq_line()
```

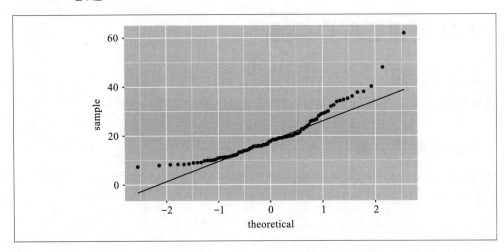

图 10-49：汽车价格的 Q-Q 图

如果数据具有完美的正态分布，那么这些点将完全落在对角线直线上。这里的 Q-Q 图的许多点都很接近直线，特别是中间部分的点，但尾部的点偏离直线相当远。Q-Q 线上方的点太多，表示大体向左偏的趋势。

向左偏斜可以通过对数变换来进行纠正。我们可以绘制 log(Price)，得到图 10-50：

```
ggplot(Cars93, aes(sample = log(Price))) +
  stat_qq() +
  stat_qq_line()
```

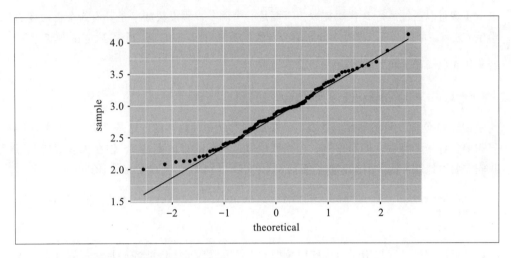

图 10-50：汽车价格对数变换后的 Q-Q 图

注意，新图中点的表现要好得多，除了最左边的尾部外，大部分点与对角线直线保持很近距离。似乎 log(Price) 是近似正态的。

10.21.4 另请参阅

有关为其他分布创建 Q-Q 图的信息，请参见 10.22 节。有关应用正态 Q-Q 图诊断线性回归的内容，请参阅 11.16 节。

10.22 创建其他 Q-Q 图

10.22.1 问题

需要查看非正态分布数据的 Q-Q 图。

10.22.2 解决方案

对于这个方法，你必须先具备有关分布的一些知识。该解决方案由以下步骤构成：

1. 使用 ppoints 函数生成 0 到 1 之间的点序列。

2. 使用分位数函数将这些点转换为分位数。

3. 对样本数据进行排序。

4. 根据计算的分位数绘制排序的数据。

5. 使用 abline 绘制对角线。

以上步骤可以通过两行 R 代码完成。下面是一个例子，假设数据 y 是具有 5 个自由度的学生 t 分布。回想一下，学生 t 分布的分位数函数是 qt，它的第二个参数是自由度。

首先让我们生成一些示例数据：

```
df_t <- data.frame(y = rt(100, 5))
```

为了创建 Q-Q 图，我们需要估计我们想要绘制的分布参数。由于这是学生 t 分布，我们只需要估计一个参数，即自由度。当然我们知道实际的自由度是 5，但在大多数情况下我们需要估计这个值。因此，我们将使用 MASS::fitdistr 函数来估计自由度：

```
est_df <- as.list(MASS::fitdistr(df_t$y, "t")$estimate)[["df"]]
est_df
#> [1] 19.5
```

正如预期的那样，这与用于生成模拟数据的取值非常接近，因此我们将估计的自由度传递给 Q-Q 函数并创建图 10-51：

```
ggplot(df_t) +
  aes(sample = y) +
  geom_qq(distribution = qt, dparams = est_df) +
  stat_qq_line(distribution = qt, dparams = est_df)
```

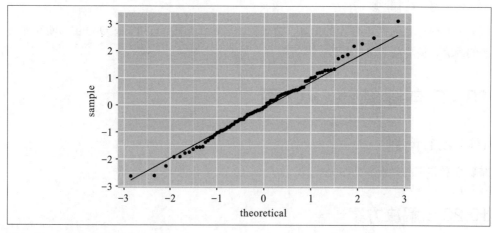

图 10-51：学生 t 分布的 Q-Q 图

10.22.3 讨论

解决方案看起来很复杂，但它的要点是选择一个分布，拟合参数，然后将这些参数传递给 ggplot 中的 Q-Q 函数。

为了说明这个方法，我们从指数分布中随机抽取一个平均值为 10（或者相当于 1/10 的速率）的样本：

```
rate <- 1 / 10
n <- 1000
df_exp <- data.frame(y = rexp(n, rate = rate))

est_exp <- as.list(MASS::fitdistr(df_exp$y, "exponential")$estimate)[["rate"]]
est_exp
#> [1] 0.101
```

请注意，对于指数分布，我们估计的参数称为 rate 而不是 df（t 分布中的参数）。

指数分布的分位数函数是 qexp，需要确定参数 rate。图 10-52 显示了使用理论指数分布得到的 Q-Q 图：

```
ggplot(df_exp) +
  aes(sample = y) +
  geom_qq(distribution = qexp, dparams = est_exp) +
  stat_qq_line(distribution = qexp, dparams = est_exp)
```

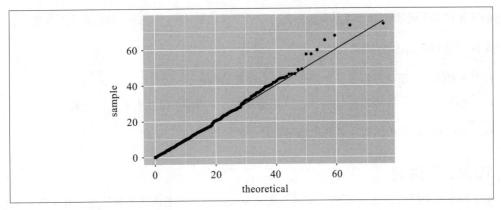

图 10-52：指数分布的 Q-Q 图

10.23 用多种颜色绘制变量

10.23.1 问题

需要以多种颜色绘制数据，通常是为了使图包含更多信息，更可读或更有趣。

10.23.2 解决方案

我们可以将颜色传递给 geom_ 函数以产生彩色输出（见图 10-53）：

```
df <- data.frame(x = rnorm(200), y = rnorm(200))

ggplot(df) +
  aes(x = x, y = y) +
  geom_point(color = "blue")
```

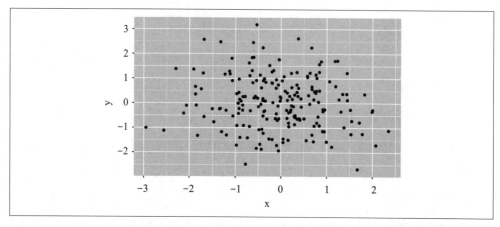

图 10-53：彩色的点数据

如果你在书上阅读，则可能只看到黑色。你可以自己尝试一下，以全彩色方式查看图表。

参数 color 的取值可以是：

- 一种颜色，在这种情况下，所有数据点都是该颜色。
- 颜色值向量，长度与 x 相同，在这种情况下，x 的每个值都有它相应的颜色。
- 短向量，在这种情况下，颜色值向量是可循环的。

10.23.3 讨论

ggplot 中的默认颜色为黑色。虽然不是很令人兴奋，但黑色是高对比度，几乎任何人都可以轻松看到。

但是，以一种更适于展现数据的方式改变颜色会更有用（也很有趣）。让我们通过两种方式绘制图形来说明这一点，一种是黑白双色，一种是简单的阴影。

以下程序将生成图 10-54 中的基本黑白图形：

```
df <- data.frame(
  x = 1:100,
```

```
  y = rnorm(100)
)

ggplot(df) +
  aes(x, y) +
  geom_point()
```

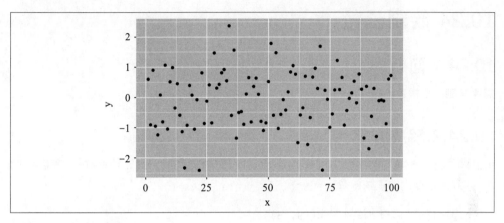

图 10-54: 简单散点图

现在我们可以通过根据 x 的符号创建 "gray" 和 "black" 值的向量, 然后使用这些颜色绘制 x 来使其更有趣, 如图 10-55 所示:

```
shade <- if_else(df$y >= 0, "black", "gray")

ggplot(df) +
  aes(x, y) +
  geom_point(color = shade)
```

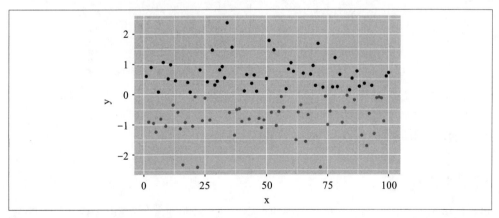

图 10-55: 带彩色阴影的散点图

负值以灰色绘制, 因为相应的颜色元素是 "gray"。

10.23.4 另请参阅

有关循环规则，请参阅 5.3 节。执行 `colors` 以查看可用颜色列表，并使用 `ggplot` 中的 `geom_segment` 以多种颜色绘制线段。

10.24 绘制函数

10.24.1 问题

需要绘制一个函数的值。

10.24.2 解决方案

`ggplot` 函数 `stat_function` 将绘制给定范围内的函数。在图 10-56 中，我们绘制了 −3 到 3 范围内的正弦函数：

```
ggplot(data.frame(x = c(-3, 3))) +
  aes(x) +
  stat_function(fun = sin)
```

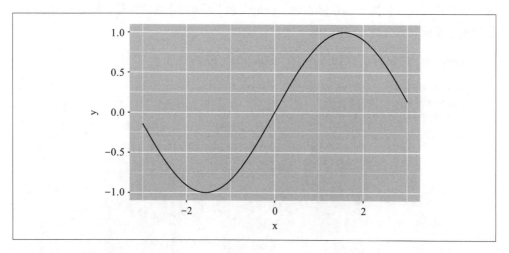

图 10-56：正弦函数图

10.24.3 讨论

想要在给定范围内绘制统计函数（例如正态分布）是很常见的。`ggplot` 中的 `stat_function` 允许我们这样做。我们只需提供具有 x 值范围的数据框，`stat_function` 将计算 y 值并绘制结果，如图 10-57 所示：

```
ggplot(data.frame(x = c(-3.5, 3.5))) +
  aes(x) +
  stat_function(fun = dnorm) +
  ggtitle("Standard Normal Density")
```

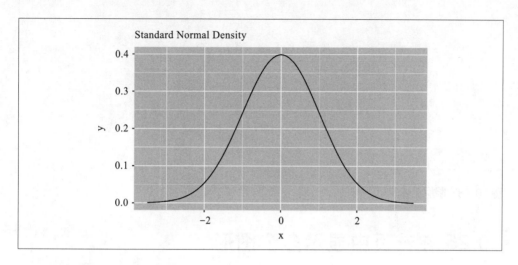

图 10-57：标准正态分布密度图

请注意，我们使用 ggtitle 来设置标题。我们可以使用 labs 在 ggplot 中设置多个文本元素，但是当我们只是添加标题时，ggtitle 比 labs(title ='Standard Normal Density') 更简洁，尽管它们完成了同样的任务。有关 ggplot 标签的更多讨论，请参阅 ?labs。

stat_function 函数可以绘制任何带有一个参数并返回一个值的函数。让我们创建一个函数，然后绘制它。我们的函数是一个阻尼正弦波——该正弦波在离开 0 时会失去振幅：

```
f <- function(x) exp(-abs(x)) * sin(2 * pi * x)

ggplot(data.frame(x = c(-3.5, 3.5))) +
  aes(x) +
  stat_function(fun = f) +
  ggtitle("Dampened Sine Wave")
```

结果图如图 10-58 所示。

10.24.4 另请参阅

有关如何定义函数，请参见 15.3 节。

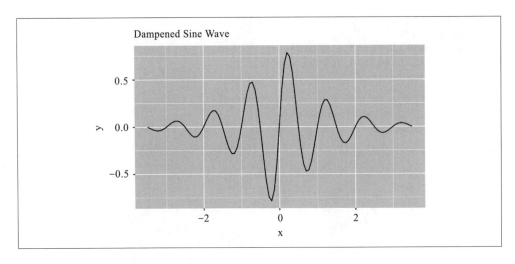

图 10-58：阻尼正弦波图

10.25 在一页中显示多个图形

10.25.1 问题

需要在一个页面上并排显示多个图。

10.25.2 解决方案

将 ggplot 图形放入网格有很多方法，但最容易使用和理解的方法之一是 Thomas Lin Pedersen 的 patchwork 添加包。CRAN 目前不提供 patchwork 添加包，但你可以使用 devtools 包从 GitHub 进行安装：

```
devtools::install_github("thomasp85/patchwork")
```

安装该添加包后，你可以通过它在对象之间使用 + 绘制多个 ggplot 对象，然后调用 plot_layout 函数将图像排列到网格中，如图 10-59 所示。这里的示例代码有四个 ggplot 对象：

```
library(patchwork)
p1 + p2 + p3 + p4
```

patchwork 支持使用括号分组并使用 / 将分组放在其他元素下，如图 10-60 所示：

```
p3 / (p1 + p2 + p4)
```

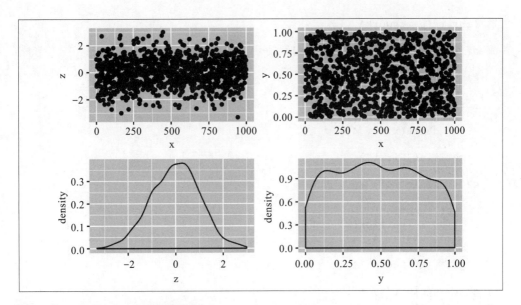

图 10-59：patchwork 绘制的结果

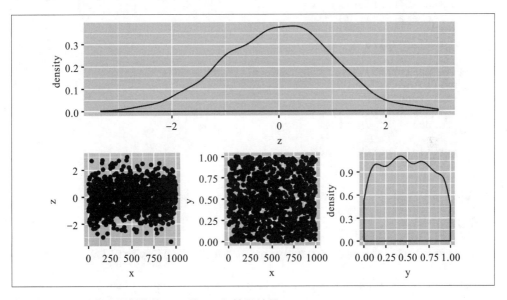

图 10-60：上下分成两部分的 patchwork 绘图结果

10.25.3 讨论

让我们使用多图绘制来显示四种不同的 β 分布。使用 ggplot 和 patchwork 包，我们可以创建一个 2×2 布局效果，创建四个图形对象，然后使用 patchwork 的 + 符号进行输出：

```
library(patchwork)

df <- data.frame(x = c(O, 1))

g1 <- ggplot(df) +
  aes(x) +
  stat_function(
    fun = function(x)
      dbeta(x, 2, 4)
  ) +
  ggtitle("First")

g2 <- ggplot(df) +
  aes(x) +
  stat_function(
    fun = function(x)
      dbeta(x, 4, 1)
  ) +
  ggtitle("Second")

g3 <- ggplot(df) +
  aes(x) +
  stat_function(
    fun = function(x)
      dbeta(x, 1, 1)
  ) +
  ggtitle("Third")

g4 <- ggplot(df) +
  aes(x) +
  stat_function(
    fun = function(x)
      dbeta(x, .5, .5)
  ) +
  ggtitle("Fourth")


g1 + g2 + g3 + g4 + plot_layout(ncol = 2, byrow = TRUE)
```

输出如图 10-61 所示。

要将图形按列排序，我们可以将参数 byrow = FALSE 传递给 plot_layout：

```
g1 + g2 + g3 + g4 + plot_layout(ncol = 2, byrow = FALSE)
```

10.25.4 另请参阅

8.11 节讨论了绘制密度函数的方法。

10.9 节显示了如何使用分面函数创建绘图矩阵。

grid 包和 lattice 包含额外的显示多图形的工具。

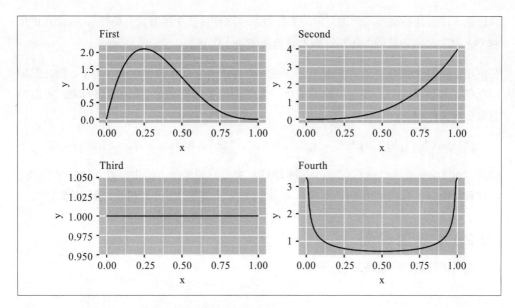

图 10-61：使用 patchwork 绘制的四个图像

10.26 在文档中绘制图形

10.26.1 问题

你需要将图形保存在文件中，例如 PNG、JPEG 或 PostScript 文件。

10.26.2 解决方案

使用 ggplot 绘图，你可以使用 ggsave 将显示的图像保存到文件中。ggsave 会为你做一些关于大小和文件类型的默认设置，允许你只指定一个文件名：

```
ggsave("filename.jpg")
```

文件类型由你传递给 ggsave 的文件名中使用的扩展名获得。你可以通过在 ggsave 中设置参数来控制大小、文件类型和比例的详细信息。有关具体细节，请参阅 **?ggsave**。

10.26.3 讨论

在 RStudio 中，一个快捷方式是在 Plots 窗口中单击 Export，然后单击 " Save as Image " （另存为图像）、" Save as PDF " （另存为 PDF）或 " Copy to Clipboard " （复制到剪贴板）。保存选项将提示你在保存文件之前输入文件类型和文件名。如果你手动将图形复制并粘贴到演示文稿或文字处理器中，" Copy to Clipboard " 选项可能会很方便。

请记住，该文件将被写入到你当前的工作目录（除非你使用绝对文件路径），因此在调用 savePlot 之前，请确保你知道哪个目录是你的工作目录。

在使用 ggplot 的非交互式脚本中，你可以将绘图对象直接传递给 ggsave，因此在保存之前无须显示它们。在之前的方法中，我们创建了一个名为 g1 的绘图对象。可以将它保存到文件中：

```
ggsave("g1.png", plot = g1, units = "in", width = 5, height = 4)
```

注意，ggsave 中 height（高度）和 width（宽度）的单位是使用参数 units 指定的。在这种情况下，我们使用 in（英寸），但 ggsave 也支持使用 mm 和 cm 进行计量。

10.26.4 另请参阅

有关当前工作目录的更多信息，请参阅 3.1 节。

## 第 11 章

线性回归和方差分析

在统计学中，建模是我们主要研究的内容。模型量化了变量之间的关系，也可以让我们做出预测。

简单线性回归是最基本的模型。它只有两个变量，用一个含有误差项的线性关系来建模：

$$y_i = \beta_0 + \beta_1 x_i + \varepsilon_i$$

给定数据 x 和 y，我们的任务是拟合模型，即给出 β_0 和 β_1 的最佳估计（参见 11.1 节）。

可以自然地把简单线性回归推广到多元线性回归，其中有多个变量在关系式右侧（参见 11.2 节），即：

$$y_i = \beta_0 + \beta_1 u_i + \beta_2 v_i + \beta_3 w_i + \varepsilon_i$$

统计学家将 u、v 和 w 称为预测变量，而 y 称为响应变量（即因变量）。显然，只有在预测变量和响应变量之间存在相应的线性关系时，该模型才有用，但该要求的限制性比你想象的要灵活许多。11.12 节讨论把变量转换为一个（或者多个）线性关系，以便你可以使用成熟的线性回归模型。

R 的美妙之处在于任何人都可以构建这些线性模型。模型由函数 lm 构建，它返回一个模型对象。从模型对象中，我们得到回归系数（β_i）和回归统计量。这个操作很容易。

R 的不便之处同样是任何人都可以建立这些模型。没有要求你检查模型是否合理，更不用说具有统计意义。在你盲目相信模型之前，应该先检验它。你需要的大部分信息都在回归结果的汇总中（参见 11.4 节）：

模型统计显著吗？

检查回归模型的汇总结果下方的 F 统计量部分。

回归系数是否显著？

检查汇总结果中回归系数的 t 统计量和 p 值，或检查它们的置信区间（参见 11.14 节）。

模型是否有用？

检查接近汇总结果底部的 R^2。

模型是否很好地拟合数据？

绘制残差并查看回归诊断（参见 11.15 节和 11.16 节）。

数据是否满足线性回归应该满足的假设？

检查回归模型的诊断，确认线性模型是否合理地拟合数据（参见 11.16 节）。

方差分析

方差分析（Analysis of Variance，ANOVA）是一种强大的统计技术。统计学的一年级研究生几乎都要学习方差分析，因为它在理论和实践上都很重要。然而，我们常常惊讶于非统计学专业的人不知道其目的和价值。

回归创建了一个模型，方差分析是评估此类模型的一种方法。方差分析的数学知识与回归的数学知识交织在一起，因此统计学家通常将它们一起呈现；我们在这里遵循这一传统。

方差分析实际上是与通常的数学分析相联系的一类技术。本章讲述方差分析的以下几个方面的应用：

单因素方差分析

这是方差分析最简单的应用。假设你有来自多个总体的数据样本，并且想知道总体是否具有不同的平均值。单因素方差分析可以回答这个问题。如果总体服从正态分布，请使用 oneway.test 函数（参见 11.21 节）；否则，使用非参数版本，即 kruskal.test 函数（参见 11.24 节）。

模型比较

在线性回归中添加或删除预测变量时，你想知道这个更改是否改善了模型。anova 函数比较两个回归模型并报告它们是否有显著差异（参见 11.25 节）。

方差分析表

anova 函数还可以构建线性回归模型的方差分析表，其中包括衡量模型统计显著性所需的 F 统计量（参见 11.3 节）。几乎所有关于回归的教科书都讨论了这个重要的表格。

示例数据

在本章的许多示例中，我们首先使用 R 的伪随机数生成功能创建示例数据。因此，在每个方法的开头，你可能会看到如下内容：

```
set.seed(42)
x <- rnorm(100)
e <- rnorm(100, mean=0, sd=5)
y <- 5 + 15 * x + e
```

我们使用 `set.seed` 来设置随机数生成种子，这样如果你在计算机上运行示例代码，你将得到相同的答案。在前面的例子中，x 是来自标准正态分布（均值为 0，标准差为 1）的 100 次抽样得到的向量。然后我们从正态分布中创建一个称为 e 的随机噪声，其均值为 0 且标准差为 5。然后将计算 y=5+15*x+e。创建示例数据而不是使用"真实世界"数据背后的想法是，通过模拟数据，你可以更改系数和参数，并查看这些改变如何影响最终的模型。例如，你可以增加示例数据中 e 的标准偏差，并查看它对模型的 R^2 有何影响。

另请参阅

有许多关于线性回归的书籍。我们最喜欢的之一是 *Applied Linear Regression Models*（第 4 版）(McGraw-Hill/Irwin)，由 Michael Kutner、Christopher Nachtsheim 和 John Neter 撰写。我们在本章中遵循他们的术语和惯例。

我们也喜欢 Julian Faraway 的著作 *Linear Models with R*（Chapman & Hall/CRC），因为它使用 R 来说明回归并且非常易读。早期版本也可以在线免费获得（*http://bit.ly/2WJvrjo*）。

11.1 简单线性回归

11.1.1 问题

有两个向量 *x* 和 *y*，它们包含成对观察值：(x_1, y_1)、(x_2, y_2)……(x_n, y_n)。你认为 *x* 和 *y* 之间存在线性关系，并且希望创建描述这个关系的回归模型。

11.1.2 解决方案

`lm` 函数执行线性回归并报告系数。

如果数据位于向量中：

```
lm(y ~ x)
```

或者，如果数据位于数据框的列中：

```
lm(y ~ x, data = df)
```

11.1.3 讨论

简单线性回归涉及两个变量：预测变量（或独立变量）x 和响应变量（或依赖变量）y。回归使用普通最小二乘算法（OLS）拟合线性模型：

$$y_i = \beta_0 + \beta_1 x_i + \varepsilon_i$$

其中 β_0 和 β_1 是回归系数，ε_i 是误差项。

lm 函数可以执行线性回归。它的主要参数是一个模型公式，如 y ~ x。该公式在波浪号（~）左侧是响应变量，右侧是预测变量。函数 lm 估计回归系数 β_0 和 β_1，并分别将它们作为截距和 x 的系数报告：

```
set.seed(42)
x <- rnorm(100)
e <- rnorm(100, mean = 0, sd = 5)
y <- 5 + 15 * x + e

lm(y ~ x)
#>
#> Call:
#> lm(formula = y ~ x)
#>
#> Coefficients:
#> (Intercept)              x
#>        4.56          15.14
```

在这种情况下，回归方程是：

$$y_i = 4.56 + 15.14 x_i + \varepsilon_i$$

在数据框内存储数据是很常见的，在这种情况下，你希望在两个数据框的列之间执行回归。这里，x 和 y 是数据框 dfrm 的列：

```
df <- data.frame(x, y)
head(df)
#>        x     y
#> 1  1.371 31.57
#> 2 -0.565  1.75
#> 3  0.363  5.43
#> 4  0.633 23.74
#> 5  0.404  7.73
#> 6 -0.106  3.94
```

lm 函数允许你使用 data 参数指定数据框。这时，该函数将从数据框而不是从你的 R 工作空间获取变量：

```
lm(y ~ x, data = df)                # Take x and y from df
#>
#> Call:
#> lm(formula = y ~ x, data = df)
#>
#> Coefficients:
#> (Intercept)            x
#>        4.56        15.14
```

11.2 多元线性回归

11.2.1 问题

有几个预测变量（例如，u、v 和 w）和响应变量 y。你认为预测变量和响应变量之间存在线性关系，并且需要对数据建立一个线性回归模型。

11.2.2 解决方案

使用 lm 函数。在公式的右侧指定多个预测变量，用加号（+）分隔：

```
lm(y ~ u + v + w)
```

11.2.3 讨论

多元线性回归是简单线性回归的推广。它允许多个预测变量而不是一个预测变量，并且仍然使用 OLS 来计算线性方程的系数。以下线性模型是有三个变量的回归：

$$y_i = \beta_0 + \beta_1 u_i + \beta_2 v_i + \beta_3 w_i + \varepsilon_i$$

R 使用 lm 函数进行简单线性回归和多元线性回归。你只需在模型公式的右侧添加更多变量。函数的输出显示拟合模型的系数。让我们使用 rnorm 函数，来生成一些正态分布的随机数据作为示例：

```
set.seed(42)
u <- rnorm(100)
v <- rnorm(100, mean = 3,  sd = 2)
w <- rnorm(100, mean = -3, sd = 1)
e <- rnorm(100, mean = 0,  sd = 3)
```

然后我们可以使用已知系数创建一个方程来计算我们的 y 变量：

```
y <- 5 + 4 * u + 3 * v + 2 * w + e
```

现在，如果执行线性回归，我们可以看到 R 求解系数并且非常接近刚刚使用的实际系数值：

```
lm(y ~ u + v + w)
#>
#> Call:
#> lm(formula = y ~ u + v + w)
#>
#> Coefficients:
#> (Intercept)              u              v              w
#>         4.77           4.17           3.01           1.91
```

当变量数量增加时，lm 的参数 data 特别有用，它更易于将数据保存在一个数据框中而不使它们成为许多分散的变量。假设你的数据在数据框中，例如此处显示的变量 df：

```
df <- data.frame(y, u, v, w)
head(df)
#>        y       u      v      w
#> 1 16.67   1.371  5.402  -5.00
#> 2 14.96  -0.565  5.090  -2.67
#> 3  5.89   0.363  0.994  -1.83
#> 4 27.95   0.633  6.697  -0.94
#> 5  2.42   0.404  1.666  -4.38
#> 6  5.73  -0.106  3.211  -4.15
```

当你向 lm 的参数 data 提供 df 时，R 会在数据框的列中查找回归变量：

```
lm(y ~ u + v + w, data = df)
#>
#> Call:
#> lm(formula = y ~ u + v + w, data = df)
#>
#> Coefficients:
#> (Intercept)              u              v              w
#>         4.77           4.17           3.01           1.91
```

11.2.4 另请参阅

有关简单线性回归，请参见 11.1 节。

11.3 得到回归统计量

11.3.1 问题

想要得到回归关系的关键统计量和相关信息，例如 R^2、F 统计量、回归系数的置信区间、残差、方差分析表等。

11.3.2 解决方案

将回归模型保存在变量中，比如 m：

```
m <- lm(y ~ u + v + w)
```

然后调用函数从回归模型中提取回归统计量和相关信息：

anova(m)
>   给出方差分析表

coefficients(m)
>   给出模型系数

coef(m)
>   与 coefficients(m) 相同

confint(m)
>   给出回归系数的置信区间

deviance(m)
>   给出残差平方和

effects(m)
>   给出正交影响（orthogonal effect）向量

fitted(m)
>   给出拟合的 y 值向量

residuals(m)
>   给出模型残差

resid(m)
>   与 residuals(m) 相同

summary(m)
>   给出重要统计量，例如 R^2、F 统计量和残差标准误差（σ）

vcov(m)
>   主要参数的方差 – 协方差矩阵

11.3.3 讨论

当我们开始使用 R 时，帮助文档指出使用 lm 函数来执行线性回归。所以我们进行了如下操作，获得了 11.2 节中显示的输出：

```
lm(y ~ u + v + w)
```

```
#>
#> Call:
#> lm(formula = y ~ u + v + w)
#>
#> Coefficients:
#> (Intercept)                 u                 v                 w
#>        4.77              4.17              3.01              1.91
```

多么令人失望！与其他统计软件包（如 SAS）相比，输出看起来少得可怜。R^2 在哪里？系数的置信区间在哪里？F 统计量、它的 p 值和方差分析表在哪里？

当然，所有这些信息都是可以得到的——你只是必须请求它们。其他统计系统显示一切回归结果，并让你费力地查阅它们。R 更注重简约。它打印一个简单的输出，让你可以请求更多你想要知道的信息。

lm 函数返回一个可以赋给变量的模型对象：

```
m <- lm(y ~ u + v + w)
```

从模型对象中，你可以使用专门的函数提取重要信息。最重要的函数是 summary：

```
summary(m)
#>
#> Call:
#> lm(formula = y ~ u + v + w)
#>
#> Residuals:
#>    Min     1Q Median     3Q    Max
#> -5.383 -1.760 -0.312  1.856  6.984
#>
#> Coefficients:
#>             Estimate Std. Error t value Pr(>|t|)
#> (Intercept)    4.770      0.969    4.92  3.5e-06 ***
#> u              4.173      0.260   16.07  < 2e-16 ***
#> v              3.013      0.148   20.31  < 2e-16 ***
#> w              1.905      0.266    7.15  1.7e-10 ***
#> ---
#> Signif. codes:  0 '***' 0.001 '**' 0.01 '*' 0.05 '.' 0.1 ' ' 1
#>
#> Residual standard error: 2.66 on 96 degrees of freedom
#> Multiple R-squared:  0.885,  Adjusted R-squared:  0.882
#> F-statistic:  247 on 3 and 96 DF,  p-value: <2e-16
```

这个模型汇总显示了估计系数、关键统计量（如 R^2 和 F 统计量），以及 σ 的估计值，即残差的标准误差。该汇总非常重要，有一节方法全部用于理解它（11.4 节）。

有专门的提取其他重要信息的函数，这些函数包括以下几种：

模型系数（点估计）

```
coef(m)
```

```
#> (Intercept)           u              v              w
#>      4.77          4.17           3.01           1.91
```

模型系数的置信区间

```
confint(m)
#>             2.5 % 97.5 %
#> (Intercept) 2.85   6.69
#> u           3.66   4.69
#> v           2.72   3.31
#> w           1.38   2.43
```

模型残差

```
resid(m)
#>       1       2       3       4       5       6       7       8       9
#> -0.5675  2.2880  0.0972  2.1474 -0.7169 -0.3617  1.0350  2.8040 -4.2496
#>      10      11      12      13      14      15      16      17      18
#> -0.2048 -0.6467 -2.5772 -2.9339 -1.9330  1.7800 -1.4400 -2.3989  0.9245
#>      19      20      21      22      23      24      25      26      27
#> -3.3663  2.6890 -1.4190  0.7871  0.0355 -0.3806  5.0459 -2.5011  3.4516
#>      28      29      30      31      32      33      34      35      36
#>  0.3371 -2.7099 -0.0761  2.0261 -1.3902 -2.7041  0.3953  2.7201 -0.0254
#>      37      38      39      40      41      42      43      44      45
#> -3.9887 -3.9011 -1.9458 -1.7701 -0.2614  2.0977 -1.3986 -3.1910  1.8439
#>      46      47      48      49      50      51      52      53      54
#>  0.8218  3.6273 -5.3832  0.2905  3.7878  1.9194 -2.4106  1.6855 -2.7964
#>      55      56      57      58      59      60      61      62      63
#> -1.3348  3.3549 -1.1525  2.4012 -0.5320 -4.9434 -2.4899 -3.2718 -1.6161
#>      64      65      66      67      68      69      70      71      72
#> -1.5119 -0.4493 -0.9869  5.6273 -4.4626 -1.7568  0.8099  5.0320  0.1689
#>      73      74      75      76      77      78      79      80      81
#>  3.5761 -4.8668  4.2781 -2.1386 -0.9739 -3.6380  0.5788  5.5664  6.9840
#>      82      83      84      85      86      87      88      89      90
#> -3.5119  1.2842  4.1445 -0.4630 -0.7867 -0.7565  1.6384  3.7578  1.8942
#>      91      92      93      94      95      96      97      98      99
#>  0.5542 -0.8662  1.2041 -1.7401 -0.7261  3.2701  1.4012  0.9476 -0.9140
#>     100
#>  2.4278
```

残差平方和

```
deviance(m)
#> [1] 679
```

方差分析表

```
anova(m)
#> Analysis of Variance Table
#>
#> Response: y
#>           Df Sum Sq Mean Sq F value  Pr(>F)
#> u          1   1776    1776   251.0 < 2e-16 ***
```

```
#> v            1   3097   3097   437.7 < 2e-16 ***
#> w            1    362    362    51.1 1.7e-10 ***
#> Residuals 96    679      7
#> ---
#> Signif. codes:  0 '***' 0.001 '**' 0.01 '*' 0.05 '.' 0.1 ' ' 1
```

如果你觉得将模型保存在变量中很麻烦，欢迎使用如下单行形式：

```
summary(lm(y ~ u + v + w))
```

或者你可以使用 magrittr 管道：

```
lm(y ~ u + v + w) %>%
  summary
```

11.3.4 另请参阅

有关回归汇总的更多信息，请参阅 11.4 节。有关模型诊断的特定回归统计量，请参阅 11.17 节。

11.4 理解回归的汇总结果

11.4.1 问题

创建了一个线性回归模型 m。然而，你对 summary(m) 的输出感到困惑。

11.4.2 讨论

模型汇总结果很重要，它让你接触到了最关键的回归统计量。以下是 11.3 节的模型汇总：

```
summary(m)
#>
#> Call:
#> lm(formula = y ~ u + v + w)
#>
#> Residuals:
#>    Min    1Q Median    3Q    Max
#> -5.383 -1.760 -0.312  1.856  6.984
#>
#> Coefficients:
#>             Estimate Std. Error t value Pr(>|t|)
#> (Intercept)    4.770      0.969    4.92 3.5e-06 ***
#> u              4.173      0.260   16.07 < 2e-16 ***
#> v              3.013      0.148   20.31 < 2e-16 ***
#> w              1.905      0.266    7.15 1.7e-10 ***
#> ---
#> Signif. codes:  0 '***' 0.001 '**' 0.01 '*' 0.05 '.' 0.1 ' ' 1
#>
```

```
#> Residual standard error: 2.66 on 96 degrees of freedom
#> Multiple R-squared: 0.885,  Adjusted R-squared: 0.882
#> F-statistic:  247 on 3 and 96 DF,  p-value: <2e-16
```

让我们依照输出顺序逐个分析这个汇总。我们将从头到尾阅读它,即使最重要的统计量(F 统计量)出现在最后:

调用

```
#> lm(formula = y ~ u + v + w)
```

这显示了 lm 在创建模型时,该 lm 函数是如何被调用的。把该信息放入汇总报告的适当位置非常重要。

残差统计量

```
#> Residuals:
#>    Min     1Q  Median     3Q    Max
#> -5.383 -1.760 -0.312  1.856  6.984
```

理想情况下,回归残差将具有完美的正态分布。这些统计量可帮助你从正态性中识别可能出现的偏差。OLS 算法在数学上保证产生均值为零的残差[注1],因此中位数的符号表示偏斜的方向,中位数的大小表示偏斜的程度。在这种情况下,中位数是负数,这表明向左偏斜。

如果残差具有良好的钟形分布,则第一个四分位数(1Q)和第三个四分位数(3Q)应具有大致相同的幅度。在这个例子中,与 1Q 相比,有较大幅度的 3Q(1.856 对 1.76)表明我们的数据略微偏向右侧,尽管负中位数使形状不那么明显。

最小和最大残差提供了一种快速检测数据中极端离群值的方法,因为极端离群值(在响应变量中)会产生大的残差值。

系数

```
#> Coefficients:
#>             Estimate Std. Error t value Pr(>|t|)
#> (Intercept)    4.770      0.969    4.92  3.5e-06 ***
#> u              4.173      0.260   16.07  < 2e-16 ***
#> v              3.013      0.148   20.31  < 2e-16 ***
#> w              1.905      0.266    7.15  1.7e-10 ***
```

标记为 Estimate 的列包含由普通最小二乘法计算的估计回归系数。

从理论上讲,如果变量系数为零,那么变量是毫无意义的,它没有给模型增加任何东西。然而,这里显示的系数只是估计值,它们不会正好为零。因此,我们要问:

注1: 除非你运行没有截距项的线性模型(参见 11.5 节)。

从统计学上讲，真实系数为零的可能性有多大？这就是 t 统计量和 p 值的目的，它们在汇总中分别标记为 t value 和 Pr(>|t|)。

p 值是概率。它估计系数不显著的可能性，因此越小越好。较大的 p 值是不理想的，因为它表明不显著的可能性很大。在这个例子中，系数 u 的 p 值仅为 0.001 06，所以 u 可能是显著的。然而，w 的 p 值是 0.057 44，它刚好超过传统界限 0.05，这表明 w 可能是不显著的[注2]。具有较大 p 值的变量是可以从模型中移除的候选变量。

R 的另一个方便的特点是 R 会标记显著性变量以便快速识别。你是否注意到列的右端包含三个星号（*）？你可能在此列中看到的其他值是双星号（**）、单星号（*）和句点（.）。该列突出显示了显著性变量。底端标有 Signif.codes 的行给出了标记项的含义。你可以按如下方式理解它们：

显著性标记	含义
***	p 值在 0 至 0.001 之间
**	p 值在 0.001 至 0.01 之间
*	p 值在 0.01 至 0.05 之间
.	p 值在 0.05 至 0.1 之间
（无）	p 值在 0.1 至 1 之间

标记为 Std.Error 的列是估计的回归系数的标准误差。标记为 t value 的列是 t 统计量，p 值是据此计算得到的。

残差标准误差

```
# Residual standard error: 2.66 on 96 degrees of freedom
```

以上显示了残差的标准偏差（σ）——ε 的样本标准偏差。

R^2（判定系数）

```
# Multiple R-squared: 0.885,    Adjusted R-squared: 0.882
```

R^2 是衡量模型拟合质量的指标。它的值越大越好。在数学上，它是回归模型所能解释的响应变量 y 的方差比例。剩余的方差是模型不能解释的，因此它必须由其他因素（即未知变量或样本的变化）解释。在这种情况下，该模型解释了 y 的方差 0.4981（49.81%），剩余的 0.5019（50.19%）是该模型无法解释的。

话虽如此，我们强烈建议使用调整后的 R^2 而不是基本 R^2。调整后的值考虑了模型

注2：　显著性水平 $\alpha = 0.05$ 是本书遵守的惯例。你的应用可能改为使用 $\alpha = 0.10$、$\alpha = 0.01$ 或其他值。有关这部分的内容，请参阅第 9 章。

中变量的数量，因此能对其有效性进行更实际的评估。在多元回归的情况下，我们将使用 0.8815，而不是 0.8851。

F 统计量

```
# F-statistic: 246.6 on 3 and 96 DF,  p-value: < 2.2e-16
```

F 统计量告诉你模型是否显著。如果有任何回归系数非零（即，对于某些 i，如果 $\beta_i \neq 0$），则该模型是显著的。如果所有系数都为零（$\beta_1 = \beta_2 = \cdots = \beta_n = 0$），模型就是不显著的。

通常，p 值小于 0.05 表示该模型可能是显著的（一个或多个 β_i 是非零的），然而 p 值超过 0.05 表明该模型可能不显著。在这里，模型不显著的概率仅为 2.2×10^{-16}，所以这个模型的结果很理想。

大多数人首先看 R^2 统计量。统计学家明智地先看 F 统计量，因为如果模型不显著，那么其他的都不重要。

11.4.3 另请参阅

有关从模型对象中提取统计量和相关信息，请参阅 11.3 节。

11.5 运行无截距项的线性回归

11.5.1 问题

需要执行一个线性回归，但是你想设定截距为零。

11.5.2 解决方案

在回归公式的右侧添加 "+ 0"。这将使得 lm 以截距为 0 来拟合模型：

```
lm(y ~ x + 0)
```

相应的回归方程是：

$$y_i = \beta x_i + \varepsilon_i$$

11.5.3 讨论

线性回归通常包括截距项，因此这是 R 中的默认设置。但是，在极少数情况下，你可能希望在假设截距为零时拟合数据。在这种情况下，你做出一个模型假设：当 x 为零时，y 应为零。

当设定零截距时，lm输出包括一个 x 的系数但没有 y 的截距，如下所示：

```
lm(y ~ x + 0)
#>
#> Call:
#> lm(formula = y ~ x + 0)
#>
#> Coefficients:
#>   x
#> 4.3
```

我们强烈建议你在继续分析之前检查模型的假设条件。运行一个有截距的回归模型，然后看看截距设置为零是否合理。检查截距的置信区间。在此示例中，置信区间为（6.26，8.84）：

```
confint(lm(y ~ x))
#>             2.5 % 97.5 %
#> (Intercept)  6.26   8.84
#> x            2.82   5.31
```

由于置信区间不包含零，因此截距可能为零在统计上不合理。因此，在这种情况下，设定截距为零后重新运行回归是不合理的。

11.6 只应用与因变量高度相关的变量进行回归

11.6.1 问题

你有一个包含许多变量的数据框，并且你需要仅使用与响应变量（因变量）高度相关的变量来构建多元线性回归。

11.6.2 解决方案

如果 df 是包含响应变量（因变量）和所有预测变量（独立变量）的数据框，dep_var 是响应变量，我们可以找出最佳预测变量，然后在线性回归中使用它们。如果想要前四个预测变量，我们可以使用：

```
best_pred <- df %>%
  select(-dep_var) %>%
  map_dbl(cor, y = df$dep_var) %>%
  sort(decreasing = TRUE) %>%
  .[1:4] %>%
  names %>%
  df[.]

mod <- lm(df$dep_var ~ as.matrix(best_pred))
```

这个方法是本书其他地方使用的许多不同逻辑的组合。我们将在此处描述每个步骤，然后使用一些示例数据在讨论中逐步完成。

首先，我们将响应变量（dep_var）从管道链中删除，这样我们的数据流中只有预测变量：

```
df %>%
  select(-dep_var)
```

然后我们使用 purrr 中的 map_dbl 对每个列计算与响应变量的成对相关系数：

```
map_dbl(cor, y = df$dep_var) %>%
```

然后，我们将得到的相关系数按降序排序：

```
sort(decreasing = TRUE) %>%
```

我们只需要前四个相关变量，因此我们在结果向量中选择前四个记录：

```
.[1:4] %>%
```

我们不需要相关系数的值，只需要行的名称——我们原始数据框 df 中的变量名称：

```
names %>%
```

然后我们可以将这些名称传递到子集括号中，只选择名称与我们想要的列匹配的列：

```
df[.]
```

我们的管道链将结果数据框赋值给 best_pred。然后我们可以使用 best_pred 作为回归中的预测变量，可以使用 df$dep_var 作为响应变量：

```
mod <- lm(df$dep_var ~ as.matrix(best_pred))
```

11.6.3 讨论

通过组合 6.4 节中讨论的映射函数，我们可以创建一个方法，从一组预测变量中删除低相关变量，并在回归中使用高相关预测变量。

我们有一个示例数据框，其中包含六个名为 pred1 到 pred6 的预测变量。响应变量名为 resp。让我们通过逻辑处理这个数据框，看看它是如何工作的。

加载数据并删除 resp 变量非常简单，所以让我们看看将 cor 函数映射到这一数据框的结果：

```
# loads the pred data frame
load("./data/pred.rdata")

pred %>%
  select(-resp) %>%
  map_dbl(cor, y = pred$resp)
#> pred1 pred2 pred3 pred4 pred5 pred6
```

```
#> 0.573 0.279 0.753 0.799 0.322 0.607
```

输出是一个命名的数值向量，其中名称是变量名称，数值是每个预测变量和 resp（响应变量）之间的成对相关系数。

如果对这个向量进行排序，我们会按降序排列相关系数：

```
pred %>%
  select(-resp) %>%
  map_dbl(cor, y = pred$resp) %>%
  sort(decreasing = TRUE)
#> pred4 pred3 pred6 pred1 pred5 pred2
#> 0.799 0.753 0.607 0.573 0.322 0.279
```

使用子集将允许我们选择前四个记录。. 是一个特殊的运算符，它告诉管道在哪里放置前一步的结果：

```
pred %>%
  select(-resp) %>%
  map_dbl(cor, y = pred$resp) %>%
  sort(decreasing = TRUE) %>%
  .[1:4]
#> pred4 pred3 pred6 pred1
#> 0.799 0.753 0.607 0.573
```

然后我们使用 names 函数从向量中提取名称。提取的名称是我们最终想要用作自变量的列的名称：

```
pred %>%
  select(-resp) %>%
  map_dbl(cor, y = pred$resp) %>%
  sort(decreasing = TRUE) %>%
  .[1:4] %>%
  names
#> [1] "pred4" "pred3" "pred6" "pred1"
```

当我们将名称向量传递给 pred[.] 时，这些名称用于从数据框 pred 中选择列。然后我们使用 head 仅选择前六行以便于说明：

```
pred %>%
  select(-resp) %>%
  map_dbl(cor, y = pred$resp) %>%
  sort(decreasing = TRUE) %>%
  .[1:4] %>%
  names %>%
  pred[.] %>%
  head
#>      pred4   pred3   pred6  pred1
#> 1    7.252  1.5127  0.560  0.206
#> 2    2.076  0.2579 -0.124 -0.361
#> 3   -0.649  0.0884  0.657  0.758
```

```
#> 4  1.365 -0.1209  0.122 -0.727
#> 5 -5.444 -1.1943 -0.391 -1.368
#> 6  2.554  0.6120  1.273  0.433
```

现在让我们将它们整合在一起，并将结果数据传递给回归模型：

```
best_pred <- pred %>%
  select(-resp) %>%
  map_dbl(cor, y = pred$resp) %>%
  sort(decreasing = TRUE) %>%
  .[1:4] %>%
  names %>%
  pred[.]

mod <- lm(pred$resp ~ as.matrix(best_pred))
summary(mod)
#>
#> Call:
#> lm(formula = pred$resp ~ as.matrix(best_pred))
#>
#> Residuals:
#>    Min    1Q Median    3Q    Max
#> -1.485 -0.619  0.189  0.562  1.398
#>
#> Coefficients:
#>                           Estimate Std. Error t value Pr(>|t|)
#> (Intercept)                  1.117      0.340    3.28   0.0051 **
#> as.matrix(best_pred)pred4    0.523      0.207    2.53   0.0231 *
#> as.matrix(best_pred)pred3   -0.693      0.870   -0.80   0.4382
#> as.matrix(best_pred)pred6    1.160      0.682    1.70   0.1095
#> as.matrix(best_pred)pred1    0.343      0.359    0.95   0.3549
#> ---
#> Signif. codes:  0 '***' 0.001 '**' 0.01 '*' 0.05 '.' 0.1 ' ' 1
#>
#> Residual standard error: 0.927 on 15 degrees of freedom
#> Multiple R-squared:  0.838,  Adjusted R-squared:  0.795
#> F-statistic: 19.4 on 4 and 15 DF,  p-value: 8.59e-06
```

11.7 运行有交互项的线性回归

11.7.1 问题

需要在回归中包含交互项。

11.7.2 解决方案

R 语法可以指定回归公式的交互项。为了表示两个变量 u 和 v 的交互，我们通过在它们的名字间插入一个星号（*）来表示：

```
lm(y ~ u * v)
```

这对应于模型 $y_i = \beta_0 + \beta_1 u_i + \beta_1 v_i + \beta_3 u_i v_i + \varepsilon_i$，其包括一阶交互项 $\beta_3 u_i v_i$。

11.7.3 讨论

在回归中，当两个预测变量的乘积也是一个显著的预测变量时（除了预测变量本身之外），交互作用就会出现。假设我们有两个预测变量 u 和 v，并且希望将它们的交互作用包含在回归中。可以由以下等式表示：

$$y_i = \beta_0 + \beta_1 u_i + \beta_1 v_i + \beta_3 u_i v_i + \varepsilon_i$$

这里的乘积项 $\beta_3 u_i v_i$ 称为交互项。该方程的 R 公式为：

    y ~ u * v

当写入 y ~ u * v 时，R 会自动在模型中包含 u、v 及其乘积。它基于这样的推理：如果模型包含交互项，例如 $\beta_3 u_i v_i$，那么回归理论告诉我们模型还应该包含组成变量 u_i 和 v_i。

同样，如果你有三个预测变量（u、v 和 w）并希望包含它们之间的所有交互作用，请用星号分隔它们：

    y ~ u * v * w

这相当于回归方程：

$$y_i = \beta_0 + \beta_1 u_i + \beta_2 v_i + \beta_3 w_i + \beta_4 u_i v_i + \beta_5 u_i w_i + \beta_6 v_i w_i + \beta_7 u_i v_i w_i + \varepsilon_i$$

现在我们有了所有的一阶交互和二阶交互（$\beta_7 u_i v_i w_i$）。

但是，有时你可能不需要每个可能的交互。可以使用冒号运算符（:）明确地指定一个单一乘积。例如，u:v:w 表示乘积项 $\beta u_i v_i w_i$ 而不是所有可能的相互作用。所以 R 公式为：

    y ~ u + v + w + u:v:w

相当于回归方程：

$$y_i = \beta_0 + \beta_1 u_i + \beta_2 v_i + \beta_3 w_i + \beta_4 u_i v_i w_i + \varepsilon_i$$

冒号（:）表示纯乘法，而星号（*）表示乘法和所有乘法的构成项，这可能看起来很奇怪。这是因为当包含交互时，通常包含它的组成项，因此把它们的默认值设为 * 是有道理的。

有一些额外的语法可以轻松指定许多交互：

    (u + v + ... + w)^2

包括所有变量（u，v，...，w）及其所有一阶交互。

    (u + v + ... + w)^3

包括所有变量、所有一阶交互以及所有二阶交互。

```
(u + v + ... + w)^4
```

以此类推。

星号（*）和冒号（:）都遵循"分配律"，因此也允许使用以下符号：

```
x*(u + v + ... + w)
```
与 x*u + x*v + ... + x*w 相同（等同于 x + u + v + ... + w + x:u + x:v + ... + x:w）

```
x:(u + v + ... + w)
```
等同于 x:u + x:v + ... + x:w

所有这些语法在你编写公式时给予了一些灵活性。例如，以下三个公式是等价的：

```
y ~ u * v
y ~ u + v + u:v
y ~ (u + v) ^ 2
```

它们都定义了相同的回归方程，$y_i = \beta_0 + \beta_1 u_i + \beta_1 v_i + \beta_3 u_i v_i + \varepsilon_i$。

11.7.4 另请参阅

公式的完整语法比此处描述的更丰富。有关详细信息，请参阅 *R in a Nutshell* 或 " R 语言定义"（*http:bit.ly/2XLiQgX*）。

11.8 选择最合适的回归变量

11.8.1 问题

正在创建一个新的回归模型，或改进现有模型。你有许多回归变量，并需要选择这些变量的最佳子集。

11.8.2 解决方案

函数 step 可以执行前向或后向逐步回归。后向逐步回归开始时有许多变量，然后移除无意义的变量：

```
full.model <- lm(y ~ x1 + x2 + x3 + x4)
reduced.model <- step(full.model, direction = "backward")
```

前向逐步回归开始时有很少的变量，然后添加新变量以改进模型，直到无法进一步改进：

```
min.model <- lm(y ~ 1)
fwd.model <-
  step(min.model,
       direction = "forward",
       scope = (~ x1 + x2 + x3 + x4))
```

11.8.3 讨论

当有许多预测变量时，选择最佳子集可能非常困难。添加和删除单个变量会影响整体，因此搜索"最佳"可能会变得冗长乏味。

函数 step 自动执行该搜索。后向逐步回归是最简单的方法。从包含所有预测变量的模型开始。我们称之为全模型（full model）。此处显示的模型汇总表明并非所有预测变量都具有统计显著性：

```
# example data
set.seed(4)
n <- 150
x1 <- rnorm(n)
x2 <- rnorm(n, 1, 2)
x3 <- rnorm(n, 3, 1)
x4 <- rnorm(n,-2, 2)
e <- rnorm(n, 0, 3)
y <- 4 + x1 + 5 * x3 + e

# build the model
full.model <- lm(y ~ x1 + x2 + x3 + x4)
summary(full.model)
#>
#> Call:
#> lm(formula = y ~ x1 + x2 + x3 + x4)
#>
#> Residuals:
#>    Min    1Q Median     3Q    Max
#> -8.032 -1.774  0.158  2.032  6.626
#>
#> Coefficients:
#>             Estimate Std. Error t value Pr(>|t|)
#> (Intercept)  3.40224    0.80767    4.21 4.4e-05 ***
#> x1           0.53937    0.25935    2.08   0.039 *
#> x2           0.16831    0.12291    1.37   0.173
#> x3           5.17410    0.23983   21.57 < 2e-16 ***
#> x4          -0.00982    0.12954   -0.08   0.940
#> ---
#> Signif. codes: 0 '***' 0.001 '**' 0.01 '*' 0.05 '.' 0.1 ' ' 1
#>
#> Residual standard error: 2.92 on 145 degrees of freedom
#> Multiple R-squared:  0.77,   Adjusted R-squared:  0.763
#> F-statistic:  121 on 4 and 145 DF,  p-value: <2e-16
```

我们想要移除无关紧要的变量，因此我们调用 step 来逐步移除它们。移除不显著变量后的模型称为简化模型（reduced model）：

```
reduced.model <- step(full.model, direction="backward")
#> Start:  AIC=327
#> y ~ x1 + x2 + x3 + x4
#>
#>         Df Sum of Sq  RSS AIC
#> - x4     1         0 1240 325
#> - x2     1        16 1256 327
#> <none>             1240 327
#> - x1     1        37 1277 329
#> - x3     1      3979 5219 540
#>
#> Step:  AIC=325
#> y ~ x1 + x2 + x3
#>
#>         Df Sum of Sq  RSS AIC
#> - x2     1        16 1256 325
#> <none>             1240 325
#> - x1     1        37 1277 327
#> - x3     1      3988 5228 539
#>
#> Step:  AIC=325
#> y ~ x1 + x3
#>
#>         Df Sum of Sq  RSS AIC
#> <none>             1256 325
#> - x1     1        44 1300 328
#> - x3     1      3974 5230 537
```

step 的输出显示所生成的模型序列。在这种情况下，step 移除 x2 和 x4，并在最终
（简化）模型中仅留下 x1 和 x3。简化模型的汇总仅仅显示模型中显著的预测变量：

```
summary(reduced.model)
#>
#> Call:
#> lm(formula = y ~ x1 + x3)
#>
#> Residuals:
#>    Min     1Q Median     3Q    Max
#> -8.148 -1.850 -0.055  2.026  6.550
#>
#> Coefficients:
#>             Estimate Std. Error t value Pr(>|t|)
#> (Intercept)    3.648      0.751    4.86   3e-06 ***
#> x1             0.582      0.255    2.28   0.024 *
#> x3             5.147      0.239   21.57  <2e-16 ***
#> ---
#> Signif. codes: 0 '***' 0.001 '**' 0.01 '*' 0.05 '.' 0.1 ' ' 1
#>
#> Residual standard error: 2.92 on 147 degrees of freedom
#> Multiple R-squared:  0.767,  Adjusted R-squared:  0.763
#> F-statistic:  241 on 2 and 147 DF,  p-value: <2e-16
```

后向逐步回归很容易，但有时它开始时包含所有变量是不可行的，因为有太多的候选变

量。在这种情况下，使用前向逐步回归，它开始时不包含变量，并逐步添加变量以改善回归。当没有进一步改进时，它便停止了。

开始时模型没有变量可能看起来很奇怪：

```
min.model <- lm(y ~ 1)
```

这是一个带有响应变量（y）但没有预测变量的模型（所有 y 的拟合值都只是 y 的平均值，如果没有可用的预测变量，这种情况就是你会猜想到的）。

我们必须告诉 step 哪些候选变量可以包含在模型中。这是参数 scope 的目的。参数 scope 是一个公式，其中，在波浪号（~）的左侧没有任何变量，而候选变量在右边：

```
fwd.model <- step(
  min.model,
  direction = "forward",
  scope = (~ x1 + x2 + x3 + x4),
  trace = 0
)
```

在这里，我们看到 x1、x2、x3 和 x4 都是纳入模型的候选变量（还包括 trace = 0 来抑制 step 的大量输出）。由此产生的模型有两个显著的预测因子，而没有给出不显著的预测变量：

```
summary(fwd.model)
#>
#> Call:
#> lm(formula = y ~ x3 + x1)
#>
#> Residuals:
#>    Min     1Q Median     3Q    Max
#> -8.148 -1.850 -0.055  2.026  6.550
#>
#> Coefficients:
#>             Estimate Std. Error t value Pr(>|t|)
#> (Intercept)    3.648      0.751    4.86    3e-06 ***
#> x3             5.147      0.239   21.57   <2e-16 ***
#> x1             0.582      0.255    2.28    0.024 *
#> ---
#> Signif. codes: 0 '***' 0.001 '**' 0.01 '*' 0.05 '.' 0.1 ' ' 1
#>
#> Residual standard error: 2.92 on 147 degrees of freedom
#> Multiple R-squared: 0.767,  Adjusted R-squared: 0.763
#> F-statistic:  241 on 2 and 147 DF,  p-value: <2e-16
```

通过包括 x1 和 x3，排除 x2 和 x4，前向算法与后向算法达成了相同的模型。这是一个示例性的例子，所以这并不令人惊讶。在实际应用中，我们建议尝试前向和后向两种回归方法，然后比较结果。你可能会对此感到惊讶。

最后，不要因为使用逐步回归而得意忘形。它不是万能的，不能将垃圾变成黄金，它绝对不能代替小心明智地选择预测变量的过程。你可能会想："噢天！我可以为我的模型生成每个可能的交互项，然后让 step 选择最好的！我会得到合适的模型！"你会想到这样的事情，从所有可能的交互开始，然后尝试减少模型：

```
full.model <- lm(y ~ (x1 + x2 + x3 + x4) ^ 4)
reduced.model <- step(full.model, direction = "backward")
#> Start:  AIC=337
#> y ~ (x1 + x2 + x3 + x4)^4
#>
#>                Df Sum of Sq  RSS AIC
#> - x1:x2:x3:x4   1     0.0321 1145 335
#> <none>                       1145 337
#>
#> Step:  AIC=335
#> y ~ x1 + x2 + x3 + x4 + x1:x2 + x1:x3 + x1:x4 + x2:x3 + x2:x4 +
#>     x3:x4 + x1:x2:x3 + x1:x2:x4 + x1:x3:x4 + x2:x3:x4
#>
#>             Df Sum of Sq  RSS AIC
#> - x2:x3:x4   1      0.76 1146 333
#> - x1:x3:x4   1      8.37 1154 334
#> <none>                   1145 335
#> - x1:x2:x4   1     20.95 1166 336
#> - x1:x2:x3   1     25.18 1170 336
#>
#> Step:  AIC=333
#> y ~ x1 + x2 + x3 + x4 + x1:x2 + x1:x3 + x1:x4 + x2:x3 + x2:x4 +
#>     x3:x4 + x1:x2:x3 + x1:x2:x4 + x1:x3:x4
#>
#>             Df Sum of Sq  RSS AIC
#> - x1:x3:x4   1      8.74 1155 332
#> <none>                   1146 333
#> - x1:x2:x4   1     21.72 1168 334
#> - x1:x2:x3   1     26.51 1172 334
#>
#> Step:  AIC=332
#> y ~ x1 + x2 + x3 + x4 + x1:x2 + x1:x3 + x1:x4 + x2:x3 + x2:x4 +
#>     x3:x4 + x1:x2:x3 + x1:x2:x4
#>
#>             Df Sum of Sq  RSS AIC
#> - x3:x4      1      0.29 1155 330
#> <none>                   1155 332
#> - x1:x2:x4   1     23.24 1178 333
#> - x1:x2:x3   1     31.11 1186 334
#>
#> Step:  AIC=330
#> y ~ x1 + x2 + x3 + x4 + x1:x2 + x1:x3 + x1:x4 + x2:x3 + x2:x4 +
#>     x1:x2:x3 + x1:x2:x4
#>
#>             Df Sum of Sq  RSS AIC
#> <none>                   1155 330
#> - x1:x2:x4   1      23.4 1178 331
#> - x1:x2:x3   1      31.5 1187 332
```

这不会奏效：大部分的交互项是没有意义的。函数 step 变得不堪重负，而你留下了许多不显著的项。

11.8.4 另请参阅

参见 11.25 节。

11.9 对数据子集进行回归

11.9.1 问题

要对一部分数据（而不是整个数据集）拟合一个线性模型。

11.9.2 解决方案

函数 lm 有一个参数 subset，用于指定应该使用哪些数据元素进行拟合。该参数的值可以是任何用于索引数据的表达式。下面显示了仅使用前 100 个观察值的回归拟合：

```
lm(y ~ x1, subset=1:100)          # Use only x[1:100]
```

11.9.3 讨论

你会经常只需要对数据中的一个子集进行回归。例如，当使用样本内数据创建模型和样本外数据进行检验时，就会发生这种情况。

lm 函数有一个参数子集，它选择用于拟合的观察值。subset 的值是一个向量。它可以是一个索引值向量，在这种情况下，lm 仅从数据中选择指定的观察值。它也可以是一个逻辑向量，长度与数据相同，在这种情况下，lm 选择具有相应 TRUE 值的观察值。

假设你有 (x, y) 对的 1000 个观测值，并希望通过使用这些观测值的前半部分拟合你的模型。可以设置参数 subset 的值为 1:500，表示 lm 应使用 1 到 500 的观测值：

```
## example data
n <- 1000
x <- rnorm(n)
e <- rnorm(n, 0, .5)
y <- 3 + 2 * x + e
lm(y ~ x, subset = 1:500)
#>
#> Call:
#> lm(formula = y ~ x, subset = 1:500)
#>
#> Coefficients:
```

```
#> (Intercept)            x
#>           3            2
```

更一般地，可以使用表达式 `1:floor(length(x)/2)` 来选择数据的前半部分，无论它的大小是多少：

```
lm(y ~ x, subset = 1:floor(length(x) / 2))
#>
#> Call:
#> lm(formula = y ~ x, subset = 1:floor(length(x)/2))
#>
#> Coefficients:
#> (Intercept)            x
#>           3            2
```

假设数据是从几个实验室中收集的，有一个因子 `lab`，它可以识别数据所来源的实验室。通过使用仅对某些观察值为 TRUE 的逻辑向量，可以将回归限制为仅在新泽西州收集的观测值：

```
load('./data/lab_df.rdata')
lm(y ~ x, subset = (lab == "NJ"), data = lab_df)
#>
#> Call:
#> lm(formula = y ~ x, data = lab_df, subset = (lab == "NJ"))
#>
#> Coefficients:
#> (Intercept)            x
#>         2.58         5.03
```

11.10 在回归公式中使用表达式

11.10.1 问题

要对计算出的值进行回归，而不是对简单变量，但回归公式的语法似乎禁止这样做。

11.10.2 解决方案

在 I(...) 运算符中嵌入计算值的表达式。这将强制 R 计算表达式并使用计算值进行回归。

11.10.3 讨论

如果你想对 u 和 v 的总和进行回归，那么以下是回归方程：

$$y_i = \beta_0 + \beta_1(u_i + v_i) + \varepsilon_i$$

你要如何将该等式写成一个回归公式？以下代码不能做到：

```
lm(y ~ u + v)     # Not quite right
```

这里，R 将 u 和 v 解释为两个独立的预测变量，每个预测变量都有自己的回归系数。同样，假设你的回归方程是：

$$y_i = \beta_0 + \beta_1 u_i + \beta_2 u_i^2 + \varepsilon_i$$

以下代码不能起作用：

```
lm(y ~ u + u ^ 2)  # That's an interaction, not a quadratic term
```

R 将 u^2 解释为一个交互项（参见 11.7 节），而不是 u 的平方。

解决方案是使用 I(...) 运算符，把你要回归的表达式作为该运算符的参数，从而禁止将表达式解释为回归公式。相反，它强制 R 计算表达式的值，然后将该值直接合并到回归中。因此，第一个例子变成：

```
lm(y ~ I(u + v))
```

作为该命令的响应，R 先计算 u + v，然后用计算出的两个变量 u、v 的和来对变量 y 进行回归。对于第二个例子，我们使用：

```
lm(y ~ u + I(u ^ 2))
```

这里 R 先计算 u 的平方，然后用总和 u+u^2 对 y 进行回归。

 在回归公式中，所有基本二元运算符（+、-、*、/、^）都有特殊含义。因此，只要将计算值纳入回归中，就必须使用 I(...) 运算符。

这些嵌入式转换的奇妙之处在于 R 记得这些变换，并在你用模型进行预测时应用这些变换。考虑第二个例子描述的二次模型。它使用 u 和 u^2，但是我们只提供 u 的值，而让 R 执行繁重的操作。我们不需要自己计算 u 的平方：

```
load('./data/df_squared.rdata')
m <- lm(y ~ u + I(u ^ 2), data = df_squared)
predict(m, newdata = data.frame(u = 13.4))
#>    1
#> 877
```

11.10.4 另请参阅

有关多项式回归的特殊情况，请参见 11.11 节。有关将其他数据转换纳入回归，请参阅 11.12 节。

11.11 多项式回归

11.11.1 问题

需要用 x 的多项式对 y 进行回归。

11.11.2 解决方案

在回归公式中调用函数 poly(x, n) 对 x 的一个 n 次多项式进行回归。此示例将 y 建模为 x 的三次函数：

```
lm(y ~ poly(x, 3, raw = TRUE))
```

该示例的公式对应于以下三次回归方程：

$$y_i = \beta_0 + \beta_1 x_i + \beta_2 x_i^2 + \beta_3 x_i^3 + \varepsilon_i$$

11.11.3 讨论

当人们首先在 R 中使用多项式模型时，他们经常做一些如下笨重的事情：

```
x_sq <- x ^ 2
x_cub <- x ^ 3
m <- lm(y ~ x + x_sq + x_cub)
```

显然，这非常令人烦恼，并且它使用额外的变量来填充他们的工作空间。下面的写法就容易得多：

```
m <- lm(y ~ poly(x, 3, raw = TRUE))
```

设定 raw = TRUE 是必要的。没有它，函数 poly 计算正交多项式而不是简单多项式。

除了方便之外，以上写法的一个巨大优势是当你从模型中做出预测时，R 将计算 x 的所有乘方项（参见 11.19 节）。否则，你每次使用模型时，都要自己计算 x^2 和 x^3。

使用 poly 的另一个好理由是，你不能用以下方式编写回归公式：

```
lm(y ~ x + x^2 + x^3)      # Does not do what you think!
```

R 将 x^2 和 x^3 解释为交互项，而不是 x 的乘方。得到的模型是一个单项线性回归，完全不符合你的期望。你可以如下编写回归公式：

```
lm(y ~ x + I(x ^ 2) + I(x ^ 3))
```

但这将变得非常冗长。请调用 poly。

11.11.4 另请参阅

有关交互项的更多信息，请参阅 11.7 节。有关回归数据的其他变换，请参见 11.12 节。

11.12 对变换后的数据进行回归

11.12.1 问题

要为 x 和 y 建立一个回归模型，但它们没有线性关系。

11.12.2 解决方案

可以在回归公式中嵌入所需的变换。例如，如果必须将 y 转换为 $\log(y)$，则回归公式变为：

```
lm(log(y) ~ x)
```

11.12.3 讨论

回归函数 lm 的一个关键假设是变量具有线性关系。在一定程度上，如果这种假设不成立，由此产生的回归变得毫无意义。

幸运的是，在应用 lm 之前，许多数据集可以转换为线性关系。

图 11-1 显示了一个指数衰减的示例。左侧部分显示原始数据 z。虚线表示原始数据的线性回归；显然，这是一个糟糕的拟合。

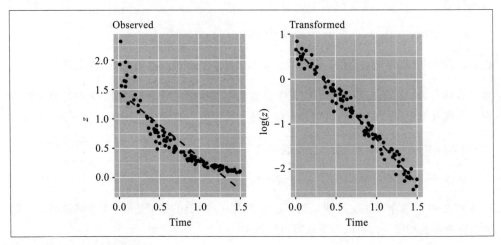

图 11-1：数据变换的示例

如果数据真的是指数关系，那么一个可能的模型是：

$$z = \exp[\beta_0 + \beta_1 t + \varepsilon]$$

其中 t 是时间，exp[] 是指数函数（e^x）。当然，这不是线性的，但我们可以通过取对数来使它线性化：

$$\log(z) = \beta_0 + \beta_1 t + \varepsilon$$

在 R 中，这种回归很简单，因为我们可以将对数变换直接嵌入到回归公式中：

```
# read in our example data
load(file = './data/df_decay.rdata')
z <- df_decay$z
t <- df_decay$time

# transform and model
m <- lm(log(z) ~ t)
summary(m)
#>
#> Call:
#> lm(formula = log(z) ~ t)
#>
#> Residuals:
#>     Min      1Q  Median      3Q     Max
#> -0.4479 -0.0993  0.0049  0.0978  0.2802
#>
#> Coefficients:
#>             Estimate Std. Error t value Pr(>|t|)
#> (Intercept)   0.6887     0.0306    22.5   <2e-16 ***
#> t            -2.0118     0.0351   -57.3   <2e-16 ***
#> ---
#> Signif. codes:  0 '***' 0.001 '**' 0.01 '*' 0.05 '.' 0.1 ' ' 1
#>
#> Residual standard error: 0.148 on 98 degrees of freedom
#> Multiple R-squared:  0.971,  Adjusted R-squared:  0.971
#> F-statistic: 3.28e+03 on 1 and 98 DF,  p-value: <2e-16
```

图 11-1 的右侧部分显示了 $\log(z)$ 随时间变化的关系图。叠加在散点图上的是它们的回归线。拟合似乎要好得多；这也可以通过回归输出结果证实：$R^2 = 0.97$，而原始数据的线性回归的 $R^2 = 0.82$。

你可以在公式中嵌入其他函数。如果你认为这种关系是二次的，那么你可以使用平方根变换：

```
lm(sqrt(y) ~ month)
```

当然，你可以将变换应用于公式两侧的变量。以下公式在 x 的平方根上回归 y：

```
lm(y ~ sqrt(x))
```

此回归是对 x 的对数和 y 的对数的回归：

```
lm(log(y) ~ log(x))
```

11.12.4 另请参阅

参见 11.13 节。

11.13 寻找最佳幂变换（Box-Cox 过程)

11.13.1 问题

需要通过对响应变量应用一个幂变换来改进线性模型。

11.13.2 解决方案

使用 Box-Cox 程序（幂变换），该程序由 MASS 包的 boxcox 函数实现。该程序将确定一个指数 λ，这样将 y 转换为 y^λ 会改善模型的拟合度：

```
library(MASS)
m <- lm(y ~ x)
boxcox(m)
```

11.13.3 讨论

为了说明 Box-Cox 变换，使用方程式 $y^{-1.5} = x + \varepsilon$ 创建一些人工数据，其中 ε 是一个误差项：

```
set.seed(9)
x <- 10:100
eps <- rnorm(length(x), sd = 5)
y <- (x + eps) ^ (-1 / 1.5)
```

然后我们将（错误地）使用简单线性回归对数据建模并得出调整后的 R^2 为 0.637：

```
m <- lm(y ~ x)
summary(m)
#>
#> Call:
#> lm(formula = y ~ x)
#>
#> Residuals:
#>      Min       1Q   Median       3Q      Max
#> -0.04032 -0.01633 -0.00792  0.00996  0.14516
#>
#> Coefficients:
#>              Estimate Std. Error t value Pr(>|t|)
#> (Intercept)  0.166885   0.007078    23.6   <2e-16 ***
#> x           -0.001465   0.000116   -12.6   <2e-16 ***
#> ---
#> Signif. codes:  0 '***' 0.001 '**' 0.01 '*' 0.05 '.' 0.1 ' ' 1
#>
#> Residual standard error: 0.0291 on 89 degrees of freedom
```

```
#> Multiple R-squared:  0.641,  Adjusted R-squared:  0.637
#> F-statistic:  159 on 1 and 89 DF,  p-value: <2e-16
```

当根据拟合值绘制残差时，我们看到这里的回归是错误的。我们可以使用 broom 包和 ggplot 包获得残差图。broom 包的 augment 参数会将残差（和其他东西）放入数据框中，以便于绘图。然后我们可以使用 ggplot 来绘制：

```
library(broom)
augmented_m <- augment(m)

ggplot(augmented_m, aes(x = .fitted, y = .resid)) +
  geom_point()
```

结果如图 11-2 所示。

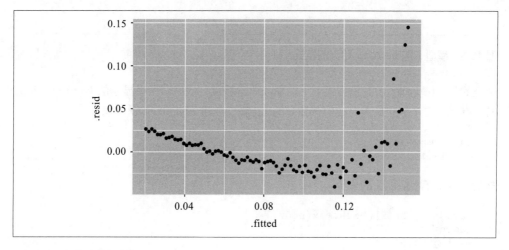

图 11-2：拟合值与残差

如果你只是需要快速查看残差图并且不关心结果是否为 ggplot 图，则可以在模型对象 m 上使用基础 R 的绘图方法：

```
plot(m, which = 1)  # which = 1 plots only the fitted vs. residuals
```

我们在图 11-2 中可以看到，该图具有清晰的抛物线形状。一个可能的调整是对 y 进行幂变换，所以我们运行 Box-Cox 程序：

```
library(MASS)
#>
#> Attaching package: 'MASS'
#> The following object is masked from 'package:dplyr':
#>
#>     select
bc <- boxcox(m)
```

boxcox 函数将 λ 值与相应结果模型的对数似然值进行对比，如图 11-3 所示。我们希望最大化对数似然值，因此函数绘制一条最佳值的线，并画线表示它的置信区间的范围。在这种情况下，最佳值约为 −1.5，它的置信区间约为 (−1.75, −1.25)。

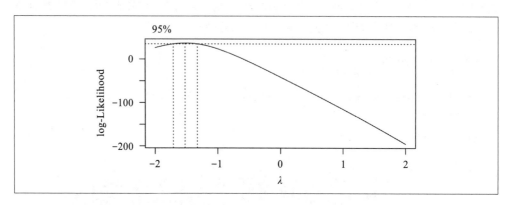

图 11-3：模型 m 的 boxcox 给出的结果

奇怪的是，boxcox 函数没有返回 λ 的最佳值。相反，它返回图中显示的 (x, y) 对。很容易可以找到产生 y 的最大对数似然估计的 λ。我们使用 which.max 函数：

```
which.max(bc$y)
#> [1] 13
```

然后它给出了相应的 λ 的位置：

```
lambda <- bc$x[which.max(bc$y)]
lambda
#> [1] -1.52
```

该函数报告最佳 λ 为 −1.52。在实际应用中，我们强烈建议你解释这个数字，并选择有意义的指数，而不是盲目地接受这个"最佳"值。使用图表可以帮助你进行解释。在这里，我们将使用 R 给出的 −1.52。

我们可以将幂变换应用于 y，然后拟合修改后的模型；这给出了更好的 R^2 为 0.967：

```
z <- y ^ lambda
m2 <- lm(z ~ x)
summary(m2)
#>
#> Call:
#> lm(formula = z ~ x)
#>
#> Residuals:
#>     Min      1Q  Median      3Q     Max
#> -13.459  -3.711  -0.228   2.206  14.188
#>
```

```
#> Coefficients:
#>             Estimate Std. Error t value Pr(>|t|)
#> (Intercept)  -0.6426     1.2517   -0.51     0.61
#> x             1.0514     0.0205   51.20   <2e-16 ***
#> ---
#> Signif. codes: 0 '***' 0.001 '**' 0.01 '*' 0.05 '.' 0.1 ' ' 1
#>
#> Residual standard error: 5.15 on 89 degrees of freedom
#> Multiple R-squared: 0.967,  Adjusted R-squared: 0.967
#> F-statistic: 2.62e+03 on 1 and 89 DF,  p-value: <2e-16
```

对于那些喜欢单行模式的人来说，变换可以直接嵌入到修正的回归公式中：

```
m2 <- lm(I(y ^ lambda) ~ x)
```

默认情况下，boxcox 搜索 −2 到 +2 范围内的 λ 值。你可以通过 lambda 参数改变它；有关详细信息，请参阅帮助页面。

我们建议将 Box-Cox 给出的结果视为一个起点，而不是一个确切的答案。如果 λ 的置信区间包括 1.0，则可能没有幂变换是实际有用的。通常，检查变换前后的残差。它们真的改善了吗？

将图 11-4（变换后的数据）与图 11-2（无变换）进行比较。

```
augmented_m2 <- augment(m2)

ggplot(augmented_m2, aes(x = .fitted, y = .resid)) +
  geom_point()
```

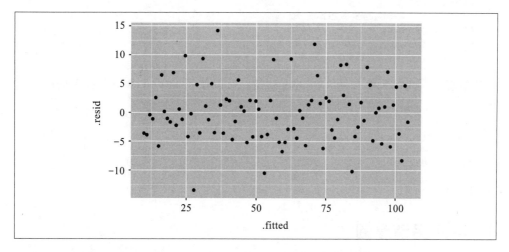

图 11-4：m2 的拟合值与残差

11.13.4 另请参阅

参见 11.12 节和 11.16 节。

11.14 回归系数的置信区间

11.14.1 问题

正在执行线性回归，需要回归系数的置信区间。

11.14.2 解决方案

将回归模型保存在一个对象中，然后使用 confint 函数提取置信区间：

```
load(file = './data/conf.rdata')
m <- lm(y ~ x1 + x2)
confint(m)
#>               2.5 % 97.5 %
#> (Intercept) -3.90   6.47
#> x1          -2.58   6.24
#> x2           4.67   5.17
```

11.14.3 讨论

该解决方案使用模型 $y = \beta_0 + \beta_1 (x_1)_i + \beta_2 (x_2)_i + \varepsilon_i$。函数 confint 返回截距（$\beta_0$）、$x_1$ 的系数（β_1）和 x_2 的系数（β_2）的置信区间：

```
confint(m)
#>               2.5 % 97.5 %
#> (Intercept) -3.90   6.47
#> x1          -2.58   6.24
#> x2           4.67   5.17
```

默认情况下，confint 使用 95% 的置信度。可以使用 level 参数选择不同的置信水平：

```
confint(m, level = 0.99)
#>               0.5 % 99.5 %
#> (Intercept) -5.72   8.28
#> x1          -4.12   7.79
#> x2           4.58   5.26
```

11.14.4 另请参阅

arm 包的 coefplot 函数可以绘制回归系数的置信区间。

11.15 绘制回归残差

11.15.1 问题

需要直观地显示回归残差。

11.15.2 解决方案

你可以使用 broom 包将模型结果放入数据框中，然后使用 ggplot 绘图：

```
m <- lm(y ~ x1 + x2)

library(broom)
augmented_m <- augment(m)

ggplot(augmented_m, aes(x = .fitted, y = .resid)) +
  geom_point()
```

使用先前方法中的线性模型 m，我们可以创建一个简单的残差图：

```
library(broom)
augmented_m <- augment(m)

ggplot(augmented_m, aes(x = .fitted, y = .resid)) +
  geom_point()
```

输出如图 11-5 所示。

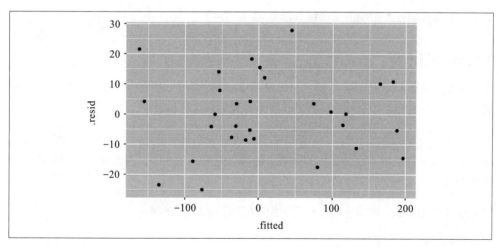

图 11-5：模型残差图

你还可以使用基础 R 的 plot 方法快速查看，但它将生成基础 R 图形输出，而不是 ggplot 图形：

```
plot(m, which = 1)
```

11.15.3 另请参阅

参见 11.16 节，其中包含残差图和其他诊断图的示例。

11.16 线性回归的诊断

11.16.1 问题

运行了一个线性回归。现在需要通过模型诊断来检验模型的质量。

11.16.2 解决方案

首先绘制模型对象，使用基础 R 图形生成多个诊断图：

```
m <- lm(y ~ x1 + x2)
plot(m)
```

接下来，通过查看残差诊断图或使用 car 包中的 outlierTest 函数来识别可能的离群值：

```
library(car)
outlierTest(m)
```

最后，确定任何过度影响的观察值（参见 11.17 节）。

11.16.3 讨论

R 使你觉得线性回归是很容易的：只需使用 lm 函数即可。然而，拟合数据只是一个开始。你的工作是确定拟合模型是否真正有效并且达到很好的效果。

在此之前，你必须拥有统计上显著的模型。从模型汇总（参见 11.4 节）中检查 F 统计量，并确保 p 值足够小以满足你的需要。通常，它应小于 0.05，否则你的模型可能没有太大意义。

只需绘制模型对象，即可生成几个有用的诊断图，如图 11-6 所示：

```
m <- lm(y ~ x1 + x2)
par(mfrow = (c(2, 2))) # this gives us a 2x2 plot
plot(m)
```

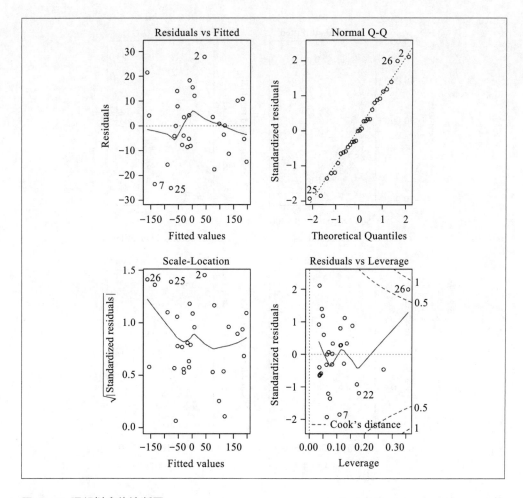

图 11-6：理想拟合的诊断图

图 11-6 显示了一个很好的回归诊断图：

- 残差－拟合图中的点没有特定的模式，大多数呈随机分布。

- 正态 Q-Q 图中的点基本落在线上，表明残差遵循正态分布。

- 在大小－位置图和残差－影响图中，这些点以小组形式存在并且距离中心不太远。

相比之下，图 11-7 显示了不太好的回归诊断：

```
load(file = './data/bad.rdata')
m <- lm(y2 ~ x3 + x4)
par(mfrow = (c(2, 2)))        # this gives us a 2x2 plot
plot(m)
```

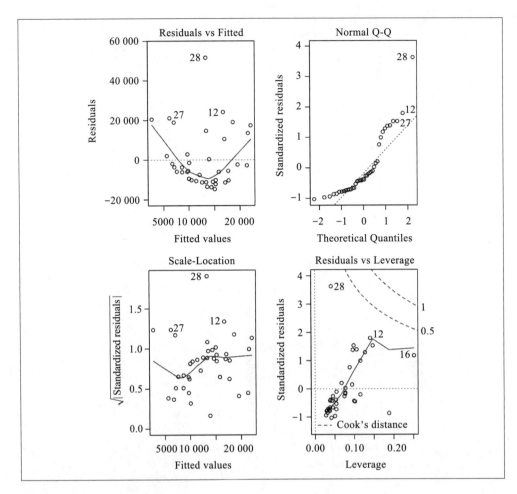

图 11-7：拟合不太理想的诊断图

观察到残差 – 拟合图具有明显的抛物线形状。这告诉我们模型是不完整的：缺少二次因子，该因子可以解释 y 的更多变化。残差中的其他模式暗示有其他问题：例如，一个锥形形状可能表示 y 中的非齐性方差。解释这些模式是一种艺术，因此我们建议在评估残差图时查看一本关于线性回归的参考书。

不太好的诊断还有其他问题。例如，正态 Q-Q 图比良好回归有更多离开线的点。大小 – 位置图和残差 – 影响图都显示了离开中心的离散点，这表明某些点对回归有过多的影响。

另一种模式是 28 号点在每个图形中都显得突出。这提醒我们，这个观察值有些异样。例如，该点可能是离群值。我们可以通过 car 包的 outlierTest 函数进行检验：

```
library(car)
outlierTest(m)
```

```
#>     rstudent unadjusted p-value Bonferonni p
#> 28     4.46              7.76e-05          0.0031
```

outlierTest 识别出了模型大多数的离群观察值。在这个例子中，它识别了观察值 28 号，并且确认它是一个离群值。

11.16.4 另请参阅

参见 11.4 节和 11.17 节。car 包不是 R 的标准发布版的一部分；有关如何安装，请参阅 3.10 节。

11.17 识别有影响的观察值

11.17.1 问题

需要识别对回归模型影响最大的观察值。这对于诊断数据中可能存在的问题很有用。

11.17.2 解决方案

influence.measures 函数报告了几个有用的统计量，用于识别有影响的观察值，并用星号（*）标记显著的观察值。它的主要参数是回归得到的模型对象：

```
influence.measures(m)
```

11.17.3 讨论

这个方案的标题可能是"识别有过度影响的观察值"，但这可能是多余的。所有观察值都会影响回归模型，哪怕只是一点点影响。当统计学家说观察值是有影响的（influential）时，这意味着删除这个观察值将显著改变拟合的回归模型。我们需要识别这些观察结果，因为它们可能是扭曲我们模型的离群值。我们应该自己调查这些值。

函数 influence.measures 报告了几个统计量：DFBETAS、DFFITS、协方差比、库克（Cook）距离和帽子矩阵值。如果这些度量值中的任何一个表明一个观察值是有影响的，那么该函数会在该观察值右侧用一个星号（*）标记：

```
influence.measures(m)
#> Influence measures of
#>   lm(formula = y2 ~ x3 + x4) :
#>
#>     dfb.1_   dfb.x3   dfb.x4    dffit cov.r   cook.d    hat inf
#> 1 -0.18784  0.15174  0.07081 -0.22344 1.059 1.67e-02 0.0506
#> 2  0.27637 -0.04367 -0.39042  0.45416 1.027 6.71e-02 0.0964
#> 3 -0.01775 -0.02786  0.01088 -0.03876 1.175 5.15e-04 0.0772
```

```
#> 4     0.15922  -0.14322   0.25615    0.35766  1.133  4.27e-02  0.1156
#> 5    -0.10537   0.00814  -0.06368   -0.13175  1.078  5.87e-03  0.0335
#> 6     0.16942   0.07465   0.42467    0.48572  1.034  7.66e-02  0.1062
#> 7    -0.10128  -0.05936   0.01661   -0.13021  1.078  5.73e-03  0.0333
#> 8    -0.15696   0.04801   0.01441   -0.15827  1.038  8.38e-03  0.0276
#> 9    -0.04582  -0.12089  -0.01032   -0.14010  1.188  6.69e-03  0.0995
#> 10   -0.01901   0.00624   0.01740   -0.02416  1.147  2.00e-04  0.0544
#> 11   -0.06725  -0.01214   0.04382   -0.08174  1.113  2.28e-03  0.0381
#> 12    0.17580   0.35102   0.62952    0.74889  0.961  1.75e-01  0.1406
#> 13   -0.14288   0.06667   0.06786   -0.15451  1.071  8.04e-03  0.0372
#> 14   -0.02784   0.02366  -0.02727   -0.04790  1.173  7.85e-04  0.0767
#> 15    0.01934   0.03440  -0.01575    0.04729  1.197  7.66e-04  0.0944
#> 16    0.35521  -0.53827  -0.44441    0.68457  1.294  1.55e-01  0.2515   *
#> 17   -0.09184  -0.07199   0.01456   -0.13057  1.089  5.77e-03  0.0381
#> 18   -0.05807  -0.00534  -0.05725   -0.08825  1.119  2.66e-03  0.0433
#> 19    0.00288   0.00438   0.00511    0.00761  1.176  1.99e-05  0.0770
#> 20    0.08795   0.06854   0.19526    0.23490  1.136  1.86e-02  0.0884
#> 21    0.22148   0.42533  -0.33557    0.64699  1.047  1.34e-01  0.1471
#> 22    0.20974  -0.19946   0.36117    0.49631  1.085  8.06e-02  0.1275
#> 23   -0.03333  -0.05436   0.01568   -0.07316  1.167  1.83e-03  0.0747
#> 24   -0.04534  -0.12827  -0.03282   -0.14844  1.189  7.51e-03  0.1016
#> 25   -0.11334   0.00112  -0.05748   -0.13580  1.067  6.22e-03  0.0307
#> 26   -0.23215   0.37364   0.16153   -0.41638  1.258  5.82e-02  0.1883   *
#> 27    0.29815   0.01963  -0.43678    0.51616  0.990  8.55e-02  0.0986
#> 28    0.83069  -0.50577  -0.35404    0.92249  0.303  1.88e-01  0.0411   *
#> 29   -0.09920  -0.07828  -0.02499   -0.14292  1.077  6.89e-03  0.0361
#> # etc.
```

这是 11.16 节中的模型，我们怀疑 28 号观察值是离群值。星号正在标记该观察值，证实它是过度影响值。

 此方法可以识别有影响的观察值，但你不应该习惯性地删除它们。这里需要一些判断。这些观察值是改善了你的模型还是破坏了它呢？

11.17.4 另请参阅

参见 11.16 节。使用 help(influence.measurements) 以得到一列有影响的度量值和一些相关函数。有关各种影响度量值的问题，请参阅回归教科书。

11.18 残差自相关检验（Durbin-Watson 检验）

11.18.1 问题

运行一个线性回归，并需要检查残差是否存在自相关。

11.18.2 解决方案

Durbin-Watson 检验可以检验残差是否存在自相关。该检验由 `lmtest` 包的 `dwtest` 函数实现：

```
library(lmtest)
m <- lm(y ~ x)              # Create a model object
dwtest(m)                   # Test the model residuals
```

输出结果包括 p 值。按照惯例，如果 $p < 0.05$，那么残差显著相关，而 $p > 0.05$ 没有提供相关性证据。

你可以通过绘制残差的自相关函数（ACF）来执行自相关的可视化检验：

```
acf(m)                      # Plot the ACF of the model residuals
```

11.18.3 讨论

Durbin-Watson 检验通常用于时间序列分析，但它最初的创建用来在回归残差中诊断自相关。我们不希望看到残差中有自相关，因为它扭曲了回归统计量，例如 F 统计量和回归系数的 t 统计量。自相关的存在表明你的模型缺少有用的预测变量，或者它应包括一个时间序列的组成部分，例如趋势或季节性指标。

第一个示例构建一个简单的回归模型，然后检验残差的自相关。检验返回一个远高于零的 p 值，这表明不存在显著的自相关：

```
library(lmtest)
load(file = './data/ac.rdata')
m <- lm(y1 ~ x)
dwtest(m)
#>
#>  Durbin-Watson test
#>
#> data:  m
#> DW = 2, p-value = 0.4
#> alternative hypothesis: true autocorrelation is greater than 0
```

第二个示例表现出残差存在自相关。p 值接近零，因此可能存在自相关：

```
m <- lm(y2 ~ x)
dwtest(m)
#>
#>  Durbin-Watson test
#>
#> data:  m
#> DW = 2, p-value = 0.01
#> alternative hypothesis: true autocorrelation is greater than 0
```

默认情况下，dwtest 执行单边检验并回答这个问题：残差的自相关是否大于零？如果模型可能表现出负自相关（这是一种可能的情况），那么你应该设置参数 alternative 来执行双边检验：

```
dwtest(m, alternative = "two.sided")
```

Durbin-Watson 检验也通过 car 包的 durbinWatsonTest 函数实现。我们建议 dwtest 函数主要是因为我们认为它的输出更容易阅读。

11.18.4 另请参阅

lmtest 包和 car 包都不包含在 R 的标准发布版中；有关安装和访问其功能的信息，请参阅 3.8 节和 3.10 节。有关自相关检验的更多信息，请参阅 14.13 节和 14.16 节。

11.19 预测新值

11.19.1 问题

需要应用回归模型来预测新值。

11.19.2 解决方案

将预测变量数据保存在数据框中。使用 predict 函数，将 newdata 参数设置为数据框：

```
load(file = './data/pred2.rdata')

m <- lm(y ~ u + v + w)
preds <- data.frame(u = 3.1, v = 4.0, w = 5.5)
predict(m, newdata = preds)
#>  1
#> 45
```

11.19.3 讨论

一旦有了一个线性模型，做出预测是很容易的，因为函数 predict 完成了所有繁重的工作。唯一的烦恼是安排一个数据框来给出需要预测的自变量取值并赋值给参数 newdata。

函数 predict 返回预测值的向量，每个预测对应于数据的一行。解决方案中的示例包含一行数据，因此 predict 函数返回一个值。

如果预测变量数据包含多行，则每行都应有一个相应的预测值：

```
preds <- data.frame(
  u = c(3.0, 3.1, 3.2, 3.3),
  v = c(3.9, 4.0, 4.1, 4.2),
  w = c(5.3, 5.5, 5.7, 5.9)
)
predict(m, newdata = preds)
#>    1    2    3    4
#> 43.8 45.0 46.3 47.5
```

这里要指出的是，新数据不需要包含响应变量的值，只有预测变量。毕竟，你正在尝试计算响应变量，因此希望你提供响应变量是不合理的。

11.19.4 另请参阅

本方法只是预测变量的点估计。有关预测值置信区间，请参见 11.20 节。

11.20 建立预测区间

11.20.1 问题

正在使用线性回归模型进行预测。你想知道预测值的区间，即预测值的分布范围。

11.20.2 解决方案

使用函数 predict 并设置参数 interval = "prediction"：

```
predict(m, newdata = preds, interval = "prediction")
```

11.20.3 讨论

这是 11.19 节的延续，它描述了将预测变量数据打包成一个数据框，然后调用函数 predict 进行预测。这里，添加参数 interval = "prediction" 以获得预测区间。

以下是 11.19 节中的示例，现在给出了预测区间。新的 lwr 和 upr 列分别是区间的下限和上限：

```
predict(m, newdata = preds, interval = "prediction")
#>    fit  lwr  upr
#> 1 43.8 38.2 49.4
#> 2 45.0 39.4 50.7
#> 3 46.3 40.6 51.9
#> 4 47.5 41.8 53.2
```

默认情况下，predict 使用 0.95 的置信度。你可以通过 level 参数来改变它。

注意，这些预测区间对偏离正态是非常敏感的。如果你怀疑响应变量不是正态分布的，请考虑非参数方法，例如 Bootstrap 程序（参见 13.8 节）计算预测区间。

11.21 执行单因素方差分析

11.21.1 问题

将数据分为几组，每组数据都是正态分布的，想知道这些组是否具有显著不同的均值。

11.21.2 解决方案

使用因子来定义组。然后应用 oneway.test 函数：

```
oneway.test(x ~ f)
```

这里，x 是一个数值向量，f 是定义组的一个因子。输出结果包括 p 值。按照惯例，p 值小于 0.05 表示两个或更多个组具有显著不同的平均值，而超过 0.05 的值不提供这样的证据。

11.21.3 讨论

比较组的均值是一项常见的任务。单因素方差分析执行该比较，并计算它们在统计上相同的概率。较小的 p 值表示两个或多个组可能具有不同的平均值。（这并不表示所有组都有不同的均值。）

基本的方差分析检验假设数据服从正态分布，或者至少它非常接近钟形分布。如果没有，请改用 Kruskal-Wallis 检验（参见 11.24 节）。

我们可以用股票市场历史数据来说明方差分析。股票市场在某些月份比其他月份有更多盈利吗？例如，一个普通的民间谣传说，10 月对于股市投资者来说是糟糕的一个月[注3]。我们通过创建一个数据框 GSPC_df 来探讨这个问题，包含一个向量和一个因子。向量 r 包含标准普尔 500 种股票指数的日收益率，是衡量股市表现的一个广泛指标。因子 mon 表示该变动发生的日历月：1 月、2 月、3 月等。数据取自 1950 年至 2009 年期间。

注3： 用马克·吐温的话来说，"十月，这是投资股票的特别危险的一个月份。其他的是 7 月、1 月、9 月、4 月、11 月、5 月、3 月、6 月、12 月、8 月和 2 月。"

单因素方差分析显示 p 值为 0.033 47：

```
load(file = './data/anova.rdata')
oneway.test(r ~ mon, data = GSPC_df)
#>
#>  One-way analysis of means (not assuming equal variances)
#>
#> data:  r and mon
#> F = 2, num df = 10, denom df = 7000, p-value = 0.03
```

我们可以得出结论，股市会根据月份发生重大变化。

然而，在你跑到你的经纪人并开始翻开你的投资组合之前，我们应该检查一下：模式在最近是否改变了？我们可以通过指定参数 subset 来限制分析，只分析最近的数据。这对 oneway.test 函数和 lm 函数都奏效。subset 包含要分析的观察值的索引；所有其他观察值都将被忽略。在这里，我们把 2500 个最近观察值赋予索引，这大约是 10 年的数据：

```
oneway.test(r ~ mon, data = GSPC_df, subset = tail(seq_along(r), 2500))
#>
#>  One-way analysis of means (not assuming equal variances)
#>
#> data:  r and mon
#> F = 0.7, num df = 10, denom df = 1000, p-value = 0.8
```

在过去十年中，这些月度差异消失了。较大的 p 值为 0.8，表示股市收益率没有根据不同的日历月发生显著的变化。显然，这些差异已成为过去。

请注意，oneway.test 的输出显示 "(not assuming equal variances)"（不假定方差相等）。如果你知道这些组具有相等的差异，那么通过指定 var.equal = TRUE，你将得到一个不太保守的检验：

```
oneway.test(x ~ f, var.equal = TRUE)
```

你还可以使用 aov 函数执行单因素方差分析，如下所示：

```
m <- aov(x ~ f)
summary(m)
```

但是，aov 函数总是假设方差相等，因此不如 oneway.test 灵活。

11.21.4 另请参阅

如果均值有显著不同，请使用 11.23 节查看实际偏差。如果数据不是方差分析所要求的正态分布，请使用 11.24 节。

11.22 创建交互关系图

11.22.1 问题

多因素方差分析：使用两个或更多分类变量作为预测变量的方差分析。需要得到预测变量之间可能的交互关系的可视化检验。

11.22.2 解决方案

使用 interaction.plot 函数：

```
interaction.plot(pred1, pred2, resp)
```

这里，pred1 和 pred2 是两个分类预测变量，resp 是响应变量。

11.22.3 讨论

方差分析是线性回归的一种形式，因此理想情况下，每个预测变量和响应变量之间存在线性关系。非线性的一个来源是两个预测变量之间的交互关系：当一个预测变量改变值时，其他预测变量将改变其与响应变量的关系。检查预测变量之间的交互关系是一种基本诊断。

faraway 包中包含一个名为 rats 的数据集。其中，treat 和 poison 是分类变量，time 是响应变量。当绘制 poison 对 time 的图形时，我们寻找能够表明线性关系的直线、平行线。但是，使用 interaction.plot 函数生成的图 11-8 显示存在交互关系：

```
library(faraway)
data(rats)
interaction.plot(rats$poison, rats$treat, rats$time)
```

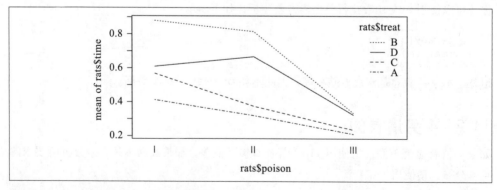

图 11-8：time 和 poison 的交互关系图

每条线都描绘了 time 和 poison 的关系。线之间的区别在于每条线代表不同的 treat 值。这些线应该是平行的，但前两条线并不完全平行。显然，改变 treat 的值会"扭曲"线条，在 poison 和 time 之间的关系中引入了非线性关系。

这标志着我们应该检查可能存在的交互关系。对于这些数据，它只是恰巧有一个交互关系，而在统计上并不显著。这里的经验是：可视化检验是有用的，但它并非万无一失。随后应该跟进一个统计检查。

11.22.4 另请参阅

参见 11.7 节。

11.23 找到组间均值的差异

11.23.1 问题

将数据分组，方差分析表明这些组具有显著不同的均值。你需要知道所有组的均值之间的差异。

11.23.2 解决方案

使用 aov 函数执行方差分析，该函数返回一个模型对象。然后将 TukeyHSD 函数应用于该模型对象：

```
m <- aov(x ~ f)
TukeyHSD(m)
```

这里，x 是数据，f 是分组因子。你可以绘制 TukeyHSD 的结果以获得差异的图形显示：

```
plot(TukeyHSD(m))
```

11.23.3 讨论

方差分析检验非常重要，因为它可以告诉你组间均值是否有差异。但是检验没有确定哪些组是不同的，并且它也不能显示它们的差异。

TukeyHSD 函数可以计算这些差异，并帮助你识别最大的均值。它使用 John Tukey 发明的"诚实的显著性差异"方法。

通过继续讨论 11.21 节中的示例来说明函数 TukeyHSD，在 11.21 节中把每日的股票市场收益按月份分组。在这里，我们将根据工作日分组，使用一个名为 wday 的因子来识别一周发生变化的天（星期一……星期五）。我们将使用前 2500 个观测值，大致涵盖 1950 年至 1960 年期间的股票市场收益数据：

```
load(file = './data/anova.rdata')
oneway.test(r ~ wday, subset = 1:2500, data = GSPC_df)
#>
#>  One-way analysis of means (not assuming equal variances)
#>
#> data:  r and wday
#> F = 10, num df = 4, denom df = 1000, p-value = 5e-10
```

p 值接近于为零，表明不同工作日的股票市场平均变动是显著不同的。为了使用 TukeyHSD 函数，我们首先使用 aov 函数执行方差分析检验，该函数返回一个模型对象，然后将 TukeyHSD 函数应用于该对象：

```
m <- aov(r ~ wday, subset = 1:2500, data = GSPC_df)
TukeyHSD(m)
#>    Tukey multiple comparisons of means
#>      95% family-wise confidence level
#>
#> Fit: aov(formula = r ~ wday, data = GSPC_df, subset = 1:2500)
#>
#> $wday
#>               diff       lwr       upr p adj
#> Mon-Fri -0.003153 -4.40e-03 -0.001911 0.000
#> Thu-Fri -0.000934 -2.17e-03  0.000304 0.238
#> Tue-Fri -0.001855 -3.09e-03 -0.000618 0.000
#> Wed-Fri -0.000783 -2.01e-03  0.000448 0.412
#> Thu-Mon  0.002219  9.79e-04  0.003460 0.000
#> Tue-Mon  0.001299  5.85e-05  0.002538 0.035
#> Wed-Mon  0.002370  1.14e-03  0.003605 0.000
#> Tue-Thu -0.000921 -2.16e-03  0.000314 0.249
#> Wed-Thu  0.000151 -1.08e-03  0.001380 0.997
#> Wed-Tue  0.001072 -1.57e-04  0.002300 0.121
```

在输出表中的每一行代表两组均值之间的差异（diff），以及差异的置信区间的下限和上限（lwr 和 upr）。例如，表中的第一行比较了 Mon 组（星期一）和 Fri 组（星期五）：它们的均值差异为 0.003，置信区间为 (−0.0044, −0.0019)。

浏览这张表，我们看到 Wed-Mon（周三 − 周一）间比较的差异最大，为 0.002 37。

TukeyHSD 的一个很有用的功能是它可以直观地显示这些差异。只需绘制函数的返回值即可获得输出，如图 11-9 所示：

```
plot(TukeyHSD(m))
```

水平线绘制每对比较的置信区间。通过这种可视化图形，你可以快速看到几个置信区间跨越零值，这表明差异不一定显著。你还可以看到 Wed-Mon（周三 − 周一）对的差异最大，因为它们的置信区间远远地偏离右侧。

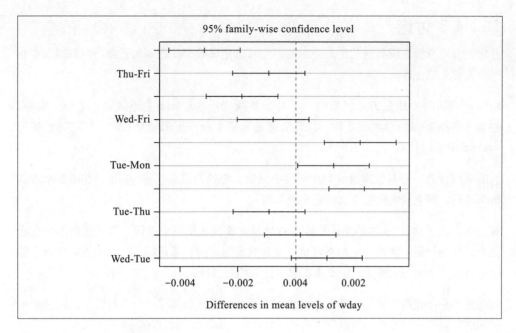

图 11-9: TukeyHSD 绘图

11.23.4 另请参阅

参见 11.21 节。

11.24 执行稳健方差分析 (Kruskal-Wallis 检验)

11.24.1 问题

将数据分为几组。各组数据不是正态分布的，但它们的分布具有相似的形状。你需要执行一个类似方差分析的检验——你想知道这些组的中位数是否显著不同。

11.24.2 解决方案

创建一个定义数据组的因子。使用 `kruskal.test` 函数，该函数实现 Kruskal-Wallis 检验。与方差分析检验不同，此检验不依赖于数据的正态性：

```
kruskal.test(x ~ f)
```

这里，x 是数据向量，f 是分组因子。输出结果包括 p 值。通常，$p < 0.05$ 表示两组或更多组的中位数之间存在显著差异，而 $p > 0.05$ 没有提供这样的证据。

11.24.3 讨论

通常，方差分析假设数据是正态分布的。它可以允许数据些许偏离正态，但极端偏差会产生无意义的 p 值。

Kruskal-Wallis 检验是方差分析的一个非参数版本，这意味着它不假设正态性。但是，它假设各组有相同形状的分布。只要数据是非正态分布或未知分布时，你就应该使用 Kruskal-Wallis 检验。

它的零假设是，所有数据组具有相同的中位数。拒绝原假设（$p < 0.05$）并不表示所有组都不同，但它确实表明两个或更多组不同。

有一年，保罗向 94 名本科生讲授商务统计学。课程包括期中考试，考试前有四个家庭作业。他想知道：完成作业和在考试中发挥良好之间的关系是什么？如果没有关系，那么家庭作业就无关紧要了，需要重新思考作业的必要性。

他创建了一个成绩向量，每个元素对应一名学生，他还创建了一个平行因子，包含学生完成的家庭作业的数量。数据位于名为 `student_data` 的数据框中：

```
load(file = './data/student_data.rdata')
head(student_data)
#> # A tibble: 6 x 4
#>   att.fact hw.mean midterm hw
#>   <fct>      <dbl>   <dbl> <fct>
#> 1 3          0.808   0.818 4
#> 2 3          0.830   0.682 4
#> 3 3          0.444   0.511 2
#> 4 3          0.663   0.670 3
#> 5 2          0.9     0.682 4
#> 6 3          0.948   0.954 4
```

请注意，`hw` 变量——虽然它似乎是数值型的，但实际上是一个因子。它根据学生完成的家庭作业数量，将每个期中成绩分配给五组中的一组。

考试成绩的分布不是正态的：学生数学技能的差异很大，因此成绩为 A 和 F 的学生有很多。因此，常规方差分析是不合适的。相反，我们使用 Kruskal-Wallis 检验并获得了近似于零的 p 值（4×10^{-5}，或 0.000 04）：

```
kruskal.test(midterm ~ hw, data = student_data)
#>
#>  Kruskal-Wallis rank sum test
#>
#> data:  midterm by hw
#> Kruskal-Wallis chi-squared = 30, df = 4, p-value = 4e-05
```

显然，完成作业的学生与不完成作业的学生之间存在显著的表现差异。但保罗究竟能得出什么结论呢？起初，他很高兴家庭作业看起来如此有效。然后他突然意识到这是统计推理中的一个典型错误：他认为"相关性暗示着因果关系"。事实并非如此。也许有很强动机的学生在家庭作业和考试中表现良好，而懒惰的学生则都表现不好。在这种情况下，因果关系的因子是动机的程度，而不是布置作业这一明智选择。最后，他只能得出一些非常简单的结论：完成作业的学生可能会在期中考试中取得好成绩，但他仍然不知道为什么。

11.25 运用方差分析比较模型

11.25.1 问题

有两个针对相同数据的模型，而你想知道它们是否产生不同的结果。

11.25.2 解决方案

anova 函数可以比较两个模型并报告它们是否有显著差异：

```
anova(m1, m2)
```

这里，m1 和 m2 都是 lm 返回的模型对象。anova 的输出包括一个 p 值。通常，p 值小于 0.05 表示模型显著不同，而超过 0.05 的值表明没有这样的证据。

11.25.3 讨论

在 11.3 节中，我们使用 anova 函数打印一个回归模型的方差分析表。现在我们使用双参数形式来比较两个模型。

在比较两个模型时，anova 函数有一个强烈的要求：一个模型必须包含在另一个模型中。也就是说，较小模型的所有项必须出现在较大的模型中。否则，比较是不可能的。

方差分析执行 F 检验，类似于线性回归的 F 检验。不同之处在于该检验比较两个模型，而回归 F 检验比较使用回归模型和不使用模型。

假设我们通过增加预测变量的方式对 y 构建了三个模型：

```
load(file = './data/anova2.rdata')
m1 <- lm(y ~ u)
m2 <- lm(y ~ u + v)
m3 <- lm(y ~ u + v + w)
```

m2 与 m1 真的不同吗？我们可以使用 anova 来比较它们，结果是 p 值为 0.0091：

```
anova(m1, m2)
#> Analysis of Variance Table
#>
#> Model 1: y ~ u
#> Model 2: y ~ u + v
#>   Res.Df RSS Df Sum of Sq    F Pr(>F)
#> 1     18 197
#> 2     17 130  1      66.4 8.67 0.0091 **
#> ---
#> Signif. codes:  0 '***' 0.001 '**' 0.01 '*' 0.05 '.' 0.1 ' ' 1
```

较小的 p 值表明模型有显著差异。然而，比较 m2 和 m3，得到的 p 值为 0.055：

```
anova(m2, m3)
#> Analysis of Variance Table
#>
#> Model 1: y ~ u + v
#> Model 2: y ~ u + v + w
#>   Res.Df RSS Df Sum of Sq    F Pr(>F)
#> 1     17 130
#> 2     16 103  1      27.5 4.27  0.055 .
#> ---
#> Signif. codes:  0 '***' 0.001 '**' 0.01 '*' 0.05 '.' 0.1 ' ' 1
```

p 值接近于我们的阈值 0.05。严格来说，它没有满足 p 值小于 0.05 的要求；但是，它足够接近，你可能会判断模型"有足够的差异"。

这个例子有点做作，所以它没有显示出方差分析的强大功能。当我们使用 anova，并同时通过添加和删除多个项来尝试复杂的模型时，我们需要知道新模型是否与原始模型不同。换句话说：如果我们添加了新项而新模型基本不变，则额外的项带来的复杂性是不值得的。

358 | 第 11 章

## 第 12 章

有用的方法

本章中介绍的方法既不是晦涩的数值计算，也不是高级的统计技术。但它们是有用的函数和语法，你可能时不时地需要使用它们。

12.1 查看你的数据

12.1.1 问题

有许多数据——多到不能一次性显示出来。尽管如此，你需要查看一些数据。

12.1.2 解决方案

使用 head 函数查看前几个或前几行数据：

```
head(x)
```

使用 tail 函数查看后几个或后几行数据：

```
tail(x)
```

或者可以在 RStudio 的交互式查看器中查看整个内容：

```
View(x)
```

12.1.3 讨论

输出一个大的数据集毫无意义，因为它们不会全部展示在屏幕上。使用 head 函数来查看一些数据（默认为 6 行）：

```
load(file = './data/lab_df.rdata')
```

```
head(lab_df)
#>         x lab      y
#> 1  0.0761  NJ  1.621
#> 2  1.4149  KY 10.338
#> 3  2.5176  KY 14.284
#> 4 -0.3043  KY  0.599
#> 5  2.3916  KY 13.091
#> 6  2.0602  NJ 16.321
```

使用 tail 函数查看后几行数据和总行数：

```
tail(lab_df)
#>         x lab      y
#> 195 7.353  KY 38.880
#> 196 -0.742 KY -0.298
#> 197 2.116  NJ 11.629
#> 198 1.606  KY  9.408
#> 199 -0.523 KY -1.089
#> 200 0.675  KY  5.808
```

head 函数和 tail 函数都允许你将一个数值传递给函数，从而设置返回的行数：

```
tail(lab_df, 2)
#>         x lab     y
#> 199 -0.523 KY -1.09
#> 200 0.675  KY  5.81
```

RStudio 内置了一个交互式查看器。你可以从控制台或脚本调用查看器：

```
View(lab_df)
```

或者可以将变量对象传递给查看器：

```
lab_df %>%
  View()
```

当传递到 View 时，你会注意到查看器只是简单地通过一个点（.）命名 View 选项卡。
要使命名具有更多信息，可以在引号中输入描述性名称：

```
lab_df %>%
  View("lab_df test from pipe")
```

生成的 RStudio 查看器如图 12-1 所示。

12.1.4 另请参阅

有关查看变量内容的结构，请参阅 12.13 节。

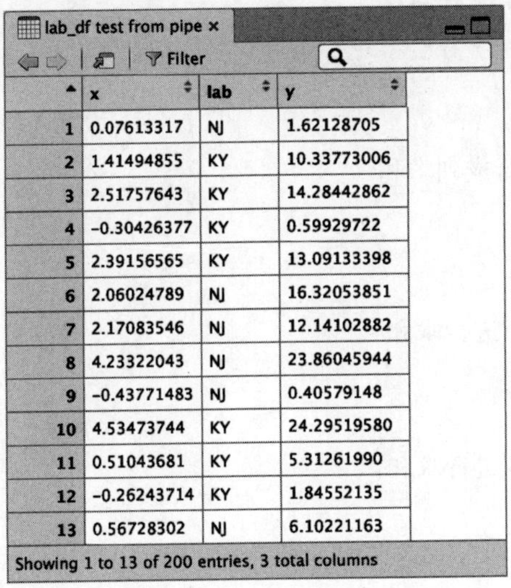

lab_df test from pipe ×

Filter

	x	lab	y
1	0.07613317	NJ	1.62128705
2	1.41494855	KY	10.33773006
3	2.51757643	KY	14.28442862
4	-0.30426377	KY	0.59929722
5	2.39156565	KY	13.09133398
6	2.06024789	NJ	16.32053851
7	2.17083546	NJ	12.14102882
8	4.23322043	NJ	23.86045944
9	-0.43771483	NJ	0.40579148
10	4.53473744	KY	24.29519580
11	0.51043681	KY	5.31261990
12	-0.26243714	KY	1.84552135
13	0.56728302	NJ	6.10221163

Showing 1 to 13 of 200 entries, 3 total columns

图 12-1：RStudio 查看器

12.2 输出赋值结果

12.2.1 问题

为变量赋值的同时想要查看它的值。

12.2.2 解决方案

简单地给赋值表达式加上括号：

```
x <- 1/pi              # Prints nothing
(x <- 1/pi)            # Prints assigned value
#> [1] 0.318
```

12.2.3 讨论

通常，当 R 看到你输入简单的赋值时，R 不会输出。但是，当给赋值表达式加上括号时，它不再是一个简单的赋值，R 同时会输出它的值。这对于脚本中的快速调试非常方便。

12.2.4 另请参阅

更多关于打印的内容，请参阅 2.1 节。

12.3 对行和列求和

12.3.1 问题

需要对矩阵或数据框的行或列求和。

12.3.2 解决方案

使用 rowSums 函数对行进行求和：

```
rowSums(m)
```

使用 colSums 函数对列进行求和：

```
colSums(m)
```

12.3.3 讨论

这是一个简单的方法，但它非常常见，值得一提。例如，在生成包含列总和的汇总报告时，我们使用此方法。在这个例子中，daily.prod 是本周工厂生产的记录，我们希望按产品和天计算总和：

```
load(file = './data/daily.prod.rdata')
daily.prod
#>     Widgets Gadgets Thingys
#> Mon     179     167     182
#> Tue     153     193     166
#> Wed     183     190     170
#> Thu     153     161     171
#> Fri     154     181     186
colSums(daily.prod)
#> Widgets Gadgets Thingys
#>     822     892     875
rowSums(daily.prod)
#> Mon Tue Wed Thu Fri
#> 528 512 543 485 521
```

这些函数返回一个向量。在有列总和的情况下，我们可以将和向量附加到矩阵，从而整齐地打印原始数据和总和：

```
rbind(daily.prod, Totals=colSums(daily.prod))
#>        Widgets Gadgets Thingys
#> Mon        179     167     182
#> Tue        153     193     166
#> Wed        183     190     170
#> Thu        153     161     171
#> Fri        154     181     186
#> Totals     822     892     875
```

12.4 按列输出数据

12.4.1 问题

有多个平行数据向量，想把它们按列输出。

12.4.2 解决方案

使用 cbind 函数将数据形成列，然后打印这个结果。

12.4.3 讨论

当你有平行向量时，如果单独打印它们，将很难看清它们之间的关系：

```
load(file = './data/xy.rdata')
print(x)
#>  [1] -0.626  0.184 -0.836  1.595  0.330 -0.820  0.487  0.738  0.576 -0.305
print(y)
#>  [1]  1.5118  0.3898 -0.6212 -2.2147  1.1249 -0.0449 -0.0162  0.9438
#>  [9]  0.8212  0.5939
```

使用 cbind 函数将它们组成列，打印时显示数据的结构：

```
print(cbind(x,y))
#>            x        y
#>  [1,] -0.626  1.5118
#>  [2,]  0.184  0.3898
#>  [3,] -0.836 -0.6212
#>  [4,]  1.595 -2.2147
#>  [5,]  0.330  1.1249
#>  [6,] -0.820 -0.0449
#>  [7,]  0.487 -0.0162
#>  [8,]  0.738  0.9438
#>  [9,]  0.576  0.8212
#> [10,] -0.305  0.5939
```

也可以在输出中包含表达式。使用标签为其指定列标题：

```
print(cbind(x, y, Total = x + y))
#>            x        y  Total
#>  [1,] -0.626  1.5118  0.885
#>  [2,]  0.184  0.3898  0.573
#>  [3,] -0.836 -0.6212 -1.457
#>  [4,]  1.595 -2.2147 -0.619
#>  [5,]  0.330  1.1249  1.454
#>  [6,] -0.820 -0.0449 -0.865
#>  [7,]  0.487 -0.0162  0.471
#>  [8,]  0.738  0.9438  1.682
#>  [9,]  0.576  0.8212  1.397
#> [10,] -0.305  0.5939  0.289
```

12.5 对数据分组

12.5.1 问题

有一个向量，需要根据间隔将数据拆分为组。统计学家称之为对数据分组（binning）。

12.5.2 解决方案

使用 cut 函数。你必须定义一个向量，比如 breaks，它给出间隔的范围。cut 函数将根据间隔对数据进行分组。它返回一个因子，它的水平（元素）标识每个组的数据：

```
f <- cut(x, breaks)
```

12.5.3 讨论

此示例生成 1000 个具有标准正态分布的随机数。它通过定义 ±1、±2 和 ±3 个标准差的间隔，将这些数据分为 6 组：

```
x <- rnorm(1000)
breaks <- c(-3, -2, -1, 0, 1, 2, 3)
f <- cut(x, breaks)
```

结果是一个因子 f，用于标识分组。函数 summary 根据水平显示该组元素数量。R 为每个水平创建名称，对间隔使用数学符号：

```
summary(f)
#> (-3,-2] (-2,-1]  (-1,0]   (0,1]   (1,2]   (2,3]    NA's
#>      25     147     341     332     132      18       5
```

得到的结果数据是我们所期望的钟形。它有 5 个 NA 值，表示 x 中的 5 个值落在定义的间隔之外。

可以使用 labels 参数为 6 个组提供预定义的名称，而不是将晦涩的合成名称分配给它们：

```
f <- cut(x, breaks, labels = c("Bottom", "Low", "Neg", "Pos", "High", "Top"))
```

现在，函数 summary 使用我们定义的名字：

```
summary(f)
#> Bottom    Low    Neg    Pos   High    Top   NA's
#>     25    147    341    332    132     18      5
```

分组对于数据汇总是很有用的，例如对于直方图。但它会导致信息丢失，这在建模中可能是有害的。考虑在极端情况下将连续变量分组为两个值——"高"值和"低"值。分组数据只有两个可能值，因此少用了一些信息源。连续变量可能是强有力的预测变量，分组变量最多可以区分两个状态，因此可能只有原来的少部分信息。在分组之前，建议探索其他信息损失较少的转换。

12.6 找到特定值的位置

12.6.1 问题

有一个向量。你知道内容中有一个特定值，想知道它的位置。

12.6.2 解决方案

函数 match 将在向量中搜索特定值并返回其位置：

```
vec <- c(100, 90, 80, 70, 60, 50, 40, 30, 20, 10)
match(80, vec)
#> [1] 3
```

这里，match 返回 3，这是 vec 中 80 这个值的位置。

12.6.3 讨论

有一些特殊函数可以分别找到最小值和最大值的位置——which.min 和 which.max：

```
vec <- c(100,90,80,70,60,50,40,30,20,10)
which.min(vec)              # Position of smallest element
#> [1] 10
which.max(vec)              # Position of largest element
#> [1] 1
```

12.6.4 另请参阅

这个方法也用在 11.13 节中。

12.7 每隔 *n* 个选定一个向量元素

12.7.1 问题

需要每隔 *n* 个值选择向量中的一个元素。

12.7.2 解决方案

创建一个逻辑索引向量，每隔 *n* 个元素将它的值设置为 TRUE。一种方法是当进行模 *n* 运算时，找到所有等于零的元素的下标：

```
v[seq_along(v) %% n == 0]
```

12.7.3 讨论

这个问题出现在系统采样中：我们想通过选择每隔 n 个元素的值来采样数据集。函数
seq_along(v) 生成可以索引 v 的整数序列，它相当于 1:length(v)。我们通过以
下表达式进行每个索引值模 n 的运算：

```
v <- rnorm(10)
n <- 2
seq_along(v) %% n
#> [1] 1 0 1 0 1 0 1 0 1 0
```

然后找到等于零的索引值：

```
seq_along(v) %% n == 0
#> [1] FALSE  TRUE FALSE  TRUE FALSE  TRUE FALSE  TRUE FALSE  TRUE
```

结果是一个逻辑向量，长度与 v 相同，并且每隔 n 个元素为 TRUE，可以用它来索引 v
从而选择所需的元素：

```
v
#> [1]  2.325  0.524  0.971  0.377 -0.996 -0.597  0.165 -2.928 -0.848  0.799
v[ seq_along(v) %% n == 0 ]
#> [1]  0.524  0.377 -0.597 -2.928  0.799
```

如果你只是想获得每隔两个元素的值，可以调用循环规则。用一个二元素逻辑向量来索
引 v，如下所示：

```
v[c(FALSE, TRUE)]
#> [1]  0.524  0.377 -0.597 -2.928  0.799
```

如果 v 有两个以上的元素，则索引向量太短。因此，R 将调用循环规则并将索引向量扩
展到 v 的长度，循环它的内容。这给出了一个索引向量，它是 FALSE、TRUE、FALSE、
TRUE、FALSE、TRUE 等。所以，最终的结果是 v 的每隔两个元素的值。

12.7.4 另请参阅

有关循环规则的更多信息，请参阅 5.3 节。

12.8 找到最小值或最大值

12.8.1 问题

有两个向量 v 和 w，你想要找到成对元素的最小值或最大值。也就是说，你想要计算：

$$\min(v_1, w_1), \min(v_2, w_2), \min(v_3, w_3), \cdots$$

或者

$$\max(v_1, w_1), \max(v_2, w_2), \max(v_3, w_3), \cdots$$

12.8.2 解决方案

R 将这些称为平行最小值和平行最大值，分别由 pmin(v, w) 和 pmax(v, w) 计算：

```
pmin(1:5, 5:1)    # Find the element-by-element minimum
#> [1] 1 2 3 2 1
pmax(1:5, 5:1)    # Find the element-by-element maximum
#> [1] 5 4 3 4 5
```

12.8.3 讨论

当 R 初学者想要逐对最小值或最大值时，常见的错误是使用 min(v, w) 或 max(v, w)。这些不是成对操作：min(v, w) 返回单个值，即所有 v 和 w 的最小值。同样，max(v, w) 也从所有 v 和 w 中返回单个值。

pmin 和 pmax 值平行比较它们的参数，为每个下标计算最小值或最大值。它们返回一个与输入长度匹配的向量。

可以将 pmin 和 pmax 与循环规则结合使用以执行这个有用的方法。假设向量 v 包含正值和负值，并且你希望将负值重置为零。方法如下：

```
v <- c(-3:3)
v
#> [1] -3 -2 -1  0  1  2  3
v <- pmax(v, 0)
v
#> [1] 0 0 0 0 1 2 3
```

通过循环规则，R 将零值纯量扩展为零的向量，其长度与 v 相同。然后 pmax 进行逐元素比较，取 v 的每个元素和零值中较大的值。

实际上，pmin 和 pmax 的功能比解决方案所描述的更强大。它们可以处理多于两个的向量，平行比较所有向量。

使用 pmin 或 pmax 基于多个字段对数据框进行计算并得到一个新变量并不罕见。我们来看一个简单的例子：

```
df <- data.frame(a = c(1,5,8),
                 b = c(2,3,7),
                 c = c(0,4,9))
```

```
df %>%
  mutate(max_val = pmax(a,b,c))
#>   a b c max_val
#> 1 1 2 0       2
#> 2 5 3 4       5
#> 3 8 7 9       9
```

我们可以看到新列 max_val 包含三个输入列中的逐行最大值。

12.8.4 另请参阅

有关循环规则的更多信息，请参阅 5.3 节。

12.9 生成多个变量的组合

12.9.1 问题

有两个或多个变量。你想要生成这些水平的所有组合，也称为它们的笛卡儿积。

12.9.2 解决方案

使用 expand.grid 函数。这里 f 和 g 是向量：

```
expand.grid(f, g)
```

12.9.3 讨论

以下代码创建了两个向量——sides 代表硬币的两面，而 faces 代表一个骰子的六个面（骰子上的小斑点称为点）：

```
sides <- c("Heads", "Tails")
faces <- c("1 pip", paste(2:6, "pips"))
```

可以使用 expand.grid 找到掷一次骰子和掷一枚硬币的结果的所有组合：

```
expand.grid(faces, sides)
#>       Var1  Var2
#> 1    1 pip Heads
#> 2   2 pips Heads
#> 3   3 pips Heads
#> 4   4 pips Heads
#> 5   5 pips Heads
#> 6   6 pips Heads
#> 7    1 pip Tails
#> 8   2 pips Tails
#> 9   3 pips Tails
#> 10  4 pips Tails
```

```
#> 11 5 pips Tails
#> 12 6 pips Tails
```

同样，可以找到两个骰子的结果的所有组合，但我们不会在这里打印输出，因为它有 36 行：

```
expand.grid(faces, faces)
```

expand.grid 的结果是一个数据框。R 自动提供行名称和列名称。

解决方案和示例显示了两个向量的笛卡儿积，但是 expand.grid 也可以处理三个或多个因子。

12.9.4 另请参阅

如果你正在处理字符串并希望将元素合并，那么还可以使用 7.6 节中的方法来生成组合。

12.10 转换一个数据框

12.10.1 问题

有一个数值型数据框。你想要将所有元素一起处理，而不是作为单独的列处理，例如，查找所有值的平均值。

12.10.2 解决方案

将数据框转换为矩阵，然后处理矩阵。此示例查找数据框 dfrm 中所有元素的平均值：

```
mean(as.matrix(dfrm))
```

有时需要将矩阵转换为向量。在那种情况下，使用 as.vector(as.matrix(dfrm))。

12.10.3 讨论

假设我们有一个数据框，例如来自 12.3 节的工厂生产数据：

```
load(file = './data/daily.prod.rdata')
daily.prod
#>      Widgets Gadgets Thingys
#> Mon      179     167     182
#> Tue      153     193     166
#> Wed      183     190     170
#> Thu      153     161     171
#> Fri      154     181     186
```

假设我们想要所有日期和产品的平均日产量。以下代码不会奏效：

```
mean(daily.prod)
#> Warning in mean.default(daily.prod): argument is not numeric or logical:
#> returning NA
#> [1] NA
```

函数 mean 并不知道如何处理数据框，因此会抛出错误信息。如果需要所有值的平均值，请先将数据框转换为矩阵：

```
mean(as.matrix(daily.prod))
#> [1] 173
```

此方法仅适用于包含数值型数据的数据框。回想一下，将具有混合数据（与字符列或因子混合的数值列）的数据框转换为矩阵会强制将所有列转换为字符。

12.10.4 另请参阅

有关数据类型之间进行转换的更多信息，请参见 5.29 节。

12.11 对数据框排序

12.11.1 问题

有一个数据框。你需要使用一列作为排序关键字将它的内容排序。

12.11.2 解决方案

使用 dplyr 包中的 arrange 函数：

```
df <- arrange(df, key)
```

这里 df 是数据框，key 是排序关键字列。

12.11.3 讨论

sort 函数对于向量很有用，但对数据框无效。假设我们有以下数据框，需要按月排序：

```
load(file = './data/outcome.rdata')
print(df)
#>   month day outcome
#> 1     7  11     Win
#> 2     8  10    Lose
#> 3     8  25     Tie
#> 4     6  27     Tie
#> 5     7  22     Win
```

函数 arrange 将月份重新按升序排列，并返回整个数据框：

```
library(dplyr)
arrange(df, month)
#>   month day outcome
#> 1     6  27     Tie
#> 2     7  11     Win
#> 3     7  22     Win
#> 4     8  10    Lose
#> 5     8  25     Tie
```

重新排列数据框后，月份列按升序排列——正如我们想要的那样。如果要按降序对数据
进行排序，请在要排序的列前面添加 -：

```
arrange(df,-month)
#>   month day outcome
#> 1     8  10    Lose
#> 2     8  25     Tie
#> 3     7  11     Win
#> 4     7  22     Win
#> 5     6  27     Tie
```

如果要按多列排序，可以将它们添加到 arrange 函数中。以下示例首先按月排序，然
后按天排序：

```
arrange(df, month, day)
#>   month day outcome
#> 1     6  27     Tie
#> 2     7  11     Win
#> 3     7  22     Win
#> 4     8  10    Lose
#> 5     8  25     Tie
```

在 7 月和 8 月内，日期现在按升序排序。

12.12 移除变量属性

12.12.1 问题

一个变量带有旧属性，需要移除它们中的一些或者全部。

12.12.2 解决方案

要删除所有属性，可以对变量的 attributes 属性指定 NULL 值：

```
attributes(x) <- NULL
```

要删除单个属性，可以调用 attr 函数选择单个属性，并将其设置为 NULL：

```
attr(x, "attributeName") <- NULL
```

12.12.3 讨论

R 中的任何变量都可以具有属性。属性是一个简单的名称 / 值对，变量可以有很多属性。一个常见的例子是矩阵变量的维度，它们存储在一个属性中。属性名称为 dim，属性值是一个二元素向量，它给出了行数和列数。

你可以通过 attributes(x) 或 str(x) 的输出来查看 x 的属性。

有时你只想要一个数值，但是 R 同时给出属性值。当拟合一个简单的线性模型并获取斜率值时，这可能会发生，这是第二个回归系数：

```
load(file = './data/conf.rdata')
m <- lm(y ~ x1)
slope <- coef(m)[2]
slope
#>  x1
#> -11
```

当我们输出 slope 时，R 同时输出 "x1"。这是 lm 给回归系数的名称属性（因为它是变量 x1 的系数）。我们可以通过输出 slope 的内部结构来更清楚地看到，它显示了一个 "names" 属性：

```
str(slope)
#>  Named num -11
#>  - attr(*, "names")= chr "x1"
```

移除所有属性很容易，移除之后斜率值变为一个数字：

```
attributes(slope) <- NULL   # Strip off all attributes
str(slope)                  # Now the "names" attribute is gone
#>  num -11

slope                       # And the number prints cleanly without a
                            #   label
#> [1] -11
```

或者，可以通过以下方式移除单个属性：

```
attr(slope, "names") <- NULL
```

 请记住，矩阵是一个具有 dim 属性的向量（或列表）。如果从矩阵中去掉所有属性，会移除它的维数，从而将其转换为一个纯粹的向量（或列表）。此外，从对象（特别是 S3 对象）中移除属性可能会使该对象失去作用。因此，请小心删除属性。

12.12.4 另请参阅

有关查看属性的更多信息，请参阅 12.13 节。

12.13 显示对象的结构

12.13.1 问题

调用了一个函数，然后返回结果。现在，你需要查看这个结果并了解更多信息。

12.13.2 解决方案

使用 class 来确定对象类：

    class(x)

使用 mode 剥离面向对象的特性，揭示数据的潜在结构：

    mode(x)

使用 str 显示内部结构和内容：

    str(x)

12.13.3 讨论

很多时候，我们调用一个函数，得到一些结果，然后想知道："这究竟是什么？"理论上，函数文档应该解释返回的值，但是当我们自己看到它的结构时，有时候感觉会更好。对于具有嵌套结构的对象（对象内含有对象）尤其如此。

我们分析 lm（线性建模函数）在最简单的线性回归方法中的返回值，参见 11.1 节：

```
load(file = './data/conf.rdata')
m <- lm(y ~ x1)
print(m)
#>
#> Call:
#> lm(formula = y ~ x1)
#>
#> Coefficients:
#> (Intercept)            x1
#>        15.9         -11.0
```

我们总是从检查对象的类开始处理数据。类指示它是一个向量、矩阵、列表、数据框还是对象：

```
class(m)
#> [1] "lm"
```

似乎 m 是 lm 类的对象。这可能对我们没有任何意义，但我们知道所有对象类都是基于内在的数据结构（向量、矩阵、列表或数据框）构建的。我们可以使用 mode 剥离对象的外观，显示其内在的基本结构：

```
mode(m)
#> [1] "list"
```

看来 m 是列表结构。现在我们可以使用列表函数和运算符来查看其内容。首先，我们想知道其列表元素的名称：

```
names(m)
#>  [1] "coefficients"  "residuals"    "effects"      "rank"
#>  [5] "fitted.values" "assign"       "qr"           "df.residual"
#>  [9] "xlevels"       "call"         "terms"        "model"
```

第一个列表元素称为 "coefficients"。我们可以猜测它们是回归系数。我们来看一下：

```
m$coefficients
#> (Intercept)          x1
#>        15.9       -11.0
```

的确，它们是回归系数。我们识别出了这些值。

我们可以继续挖掘 m 的列表结构，但这会很冗长。str 函数很好地揭示了任何变量的内部结构：

```
str(m)
#> List of 12
#>  $ coefficients : Named num [1:2] 15.9 -11
#>   ..- attr(*, "names")= chr [1:2] "(Intercept)" "x1"
#>  $ residuals    : Named num [1:30] 36.6 58.6 112.1 -35.2 -61.7 ...
#>   ..- attr(*, "names")= chr [1:30] "1" "2" "3" "4" ...
#>  $ effects      : Named num [1:30] -73.1 69.3 93.9 -31.1 -66.3 ...
#>   ..- attr(*, "names")= chr [1:30] "(Intercept)" "x1" "" "" ...
#>  $ rank         : int 2
#>  $ fitted.values: Named num [1:30] 25.69 13.83 -1.55 28.25 16.74 ...
#>   ..- attr(*, "names")= chr [1:30] "1" "2" "3" "4" ...
#>  $ assign       : int [1:2] 0 1
#>  $ qr           :List of 5
#>   ..$ qr   : num [1:30, 1:2] -5.477 0.183 0.183 0.183 0.183 ...
#>   .. ..- attr(*, "dimnames")=List of 2
#>   .. .. ..$ : chr [1:30] "1" "2" "3" "4" ...
#>   .. .. ..$ : chr [1:2] "(Intercept)" "x1"
#>   .. ..- attr(*, "assign")= int [1:2] 0 1
#>   ..$ qraux: num [1:2] 1.18 1.02
#>   ..$ pivot: int [1:2] 1 2
#>   ..$ tol  : num 1e-07
#>   ..$ rank : int 2
```

```
#>    ..- attr(*, "class")= chr "qr"
#>  $ df.residual  : int 28
#>  $ xlevels      : Named list()
#>  $ call         : language lm(formula = y ~ x1)
#>  $ terms        :Classes 'terms', 'formula'  language y ~ x1
#>   .. ..- attr(*, "variables")= language list(y, x1)
#>   .. ..- attr(*, "factors")= int [1:2, 1] 0 1
#>   .. .. ..- attr(*, "dimnames")=List of 2
#>   .. .. .. ..$ : chr [1:2] "y" "x1"
#>   .. .. .. ..$ : chr "x1"
#>   .. ..- attr(*, "term.labels")= chr "x1"
#>   .. ..- attr(*, "order")= int 1
#>   .. ..- attr(*, "intercept")= int 1
#>   .. ..- attr(*, "response")= int 1
#>   .. ..- attr(*, ".Environment")=<environment: R_GlobalEnv>
#>   .. ..- attr(*, "predvars")= language list(y, x1)
#>   .. ..- attr(*, "dataClasses")= Named chr [1:2] "numeric" "numeric"
#>   .. .. ..- attr(*, "names")= chr [1:2] "y" "x1"
#>  $ model        :'data.frame':   30 obs. of  2 variables:
#>   ..$ y : num [1:30] 62.25 72.45 110.59 -6.94 -44.99 ...
#>   ..$ x1: num [1:30] -0.8969 0.1848 1.5878 -1.1304 -0.0803 ...
#>   ..- attr(*, "terms")=Classes 'terms', 'formula'  language y ~ x1
#>   .. .. ..- attr(*, "variables")= language list(y, x1)
#>   .. .. ..- attr(*, "factors")= int [1:2, 1] 0 1
#>   .. .. .. ..- attr(*, "dimnames")=List of 2
#>   .. .. .. .. ..$ : chr [1:2] "y" "x1"
#>   .. .. .. .. ..$ : chr "x1"
#>   .. .. ..- attr(*, "term.labels")= chr "x1"
#>   .. .. ..- attr(*, "order")= int 1
#>   .. .. ..- attr(*, "intercept")= int 1
#>   .. .. ..- attr(*, "response")= int 1
#>   .. .. ..- attr(*, ".Environment")=<environment: R_GlobalEnv>
#>   .. .. ..- attr(*, "predvars")= language list(y, x1)
#>   .. .. ..- attr(*, "dataClasses")= Named chr [1:2] "numeric" "numeric"
#>   .. .. .. ..- attr(*, "names")= chr [1:2] "y" "x1"
#>  - attr(*, "class")= chr "lm"
```

注意，str 显示 m 的所有元素，然后递归地给出每个元素的内容和属性。长向量和列表被截断以使输出便于管理。

探索 R 对象是一门艺术。使用 class、mode 和 str 来查看 R 对象的层次。我们发现 str 经常会告诉你你想知道的一切……有时甚至更多！

12.14 代码运行时间

12.14.1 问题

你想知道运行代码需要多长时间。这很有用，例如，当你优化代码并需要得到优化前和优化后的时间来衡量优化是否有效时。

12.14.2 解决方案

tictoc 包中包含一种非常简单的对代码块计算时间和进行标记的方法。tic 函数启动一个计时器，toc 函数停止计时器并报告执行时间：

```
library(tictoc)
tic('Optional helpful name here')
aLongRunningExpression()
toc()
```

输出是以秒为单位的执行时间。

12.14.3 讨论

假设我们想知道生成 10 000 000 个随机正态变量并对它们求和所需的时间：

```
library(tictoc)
tic('making big numbers')
total_val <- sum(rnorm(1e7))
toc()
#> making big numbers: 0.794 sec elapsed
```

toc 函数以秒为单位返回 tic 中设置的内容以及运行时间。

如果将 toc 的结果赋值给对象，则可以访问开始时间、结束时间和 tic 中设置的内容：

```
tic('two sums')
sum(rnorm(10000000))
#> [1] -84.1
sum(rnorm(10000000))
#> [1] -3899
toc_result <- toc()
#> two sums: 1.373 sec elapsed

print(toc_result)
#> $tic
#> elapsed
#>    2.64
#>
#> $toc
#> elapsed
#>    4.01
#>
#> $msg
#> [1] "two sums"
```

如果要以分钟（或小时！）报告结果，可以对输出元素中的开始时间和结束时间进行如下处理：

```
print(paste('the code ran in',
            round((toc_result$toc -  toc_result$tic) / 60, 4),
```

```
                'minutes'))
#> [1] "the code ran in 0.0229 minutes"
```

可以使用 Sys.time 调用来完成同样的事情，但它的输出没有标签，并且语法清晰度不如 toctoc：

```
start <- Sys.time()
sum(rnorm(10000000))
#> [1] 3607
sum(rnorm(10000000))
#> [1] 1893
Sys.time() - start
#> Time difference of 1.37 secs
```

12.15 避免显示警告和错误消息

12.15.1 问题

函数正在产生恼人的错误消息或警告消息。你不想看到它们。

12.15.2 解决方案

对函数调用使用 suppressMessage(...) 或 suppressWarnings(...)：

```
suppressMessage(annoyingFunction())
suppressWarnings(annoyingFunction())
```

12.15.3 讨论

Augmented Dickey-Fuller 检验中，adf.test 是一个常用的时间序列函数。但是，当 p 值小于 0.01 时，它会产生一条恼人的警告信息，例如下面输出的底部所示：

```
library(tseries)
load(file = './data/adf.rdata')
results <- adf.test(x)
#> Warning in adf.test(x): p-value smaller than printed p-value
```

幸运的是，可以通过在 suppressWarnings(...) 中调用它来包装这个函数：

```
results <- suppressWarnings(adf.test(x))
```

注意，警告消息消失了。这个消息并非完全丢失，因为 R 在内部保留它。我们可以使用函数 warnings 在闲暇时检索这个消息：

```
warnings()
```

一些函数也产生"消息"（在 R 术语中），它们比警告更加温和。通常，它们仅仅是提供信息而不是问题信号。如果这样的消息让你讨厌，你可以在 suppressMessages(...) 内调用函数使它消失。

12.15.4 另请参阅

有关控制错误和警告报告的其他方法，请参阅 options 函数。

12.16 从列表中提取函数参数

12.16.1 问题

你的数据显示在列表结构中。你需要将数据传递给函数，但该函数不接受列表。

12.16.2 解决方案

在简单的情况下，将列表转换为向量。对于更复杂的情况，do.call 函数可以将列表分解为单个参数并调用你的函数：

```
do.call(function, list)
```

12.16.3 讨论

如果数据用向量表示的，处理它就很简单，大多数情况下，R 函数按预期运行：

```
vec <- c(1, 3, 5, 7, 9)
mean(vec)
#> [1] 5
```

如果数据是用列表表示的，则某些函数会失效，将返回一个无用的结果，如下所示：

```
numbers <- list(1, 3, 5, 7, 9)
mean(numbers)
#> Warning in mean.default(numbers): argument is not numeric or logical:
#> returning NA
#> [1] NA
```

numbers 是一个简单的、单个水平的列表，因此我们可以将其转换为一个向量并调用这个函数：

```
mean(unlist(numbers))
#> [1] 5
```

当你有多水平列表结构（列表中有列表）时，情况就变得复杂了。这种情况会在复杂数据结构中发生。以下列表中的每个子列表都是一列数据：

```
my_lists <-
  list(col1 = list(7, 8),
       col2 = list(70, 80),
       col3 = list(700, 800))
my_lists
#> $col1
#> $col1[[1]]
#> [1] 7
#>
#> $col1[[2]]
#> [1] 8
#>
#>
#> $col2
#> $col2[[1]]
#> [1] 70
#>
#> $col2[[2]]
#> [1] 80
#>
#>
#> $col3
#> $col3[[1]]
#> [1] 700
#>
#> $col3[[2]]
#> [1] 800
```

假设我们想将这些数据转换成矩阵。cbind 函数应该创建数据列，但它不明白列表结构并返回了无用的结果：

```
cbind(my_lists)
#>      my_lists
#> col1 List,2
#> col2 List,2
#> col3 List,2
```

如果我们用 unlist 处理数据，那么只得到一个很长的列，这不是我们想要的：

```
cbind(unlist(my_lists))
#>       [,1]
#> col11    7
#> col12    8
#> col21   70
#> col22   80
#> col31  700
#> col32  800
```

解决方案是使用 do.call，它将列表拆分为单个项，然后在这些项上调用 cbind：

```
do.call(cbind, my_lists)
#>      col1 col2 col3
#> [1,] 7    70   700
#> [2,] 8    80   800
```

以这种方式使用 do.call 在功能上与下面调用 cbind 完全相同：

```
cbind(my_lists[[1]], my_lists[[2]], my_lists[[3]])
#>      [,1] [,2] [,3]
#> [1,] 7    70   700
#> [2,] 8    80   800
```

 如果列表元素具有名称，请小心处理。在这种情况下，do.call 将元素名称解释为函数的参数名称，这可能会导致麻烦。

本方法介绍了 do.call 的最基本用法。该函数的功能非常强大，还有许多其他用途。有关详细信息，请参阅帮助页面。

12.16.4 另请参阅

有关数据类型之间的转换，请参见 5.29 节。

12.17 定义你自己的二元运算符

12.17.1 问题

你要定义自己的二元运算符，让 R 代码更加流畅和可读。

12.17.2 解决方案

R 将百分号（%...%）之间的任何文本识别为二元运算符。通过为其赋值一个双参数函数来创建和定义新的二元运算符。

12.17.3 讨论

R 包含一个有趣的功能，可以让你定义自己的二元运算符。两个百分号（%...%）之间的任何文字将自动由 R 解释为二元运算符。R 预定义了几个这样的运算符，例如整数除法的 %/%、矩阵乘法的 %*% 和 magrittr 添加包中的管道 %>%。

通过把一个函数赋值给这个新的运算符，你就可以创建一个新的二元运算符。此示例创建一个运算符 %+-%：

```
'%+-%' <- function(x, margin)
  x + c(-1, +1) * margin
```

表达式 x %+-% m 计算 x ± m。下面的代码计算 $100 \pm (1.96 \times 15)$，标准 IQ 检验的两个标准偏差范围：

```
100 %+-% (1.96 * 15)
#> [1]  70.6 129.4
```

注意，当我们定义二元运算符时，需要使用引用运算符，而在使用时则不需要引用。

定义自己的运算符的乐趣在于，你可以将常用的操作包含在简洁的语法中。如果你的应用程序经常连接两个字符串而没有插入空格，那么你可能为此目的定义一个二元连接运算符：

```
'%+%' <- function(s1, s2)
  paste(s1, s2, sep = "")
"Hello" %+% "World"
#> [1] "HelloWorld"
"limit=" %+% round(qnorm(1 - 0.05 / 2), 2)
#> [1] "limit=1.96"
```

但是，定义自己的运算符的一个危险是，代码不能移植到其他环境。需要把定义运算符的代码一起放到应用运算符的地方；否则，R 将产生错误信息。

所有用户定义的运算符具有相同的优先级，并在表 2-1 中统一列为 %*any*%。它们的优先级相当高：高于乘法和除法，但低于幂和数列创建。因此，这样高优先级的一个结果是，很容易造成误解。如果在上面的 %+-% 示例中省略了括号，我们会得到一个意想不到的结果：

```
100 %+-% 1.96 * 15
#> [1] 1471 1529
```

R 将表达式解释为 (100 %+-% 1.96) * 15。

12.17.4 另请参阅

有关运算符优先级的更多信息，请参阅 2.11 节；有关如何定义函数，请参见 15.3 节。

12.18 不显示 R 启动消息

12.18.1 问题

当你从命令提示符或 shell 脚本运行 R 时，你不想看到 R 的详细启动消息。

12.18.2 解决方案

从命令行或 shell 脚本启动 R 时，请使用 --quiet 命令行选项。

12.18.3 讨论

来自 R 的启动消息对于初学者来说非常方便，因为它包含有关 R 项目和获得帮助的有用信息。但这种新颖性很快就会消失，特别是如果你从 shell 提示符启动 R 并在某一天将它用作计算器。如果你仅在 RStudio 中使用 R，这不是特别有用。

如果从 shell 提示符启动 R，请使用 --quiet 选项隐藏启动消息：

```
R --quiet
```

在 Linux 或 Mac 机器上，你可以在 shell 中设置别名，这样你就永远不会看到启动消息了：

```
alias R="/usr/bin/R --quiet"
```

12.19 获取和设置环境变量

12.19.1 问题

你需要查看环境变量的值，或者想要更改其值。

12.19.2 解决方案

使用 Sys.getenv 函数查看值。使用 Sys.putenv 进行更改：

```
Sys.setenv(DB_PASSWORD = "My_Password!")
Sys.getenv("DB_PASSWORD")
#> [1] "My_Password!"
```

12.19.3 讨论

环境变量通常用于配置和控制软件。每个进程都有自己的一组环境变量，这些变量从其父进程继承。有时，你需要查看 R 进程的环境变量设置，以了解其行为。同样，你有时需要更改这些设置以修改该行为。

常见用例是存储用于访问远程数据库或云服务的用户名或密码。在项目脚本中以明文形式存储密码是一个非常糟糕的主意。避免在脚本中存储密码的一种方法是在 R 启动时设置包含密码的环境变量。

为确保每次登录时都可以使用你的用户名和密码，你可以在主目录的 .Rprofile 文件中添加对 Sys.setenv 的调用。.Rprofile 是一个 R 脚本，每次 R 启动时都会运行。

例如，你可以将以下内容添加到 .Rprofile：

```
Sys.setenv(DB_USERID = "Me")
Sys.setenv(DB_PASSWORD = "My_Password!")
```

然后，你可以在脚本中获取并使用环境变量来登录 Amazon Redshift 数据库，例如：

```
con <- DBI::dbConnect(
  RPostgreSQL::PostgreSQL(),
  dbname   = "my_database",
  port     = 5439,
  host     = "my_database.amazonaws.com",
  user     = Sys.getenv("DB_USERID"),
  password = Sys.getenv("DB_PASSWORD")
)
```

12.19.4 另请参阅

有关在启动时更改配置的详细信息，请参阅 3.16 节。

12.20 使用代码段

12.20.1 问题

你有一个很长的脚本，你发现很难从一段代码找到另一段代码。

12.20.2 解决方案

在编辑器侧面大纲窗格中提供了分区分隔符。要使用代码段，只需用 # 开始注释，然后用 ----、#### 或 ==== 结束注释：

```
# My First Section      -----
x <- 1

# My Second Section      ####
y <- 2

# My Third Section       ====
z <- 3
```

在 RStudio 编辑器窗口中，你可以在右侧看到大纲（请参阅图 12-2）。

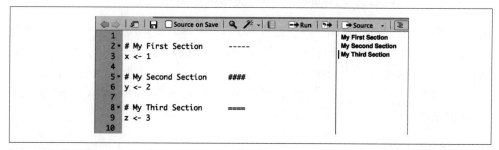

图 12-2：代码段

12.20.3 讨论

代码段只是一种特殊格式的 R 注释，因为它们以 # 符号开头。如果你使用除 RStudio 之外的任何编辑器打开代码，它们将被视为代码注释。但是，RStudio 将这些特殊格式的代码注释视为节标题，并在编辑器的右侧面板中创建了一个有用的代码大纲。

 第一次使用代码段时，可能需要单击 Source 按钮右侧的外线图标以显示大纲。

如果你正在编写 R Markdown 而不是 *.R 脚本，则 Markdown 的标题和子标题将显示在大纲窗格中，从而使你的文档导航变得更加容易。

12.20.4 另请参阅

有关在 R Markdown 文档中使用节标题，请参阅 16.4 节。

12.21 本地并行运行 R 代码

12.21.1 问题

代码需要一段时间才能运行，需要通过使用本地计算机上 CPU 的多个内核（core）来加快速度。

12.21.2 解决方案

启动和运行多核的最简单的解决方案是使用 furrr 添加包，该添加包又使用 future 添加包，它的函数类似于 purrr 包的函数，不过函数是以并行方式运行的。

你需要从 GitHub 下载最新的开发版本，因为在撰写本书时，该软件包仍在积极开发中：

```
devtools::install_github("DavisVaughan/furrr")
```

要使用 furrr 来并行化代码，我们调用 furrr::future_map 函数来代替在 6.1 节中讨论过的 purrr::map 函数。但首先必须告诉 furrr 我们想要并行化的方式。在这种情况下，我们需要一个使用所有本地处理器的多线程并行进程，因此我们通过调用 plan(multiprocess) 来进行设置。然后我们可以使用 future_map 将函数应用于列表中的每个元素：

```
library(furrr)
```

```
plan(multiprocess)

future_map(my_list, some_function)
```

12.21.3 讨论

让我们用一个示例模拟来说明并行化。一个经典的随机模拟是在 2×2 箱体内绘制随机点，看看有多少点落在距离箱体中心的一个单位内。箱体内的点数除以总点数乘以 4 是对 pi 的良好估计。以下函数接受一个输入 n_iterations，即要模拟的随机点数。然后它将返回 pi 的平均估计值：

```
simulate_pi <- function(n_iterations) {
  rand_draws <- matrix(runif(2 * n_iterations, -1, 1), ncol = 2)
  num_in <- sum(sqrt(rand_draws[, 1]**2 + rand_draws[, 2]**2) <= 1)
  pi_hat <- (num_in / n_iterations) * 4
  return(pi_hat)
}
simulate_pi(1000000)
#> [1] 3.14
```

正如你所看到的，即使使用 1 000 000 次模拟，结果也只能精确到几个小数点。这不是估算 pi 的非常有效的方法，但它适用于我们的示例说明。

为了便于以后比较，让我们将这个 pi 模拟器设置 200 次运行，其中每次运行有 2 500 000 个模拟点。我们将通过创建一个包含 200 个元素的列表来完成此操作，每个元素的值为 2 500 000，我们将其传递给 simulate_pi。我们将使用 tictoc 包对代码进行计时：

```
library(purrr) # for `map`
library(tictoc) # for timing our code

draw_list <- as.list(rep(5000000, 200))

tic("simulate pi - single process")
sims_list <- map(draw_list, simulate_pi)
toc()
#> simulate pi - single process: 90.772 sec elapsed

mean(unlist(sims_list))
#> [1] 3.14
```

这可以在不到两分钟的时间内完成，并根据十亿次模拟（5m×200）估算出 pi。

现在让我们采用完全相同的过程，但是通过 future_map 以并行方式运行它：

```
library(furrr)
#> Loading required package: future
#>
#> Attaching package: 'future'
#> The following object is masked from 'package:tseries':
```

```
#>
#>    value
plan(multiprocess)

tic("simulate pi - parallel")
sims_list <- future_map(draw_list, simulate_pi)
toc()
#> simulate pi - parallel: 26.33 sec elapsed
mean(unlist(sims_list))
#> [1] 3.14
```

前面的示例在 MacBook Pro 上运行，包含有四个物理内核和两个虚拟内核。当你并行运行代码时，最佳情况是运行时间减少到 1/（物理内核数）。通过四个物理内核，你可以看到并行运行时比单线程运行快得多，但不是单线程运行时的四分之一。内核间移动数据总会花一些时间，因此你永远不会遇到最佳情况。每次迭代产生的数据越多，你在并行化方面的速度提升就越少。

12.21.4 另请参阅

参见 12.22 节。

12.22 远程并行运行 R 代码

12.22.1 问题

你可以访问许多远程计算机，需要在它们之间并行运行代码。

12.22.2 解决方案

在多台机器上并行运行代码最初可能很难设置。但是，如果我们从一些关键预设条件开始，那么该过程的成功概率要高得多。

首要条件是：

* 你可以使用以前生成的 SSH 密钥，从主机到每个远程节点进行保密通信（ssh）而无须密码。

* 远程节点都安装了 R（理想情况下是 R 的相同版本）。

* 设置路径，以便你可以从 SSH 运行 Rscript。

* 远程节点安装了 furrr 包（该添加包将会安装 future 包）。

* 远程节点已具有分布式代码所依赖的所有软件包。

一旦设置了工作节点并准备就绪，就可以通过从 future 包调用 makeClusterPSOCK

来创建集群（cluster）。下一步就可以使用你创建的带有 furrr 添加包中 future_map 函数的集群：

```
library(furrr) # loads future as a dependency

workers <- c("node_1.domain.com", "node_2.domain.com")

cl <- makeClusterPSOCK(
  worker = workers
)

plan(cluster, workers = cl)

future_map(my_list, some_function)
```

12.22.3 讨论

假设我们有两个名为 von-neumann12 和 von-neumann15 的大型 Linux 机器，我们可以使用它来运行数值模型。这些机器符合刚刚列出的标准，因此在 furrr/future 集群方面，它们很适合作为我们的后端。让我们使用 simulate_pi 函数执行上一个方法中的 pi 模拟：

```
library(tidyverse)
library(furrr)
library(tictoc)

my_workers <- c('von-neumann12','von-neumann15')

cl <- makeClusterPSOCK(
  workers = my_workers,
  rscript = '/home/anaconda2/bin/Rscript',  #yours may differ
  verbose=TRUE
)

draw_list <- as.list(rep(5000000, 200))

plan(cluster, workers = cl)

tic('simulate pi - parallel map')
sims_list_parallel <- draw_list %>%
  future_map(simulate_pi)
toc()
#> simulate pi - parallel map: 116.986 sec elapsed

mean(unlist(sims_list_parallel))
#> [1] 3.14167
```

此时，每秒进行了约 850 万次模拟。

在我们事实上的集群中，有两个节点，各有 32 个处理器和 128GB 的内存。但是，如果你将前面代码的运行时间与上一个方法中在 MacBook Pro 上运行的时间进行比较，你会发现 MacBook 与具有 64 个处理器的多 CPU Linux 集群执行代码的时间相近！这种意外的发生是因为前面的代码仅在每个集群节点的一个 CPU 上运行。因此，它只使用两个 CPU，而 MacBook 使用它的所有四个 CPU。

那么我们如何在集群上运行并行代码并让每个节点在多个 CPU 内核之间并行运行？为此，我们需要对代码进行三个更改：

1. 创建一个使用 cluster 和 multiprocess 的嵌套并行计划。

2. 创建一个嵌套列表的输入列表。每个集群机器将从主列表中获取一个项，该项包含可以在其所有 CPU 上并行处理的子列表项。

3. 使用嵌套方法两次调用 future_map。外部 future_map 将并行化群集节点上的项，然后内部 future_map 调用将跨 CPU 并行化。

要创建嵌套并行计划，我们将通过将两个计划的列表传递给函数 plan 来创建多部分计划，如下所示：

```
plan(list(tweak(cluster, workers = cl), multiprocess))
```

第二个更改是创建嵌套列表以进行迭代。我们可以通过使用 split 命令，并将它们和一个 1:4 的向量传递给我们之前的列表，如下所示：

```
split(draw_list, 1:4)
```

这会将初始列表分成四个子列表，因此我们的结果列表将有四个元素。每个子列表将有 50 个输入用于最终的 simulate_pi 函数。

对代码的第三个更改是创建一个嵌套的 future_map 调用，它将四个列表元素中的每一个传递给工作节点，随后将迭代每个子列表的元素。我们创建这样的嵌套函数：

```
future_map(draw_list, ~future_map(.,simulate_pi))
```

~ 设置 R 以获得第一个 future_map 调用中的匿名函数，. 告诉 R 放置列表元素的位置。此示例中的匿名函数是对 future_map 的单独调用，该调用在每个节点上执行。

以下是代码中包含的所有三个更改：

```
# nested parallel plan - the first part of the plan is the cluster call
# followed by the multiprocess
plan(list(tweak(cluster, workers = cl), multiprocess))

# break the draw_list into a nested list with fewer elements
draw_list_nested <- split(draw_list, 1:4)
```

```
tic('simulate pi - parallel nested map')
sims_list_nested_parallel <- future_map(
  draw_list_nested, ~future_map(.,simulate_pi)
)
toc()
#> simulate pi - parallel nested map: 15.964 sec elapsed
mean(unlist(sims_list_nested_parallel))
#> [1] 3.14158
```

你可以看到运行时间相比前一个示例大幅减少,尽管每个节点上有 32 个处理器,但我们在运行时没有看到 32 倍的改进。这是因为我们只向每个节点传递了 50 组模拟。每个节点在第一次传递中运行 32 组模拟,但在第二次传递中仅运行 18 次,从而使一半的 CPU 空闲。

我们将总模拟量从 10 亿增加到 250 亿,让 CPU 更加繁忙。然后将它们分成 500 个工作块,分散到两个工作节点:

```
draw_list <- as.list(rep(5000000, 5000))
draw_list_nested <- split(draw_list, 1:50)

plan(list(tweak(cluster, workers = cl), multiprocess))

tic('simulate pi - parallel nested map')
sims_list_nested_parallel <- future_map(
  draw_list_nested, ~future_map(.,simulate_pi)
)
toc()
#> simulate pi - parallel nested map: 260.532 sec elapsed
mean(unlist(sims_list_nested_parallel))
#> [1] 3.14157
```

此时,每秒进行了约 9600 万次模拟。

12.22.4 另请参阅

future 添加包有许多优秀的示例。为了更好地理解嵌套 plan 的调用,请参阅 vignette('future-3-topologies',package = 'future')。

有关 furrr 的更多信息,请访问 GitHub 页面 (*https://github.com/DavisVaughan/furrr*)。

第13章

高级数值分析和统计方法

本章将给出几个应用统计中的高级方法，这些方法将在研究生课程中学习。

这些方法大部分在 R 的基础发布版中。通过添加包的形式，R 提供了当今最先进的统计技术。因为 R 现在成为统计学家事实上的必用工具，所以他们用 R 来实现他们的最新研究工作。任何人如果需要寻找最先进的统计技术，这里极力推荐首先到 R 的官网 CRAN 或者其他 R 相关的网站上寻找。

13.1 最小化或者最大化单参数函数

13.1.1 问题

给定一个单参数函数 f，需要找到使 f 达到其最小值或最大值的点。

13.1.2 解决方案

要最小化单参数函数，请使用 optimize。它指明需要最小化的函数 f 及其定义域（x 的上界和下界）：

```
optimize(f, lower = lowerBound, upper = upperBound)
```

如果需要最大化函数，请指定 maximum = TRUE：

```
optimize(f,
         lower = lowerBound,
         upper = upperBound,
         maximum = TRUE)
```

13.1.3 讨论

optimize 函数可以对单参数函数求最大值或者最小值。它需要在参数中指明需要求极值的函数的自变量 x 的取值范围。以下示例查找多项式函数 $3x^4 - 2x^3 + 3x^2 - 4x + 5$ 的最小值：

```
f <- function(x)
  3 * x ^ 4 - 2 * x ^ 3 + 3 * x ^ 2 - 4 * x + 5
optimize(f, lower = -20, upper = 20)
#> $minimum
#> [1] 0.597
#>
#> $objective
#> [1] 3.64
```

optimize 函数返回的值是一个包含两个元素的列表：其中 minimum 代表最小化函数的 x 值；objective 代表函数在该点所达到的最小值。

如果参数 lower 和 upper 的距离较小，它意味着搜索的区域较小，最优化的速度将较快。如果你不确定适当的搜索范围，请使用较大但合理的范围，例如 lower = -1000 和 upper = 1000。请注意，函数在该范围内不要有多个最小值或最大值！optimize 函数将只找到并返回一个最小值或最大值。

13.1.4 另请参阅

参见 13.2 节。

13.2 最小化或者最大化多参数函数

13.2.1 问题

给定多参数函数 f，需要找到使 f 达到其最小值或最大值的点。

13.2.2 解决方案

要最小化多参数函数，请使用 optim。这里必须指定起始点，它是函数 f 的初始参数向量：

$$optim(startingPoint, f)$$

要最大化函数，请指定参数 control：

$$optim(startingPoint, f, control = list(fnscale = -1))$$

13.2.3 讨论

函数 optim 比 optimize 更通用（参见 13.1 节），因为它可以处理多参数函数。optim

函数会将函数 f 的自变量取值放到一个向量中，然后估计函数在该向量上的取值。函数的取值是一个纯量值。optim 函数将从设定的起点开始，在自变量的定义域内搜索函数的最小值。

下面给出一个用 optim 来拟合非线性模型的示例。假设你认为配对的观测值 z 和 x 通过函数 $z_i = (x_i + \alpha)^\beta + \varepsilon_i$ 相关联，其中 α 和 β 是未知参数，ε_i 是非正态噪声项。让我们通过最小化稳健指标（绝对偏差的总和）来拟合模型：

$$\sum |z - (x + a)^b|$$

首先，我们定义要最小化的函数。注意，该函数有一个形式上的参数，该参数是一个二元素向量。要评估的实际参数 a 和 b 分别被放到第一个和第二个元素的位置：

```
load(file = './data/opt.rdata')        # loads x, y, z

f <-
  function(v) {
    a <- v[1]
    b <- v[2]                           # "unpack" v, giving a and b
    sum(abs(z - ((x + a) ^ b)))         # calculate and return the erro
  }
```

以下代码调用 optim 函数，从 $(1, 1)$ 开始搜索 f 的最小值：

```
optim(c(1, 1), f)
#> $par
#> [1] 10.0  0.7
#>
#> $value
#> [1] 1.26
#>
#> $counts
#> function gradient
#>      485       NA
#>
#> $convergence
#> [1] 0
#>
#> $message
#> NULL
```

返回的列表包括一个分量 convergence，它的值将显示 optim 函数是否找到了 f 的最小值。如果该分量的值为 0，那么 optim 找到了最小值；否则，说明没有找到最小值。显然，convergence 的值是最重要的返回值，因为如果算法没有收敛，其他返回值是没有意义的。

返回的列表还包括分量 par，它是最小化函数的参数；分量 value，即在 par 给出的值处的 f 值。在本例中，optim 是收敛的并且在大约 $a = 10.0$ 和 $b = 0.7$ 处找到了最小值。

对于函数 optim 而言，它没有参数指明搜索的下界和上界，仅仅需要提供一个搜索的起点。对起点的一个好的猜测意味着最优化算法的加快。

optim 函数支持多种不同的最小化算法，你可以在它们中进行选择。如果默认算法无效，请参阅帮助页面以了解备选方案。多变量最小化的典型问题是算法陷入局部最小值，并且未能找到更深层次的全局最小值。一般来说，功能越强大的算法越容易给出全局最小值。然而，有一个权衡：它们往往运行得更慢。

13.2.4 另请参阅

R 社区已经实现了许多优化工具。请参阅 CRAN 任务视图中的 "Optimization and Mathematical Programming"（*http://cran.r-project.org/web/views/Optimization.html*）以获取更多解决方案。

13.3 计算特征值和特征向量

13.3.1 问题

需要计算矩阵的特征值或特征向量。

13.3.2 解决方案

使用函数 eigen。它返回一个包含两个元素的列表，这两个元素分别是 values 和 vectors，它们分别表示矩阵的特征值和特征向量。

13.3.3 讨论

假设有一个矩阵，如 Fibonacci 矩阵：

```
fibmat <- matrix(c(0, 1, 1, 1), 2, 2)
fibmat
#>      [,1] [,2]
#> [1,]    0    1
#> [2,]    1    1
```

对于给定矩阵，函数 eigen 将返回其特征值和特征向量的列表：

```
eigen(fibmat)
#> eigen() decomposition
#> $values
#> [1]  1.618 -0.618
```

```
#>
#> $vectors
#>        [,1]    [,2]
#> [1,] 0.526 -0.851
#> [2,] 0.851  0.526
```

使用 eigen(fibmat)$values 或 eigen(fibmat)$vectors 从列表中选择所需的值。

13.4 执行主成分分析

13.4.1 问题

需要识别多变量数据集中变量的主成分。

13.4.2 解决方案

使用 prcomp 函数。该函数的第一个参数是一个公式，公式右侧是变量集，由加号（+）分隔，公式左侧是空白，例如：

```
r <- prcomp( ~ x + y + z)
summary(r)
#> Importance of components:
#>                         PC1     PC2     PC3
#> Standard deviation    1.894 0.11821 0.04459
#> Proportion of Variance 0.996 0.00388 0.00055
#> Cumulative Proportion  0.996 0.99945 1.00000
```

13.4.3 讨论

R 的基础发布版包括两个用于主成分分析（PCA）的函数：prcomp 和 princomp。帮助文档提到 prcomp 具有更好的数值属性，因此这里选择该函数。

主成分分析的一个重要用途是减少数据集的维度。假设数据包含 N 个变量，理想情况下，它们之间是基本独立的，并且贡献了大致相等比例的信息。但是，如果你怀疑某些变量是冗余的，主成分分析可以给出数据中的差异源的个数。如果该个数接近 N，那么所有变量都是有用的。如果该个数小于 N，则可以将数据缩减为较小维度的数据集。

主成分分析将原始数据转换到另一个向量空间，该向量空间的第一个维度将捕获最大的变差（即方差最大），第二个维度捕获第二大的变差，以此类推。prcomp 的实际输出结果是一个对象，输出时将给出需要的向量旋转：

```
load(file = './data/pca.rdata')
r <- prcomp(~ x + y)
print(r)
#> Standard deviations (1, .., p=2):
```

```
#> [1] 0.393 0.163
#>
#> Rotation (n x k) = (2 x 2):
#>     PC1    PC2
#> x -0.553  0.833
#> y -0.833 -0.553
```

我们通常会发现主成分分析的汇总信息十分有用。它显示了每个主成分所获取的方差比例：

```
summary(r)
#> Importance of components:
#>                        PC1   PC2
#> Standard deviation     0.393 0.163
#> Proportion of Variance 0.853 0.147
#> Cumulative Proportion  0.853 1.000
```

在这个例子中，第一个主成分捕获了 85% 的方差，第二个主成分捕获了 15%，因此我们知道第一个主成分捕获了大部分方差。

调用 prcomp 函数后，使用 plot(r) 查看主成分方差的条形图，调用 predict(r) 将数据旋转到主成分。

13.4.4 另请参阅

有关使用主成分分析的示例，请参见 13.9 节。在 W. N. Venables 和 B. D. Ripley 的 *Modern Applied Statistics with S-Plus*（Springer）中讨论了 R 中主成分分析的更多内容。

13.5 执行简单正交回归

13.5.1 问题

应用正交回归创建线性模型，其中变量 x 和 y 的方差是对称的。

13.5.2 解决方案

使用函数 prcomp 在 x 和 y 上执行主成分分析。从结果的主成分载荷中，计算回归的斜率和截距：

```
r <- prcomp(~ x + y)
slope <- r$rotation[2, 1] / r$rotation[1, 1]
intercept <- r$center[2] - slope * r$center[1]
```

13.5.3 讨论

正交回归也称为总体最小二乘（Total Least Squares，TLS）。

普通最小二乘（Ordinary Least Squares，OLS）算法具有一个奇怪的性质：它是非对称的。也就是说，计算 lm(y ~ x) 在数学上不是计算 lm(x ~ y) 的逆运算。原因是 OLS 假设变量 x 的值是常数而变量 y 值是随机变量，因此所有方差都归因于变量 y，而与变量 x 无关。因此这会造成不对称的情况。

非对称性如图 13-1 所示，其中左上方显示了 lm(y ~ x) 的拟合。OLS 算法尝试最小化图中点和实直线之间的垂直距离，即图中所示的虚线。右上方是使用相同的数据集拟合 lm(x ~ y)，因此该模型最小化水平虚线的距离。显然，根据最小化距离的不同，得到的结果也不同。

图 13-1 下方的图是完全不同的。它使用主成分分析实现正交回归。现在，最小化的距离是从点到回归线的正交距离。这是一种对称情况：互换 x 和 y 的角色不会改变要最小化的距离。

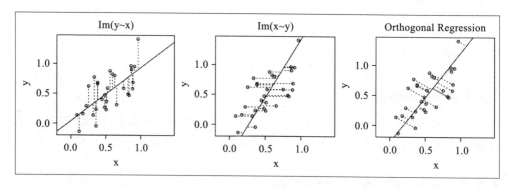

图 13-1：普通最小二乘与正交回归

在 R 中实现基本的正交回归非常简单。首先，执行主成分分析：

```
load(file = './data/pca.rdata')
r <- prcomp(~ x + y)
```

接下来，使用主成分载荷计算斜率：

```
slope <- r$rotation[2, 1] / r$rotation[1, 1]
```

然后从斜率计算截距：

```
intercept <- r$center[2] - slope * r$center[1]
```

我们称之为"基本"回归，因为它只得出斜率和截距的点估计值，而没有给出相应的置信区间。当然，我们还需要得到回归的相关统计量。13.8 节显示了使用 Bootstrap 法估计置信区间的一种方法。

13.5.4 另请参阅

主成分分析在 13.4 节中描述。本节中的图形灵感来自 Vincent Zoonekynd 的工作和他的回归教程（*http://zoonek2.free.fr/UNIX/48_R/09.html*）。

13.6 识别数据的聚类

13.6.1 问题

你认为你的数据包含聚类：组内的点之间很"接近"。现在需要识别这些聚类。

13.6.2 解决方案

假设数据集 x，它可以是向量、数据框或矩阵。假设 *n* 是需要的聚类个数：

```
d <- dist(x)              # Compute distances between observations
hc <- hclust(d)           # Form hierarchical clusters
clust <- cutree(hc, k=n)  # Organize them into the n largest clusters
```

计算结果 clust 是 1 和 *n* 之间的一个整数向量，每个整数值对应 x 中的一个观测值。它给出该观测值所属的类别。

13.6.3 讨论

dist 函数计算所有观测值之间的距离。默认为欧几里得距离，适用于许多应用，但也可以使用其他距离测量。

hclust 函数使用这些距离，将观察结果形成层次聚类树。你可以绘制 hclust 的输出结果，来可视化这个层次聚类树，也被称为树状图，如图 13-2 所示。

最后，cutree 从该树中提取聚类。你需要指定所需的聚类个数或树的切割高度。通常聚类的数量是未知的，在这种情况下，你需要仔细检查要聚类的数据，来决定对应用有意义的聚类的个数。

我们将用一个虚拟合成的数据集来说明数据聚类。我们首先生成 99 个服从正态分布的变量值，每一个变量是服从均值为 −3、0 或 +3 的正态分布：

```
means <- sample(c(-3, 0, +3), 99, replace = TRUE)
x <- rnorm(99, mean = means)
```

出于好奇，你可以计算原始聚类的真实均值（在实际情况下，我们不知道 means 因子，因此无法计算）。我们可以确认这几个聚类的均值非常接近 −3、0 和 +3：

```
tapply(x, factor(means), mean)
#>     -3     0     3
#> -3.015 -0.224 2.760
```

为了找到聚类，首先计算所有点之间的距离：

```
d <- dist(x)
```

然后创建层次聚类：

```
hc <- hclust(d)
```

我们可以通过在 hc 对象上调用 plot 来绘制层次聚类树形图（见图 13-2）：

```
plot(hc,
     sub = "",
     labels = FALSE)
```

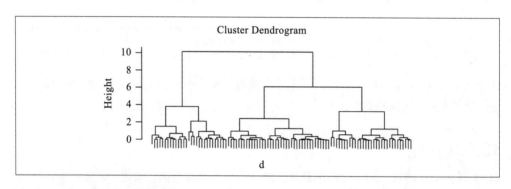

图 13-2：绘制层次聚类树形图

现在可以提取三个最大的聚类：

```
clust <- cutree(hc, k=3)
```

显然，我们已经知道聚类数的真实个数，这里就有了一个巨大的优势。现实生活中很少那么容易。然而，即使我们还不知道正在处理三个聚类，查看树形图给我们提供了一个很好的线索，即数据中有三个大聚类。

返回值 clust 是 1 到 3 之间的整数向量，样本中每个观测值都有一个整数，它将每个观测值分配给一个聚类。以下是前 20 个观测值的聚类赋值：

```
head(clust, 20)
#>  [1] 1 2 2 2 1 2 3 3 2 3 1 3 2 3 2 1 2 1 1 3
```

通过将聚类号视为一个因子，我们可以计算每个统计聚类的均值（参见 6.6 节）：

```
tapply(x, clust, mean)
#>     1      2      3
#>  3.190 -2.699  0.236
```

这里 R 将数据很好地进行了聚类：每个聚类的均值看起来很不相同，一个聚类的均值接近 -2.7，一个聚类的均值接近 0.27，一个聚类的均值接近 +3.2。（计算均值的顺序不一定与原始组别的顺序一致。）提取的聚类的均值与原始的均值相似但不完全相同。三个聚类的箱线图可以显示其中的原因（见图 13-3）：

```
library(patchwork)

df_cluster <- data.frame(x,
                         means = factor(means),
                         clust = factor(clust))

g1 <- ggplot(df_cluster) +
  geom_boxplot(aes(means, x)) +
  labs(title = "Original Clusters", x = "Cluster Mean")

g2 <- ggplot(df_cluster) +
  geom_boxplot(aes(clust, x)) +
  labs(title = "Identified Clusters", x = "Cluster Number")

g1 + g2
```

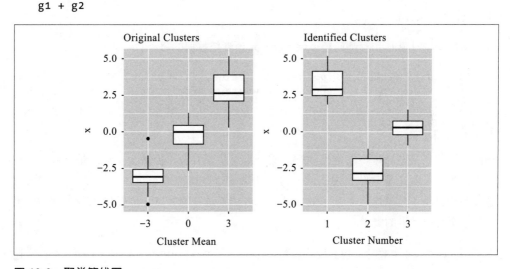

图 13-3：聚类箱线图

聚类算法将数据完美地分到了三个不相交的组别。原始的组别有部分重叠，而聚类分析给出的组别没有重叠。

该图示说明了一维的数据，但是 dist 函数对存储在数据框或矩阵中的多维数据同样有效。数据框或矩阵中的每一行在多维空间中被视为一个观测值，并且 dist 函数可以计算这些观测值之间的距离。

13.6.4 另请参阅

本方法演示的是基于 R 基础发布版的聚类功能。还有其他 R 包（例如 mclust 包）提供了其他可选的聚类方法。

13.7 预测二元变量（逻辑回归）

13.7.1 问题

需要执行逻辑回归，这是一种预测二元事件发生概率的回归模型。

13.7.2 解决方案

调用 glm 函数，使用参数 family = binomial 以执行逻辑回归。其结果是一个模型对象：

```
m <- glm(b ~ x1 + x2 + x3, family = binomial)
```

这里，b 是一个具有两个水平的因子（即取值为 TRUE 和 FALSE，0 和 1），而 x1、x2 和 x3 是预测变量。

可以使用模型对象 m 和预测函数 predict 来预测新数据的概率：

```
df <- data.frame(x1 = value, x2 = value, x3 = value)
predict(m, type = "response", newdata = dfrm)
```

13.7.3 讨论

预测二元值结果是建模中的常见问题。某个治疗是否有效？价格会上涨还是下跌？谁将赢得比赛，A 队还是 B 队？逻辑回归可以用来对这些情况进行建模。按照统计学精神，逻辑回归模型不是给出一个简单的"是"或者"不是"的答案，而是给出两个可能结果中每一个可能发生的概率。

在调用 predict 函数时，我们设置参数 type = "response"，以便 predict 函数返回一个概率。否则，它会返回胜率的对数，这对我们大多数人都没有什么实际的用处。

在 Julian Faraway 未发表的 *Practical Regression and ANOVA Using R*（*http://bit.ly/2FchrZw*）一书中，给出了一个预测二元变量的例子：数据集为 pima，如果患者检测出糖尿病阳性，则变量 test 取值为 TRUE。预测因子是舒张压和体重指数（BMI）。Faraway 使用线性回归，我们在这里尝试使用逻辑回归：

```
data(pima, package = "faraway")
```

```
b <- factor(pima$test)
m <- glm(b ~ diastolic + bmi, family = binomial, data = pima)
```

模型 m 的汇总信息表明预测变量 diastolic 和 bmi 的 p 值分别为 0.8 和 0。因此，我
们可以得出结论，只有变量 bmi 是显著的：

```
summary(m)
#>
#> Call:
#> glm(formula = b ~ diastolic + bmi, family = binomial, data = pima)
#>
#> Deviance Residuals:
#>     Min      1Q  Median      3Q     Max
#> -1.913  -0.918  -0.685   1.234   2.742
#>
#> Coefficients:
#>              Estimate Std. Error z value Pr(>|z|)
#> (Intercept) -3.62955    0.46818   -7.75  9.0e-15 ***
#> diastolic   -0.00110    0.00443   -0.25      0.8
#> bmi          0.09413    0.01230    7.65  1.9e-14 ***
#> ---
#> Signif. codes:  0 '***' 0.001 '**' 0.01 '*' 0.05 '.' 0.1 ' ' 1
#>
#> (Dispersion parameter for binomial family taken to be 1)
#>
#>     Null deviance: 993.48  on 767  degrees of freedom
#> Residual deviance: 920.65  on 765  degrees of freedom
#> AIC: 926.7
#>
#> Number of Fisher Scoring iterations: 4
```

因为只有变量 bmi 是显著的，所以我们可以创建一个简化模型：

```
m.red <- glm(b ~ bmi, family = binomial, data = pima)
```

让我们使用该模型，计算一个中等体重指数（BMI 值为 32.0）的人糖尿病检查为阳性的
概率：

```
newdata <- data.frame(bmi = 32.0)
predict(m.red, type = "response", newdata = newdata)
#>     1
#> 0.333
```

根据该模型，概率约为 33.3%。同样可以计算 BMI 值第 90 百分位点上的人检查糖尿病
为阳性的概率值为 54.9%：

```
newdata <- data.frame(bmi = quantile(pima$bmi, .90))
predict(m.red, type = "response", newdata = newdata)
#>    90%
#> 0.549
```

13.7.4 另请参阅

使用逻辑回归时，需要根据对残差的解释来判断模型的显著性。我们建议你在尝试从回归中得出任何结论之前，先查看逻辑回归的相关书籍。

13.8 统计量的 Bootstrap 法

13.8.1 问题

有一个数据集和计算该数据集统计量的函数。现在需要估计统计量的置信区间。

13.8.2 解决方案

使用 boot 包中的 boot 函数来计算统计量的 Bootstrap（自助抽样）：

```
library(boot)
bootfun <- function(data, indices) {
  # . . . calculate statistic using data[indices]. . .
  return(statistic)
}

reps <- boot(data, bootfun, R = 999)
```

这里，参数 data 是原始数据集，可以存储在向量或数据框中。计算统计量的函数（在本例中为 bootfun）应该有两个参数：data 是原始数据集，indices 是一个整型向量，它用来从原始数据汇总选择 Bootstrap 样本。

接下来，使用 boot.ci 函数估算自助抽样的置信区间：

```
boot.ci(reps, type = c("perc", "bca"))
```

13.8.3 讨论

任何人都可以计算统计量，但他们得到的只是点估计值。我们希望得到一个更高级的估计。那么什么是置信区间（Confidence Interval, CI）？对于某些统计量，我们可以通过解析的方式计算置信区间。例如，均值的置信区间由 t.test 函数计算。不幸的是，这是一个特例，不具有通用性。对于大多数统计数据而言，计算置信区间的数学公式过于复杂或根本未知，并且没有计算置信区间的已知的解析形式的公式。

即使在没有解析形式的置信区间的估计公式时，Bootstrap 算法也可以估计置信区间。它的工作原理如下：假设有一个大小为 N 的样本和一个计算统计量的函数，并执行以下步骤：

1. 从样本中随机有放回抽取 *N* 个元素，这组元素组成的集合称为 *Bootstrap* 样本。

2. 将统计量计算函数应用于 Bootstrap 样本，来计算统计量。该值称为 *Bootstrap 复制*。

3. 多次重复步骤 1 和 2，以产生多次（通常是数千个）Bootstrap 复制。

4. 从第 3 步得到的 Bootstrap 复制计算置信区间。

最后一步可能看起来很神秘，但有多种计算置信区间的算法。一个简单的方法是使用 Bootstrap 复制的百分位数，例如取 2.5 百分位数和 97.5 百分位数来形成 95% 的置信区间。

我们是 Bootstrap 程序的忠实粉丝，因为我们每天工作中的统计量都是很奇怪的，重要的是我们知道它们的置信区间，并且肯定没有已知的公式来获取它们。Bootstrap 给了我们一个很好的近似估计。

让我们举一个例子吧。在 13.4 节中，我们使用正交回归估计了一条线的斜率。这给了我们一个点估计，但我们怎样才能找到置信区间？首先，我们将斜率计算封装在一个函数中：

```
stat <- function(data, indices) {
  r <- prcomp(~ x + y, data = data, subset = indices)
  slope <- r$rotation[2, 1] / r$rotation[1, 1]
  return(slope)
}
```

注意，该函数用参数 `indices` 定义的特定的索引来选择数据子集，并计算该子集的斜率。

接下来，我们计算 999 个斜率的 Bootstrap 复制。回想一下，我们在 13.4 节中有两个向量 *x* 和 *y*，在这里，我们将它们组合成一个数据框：

```
load(file = './data/pca.rdata')
library(boot)
set.seed(3) # for reproducability

boot.data <- data.frame(x = x, y = y)
reps <- boot(boot.data, stat, R = 999)
```

这里选择重复 999 次来进行初步计算。你可以选用更多的重复次数，并查看结果是否发生了显著变化。

`boot.ci` 函数可以从 Bootstrap 复制中估计置信区间。它实现了多种不同的算法，参数 `type` 选择需要执行的算法。对于每个选定的算法，`boot.ci` 将返回估计值：

```
boot.ci(reps, type = c("perc", "bca"))
#> BOOTSTRAP CONFIDENCE INTERVAL CALCULATIONS
#> Based on 999 bootstrap replicates
#>
#> CALL :
#> boot.ci(boot.out = reps, type = c("perc", "bca"))
#>
```

```
#> Intervals :
#> Level      Percentile              BCa
#> 95%   ( 1.07,  1.99 )   ( 1.09,  2.05 )
#> Calculations and Intervals on Original Scale
```

在这里，我们通过设置参数 type = c("perc", "bca") 来选择两个算法，百分位数算法和 BCa 算法。由此产生的两个估算值显示在其算法名称底部。关于其他算法，请参阅 boot.ci 函数的帮助页面。

注意，这两种算法给出的置信区间略有不同：（1.068，1.992）与（1.086，2.050）。这令人不安，然而这是使用两种不同算法带来的不可避免的结果。我们不知道如何决定哪个结果更好。如果选择一种最好的方法对你很重要的话，建议研究相关文档并理解算法的差异。与此同时，我们能给出的最好建议是，保守地选择最小的下限和最大的上限。在本例中，那将是区间（1.068，2.050）。

默认情况下，boot.ci 函数估计 95% 置信区间。你可以通过 conf 参数进行更改，如下所示：

```
boot.ci(reps, type = c("perc", "bca"), conf = 0.90)
```

13.8.4 另请参阅

有关斜率计算，请参阅 13.4 节。关于 Bootstrap 算法的详细教程，可以参考 Bradley Efron 和 Robert Tib-shirani 的 *An Introduction to Bootstrap*（Chapman & Hall/CRC）一书。

13.9 因子分析

13.9.1 问题

需要对数据集执行因子分析，找到变量间的公共因子。

13.9.2 解决方案

使用 factanal 函数，它的输入参数是原始数据集和估计的因子的个数：

```
factanal(data, factors = n)
```

输出包括 n 个因子，每个变量在因子上的载荷。输出还包括 p 值。通常，p 值小于 0.05 表明因子的数量太小而不能捕获原始数据集的足够信息；p 值超过 0.05 表示可能有足够（或过多）的因子来捕获原始数据集的信息。

13.9.3 讨论

因子分析创建了原始变量的线性组合，称为因子，它们可以抽象表示原始变量的潜在共性。如果 n 个原始变量是完全独立的，那么它们没有任何共同之处，并且需要 n 个因子来描述它们。但是，如果变量具有潜在的共性，则较少的因子捕获大部分方差，因此需要的因子少于 n 个。

对于每个因子和变量，我们计算它们之间的相关性，称为因子载荷。具有较大因子载荷的变量能够较好地被因子解释。变量的因子载荷的平方是该变量的总体方差能够被因子所解释的比例。

当少数因子捕获了原始变量的大部分方差时，因子分析就非常有用。因此，它会提醒你数据有信息冗余。在这种情况下，你可以通过组合密切相关的变量或完全消除冗余变量来减少数据集。

因子分析的一个更微妙的应用是通过对因子的解释来找出变量之间的相互关系。如果两个变量对同一个因子都有很大的载荷，则说明它们之间有一些共性。什么共性呢？这里没有一个机械的答案。这需要你研究数据和其中的含义。

因子分析有两个棘手的方面。首先是选择因子的数量。幸运的是，你可以使用主成分分析来获得因子数量的初步估计。第二个棘手的方面是因子本身的解释。

这里使用股票价格来说明因子分析，或者更准确地说，是股票价格的变化。该数据集包含 12 家公司股票的六个月价格变动。每家公司都与石油或汽油行业有关。它们的股票价格可能会一起变动，因为它们受到类似的经济和市场力量的影响。我们可能会问：需要多少个因子来解释它们的变化？如果只需要一个因子，则所有股票都是相同的，一个股票与另一个股票是一样好的。如果需要很多因子，说明股票之间是有多样性的。

首先使用主成分分析来分析价格的变化，数据集为 diffs，它表示价格变化的一个数据框。绘制主成分分析的结果，显示主成分捕获的方差的比例（见图 13-4）：

```
load(file = './data/diffs.rdata')
plot(prcomp(diffs))
```

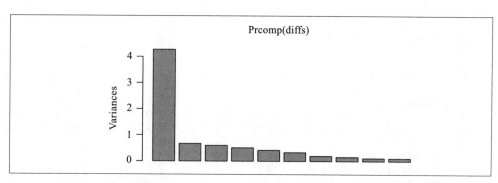

图 13-4：主成分分析结果图

从图 13-4 中可以看到前两个主成分捕获了大部分方差，或许第三个主成分也是需要的。根据这个结果，我们假设需要两个因子，执行初始的因子分析：

```
factanal(diffs, factors = 2)
#>
#> Call:
#> factanal(x = diffs, factors = 2)
#>
#> Uniquenesses:
#>   APC    BP   BRY   CVX   HES   MRO   NBL   OXY   ETP   VLO   XOM
#> 0.307 0.652 0.997 0.308 0.440 0.358 0.363 0.556 0.902 0.786 0.285
#>
#> Loadings:
#>     Factor1 Factor2
#> APC 0.773   0.309
#> BP  0.317   0.497
#> BRY
#> CVX 0.439   0.707
#> HES 0.640   0.389
#> MRO 0.707   0.377
#> NBL 0.749   0.276
#> OXY 0.562   0.358
#> ETP 0.283   0.134
#> VLO 0.303   0.350
#> XOM 0.355   0.767
#>
#>                 Factor1 Factor2
#> SS loadings       2.98    2.072
#> Proportion Var    0.27    0.188
#> Cumulative Var    0.27    0.459
#>
#> Test of the hypothesis that 2 factors are sufficient.
#> The chi square statistic is 62.9 on 34 degrees of freedom.
#> The p-value is 0.00184
```

我们可以忽略大部分输出，因为底部的 p 值非常接近于零（0.001 84）。较小的 p 值表明两个因子是不够的，因此因子分析的结果不够好。需要更多的因子，所以我们再尝试设定 3 个因子进行因子分析：

```
factanal(diffs, factors = 3)
#>
#> Call:
#> factanal(x = diffs, factors = 3)
#>
#> Uniquenesses:
#>   APC    BP   BRY   CVX   HES   MRO   NBL   OXY   ETP   VLO   XOM
#> 0.316 0.650 0.984 0.315 0.374 0.355 0.346 0.521 0.723 0.605 0.271
#>
#> Loadings:
#>     Factor1 Factor2 Factor3
#> APC 0.747   0.270   0.230
#> BP  0.298   0.459   0.224
```

```
#> BRY                      0.123
#> CVX  0.442   0.672   0.197
#> HES  0.589   0.299   0.434
#> MRO  0.703   0.350   0.167
#> NBL  0.760   0.249   0.124
#> OXY  0.592   0.357
#> ETP  0.194           0.489
#> VLO  0.198   0.264   0.535
#> XOM  0.355   0.753   0.190
#>
#>              Factor1 Factor2 Factor3
#> SS loadings    2.814   1.774   0.951
#> Proportion Var 0.256   0.161   0.086
#> Cumulative Var 0.256   0.417   0.504
#>
#> Test of the hypothesis that 3 factors are sufficient.
#> The chi square statistic is 30.2 on 25 degrees of freedom.
#> The p-value is 0.218
```

较大的 p 值（0.218）证实了三个因子就足够了，所以我们可以使用这个结果进行分析。
输出包括一个解释方差的表，如下所示：

```
              Factor1 Factor2 Factor3
SS loadings     2.814   1.774   0.951
Proportion Var  0.256   0.161   0.086
Cumulative Var  0.256   0.417   0.504
```

该表显示每个因子解释的方差比例分别为 0.256、0.161 和 0.086。它们累积解释了 0.504
的方差，没有解释的方差的比例为 $1 - 0.504 = 0.496$。

接下来我们要解释这些因子，这更像是巫术而不是科学。让我们看一下因子载荷：

```
Loadings:
     Factor1 Factor2 Factor3
APC  0.747   0.270   0.230
BP   0.298   0.459   0.224
BRY                  0.123
CVX  0.442   0.672   0.197
HES  0.589   0.299   0.434
MRO  0.703   0.350   0.167
NBL  0.760   0.249   0.124
OXY  0.592   0.357
ETP  0.194           0.489
VLO  0.198   0.264   0.535
XOM  0.355   0.753   0.190
```

每行标有变量名称（股票代码）：APC、BP、BRY 等。第一个因子有很多大的因子载荷，
表明它解释了许多股票的方差。这是因子分析中的常见现象。我们经常查看相关的变
量，第一个因子捕获了它们最基本的关系。在这个例子中，我们处理股票，大多数股票
与大盘一起变化。这可能是第一个因子所捕获的信息。

第二个因子的解释更微妙。请注意，CVX（0.67）和 XOM（0.75）的载荷是在第二个因子上较大，BP（0.46）也相对较大，但所有其他股票的载荷明显较小。这表示 CVX、XOM 和 BP 之间存在某种联系。也许它们在某个共同的市场（例如，多个国家／地区能源市场）中共同运作，因此倾向于一起变化。

第三个因子也有三个主导地位的因子载荷：VLO、ETP 和 HES。这些公司比我们在第二个因子中看到的全球巨头要小一些。可能这三者有相似的市场或风险，所以它们的股票也倾向于一起变化。

总之，这里因子分析似乎将股票分为三组：

- CVX、XOM 和 BP
- VLO、ETP 和 HES
- 其他

因子分析是一门科学也是一门艺术。在使用因子分析之前，我们建议阅读一本关于多元统计分析的教材。

13.9.4 另请参阅

有关主成分分析的更多信息，请参阅 13.4 节。

第 14 章

时间序列分析

随着量化金融和证券自动交易的兴起，时间序列分析已经成为一个热门话题。本章描述的大部分内容都是金融、证券交易和投资组合管理方面的从业者和研究人员开发的。

在用 R 开始时间序列分析之前，一个关键的问题是选择数据的表示方式（即对象类）。这在面向对象的语言（如 R）中尤其重要，因为数据表示方式的选择不仅仅影响数据的存储方式，它还决定了哪些函数（或方法）可用于加载、处理、分析、输出和绘制数据。当许多人开始使用 R 时，他们只是将时间序列数据存储在向量中。这似乎很自然。然而，他们很快发现时间序列分析中功能强大的分析都不能用于简单的向量。我们发现，当用户切换到专门用于时间序列数据的对象类时，分析变得更容易，这是应用 R 进行时间序列分析的必经之路。

本章建议使用 zoo 或 xts 包来表示时间序列数据。这两个包非常通用，能满足大多数用户的需求。本章的几乎所有分析都假定你正在使用这两种时间序列的表示方式中的一种。

 xts 实现是 zoo 包的超集，因此 xts 可以实现 zoo 包的所有功能。在本章中，除非另有说明，当 zoo 对象类能完成一项分析时，可以放心地应用 xts 对象类来完成分析。

其他表示方式

R 中提供了时间序列数据的其他表示，包括：

* fts 包
* 来自 tseries 包的 irts 类
* timeSeries 包

- 基本发布包中的 `ts` 类

- `tsibble` 包，一个时间序列的 *tidyverse* 包

实际上，有一个完整的软件包，称为 `tsbox`，用于在不同表达式之间进行转换。

以下介绍两种特别的表示方式。

ts（基础发布包）

R 的基础发布包中包括称为 `ts` 的时间序列类。我们不建议将此表示用于一般用途，因为该表示方式本身功能有限且限制性很强。

但是，基本分布版中包括一些依赖于 `ts` 类的重要时间序列分析，例如自相关函数（`acf`）和互相关函数（`ccf`）。要在 `xts` 数据上使用这些基本函数，请在调用函数之前使用 `to.ts` 函数将数据转换到 `ts` 类中。例如，如果 `x` 是 `xts` 对象，则可以计算其自相关如下：

```
acf(as.ts(x))
```

tsibble 包

`tsibble` 包是 *tidyverse* 的最新扩展，专门用于处理 *tidyverse* 中的时间序列数据。我们发现它对横截面数据（按日期分组的观察数据）很有用，并且你希望在日期内执行分析而不是跨日期分析。

日期与日期时间

时间序列中的每个观测值都有一个相联系的日期或时间。在使用本章中的对象类 `zoo` 和 `xts` 表达时间序列时，对象类 `zoo` 和 `xts` 可供用户选择与该时间序列相联系的日期或日期时间。当然，你可以使用日期来表示日数据，也可以使用周数据、月数据甚至年度数据。这里，日期是观察发生的日期。你可以将日期时间用于日内数据，其中需要观察日期和具体时间。

在描述本章的方法时，我们发现继续提及"日期或日期时间"非常麻烦。因此，我们假设你的数据是日数据并因此使用一整天为时间单位来简化说明。当然，请记住，你可以自由采用日历日期下的任何时间标签。

另请参阅

R 具有许多用于时间序列分析的有用函数和软件包。你可以在 R 网站"任务概览"（Task Review）栏目中找到这些相关的时间序列分析软件包（*http://cran.r-project.org/web/views/TimeSeries.html*）。

14.1 表示时间序列

14.1.1 问题

需要一个可以表示时间序列数据的 R 数据结构。

14.1.2 解决方案

我们推荐使用 zoo 和 xts 包。它们定义了时间序列的数据结构，包含许多用于处理时间序列数据的有用函数。以如下方式创建一个 zoo 对象，其中 x 是向量、矩阵或数据框，dt 是存储相应日期或日期时间的向量：

```
library(zoo)
ts <- zoo(x, dt)
```

创建一个 xts 对象：

```
library(xts)
ts <- xts(x, dt)
```

使用 as.zoo 和 as.xts 在时间序列数据的表示方式之间进行转换：

as.zoo(ts)

　　将 ts 转换为 zoo 对象

as.xts(ts)

　　将 ts 转换为 xts 对象

14.1.3 讨论

R 具有至少八种不同的用于表示时间序列的数据结构实现。我们还没有一一尝试，但 zoo 包和 xts 包是处理时间序列数据的优秀的包，并且比我们尝试的其他数据分析包更好。

这两种表示数据的方法都假设你有两个向量：数据观测向量和相应的观测日期或时间向量。zoo 函数将它们组合成一个 zoo 对象：

```
library(zoo)
#>
#> Attaching package: 'zoo'
#> The following objects are masked from 'package:base':
#>
#>     as.Date, as.Date.numeric
x <- c(3, 4, 1, 4, 8)
dt <- seq(as.Date("2018-01-01"), as.Date("2018-01-05"), by = "days")
```

```
ts <- zoo(x, dt)
print(ts)
#> 2018-01-01 2018-01-02 2018-01-03 2018-01-04 2018-01-05
#>          3          4          1          4          8
```

xts 函数类似，返回一个 xts 对象：

```
library(xts)
#>
#> Attaching package: 'xts'
#> The following objects are masked from 'package:dplyr':
#>
#>     first, last
ts <- xts(x, dt)
print(ts)
#>            [,1]
#> 2018-01-01    3
#> 2018-01-02    4
#> 2018-01-03    1
#> 2018-01-04    4
#> 2018-01-05    8
```

数据向量 x 应为数值型向量。日期或日期时间的向量 dt 称为索引。zoo 包和 xts 包的
索引不完全相同：

zoo
    索引可以是任何有序值，例如 Date 对象、POSIXct 对象、整数或者浮点值。

xts
    索引必须是 R 支持的日期或时间类。这包括 Date 对象、POSIXct 对象和 chron
    对象。对于大多数应用程序来说，这些应该足够了，但你也可以使用 yearmon、
    yearqtr 和 dateTime 对象。xts 包对索引的要求比 zoo 更严格，因为它实现了
    基于时间索引的强大操作。

以下示例创建一个 zoo 对象，其中包含 2010 年前五天的 IBM 股票价格，它使用 Date
对象作为索引：

```
prices <- c(132.45, 130.85, 130.00, 129.55, 130.85)
dates <- as.Date(c(
  "2010-01-04", "2010-01-05", "2010-01-06",
  "2010-01-07", "2010-01-08"
))
ibm.daily <- zoo(prices, dates)
print(ibm.daily)
#> 2010-01-04 2010-01-05 2010-01-06 2010-01-07 2010-01-08
#>        132        131        130        130        131
```

相比之下，下一个示例以一秒的间隔捕获 IBM 股票的价格。它表示从上午 9:30 开始距
离凌晨 12 点的小时数（1 秒 = 0.000 277 78 小时）：

```
prices <- c(131.18, 131.20, 131.17, 131.15, 131.17)
seconds <- c(9.5, 9.500278, 9.500556, 9.500833, 9.501111)
ibm.sec <- zoo(prices, seconds)
print(ibm.sec)
#>  10   10   10   10   10
#> 131 131 131 131 131
```

这两个示例使用单一时间序列，其中数据来自一个向量。事实上，zoo 和 xts 都可以处理多元时间序列。只要把多个时间序列存储在矩阵或数据框中，然后通过调用 zoo（或 xts）函数创建一个多元时间序列：

```
ts <- zoo(df, dt) # OR: ts <- xts(dfrm, dt)
```

第二个参数是每个观测的日期（或日期时间）的向量。所有时间序列只有一个日期向量；换句话说，矩阵或数据框的每一行中的所有观测值必须具有相同的日期。如果你的数据日期不匹配，请参阅 14.5 节。

如果时间序列数据存储在 zoo 对象或 xts 对象中，可以通过 coredata 提取时间序列数据，该数据返回一个简单的向量（或矩阵）：

```
coredata(ibm.daily)
#> [1] 132 131 130 130 131
```

也可以通过函数 index 提取日期或时间部分：

```
index(ibm.daily)
#> [1] "2010-01-04" "2010-01-05" "2010-01-06" "2010-01-07" "2010-01-08"
```

xts 包与 zoo 包非常相似，但是 xts 包针对速度进行了优化，因此特别适合处理大量数据。因此把其他时间序列表示方式转换为 xts 对象是明智的。

在 zoo 对象或 xts 对象内捕获数据的一大优势是可以直接应用专用的时间序列分析函数，例如打印、绘图、差分、合并、定期采样、自动更新和其他有用的操作。甚至还有一个函数 read.zoo，专门用于从 ASCII 文件中读取时间序列数据。

请记住，xts 包可以执行 zoo 包能够执行的所有操作，因此本章讨论 zoo 对象的任何地方都可以使用 xts 对象。

对于时间序列数据的专业分析人员，我们强烈建议他们研究这些软件包的相关文档，这样可以提高他们时间序列分析工作的效率。它们是丰富的包，具有许多有用的功能。

14.1.4 另请参阅

有关 zoo（*http://cran.r-project.org/web/packages/zoo/*）和 xts（*http://cran.r-project.org/web/packages/xts/*）的更多内容，请参阅 CRAN 的相关文档，包括参考手册、应用短文

和快速参考卡。如果计算机上已安装软件包，请使用 `vignette` 函数查看它们的相关文档：

```
vignette("zoo")
vignette("xts")
```

`timeSeries` 包是另一个不错的分析时间序列的 R 包。它是 Rmetrics 梳理金融项目的一部分。

14.2 绘制时序图

14.2.1 问题

绘制一个或多个时间序列的时序图。

14.2.2 解决方案

对于 `zoo` 对象和 `xts` 对象，无论它们是单一时间序列还是多元时间序列，可以直接使用函数 `plot(x)` 进行绘制。

对于一个简单的时间序列观测向量 `v`，可以使用 `plot(v, type = "l")` 或 `plot.ts(v)` 进行绘制。

14.2.3 讨论

泛型函数 `plot` 既适用于 `zoo` 对象也适用于 `xts` 对象。它可以绘制一个单独的时间序列，也可以绘制多元时间序列。在后一种情况下，它可以将每个序列绘制在单独的图中或一起绘制在一个图中。

假设 `ibm.infl` 是一个包含两个时间序列的 `zoo` 对象。一个序列是从 2000 年 1 月到 2017 年 12 月的 IBM 股票报价，另一个序列是通货膨胀调整后的 IBM 股票价格。如果绘制对象，R 将在一个绘图中将两个时间序列绘制在一起，如图 14-1 所示：

```
load(file = "./data/ibm.rdata")
library(xts)

main <- "IBM: Historical vs. Inflation-Adjusted"
lty <- c("dotted", "solid")

# Plot the xts object
plot(ibm.infl,
  lty = lty, main = main,
  legend.loc = "left"
)
```

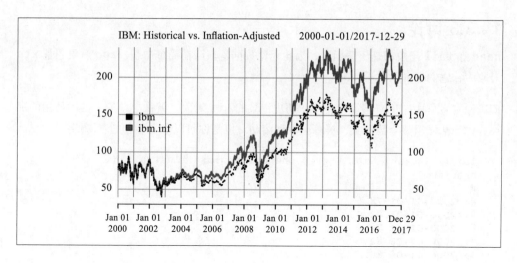

图 14-1：示例 xts 图

xts 的 plot 函数提供默认标题，即 xts 对象的名称。正如我们在此处所示，通常可以将参数 main 设置为更有意义的标题。

代码指定了两种线型（lty），以便两条线以两种不同的样式绘制，使它们更容易区分。

14.2.4 另请参阅

对于处理金融数据，quantmod 包包含特殊的绘图功能，可生成各种类型的漂亮图形。

14.3 提取最早或者最新的观测值

14.3.1 问题

需要查看时间序列中最早或最新的观测值。

14.3.2 解决方案

使用函数 head 查看最早的观测值：

```
head(ts)
```

使用函数 tail 查看最新观测值：

```
tail(ts)
```

14.3.3 讨论

`head` 和 `tail` 函数都是泛型函数，因此无论数据是存储在简单向量、`zoo` 对象还是 `xts` 对象中，它们都可以适用。

假设你有一个具有 IBM 股票价格多年历史记录的 `xts` 对象，就像之前的方法中使用的那样。你无法显示整个数据集，屏幕会自动滚动。但是你可以查看最初的观测值：

```
ibm <- ibm.infl$ibm # grab one column for illustration
head(ibm)
#>              ibm
#> 2000-01-01 78.6
#> 2000-01-03 82.0
#> 2000-01-04 79.2
#> 2000-01-05 82.0
#> 2000-01-06 80.6
#> 2000-01-07 80.2
```

也可以查看最终的观测值：

```
tail(ibm)
#>              ibm
#> 2017-12-21 148
#> 2017-12-22 149
#> 2017-12-26 150
#> 2017-12-27 150
#> 2017-12-28 151
#> 2017-12-29 150
```

默认情况下，函数 `head` 和函数 `tail` 分别显示六个最早的和六个最新的观测值。你可以通过设定函数的第二个参数来查看更多观测值，例如，`tail(ibm, 20)`。

`xts` 包还包括函数 `first` 和函数 `last`，它们使用日历日期选择需要查看的观测值。我们可以使用函数 `first` 和函数 `last` 选定给定天数、周数、月数或者年数来选择数据：

```
first(ibm, "2 week")
#>              ibm
#> 2000-01-01 78.6
#> 2000-01-03 82.0
#> 2000-01-04 79.2
#> 2000-01-05 82.0
#> 2000-01-06 80.6
#> 2000-01-07 80.2
```

乍一看，这个输出可能会令人困惑。我们的输入参数是 `"2 week"`（2 周），而 `xts` 返回了 6 天的数据。在查看 2000 年 1 月的日历后，这似乎是可能的（见图 14-2）。

```
                  January 2000
            Su Mo Tu We Th Fr Sa
                              1
             2  3  4  5  6  7  8
             9 10 11 12 13 14 15
            16 17 18 19 20 21 22
            23 24 25 26 27 28 29
            30 31
```

图 14-2：2000 年 1 月日历

我们可以从日历中看到，2000 年 1 月的第一周只有一天，星期六是 1 月 1 日。然后第二周从 1 月 2 日到 1 月 8 日。我们的数据在 1 月 8 日没有观测值，所以当我们设置参数 "2 week" 时，first 会返回前两个日历周的所有观测值。在我们的示例数据集中，前两个日历周仅包含六个观测值。

同样，我们可以要求函数 last 返回最后一个月的数据：

```
last(ibm, "month")
#>            ibm
#> 2017-12-01 152
#> 2017-12-04 153
#> 2017-12-05 152
#> 2017-12-06 151
#> 2017-12-07 150
#> 2017-12-08 152
#> 2017-12-11 152
#> 2017-12-12 154
#> 2017-12-13 151
#> 2017-12-14 151
#> 2017-12-15 149
#> 2017-12-18 150
#> 2017-12-19 150
#> 2017-12-20 150
#> 2017-12-21 148
#> 2017-12-22 149
#> 2017-12-26 150
#> 2017-12-27 150
#> 2017-12-28 151
#> 2017-12-29 150
```

如果在这里使用了 zoo 对象，我们需要在将对象传递给函数 first 或函数 last 之前先将它们转换为 xts 对象，因为它们是 xts 函数。

14.3.4 另请参阅

可以通过 help(first.xts) 和 help(last.xts) 来查看函数 first 和函数 last 的详细帮助文档。

tidyverse 中的 dplyr 包也具有名为 first 和 last 的函数。如果你的工作流涉及同时加载 xts 和 dplyr 包，请通过使用 *package::function* 表示法（例如，xts::first）明确说明要调用的函数。

14.4 选取时间序列的子集

14.4.1 问题

需要从时间序列中选择一个或多个特定的观测值。

14.4.2 解决方案

可以按位置索引 zoo 对象或 xts 对象。使用一个或两个下标，具体取决于对象是包含一个时间序列还是多个时间序列：

ts[*i*]
　　从单个时间序列中选择第 *i* 个观测值

ts[*j,i*]
　　选择多元时间序列中第 *j* 个时间序列的第 *i* 个观测值

可以使用与时间序列索引类型相同的对象来选择数据。此示例假定索引包含 Date 对象：

```
ts[as.Date("yyyy-mm-dd")]
```

可以按一系列日期对其进行索引：

```
dates <- seq(startdate, enddate, increment)
ts[dates]
```

函数 window 可以选择在一个时间范围内（开始日期和结束日期之间）的时间序列数据：

```
window(ts, start = startdate, end = enddate)
```

14.4.3 讨论

回想一下上一个方法中通货膨胀调整后的 IBM 股票价格数据，这是一个 xts 对象：

```
head(ibm)
#>            ibm
#> 2000-01-01 78.6
#> 2000-01-03 82.0
#> 2000-01-04 79.2
#> 2000-01-05 82.0
```

```
#> 2000-01-06 80.6
#> 2000-01-07 80.2
```

我们可以根据时间序列的位置选择一个观测值，就像从向量中选择元素一样（参见 2.9 节）：

```
ibm[2]
#>             ibm
#> 2000-01-03  82
```

也可以根据时间序列的位置选择多个观测值：

```
ibm[2:4]
#>             ibm
#> 2000-01-03 82.0
#> 2000-01-04 79.2
#> 2000-01-05 82.0
```

有时按日期选择更有用。只需使用日期本身作为索引：

```
ibm[as.Date("2010-01-05")]
#>             ibm
#> 2010-01-05 103
```

我们的 ibm 数据是一个 xts 对象，所以我们也可以使用类似日期的字符串进行索引（zoo 对象不提供这种灵活性）：

```
ibm['2010-01-05']
```

```
ibm['20100105']
```

也可以通过 Date 对象的向量来选择：

```
dates <- seq(as.Date("2010-01-04"), as.Date("2010-01-08"), by = 2)
ibm[dates]
#>             ibm
#> 2010-01-04 104
#> 2010-01-06 102
#> 2010-01-08 103
```

也可以很方便地应用函数 window 选择一个连续日期范围内的时间序列数据，例如：

```
window(ibm, start = as.Date("2010-01-05"), end = as.Date("2010-01-07"))
#>             ibm
#> 2010-01-05 103
#> 2010-01-06 102
#> 2010-01-07 102
```

我们可以使用 *yyyymm* 设定"年 / 月"：

```
ibm['201001']  # Jan 2010
```

使用 / 设定年份范围：

```
ibm['2009/2011'] # all of 2009 - 2011
```

或者使用 / 设定年月范围：

```
ibm['2009/201001']    # all of 2009 plus Jan 2010
ibm['2009/201001']    # all of 2009 plus Jan 2010
ibm['200906/201005'] # June 2009 through May 2010
```

14.4.4 另请参阅

xts 包提供了许多其他灵活的方法来索引时间序列。请参阅 xts 包的帮助文档。

14.5 合并多个时间序列

14.5.1 问题

现有两个或更多的时间序列。需要将它们合并到一个时间序列对象中。

14.5.2 解决方案

使用 zoo 或 xts 对象来表示时间序列，然后使用 merge 函数将它们组合在一起：

```
merge(ts1, ts2)
```

14.5.3 讨论

当两个序列具有不同的时间标签时，合并两个时间序列是很麻烦的。考虑有两个时间序列，包括 1999 年至 2017 年 IBM 股票的每日价格以及同期的每月消费者物价指数（CPI）：

```
load(file = "./data/ibm.rdata")
head(ibm)
#>            ibm
#> 1999-01-04 64.2
#> 1999-01-05 66.5
#> 1999-01-06 66.2
#> 1999-01-07 66.7
#> 1999-01-08 65.8
#> 1999-01-11 66.4
head(cpi)
#>            cpi
#> 1999-01-01 0.938
#> 1999-02-01 0.938
#> 1999-03-01 0.938
#> 1999-04-01 0.945
```

```
#> 1999-05-01 0.945
#> 1999-06-01 0.945
```

显然，这两个时间序列具有不同的时间标签，因为一个是每日数据，另一个是月度数据。更糟糕的是，下载的 CPI 数据的时间标签是每个月的第一天，不管这一天是假期还是周末（例如，新年）。

感谢功能强大的函数 merge，它处理两个不同时间序列烦琐的时间标签的细节问题：

```
head(merge(ibm, cpi))
#>              ibm   cpi
#> 1999-01-01   NA 0.938
#> 1999-01-04 64.2    NA
#> 1999-01-05 66.5    NA
#> 1999-01-06 66.2    NA
#> 1999-01-07 66.7    NA
#> 1999-01-08 65.8    NA
```

默认情况下，merge 函数会合并所有日期：输出结果包含两个输入的所有日期，缺少的观测值用 NA 值填充。可以使用 zoo 包中的 na.locf 函数将这些 NA 值替换为最新一期的观测值：

```
head(na.locf(merge(ibm, cpi)))
#>              ibm   cpi
#> 1999-01-01   NA 0.938
#> 1999-01-04 64.2 0.938
#> 1999-01-05 66.5 0.938
#> 1999-01-06 66.2 0.938
#> 1999-01-07 66.7 0.938
#> 1999-01-08 65.8 0.938
```

（这里 locf 代表"最后一次观测值"。）注意，上例中的 NA 被替换了。但是，由于第一条观测值（1999-01-01）没有 IBM 股票价格，因此 na.locf 删除了该条记录。

也可以通过设置 all = FALSE 来获取所有日期的交集：

```
head(merge(ibm, cpi, all = FALSE))
#>              ibm   cpi
#> 1999-02-01 63.1 0.938
#> 1999-03-01 59.2 0.938
#> 1999-04-01 62.3 0.945
#> 1999-06-01 79.0 0.945
#> 1999-07-01 92.4 0.949
#> 1999-09-01 89.8 0.956
```

现在输出仅保留两个文件共有的观测值。

注意，合并后的序列从 2 月 1 日开始，而不是 1 月 1 日。原因是 1 月 1 日是假日，该日期没有 IBM 股票价格，所以没有与 CPI 数据的交集。要解决此问题，请参阅 14.6 节。

14.6 缺失时间序列的填充

14.6.1 问题

时间序列数据有缺失值。需要填充这些缺失日期/时间以及它们相应的观测值数据。

14.6.2 解决方案

使用缺少的日期/时间创建不含时间序列观测值的 zoo 对象或 xts 对象。然后将数据与该对象合并，获取两者的并集：

```
empty <- zoo(, dates) # 'dates' is vector of the missing dates
merge(ts, empty, all = TRUE)
```

14.6.3 讨论

zoo 包在 zoo 对象的构造函数中包含一个方便的功能：可以构建一个仅仅含有时间而不含有观测值的 zoo 对象。我们可以使用这些"假冒"对象来执行对其他时间序列对象的填充。

假设你下载了上一个方法中使用的每月 CPI 数据。数据带有时间标签，即每月的第一天：

```
head(cpi)
#>            cpi
#> 1999-01-01 0.938
#> 1999-02-01 0.938
#> 1999-03-01 0.938
#> 1999-04-01 0.945
#> 1999-05-01 0.945
#> 1999-06-01 0.945
```

R 软件仅仅知道除了每月的第一天外，其他日期没有观测值。但是，我们知道一个月里每一天的 CPI 观测值都是一样的。首先，我们建立一个没有观测数据，仅仅有 10 年的日期的零宽度 zoo 对象：

```
dates <- seq(from = min(index(cpi)), to = max(index(cpi)), by = 1)
empty <- zoo(, dates)
```

然后，我们使用 min(index(cpi)) 和 max(index(cpi)) 来获取 cpi 数据的最小和最大索引值。因此，我们生成的空对象只是每日日期的索引，其范围与我们的 cpi 数据相同。

然后我们把 CPI 数据和零宽度对象合并，产生一个由 NA 值填充的数据集：

```
filled.cpi <- merge(cpi, empty, all = TRUE)
```

```
head(filled.cpi)
#>             cpi
#> 1999-01-01 0.938
#> 1999-01-02    NA
#> 1999-01-03    NA
#> 1999-01-04    NA
#> 1999-01-05    NA
#> 1999-01-06    NA
```

合并后的新时间序列包含每个日历日期，其中没有观测值的记录用 NA 填充。如果是需要的数据，此时就可以结束了。但是，更常见的要求是使用截至该日期的最新观测值替换每个 NA。可以通过 zoo 包的 na.locf 函数实现：

```
filled.cpi <- na.locf(merge(cpi, empty, all = TRUE))
head(filled.cpi)
#>             cpi
#> 1999-01-01 0.938
#> 1999-01-02 0.938
#> 1999-01-03 0.938
#> 1999-01-04 0.938
#> 1999-01-05 0.938
#> 1999-01-06 0.938
```

1 月 1 日的观测值被应用到 1 月份的所有日期，2 月 1 日的观测值用于填充 2 月份的所有日期的缺失值，以此类推。现在每天都有截至该日期的最新 CPI 值。注意，在此数据集中，CPI 基于 1999 年 1 月 1 日 = 100%，并且所有 CPI 值都与该日期的值相关：

```
tail(filled.cpi)
#>             cpi
#> 2017-11-26 1.41
#> 2017-11-27 1.41
#> 2017-11-28 1.41
#> 2017-11-29 1.41
#> 2017-11-30 1.41
#> 2017-12-01 1.41
```

我们可以使用此方法来解决 14.5 节中提到的问题。在那里，IBM 股票的每日价格和每月 CPI 数据在某些日子没有交集。我们可以使用几种不同的方法来修复它。一种方法是填充 IBM 数据以包含所有 CPI 日期，然后获取与 CPI 数据的交集（回想一下函数 index(cpi) 返回 CPI 时间序列中的所有日期）：

```
filled.ibm <- na.locf(merge(ibm, zoo(, index(cpi))))
head(merge(filled.ibm, cpi, all = FALSE))
#>              ibm  cpi
#> 1999-01-01    NA 0.938
#> 1999-02-01 63.1 0.938
#> 1999-03-01 59.2 0.938
#> 1999-04-01 62.3 0.945
#> 1999-05-01 73.6 0.945
#> 1999-06-01 79.0 0.945
```

上面给出了每月观测值。另一种方法是填充 CPI 数据（如前所述），然后获取与 IBM 数据的交集。如下给出了每日观测值：

```
filled_data <- merge(ibm, filled.cpi, all = FALSE)
head(filled_data)
#>              ibm   cpi
#> 1999-01-04 64.2 0.938
#> 1999-01-05 66.5 0.938
#> 1999-01-06 66.2 0.938
#> 1999-01-07 66.7 0.938
#> 1999-01-08 65.8 0.938
#> 1999-01-11 66.4 0.938
```

填充缺失值的另一种常用方法是使用三次样条技术，该技术从已知数据中插入平滑的中间值。我们可以使用 zoo 函数 na.approx 使用三次样条曲线填充缺失值：

```
combined_data <- merge(ibm, cpi, all = TRUE)
head(combined_data)
#>              ibm   cpi
#> 1999-01-01    NA 0.938
#> 1999-01-04 64.2    NA
#> 1999-01-05 66.5    NA
#> 1999-01-06 66.2    NA
#> 1999-01-07 66.7    NA
#> 1999-01-08 65.8    NA

combined_spline <- na.spline(combined_data)
head(combined_spline)
#>              ibm   cpi
#> 1999-01-01  4.59 0.938
#> 1999-01-04 64.19 0.938
#> 1999-01-05 66.52 0.938
#> 1999-01-06 66.21 0.938
#> 1999-01-07 66.71 0.938
#> 1999-01-08 65.79 0.938
```

注意，cpi 和 ibm 的缺失值都已填充。但是，1999 年 1 月 1 日填写的 ibm 的值似乎与 1 月 4 日的观测值不符。这说明了三次样条的一个问题：如果插值的值是在一个序列的最初或最后，它们会变得非常不稳定。为了解决这种不稳定性，我们可以从 1999 年 1 月 1 日之前获得一些数据点，然后使用 na.spline 进行插值，或者我们可以简单地选择不同的插值方法。

14.7 时间序列的滞后

14.7.1 问题

向前或向后移动时间序列数据。

14.7.2 解决方案

使用函数 lag。该函数的第二个参数 k 是向前或向后移动数据的期数：

```
lag(ts, k)
```

如果参数 k 为正数，则向前移动数据（明天的数据变为今天的数据）。如果参数 k 为负数，则向后移动数据（昨天的数据变为今天的数据）。

14.7.3 讨论

回想 14.1 节中 IBM 股票五天价格的 zoo 对象：

```
ibm.daily
#> 2010-01-04 2010-01-05 2010-01-06 2010-01-07 2010-01-08
#>        132        131        130        130        131
```

要将数据向前移动一天，我们使用 k = +1：

```
lag(ibm.daily, k = +1, na.pad = TRUE)
#> 2010-01-04 2010-01-05 2010-01-06 2010-01-07 2010-01-08
#>         NA        132        131        130        130
```

我们还设置 na.pad = TRUE 以使用 NA 填充缺失数据。否则，它们将被简单地删除，从而缩短时间序列。

要将数据向后移动一天，我们使用 k = -1。我们再次设置 na.pad = TRUE 以使用 NA 填充缺失数据：

```
lag(ibm.daily, k = -1, na.pad = TRUE)
#> 2010-01-04 2010-01-05 2010-01-06 2010-01-07 2010-01-08
#>         NA        132        131        130        130
```

这里 k 的取值看起来有点奇怪。

 该函数名为 lag（中文名为"滞后"），但正 k 实际上生成超前数据而不是滞后数据。使用负 k 来获取滞后数据。是的，这很奇怪。也许该函数应该被称为 lead。

使用 lag 时要注意的另一件事是 dplyr 包中也包含一个名为 lag 的函数。dplyr::lag 的参数与基础 R 中 lag 函数的参数不完全相同。特别是，dplyr 使用参数 n 而不是 k：

```
dplyr::lag(ibm.daily, n = 1)
#> 2010-01-04 2010-01-05 2010-01-06 2010-01-07 2010-01-08
#>         NA        132        131        130        130
```

如果要加载 dplyr，则应该使用命名空间来明确正在使用的 lag 函数。基础 R 函数是 stats::lag，而 dplyr 的函数是 dplyr::lag。

14.8 计算逐次差分

14.8.1 问题

给定时间序列 x，需要计算连续观察值之间的差分：$(x_2 - x_1)$、$(x_3 - x_2)$、$(x_4 - x_3)$……。

14.8.2 解决方案

使用 diff 函数：

```
diff(x)
```

14.8.3 讨论

diff 函数是一个泛型函数，因此它适用于简单向量、xts 对象和 zoo 对象。优美之处在于，zoo 对象或 xts 对象的差分结果仍是 zoo 对象或 xts 对象，并且差分后具有正确的日期。在这里，我们计算 IBM 股票连续价格的差分：

```
ibm.daily
#> 2010-01-04 2010-01-05 2010-01-06 2010-01-07 2010-01-08
#>        132        131        130        130        131
diff(ibm.daily)
#> 2010-01-05 2010-01-06 2010-01-07 2010-01-08
#>      -1.60      -0.85      -0.45       1.30
```

标记为 2010-01-05 的差分是相对前一天（2010-01-04）的变化，这通常是你想要的。当然，差分序列比原始序列短一个元素，因为 R 无法计算"2010-01-04"的变化。

默认情况下，diff 计算连续差分。你可以使用参数 lag 计算间距更大的差分。假设你有月度 CPI 数据，并希望计算相对去年同月的变化，并给出同比变化值。可以指定参数 lag = 12：

```
head(cpi, 24)
#>            cpi
#> 1999-01-01 0.938
#> 1999-02-01 0.938
#> 1999-03-01 0.938
#> 1999-04-01 0.945
#> 1999-05-01 0.945
```

```
#> 1999-06-01 0.945
#> 1999-07-01 0.949
#> 1999-08-01 0.952
#> 1999-09-01 0.956
#> 1999-10-01 0.957
#> 1999-11-01 0.959
#> 1999-12-01 0.961
#> 2000-01-01 0.964
#> 2000-02-01 0.968
#> 2000-03-01 0.974
#> 2000-04-01 0.973
#> 2000-05-01 0.975
#> 2000-06-01 0.981
#> 2000-07-01 0.983
#> 2000-08-01 0.983
#> 2000-09-01 0.989
#> 2000-10-01 0.990
#> 2000-11-01 0.992
#> 2000-12-01 0.994
head(diff(cpi, lag = 12), 24) # Compute year-over-year change
#>             cpi
#> 1999-01-01    NA
#> 1999-02-01    NA
#> 1999-03-01    NA
#> 1999-04-01    NA
#> 1999-05-01    NA
#> 1999-06-01    NA
#> 1999-07-01    NA
#> 1999-08-01    NA
#> 1999-09-01    NA
#> 1999-10-01    NA
#> 1999-11-01    NA
#> 1999-12-01    NA
#> 2000-01-01 0.0262
#> 2000-02-01 0.0302
#> 2000-03-01 0.0353
#> 2000-04-01 0.0285
#> 2000-05-01 0.0296
#> 2000-06-01 0.0353
#> 2000-07-01 0.0342
#> 2000-08-01 0.0319
#> 2000-09-01 0.0330
#> 2000-10-01 0.0330
#> 2000-11-01 0.0330
#> 2000-12-01 0.0330
```

14.9 时间序列的相关计算

14.9.1 问题

对时间序列数据进行算术运算或应用常见的函数。

14.9.2 解决方案

R 对 zoo 对象和 xts 对象有灵活的运算。可以使用算术运算符（+、-、*、/ 等）以及常用函数（sqrt、log 等），通常可以得到你期望的结果。

14.9.3 讨论

当对 zoo 或 xts 对象执行算术运算时，R 会根据日期自动对齐对象，以使结果有意义。假设我们想要计算 IBM 股票的百分比变化。我们需要将每日变化除以价格，但这两个时间序列并不是自然对齐的——它们具有不同的开始时间和不同的长度。例如以下 zoo 对象：

```
ibm.daily
#> 2010-01-04 2010-01-05 2010-01-06 2010-01-07 2010-01-08
#>        132        131        130        130        131
diff(ibm.daily)
#> 2010-01-05 2010-01-06 2010-01-07 2010-01-08
#>      -1.60      -0.85      -0.45       1.30
```

幸运的是，当我们将一个序列除以另一个序列时，R 为我们对齐序列并返回一个 zoo 对象：

```
diff(ibm.daily) / ibm.daily
#> 2010-01-05 2010-01-06 2010-01-07 2010-01-08
#>   -0.01223   -0.00654   -0.00347    0.00994
```

我们可以将结果乘以 100 来得到百分比变化，结果是另一个 zoo 对象：

```
100 * (diff(ibm.daily) / ibm.daily)
#> 2010-01-05 2010-01-06 2010-01-07 2010-01-08
#>     -1.223     -0.654     -0.347      0.994
```

在时间序列上同样可以应用函数。如果我们计算 zoo 对象的对数或平方根，则结果是一个保留时间标签的 zoo 对象：

```
log(ibm.daily)
#> 2010-01-04 2010-01-05 2010-01-06 2010-01-07 2010-01-08
#>       4.89       4.87       4.87       4.86       4.87
```

在投资管理中，计算价格的对数差分是很常见的。这在 R 中很容易实现：

```
diff(log(ibm.daily))
#> 2010-01-05 2010-01-06 2010-01-07 2010-01-08
#>   -0.01215   -0.00652   -0.00347    0.00998
```

14.9.4 另请参阅

有关计算逐次差分的特殊情况，请参阅 14.8 节。

14.10 计算移动平均

14.10.1 问题

计算时间序列的移动平均值。

14.10.2 解决方案

使用 zoo 包的 rollmean 函数计算 *k* 期移动平均值：

```
library(zoo)
ma <- rollmean(ts, k)
```

这里 ts 是在 zoo 对象中捕获的时间序列数据，k 是移动平均的期数。

对于大多数金融应用，仅仅使用历史数据通过 rollmean 计算移动平均值，即只应用该日能够得到的数据。这可以通过指定参数 align = right 来实现。否则，函数 rollmean 会应用在计算点尚不可得的未来数据来计算均值：

```
ma <- rollmean(ts, k, align = "right")
```

14.10.3 讨论

交易员喜欢移动平均线以平滑价格波动，也称为滚动均值。可以通过结合 rollapply 函数和 mean 函数来计算 14.12 节中所述的滚动均值，但 rollmean 要快得多。

除了速度之外，rollmean 的美妙之处在于它返回了它所要求的相同类型的时间序列对象（即 xts 或 zoo）。对于对象中的每个元素，其日期是相应的移动平均值的日期。因为结果是时间序列对象，所以你可以轻松地合并原始数据和移动平均值，然后将它们绘制在一起，如图 14-3 所示：

```
ibm_year <- ibm["2016"]
ma_ibm <- rollmean(ibm_year, 7, align = "right")
ma_ibm <- merge(ma_ibm, ibm_year)
plot(ma_ibm)
```

输出通常缺少一些初始数据点，因为 rollmean 需要完整的 k 个观测值才能计算平均值。因此，输出短于输入。如果这是一个问题，请指定 na.pad = TRUE，然后 rollmean 将使用 NA 值填充初始输出。

14.10.4 另请参阅

有关 align 参数的更多信息，请参见 14.12 节。

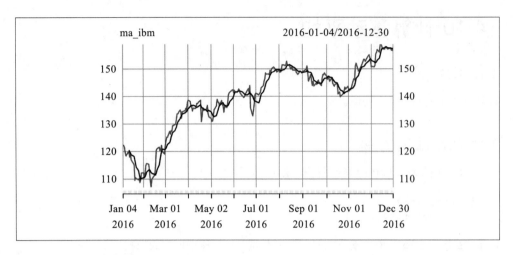

图 14-3：滚动平均序列图

这里描述的移动平均线是一个简单的移动平均线。quantmod、TTR 和 fTrading 包包含用计算和绘制多种移动平均值的函数，包括简单移动平均值。

14.11 在日历时间范围内应用函数

14.11.1 问题

给定时间序列，需要按日历周期（例如周、月或年）对内容进行分组，然后将函数应用于每个组。

14.11.2 解决方案

xts 包包括按天、周、月、季度或年份处理时间序列的函数：

```
apply.daily(ts, f)
apply.weekly(ts, f)
apply.monthly(ts, f)
apply.quarterly(ts, f)
apply.yearly(ts, f)
```

这里的 ts 是一个 xts 对象的时间序列，f 是应用于每一天、每周、每月、每季度或每年的函数。

如果时间序列是 zoo 对象，请先将其转换为 xts 对象，以便可以访问这些函数。例如：

```
apply.monthly(as.xts(ts), f)
```

14.11.3 讨论

根据日历周期处理时间序列数据是很常见的。但是，处理日历期间又是乏味的，有时候会是奇怪的。可以使用本节的函数完成这些繁重的工作。

假设我们有一个存储在 xts 对象中的 IBM 股票的五年历史价格：

```
ibm_5 <- ibm["2012/2017"]
head(ibm_5)
#>            ibm
#> 2012-01-03 152
#> 2012-01-04 151
#> 2012-01-05 150
#> 2012-01-06 149
#> 2012-01-09 148
#> 2012-01-10 148
```

可以使用 apply.monthly 和 mean 一起按月计算平均价格：

```
ibm_mm <- apply.monthly(ibm_5, mean)
head(ibm_mm)
#>            ibm
#> 2012-01-31 151
#> 2012-02-29 158
#> 2012-03-30 166
#> 2012-04-30 167
#> 2012-05-31 164
#> 2012-06-29 159
```

注意，IBM 数据从一开始就位于 xts 对象中。如果数据在 zoo 对象中，我们需要使用 as.xts 将其转换为 xts。

一个更有趣的应用是按日历月计算波动率，其中波动率以每日对数收益率的标准差来衡量。日对数收益率以如下方式计算：

```
diff(log(ibm_5))
```

然后逐月计算它们的标准差，如下所示：

```
apply.monthly(as.xts(diff(log(ibm_5))), sd)
```

也可以根据调整的天数来计算年化波动率，如图 14-4 所示：

```
ibm_vol <- sqrt(251) * apply.monthly(as.xts(diff(log(ibm_5))), sd)
plot(ibm_vol,
  main = "IBM: Monthly Volatility"
)
```

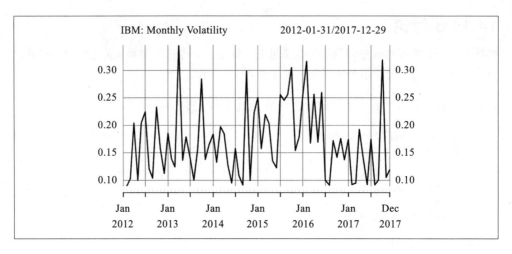

图 14-4：IBM 波动率图

14.12 应用滚动函数

14.12.1 问题

需要在时间序列上以滚动的方式应用某个函数：在某个数据点计算函数值，然后转移到下一个数据点，计算该函数的值，然后继续转移到下一个点，以此类推。

14.12.2 解决方案

使用 zoo 包中的 rollapply 函数。参数 width 定义在每个点上需要函数（f）处理的时间序列（ts）中数据点的个数：

```
library(zoo)
rollapply(ts, width, f)
```

对于许多应用，需要设置 align = "right" 以避免函数 f 使用在计算点尚不可得的历史数据：

```
rollapply(ts, width, f, align = "right")
```

14.12.3 讨论

rollapply 函数会从时间序列中提取一个时间窗口的数据子集，然后在该子集上使用该函数，保存结果，然后移动到下一个窗口，以此类推，直到完成整个输入数据。作为示例，考虑调用函数 rollapply，这里设置 width = 21：

```
rollapply(ts, 21, f)
```

函数 rollapply 会在时间序列 ts 的一个滑动窗口数据上重复调用函数 f，如下所示：

1. f(ts[1:21])

2. f(ts[2:22])

3. f(ts[3:23])

4. ... etc. ...

观察到函数 f 有一个向量值参数，函数 rollapply 保存函数 f 返回的值，然后将它们打包到 zoo 对象中，并为每个值添加时间标签。时间标签的选择取决于函数 rollapply 的参数 align 的取值：

align="right"
　　时间标签取自最右边值的时间标签。

align="left"
　　时间标签取自最左边值的时间标签。

align="center"（默认）
　　时间标签取自中间值的时间标签。

默认情况下，函数 rollapply 将在连续的数据点重复应用函数 f，也可以设置每隔 n 个数据点计算函数 f。这里只要设置函数 rollapply 的参数 by = n，完成一次函数计算后，将数据点向前移动 n 个点。例如，当计算时间序列的滚动标准差时，我们通常希望每个数据窗口是分开的，而不是重叠的，因此我们将参数 by 的值设置为窗口的大小：

```
ibm_sds <- rollapply(ibm_5, width = 30, FUN = sd, by = 30, align = "right")
ibm_sds <- na.omit(ibm_sds)
head(ibm_sds)
```

默认情况下，rollapply 函数将返回一个对象，该对象具有与输入数据一样多的观测值，缺失值用 NA 填充。在前面的示例中，我们使用 na.omit 删除 NA 值，以便我们的结果对象仅记录具有观测值的日期。

14.13 绘制自相关函数图

14.13.1 问题

绘制时间序列的自相关函数（Auto Correlation Function，ACF）图。

14.13.2 解决方案

使用 acf 函数：

```
acf(ts)
```

14.13.3 讨论

自相关函数是揭示时间序列内部关系的重要工具。它是一组自相关系数 ρ_k (k = 1, 2, 3, …) 的集合，其中 ρ_k 是时间序列所有相隔 k 步的数据点之间的自相关系数。

可视化这些自相关系数比列举它们更有用，因此 acf 函数绘制每个 k 值的自相关系数。以下示例显示了两个时间序列的自相关函数，一个具有自相关性（见图 14-5），另一个没有自相关性（见图 14-6）。虚线是相关系数是否显著的分界线：虚线上方的值是显著的（线的高度由时间序列数据的个数决定）。绘制如下：

```
load(file = "./data/ts_acf.rdata")

acf(ts1, main = "Significant Autocorrelations")

acf(ts2, main = "Insignificant Autocorrelations")
```

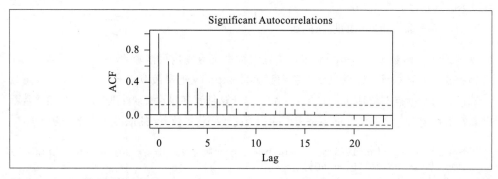

图 14-5：ts1 的自相关系数

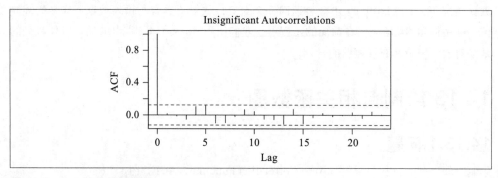

图 14-6：ts2 的自相关系数

显著的自相关表明可以考虑应用自回归移动平均（AutoregRessive Integrated Moving Average，ARIMA）模型对时间序列进行建模。从 ACF，可以计算显著自相关的个数，据此来估计模型中移动平均（Moving Average，MA）系数的个数。例如，图 14-5 显示了七个显著的自相关，因此我们估计其 ARIMA 模型将需要七个 MA 系数（即 MA(7)）。然而，这只是初步估计，必须通过拟合和诊断模型来验证。

14.14 检验时间序列的自相关

14.14.1 问题

需要检验时间序列中是否存在自相关。

14.14.2 解决方案

使用函数 Box.test，该函数实现了自相关系数的 Box-Pierce 检验：

```
Box.test(ts)
```

函数输出包括一个 p 值。通常，如果 p 值小于 0.05，说明时间序列有显著的自相关，而 p 值超过 0.05 则没有提供这样的证据。

14.14.3 讨论

绘制自相关函数会帮助获取数据中的信息。有时候，我们只需要知道数据是否是自相关的。诸如 Box-Pierce 检验之类的统计检验可以提供答案。

我们可以将 Box-Pierce 检验应用于 14.13 节中绘制自相关函数的数据。检验显示两个时间序列的 p 值分别接近 0 和 0.79：

```
Box.test(ts1)
#>
#>   Box-Pierce test
#>
#> data:  ts1
#> X-squared = 100, df = 1, p-value <2e-16

Box.test(ts2)
#>
#>   Box-Pierce test
#>
#> data:  ts2
#> X-squared = 0.07, df = 1, p-value = 0.8
```

接近 0 的 p 值说明第一个时间序列具有显著的自相关。这里我们仅仅知道自相关性显著，而不能知道哪一个相关系数显著。p 值为 0.8 表示没有检测到第二个时间序列中的自相关。

Box.test 函数还可以执行 Ljung-Box 检验，对于小样本执行该检验较好。该检验计算一个 p 值，其解释与 Box-Pierce 检验 p 值的解释相同：

```
Box.test(ts, type = "Ljung-Box")
```

14.14.4 另请参阅

参见 14.13 节以绘制自相关函数，它可以可视化地查看自相关函数。

14.15 绘制偏自相关函数

14.15.1 问题

绘制时间序列的偏自相关函数（Partial AutoCorrelation Function，PACF）。

14.15.2 解决方案

使用 pacf 函数：

```
pacf(ts)
```

14.15.3 讨论

偏自相关函数是另一种用于揭示时间序列中内部关系的工具。然而，它的解释远不如自相关函数的解释来的直观。我们将偏相关的数学定义留给统计学教科书。在这里，我们只是说两个随机变量 X 和 Y 之间的偏相关是在剔除了由于其他变量导致的 X 和 Y 的相关性后剩余的 X 和 Y 的相关性。对于时间序列而言，k 阶偏自相关函数是考虑相隔 k 步的数据点，在剔除了这 k 步之间的数据导致的相关性后的相关性。

偏自相关函数可以帮助识别 ARIMA 模型中的自回归（AutoRegression，AR）系数的个数。以下示例显示了 14.13 节中使用的两个时间序列的 PACF。其中一个序列具有偏自相关性，而另一个则没有。超出虚线的偏自相关函数在统计上是显著的。在第一个时间序列（见图 14-7）中，有两个这样的值，分别在 $k = 1$ 和 $k = 2$ 时超出了虚线，所以初始 ARIMA 模型将具有两个 AR 系数（即 AR(2)）。然而，与自相关一样，这只是初始估计，必须通过拟合和诊断模型来验证。第二个时间序列（见图 14-8）显示没有这种偏自相关模式。绘制如下：

```
pacf(ts1, main = "Significant Partial Autocorrelations")

pacf(ts2, main = "Insignificant Partial Autocorrelations")
```

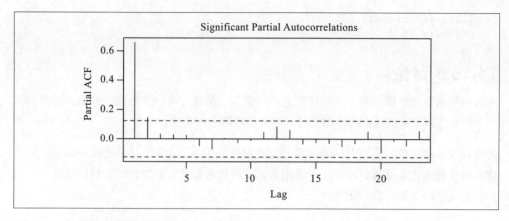

图 14-7: ts1 的偏自相关系数

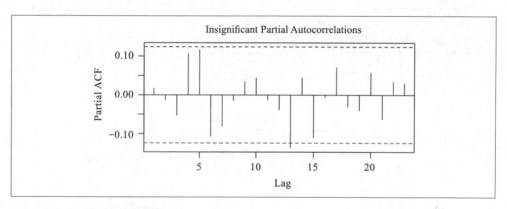

图 14-8: ts2 的偏自相关系数

14.15.4 另请参阅

参见 14.13 节。

14.16 两个时间序列间的滞后相关性

14.16.1 问题

现有两个时间序列,二者之间是否存在某种滞后相关性?

14.16.2 解决方案

使用 forecast 包中的 Ccf 函数绘制交叉相关函数,这将揭示滞后相关性:

```
library(forecast)
Ccf(ts1, ts2)
```

14.16.3 讨论

交叉相关函数帮助揭示两个时间序列之间的滞后相关性。当一个时间序列今天的值与另一个时间序列未来或过去的值相关时，就会出现滞后相关性。

考虑商品价格和债券价格之间的关系。一些分析师认为，这些价格是相互关联的，因为商品价格的变化是通货膨胀的一个晴雨表，而通货膨胀是债券定价的关键因素之一。我们能发现它们之间的相关性吗？

图 14-9 显示了由债券价格和商品价格指数的每日价格变化产生的交叉相关函数[注1]：

```
library(forecast)
load(file = "./data/bnd_cmty.Rdata")
b <- coredata(bonds)[, 1]
c <- coredata(cmdtys)[, 1]

Ccf(b, c, main = "Bonds vs. Commodities")
```

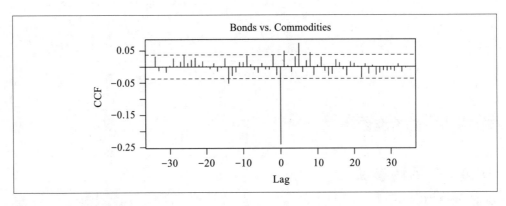

图 14-9：交叉相关函数

注意，由于 bonds 和 cmdtys 是 xts 对象，所以我们使用 coredata()[1] 从每个数据向量中提取，因为函数 Ccf 需要的输入是简单的向量。

x 轴是滞后期数，每条竖线显示两个时间序列之间在相应滞后期数的相关性。如果相关性在虚线之上或之下延伸，则具有统计显著性。

注 1：　具体而言，变量 bonds 是先锋长期债券指数基金（Vanguard Long-Term Bond Index Fund，VBLTX）的对数收益率，而变量 cmdtys 是 Invesco DB 商品追踪基金（DBC）的对数回报。数据的时间区间为 2007-01-01 至 2017-12-31。

请注意，滞后 0 阶的相关性为 −0.24，这是变量之间的简单相关系数：

```
cor(b, c)
#> [1] -0.24
```

更为有趣的是滞后 1 阶、5 阶和 8 阶的相关性，这在统计上是显著的。显然，债券和商品的日常价格存在一些"联动反应"，因为明天的变化与今天的变化是相关的。发现这种关系对短期预测者很有用，例如市场分析师和债券交易者。

14.17 剔除时间序列的趋势

14.17.1 问题

剔除时间序列数据包含的趋势。

14.17.2 解决方案

使用线性回归来标识趋势成分，然后从原始时间序列中减去趋势成分。以下代码显示如何去除 zoo 对象 ts 的趋势成分，并将结果放在 detr 中：

```
m <- lm(coredata(ts) ~ index(ts))
detr <- zoo(resid(m), index(ts))
```

14.17.3 讨论

有的时间序列数据包含趋势，这意味着它随着时间的推移逐渐向上或向下倾斜。假设我们的时间序列对象（在本例中是一个 zoo 对象）yield 包含一个趋势，如图 14-10 所示。

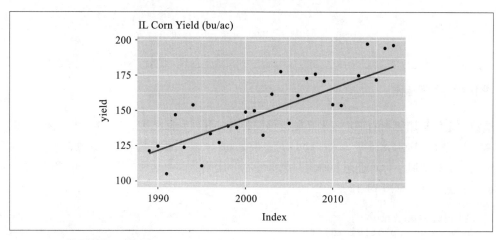

图 14-10：带趋势的时间序列

我们可以分两步删除趋势成分。首先，我们通过使用线性模型函数 lm 来识别整体趋势。在线性模型中，用时间序列的时间作为 x 变量，用观测值作为 y 变量：

```
m <- lm(coredata(yield) ~ index(yield))
```

其次，从原始的时间序列中减去线性模型发现的线性趋势。这很容易，因为我们可以提取线性模型的残差，这些残差是原始数据和拟合线之间的差值：

$$r_i = y_i - \beta_1 x_i - \beta_0$$

其中 r_i 是第 i 个残差，β_1 和 β_0 分别是模型的斜率和截距。我们可以使用函数 resid 从线性模型中提取残差，然后将残差封装到 zoo 对象中：

```
detr <- zoo(resid(m), index(yield))
```

注意，我们使用与原始数据相同的时间索引。当我们绘制 detr 时，它显然是无趋势的，如图 14-11 所示：

```
autoplot(detr)
```

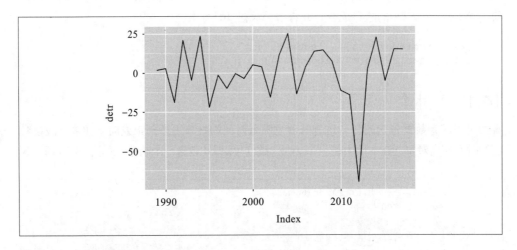

图 14-11：残差绘图

该数据是伊利诺伊州的平均玉米产量，单位为蒲式耳（1 蒲式耳 = 35.24 立方分米）/ 英亩（1 英亩 = 4 046.856 平方米）（bu/ac），因此 detr 是实际产量与趋势之间的差异。有时当去除趋势时，你可能想要确定与趋势的百分比偏差。在这种情况下，你可以将其除以初始测量值（见图 14-12）：

```
library(patchwork)
# y <- autoplot(yield) +
#   labs(x='Year', y='Yield (bu/ac)', title='IL Corn Yield')
```

```
d <- autoplot(detr, geom = "point") +
  labs(
    x = "Year", y = "Yield Dev (bu/ac)",
    title = "IL Corn Yield Deviation from Trend (bu/ac)"
  )
dp <- autoplot(detr / yield, geom = "point") +
  labs(
    x = "Year", y = "Yield Dev (%)",
    title = "IL Corn Yield Deviation from Trend (%)"
  )

d / dp
```

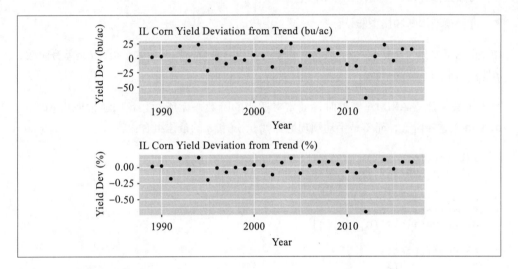

图 14-12：去趋势绘图

图 14-12 上半部分的曲线显示了与趋势的偏差（单位为 bu/ac），而下半部分显示了与趋势的偏差百分比。

14.18 拟合 ARIMA 模型

14.18.1 问题

对时间序列数据拟合一个 ARIMA 模型。

14.18.2 解决方案

forecast 包中的 auto.arima 函数可以选择正确的模型阶数并对数据进行某些拟合：

```
library(forecast)
auto.arima(x)
```

如果你已经知道模型阶数 (p, d, q) 的值，那么 arima 函数可以直接拟合模型：

```
arima(x, order = c(p, d, q))
```

14.18.3 讨论

创建 ARIMA 模型包括三个步骤：

1.　确定模型阶数。

2.　对数据拟合模型，给出系数。

3.　进行模型诊断和模型验证。

模型阶数通常用三个整数 (p, d, q) 表示，其中 p 是自回归系数的个数，d 是差分阶数，q 是移动平均系数的个数。

当大多数人建立 ARIMA 模型时，通常对适当的阶数一无所知。我们通常使用 auto. arima 来选择阶数，而不是手动烦琐地寻找 p、d 和 q 的最佳组合：

```
library(forecast)
library(fpp2) # for example data

auto.arima(ausbeer)
#> Series: ausbeer
#> ARIMA(1,1,2)(0,1,1)[4]
#>
#> Coefficients:
#>          ar1     ma1     ma2    sma1
#>        0.050  -1.009   0.375  -0.743
#> s.e.   0.196   0.183   0.153   0.050
#>
#> sigma^2 estimated as 241:  log likelihood=-886
#> AIC=1783   AICc=1783   BIC=1800
```

在这种情况下，auto.arima 决定最佳阶数为 $(1, 1, 2)$，这意味着先对数据进行一阶差分，然后选择有一个自回归系数（$p = 1$）和两个移动平均系数（$q = 2$）的模型。此外，auto.arima 函数确定我们的数据具有季节性并且包括季节项 $P = 0$，$D = 1$，$Q = 1$ 和周期 $m = 4$。季节项类似于非季节性 ARIMA 模型，但是与模型的季节性成分有关。m 项告诉我们季节性的周期性，在本例中数据是季度数据。如果我们绘制数据 ausbeer，我们可以更容易地看到这一点，如图 14-13 所示：

```
autoplot(ausbeer)
```

默认情况下，auto.arima 将 p 和 q 限制在 $0 \leqslant p \leqslant 5$ 和 $0 \leqslant q \leqslant 5$ 的范围内。如果你确信模型需要少于五个系数，请使用 max.p 和 max.q 参数来限制进一步搜索，使拟合速度更快。同样，如果你认为模型需要更多系数，请使用 max.p 和 max.q 来扩展搜索限制。

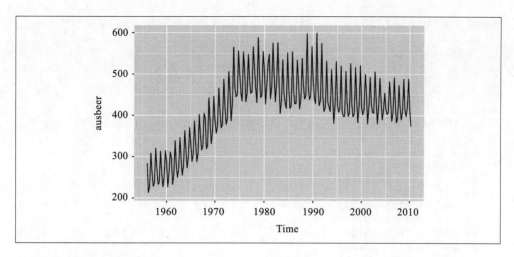

图 14-13：澳洲啤酒消费数据

如果要关闭 auto.arima 的季节性成分，可以设置 seasonal = FALSE：

```
auto.arima(ausbeer, seasonal = FALSE)
#> Series: ausbeer
#> ARIMA(3,2,2)
#>
#> Coefficients:
#>          ar1     ar2     ar3     ma1    ma2
#>       -0.957  -0.987  -0.925  -1.043  0.142
#> s.e.   0.026   0.018   0.024   0.062  0.062
#>
#> sigma^2 estimated as 327:  log likelihood=-935
#> AIC=1882   AICc=1882   BIC=1902
```

注意，由于拟合了非季节模型，因此系数会与季节模型不同。

如果你已经知道 ARIMA 模型的阶数，那么 arima 函数可以快速地拟合时间序列数据：

```
arima(ausbeer, order = c(3, 2, 2))
#>
#> Call:
#> arima(x = ausbeer, order = c(3, 2, 2))
#>
#> Coefficients:
#>          ar1     ar2     ar3     ma1    ma2
#>       -0.957  -0.987  -0.925  -1.043  0.142
#> s.e.   0.026   0.018   0.024   0.062  0.062
#>
#> sigma^2 estimated as 319:  log likelihood = -935,  aic = 1882
```

输出结果看起来与 auto.arima 的输出相同，参数 seasonal 设置为 FALSE。你没有看到 arima 的执行速度更快。

从 `auto.arima` 和 `arima` 的输出都包括拟合系数和每个系数的标准误差（s.e.）：

```
Coefficients:
          ar1      ar2      ar3      ma1      ma2
      -0.9569  -0.9872  -0.9247  -1.0425   0.1416
s.e.   0.0257   0.0184   0.0242   0.0619   0.0623
```

可以把 ARIMA 模型存储在一个对象中，然后使用 `confint` 函数来查找系数的置信区间：

```
m <- arima(x = ausbeer, order = c(3, 2, 2))
confint(m)
#>        2.5 % 97.5 %
#> ar1 -1.0072 -0.907
#> ar2 -1.0232 -0.951
#> ar3 -0.9721 -0.877
#> ma1 -1.1639 -0.921
#> ma2  0.0195  0.264
```

此输出说明了 ARIMA 模型的一个主要问题：并非所有系数都必然显著。如果其中一个区间包含零，则真实系数本身可能为零，在这种情况下，该项是不必要的。

如果你发现模型包含无关紧要的系数，请使用 14.19 节将其删除。

 `auto.arima` 和 `arima` 函数包含用于拟合最佳模型的有用功能。例如，你可以强制它们包含或排除趋势成分。有关详细信息，请参阅帮助页面。

最后的告诫是：`auto.arima` 的风险在于它使 ARIMA 建模看起来很简单。ARIMA 建模并不简单。它更多的是艺术而不是科学，自动生成的模型只是一个起点。在确定最终模型之前，我们建议先阅读一本关于 ARIMA 建模的好教材。

14.18.4 另请参阅

有关对 ARIMA 模型执行诊断检验，请参阅 14.20 节。

作为时间序列预测的教科书，我们强烈推荐 Rob J. Hyndman 和 George Athanasopoulos 的 *Forecasting: Principles and Practice*（第 2 版），可在线免费获取（*https://otexts.org/fpp2/*）。

14.19 剔除 ARIMA 模型中不显著的系数

14.19.1 问题

需要剔除 ARIMA 模型中的一个或多个统计上不显著的系数。

14.19.2 解决方案

arima 函数包括参数 fixed，它是一个向量。该向量应该包含模型中每个系数的一个元素，包括常数项（如果有的话）。向量中的每个元素都是 NA 或 0。使用 NA 表示要保留的系数，并使用 0 表示要删除的系数。此示例是一个 ARIMA(2,1,2) 模型，其中第一个 AR 系数和第一个 MA 系数被强制为 0：

```
arima(x, order = c(2, 1, 2), fixed = c(0, NA, 0, NA))
```

14.19.3 讨论

fpp2 包中包含一个名为 euretail 的数据集，该数据集是欧元区的季度零售指数。让我们对数据运行 auto.arima 函数并查看 98% 的置信区间：

```
m <- auto.arima(euretail)
m
#> Series: euretail
#> ARIMA(0,1,3)(0,1,1)[4]
#>
#> Coefficients:
#>          ma1      ma2     ma3    sma1
#>        0.263    0.369   0.420  -0.664
#> s.e.   0.124    0.126   0.129   0.155
#>
#> sigma^2 estimated as 0.156:  log likelihood=-28.6
#> AIC=67.3    AICc=68.4    BIC=77.7
confint(m, level = .98)
#>          1 %     99 %
#> ma1  -0.0246   0.551
#> ma2   0.0774   0.661
#> ma3   0.1190   0.721
#> sma1 -1.0231  -0.304
```

在这个例子中，我们可以看到 ma1 系数的 98% 置信区间包含 0，我们可以合理地得出结论，ma1 在这个置信水平下是无关紧要的。我们可以使用 fixed 参数将 ma1 的系数设置为 0：

```
m <- arima(euretail,
                order = c(0, 1, 3),
                seasonal = c(0, 1, 1),
                fixed = c(0, NA, NA, NA)).
m
#>
#> Call:
#> arima(x = euretail,
                order = c(0, 1, 3),
                seasonal = c(0, 1, 1),
                fixed = c(0,
```

```
#>     NA, NA, NA))
#>
#> Coefficients:
#>       ma1    ma2    ma3    sma1
#>         0  0.404  0.293  -0.700
#> s.e.    0  0.129  0.107   0.135
#>
#> sigma^2 estimated as 0.156:  log likelihood = -30.8,  aic = 69.5
```

观察到 ma1 的系数现在为 0。其余系数（ma2、ma3、sma1）仍然显著，如其置信区间所示，因此我们得到一个合理的模型：

```
confint(m, level = .98)
#>            1 %    99 %
#> ma1         NA      NA
#> ma2     0.1049   0.703
#> ma3     0.0438   0.542
#> sma1   -1.0140  -0.386
```

14.20 对 ARIMA 模型进行诊断

14.20.1 问题

现在已经使用 forecast 包构建了 ARIMA 模型，需要运行诊断检验以验证模型。

14.20.2 解决方案

使用 checkresiduals 函数。此示例使用 auto.arima 拟合 ARIMA 模型，将结果放入变量 m，然后在模型上运行诊断：

```
m <- auto.arima(x)
checkresiduals(m)
```

14.20.3 讨论

函数 checkresiduals 的结果是三个一组的图形，如图 14-14 所示。一个好的模型应该产生如下结果：

```
#>
#>   Ljung-Box test
#>
#> data:  Residuals from ARIMA(1,1,2)(0,1,1)[4]
#> Q* = 5, df = 4, p-value = 0.3
#>
#> Model df: 4.   Total lags used: 8
```

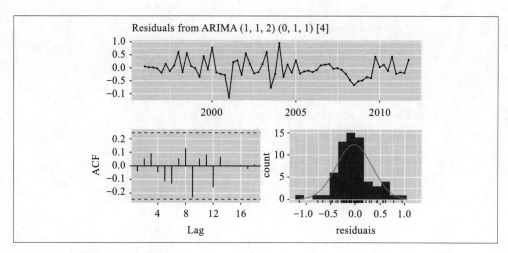

图 14-14：残差图：良好的模型

那么什么样的图形是好的呢？

- 标准化残差未显示波动性聚集。

- 自相关函数（ACF）显示残差之间没有显著的自相关。

- 残差看起来呈现钟形，表明它们是相当对称的。

- Ljung-Box 测试中的 p 值都比较大，表明残差没有任何模式——意味着模型已经提取了所有信息，只留下了"噪声"。

相比之下，图 14-15 显示了有问题的诊断图形：

```
#>
#>  Ljung-Box test
#>
#> data:  Residuals from ARIMA(1,1,1)(0,0,1)[4]
#> Q* = 20, df = 5, p-value = 5e-04
#>
#> Model df: 3.   Total lags used: 8
```

这里的问题是：

- ACF 显示残差之间存在显著的自相关性。

- Ljung-Box 统计数据的 p 值很小，表明残差中存在一些模式（即，仍有未从数据中提取的信息）。

- 残差看似不对称。

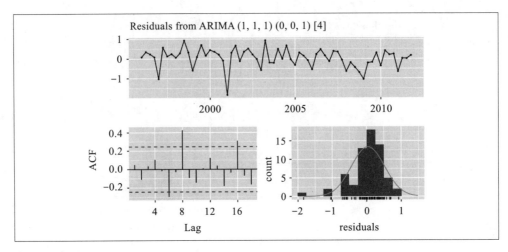

图 14-15：残差图：问题模型

以上都是基本的诊断，但它们是模型诊断的一个良好起点。找到一本关于 ARIMA 模型的好书并执行建议的诊断检验，然后再确定模型是合理的。其他对残差进行的诊断可包括：

- 正态性检验
- Q-Q 图
- 拟合值的散点图

14.21 用 ARIMA 模型进行预测

14.21.1 问题

已经使用 forecast 包对时间序列构建 ARIMA 模型。需要预测序列未来的观测值。

14.21.2 解决方案

将模型保存在对象中，然后将函数 forecast 应用于对象。此示例从 14.19 节中保存模型并预测接下来的八个观测值：

```
m <- arima(euretail, order = c(0, 1, 3), seasonal = c(0, 1, 1),
    fixed = c(0, NA, NA, NA))
forecast(m)
#>        Point Forecast Lo 80 Hi 80 Lo 95 Hi 95
#> 2012 Q1          95.1  94.6  95.6  94.3  95.9
#> 2012 Q2          95.2  94.5  95.9  94.1  96.3
#> 2012 Q3          95.2  94.2  96.3  93.7  96.8
```

```
#> 2012 Q4              95.3  93.9  96.6  93.2  97.3
#> 2013 Q1              94.5  92.8  96.1  91.9  97.0
#> 2013 Q2              94.5  92.6  96.5  91.5  97.5
#> 2013 Q3              94.5  92.3  96.7  91.1  97.9
#> 2013 Q4              94.5  92.0  97.0  90.7  98.3
```

14.21.3 讨论

函数 forecast 将根据模型计算未来的观测值及其标准误差。它返回一个包含 10 个元素的列表。当我们输出模型时,正如我们刚才所做的那样,预测会返回预测的时间序列点、预测值和两对置信区间:上 / 下 80% 和上 / 下 95%。

如果我们想要仅提取预测值,我们可以通过将结果赋值给对象,然后提取名为 mean 的列表项:

```
fc_m <- forecast(m)
fc_m$mean
#>       Qtr1 Qtr2 Qtr3 Qtr4
#> 2012 95.1 95.2 95.2 95.3
#> 2013 94.5 94.5 94.5 94.5
```

结果是函数 forecast 预测的时间序列对象。

14.22 绘制预测结果

14.22.1 问题

已经使用 forecast 包创建了时间序列预测,现在想要绘制预测结果。

14.22.2 解决方案

对于 forecast 包创建的时间序列模型,可以使用 ggplot2 轻松创建图形,如图 14-16 所示:

```
fc_m <- forecast(m)
autoplot(fc_m)
```

14.22.3 讨论

autoplot 函数是一个非常合适的绘图方法,如图 14-16 所示。由于结果图是一个 ggplot 对象,我们可以像调整任何其他 ggplot 对象那样来调整绘图参数。在这里,我们添加标签和标题并更改主题,如图 14-17 所示:

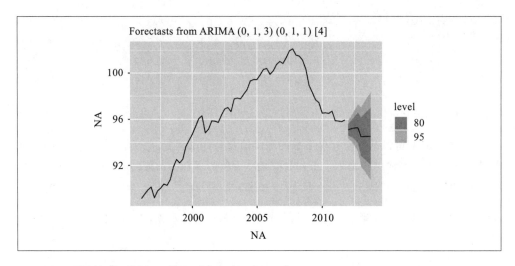

图 14-16: 绘制包含置信区间的预测结果（默认设置）

```
autoplot(fc_m) +
  ylab("Euro Index") +
  xlab("Year/Quarter") +
  ggtitle("Forecasted Retail Index") +
  theme_bw()
```

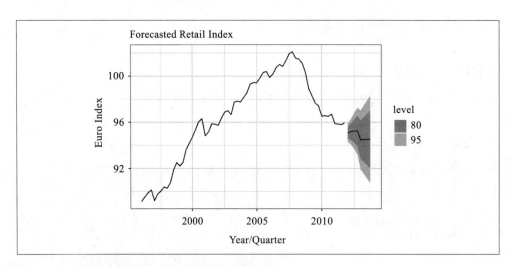

图 14-17: 绘制包含置信区间的预测结果（更改主题）

14.22.4 另请参阅

有关使用 ggplot 绘图的更多信息，请参见第 10 章。

14.23 均值回归的检验

14.23.1 问题

需要知道所研究的时间序列是否具有均值回归性质（平稳性）。

14.23.2 解决方案

均值回归的常见检验方法是 Augmented Dickey-Fuller 检验（ADF），该检验由 `tseries` 包的 `adf.test` 函数实现：

```
library(tseries)
adf.test(ts)
```

`adf.test` 的输出包括 p 值。常规地，如果 $p < 0.05$，则时间序列可能是均值回归的，而 $p > 0.05$ 没有提供这样的证据。

14.23.3 讨论

当时间序列是均值回归时，它往往会回到该序列的长期平均值。它可能会偏离长期均值，但最终会返回到它的长期均值。如果时间序列不是均值回归，那么它偏离了长期均值之后可能永远不会回到长期均值。

图 14-18 似乎向上偏离并且不会回到长期均值。来自 `adf.test` 的较大 p 值证实它不是均值回归的：

```
library(tseries)
library(fpp2)
autoplot(goog200)
adf.test(goog200)
#>
#>   Augmented Dickey-Fuller Test
#>
#> data:  goog200
#> Dickey-Fuller = -2, Lag order = 5, p-value = 0.7
#> alternative hypothesis: stationary
```

然而，图 14-19 中的时间序列只是在其平均值附近上下波动。较小的 p 值（0.01）证实它是均值回归的：

```
autoplot(hsales)
adf.test(hsales)
#>
#>   Augmented Dickey-Fuller Test
```

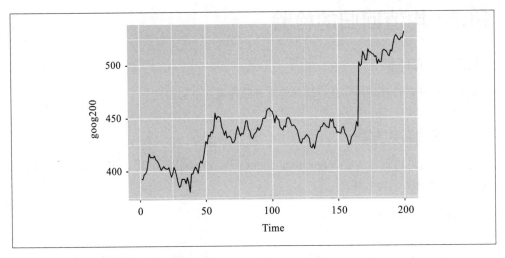

图 14-18：没有均值回归的时间序列

```
#>
#> data:  hsales
#> Dickey-Fuller = -4, Lag order = 6, p-value = 0.01
#> alternative hypothesis: stationary
```

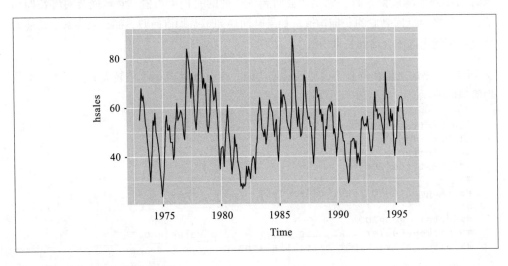

图 14-19：均值回归的时间序列

这里的示例数据来自 fpp2 包，包含所有 Time-Series 对象类型。如果你的数据是 zoo 或 xts 对象，那么需要调用 coredata 函数从对象中提取原始数据，然后再将其传递给 adf.test 函数：

```
library(xts)
data(sample_matrix)
```

```
xts_obj <- as.xts(sample_matrix, dateFormat = "Date")[, "Close"] # vector of data

adf.test(coredata(xts_obj))
#>
#>   Augmented Dickey-Fuller Test
#>
#> data:  coredata(xts_obj)
#> Dickey-Fuller = -3, Lag order = 5, p-value = 0.3
#> alternative hypothesis: stationary
```

adf.test 函数在执行 ADF 检验之前首先对数据进行平滑。首先，它会自动移除数据的趋势，然后对数据重新中心化，使其均值变为零。

如果你的应用不希望去趋势或重新中心化，请使用 fUnitRoots 包中的 adfTest 函数：

```
library(fUnitRoots)
adfTest(coredata(ts1), type = "nc")
```

使用 type = "nc" 时，该函数既不会对数据去趋势也不会重新中心化。使用 type = "c" 时，函数会对数据重新中心化，但不会去趋势。

adf.test 和 adfTest 函数都允许通过参数设定一个滞后期数来明确指定函数所计算的统计量。这些函数提供了合理的默认值，但谨慎的用户应该研究参考资料中 ADF 检验的详细描述，以确定适合他们的时间序列的滞后期数。

14.23.4 另请参阅

urca 和 CADFtest 包也实现了单位根检验，它们可以用于均值回归的检验。但是，在比较不同包的检验结果时要小心。每个包都可能有略微不同的假设，这可能会导致结果出现细微的区别。

14.24 时间序列的平滑

14.24.1 问题

需要对一个有噪声的时间序列进行平滑以消除噪声。

14.24.2 解决方案

KernSmooth 软件包包含用于平滑的函数。使用 dpill 函数选择初始带宽参数，然后使用 locpoly 函数平滑数据：

```
library(KernSmooth)
```

```
gridsize <- length(y)
bw <- dpill(t, y, gridsize = gridsize)
lp <- locpoly(x = t, y = y, bandwidth = bw, gridsize = gridsize)
smooth <- lp$y
```

这里，t 是时间变量，y 是时间序列。

14.24.3 讨论

KernSmooth 软件包是一个标准的 R 发布版。其中的 locpoly 函数会在每个数据点周围构造一个可以拟合周围点的多项式，称为局部多项式。将局部多项式连在一起构成原始时间序列数据的一个平滑版本。

平滑算法需要带宽参数（bandwidth）来控制平滑程度。小的带宽意味着平滑程度低，在这种情况下，结果更接近于原始数据。大的带宽意味着更加平滑，因此结果包含更少的噪声。这里的难点是如何选择合适的带宽：既不是太小，也不是太大。

幸运的是，KernSmooth 包还包括用于估计适当带宽的函数 dpill，并且它可以较好地估计出合适的带宽。我们的建议是从函数 dpill 给出的带宽值开始，然后尝试在该点上下的值。这里没有神奇的公式。你需要确定适合你应用的平滑程度。

以下是平滑的示例。我们将创建一些示例数据，它们是简单正弦曲线和正态分布"噪声"之和构成的时间序列：

```
t <- seq(from = -10, to = 10, length.out = 201)
noise <- rnorm(201)
y <- sin(t) + noise
```

函数 dpill 和函数 locpoly 都需要网格大小（gridsize）参数，它设定构造局部多项式所用数据点的个数。一般情况下设置该参数的值为总的数据点的个数，从而产生较好的分辨率。由此产生的时间序列非常平滑。如果想要较粗糙的分辨率，或者有一个非常大的数据集，则可以使用较小的网格大小值：

```
library(KernSmooth)
gridsize <- length(y)
bw <- dpill(t, y, gridsize = gridsize)
```

locpoly 函数执行平滑并返回列表。该列表的元素 y 是平滑后的数据：

```
lp <- locpoly(x = t, y = y, bandwidth = bw, gridsize = gridsize)
smooth <- lp$y

ggplot() +
  geom_line(aes(x = t, y = y)) +
  geom_line(aes(x = t, y = smooth), linetype = 2)
```

在图 14-20 中, 平滑后的数据显示为虚线, 而实线是原始示例数据。该图表明函数 locpoly 很好地提取了原始正弦曲线。

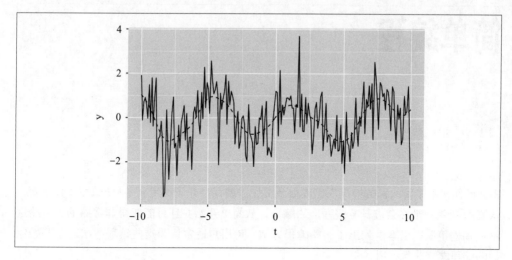

图 14-20: 平滑时间序列图

14.24.4 另请参阅

R 基础包中的函数 ksmooth、lowess 和 HoltWinters 函数也可以执行平滑处理。 expsmooth 包实现了指数平滑。

第 15 章

简单编程

R 帮助你在不了解编程的情况下完成很多工作。编程打开了实现更多目标的大门，然而，认真的 R 用户最终会进行某些程度的编程，从简单开始并且可能变得非常熟练。虽然这不是编程手册，但本章列出了一些编程方法，R 用户通常认为这些编程方法对于开始他们的编程之旅非常有用。

如果你已经熟悉编程和编程语言，这里的一些注释可以帮助你快速适应。（如果你不熟悉这些术语，可以跳过这部分。）以下是需要注意到的一些 R 技术细节：

无类型变量

R 中的变量没有固定类型，例如整型或字符型，这与 C 和 Java 等类型语言不同。一个变量可以在一个时刻是个数值，而下一刻变为数据框。

返回值

所有函数都返回一个值。通常，函数返回其函数体中最后一个表达式的值。你还可以在函数内部的任何位置使用 return(*expr*)。

按值调用参数

函数参数是"按值调用"——参数是严格的局部变量，对这些变量的更改不会影响全局变量的取值。

局部变量

只需为其一个变量赋值即可创建局部变量。显式的对变量进行声明不是必需的。当函数退出时，局部变量将丢失。

全局变量

全局变量保存在用户的工作空间中。在函数中，你可以使用赋值运算符 <<- 更改全局变量，但不鼓励这样做。

条件执行

R 语法包括 if 语句。有关详细信息，请参阅 help(Control)。

循环

R 语法还包括 for 循环、while 循环和 repeat 循环。有关详细信息，请参阅 help(Control)。

Case 或 *switch* 语句

一个名为 switch 的特殊函数提供了一个基本的 case 语句。然而，语法可能会让你感到奇怪。有关详细信息，请参阅 help(switch)。

惰性求值（*lazy evaluation*）

调用函数时，R 不会立即计算函数参数。相反，它等待直到参数实际在函数内使用，然后才进行求值。这为语言提供了特别丰富和强大的语义。大多数情况下，它并不被注意，但偶尔会导致仅仅熟悉"即时求值"程序员的困惑，其中"即时求值"情况下，函数参数在函数被调用时进行求值。

函数化编程

函数是"一等公民"，可以像其他对象一样对待：赋值给变量、传递给函数、被打印、被检查等。

面向对象

R 支持面向对象的编程。事实上，面向对象有几种不同的范式，如果你喜欢有多种选择，那么这是一种福音，如果你不喜欢，那就是令人困惑的。

15.1 在两种可能情况中进行选择：if/else

15.1.1 问题

需要编写一个条件分支，它将根据简单的测试在两个路径之间进行选择。

15.1.2 解决方案

if 代码块可以通过测试一个简单的条件来实现条件逻辑：

```
if (condition) {
  ## do this if condition is TRUE
} else {
  ## do this if condition is FALSE
}
```

注意条件周围的括号，这是必需的；同时，也要注意后续两个代码块周围的花括号。

15.1.3 讨论

if 结构允许你通过测试一些条件在两个替代方案间进行选择，例如 x == 0 或 y > 1，然后选择其中一个方案。例如，如果在计算平方根之前使用 if 语句检查是否为负数，则：

```
if (x >= 0) {
  print(sqrt(x))            # do this if x >= 0
} else {
  print("negative number")  # do this otherwise
}
```

你可以串列一系列 if/else 结构来做出一系列决策。假设我们想要一个值大于 0、小于 1 的结果，我们可以编写如下代码：

```
x <- -0.3

if (x < 0) {
  x <- 0
} else if (x > 1) {
  x <- 1
}

print(x)
#> [1] 0
```

重要的是条件测试（if 之后的表达式）是一个简单的测试；也就是说，它必须返回单个逻辑值：TRUE 或 FALSE。一个常见问题是错误地使用逻辑值向量，如下例所示：

```
x <- c(-2, -1, 0, 1, 2)

if (x < 0) {
  print("values are negative")
}
#> Warning in if (x < 0) {: the condition has length > 1 and only the first
#> element will be used
#> [1] "values are negative"
```

问题出现的原因是，当 x 是向量时，x < 0 返回值是模糊的：R 不知道你是在测试所有值是负数还是测试某些值。在这时，R 提供更有用的函数 all 和 any 来解决这种情况。它们接受逻辑值向量，并将它们合并为一个逻辑值输出：

```
x <- c(-2, -1, 0, 1, 2)

if (all(x < 0)) {
  print("all are negative")
}

if (any(x < 0)) {
  print("some are negative")
}
#> [1] "some are negative"
```

15.1.4 另请参阅

这里介绍的 `if` 结构用于编程。还有一个名为 `ifelse` 的函数实现了一个向量化的 `if`/`else` 结构，对于转换整个向量很有用。请参阅 `help(ifelse)`。

15.2 用循环进行迭代

15.2.1 问题

需要循环迭代向量或列表的元素。

15.2.2 解决方案

常见的迭代技术使用 `for` 结构。如果 `v` 是向量或列表，则此 `for` 循环逐个选择 `v` 的每个元素，将元素分配给 `x`，并对其执行某些操作：

```
for (x in v) {
  # do something with x
}
```

15.2.3 讨论

来自 C 和 Python 的程序员常使用 `for` 循环。它们在 R 中较少见，但偶尔也有用。

为了说明，这个 `for` 循环打印前五个整数及其平方。它将 `x` 依次设置为 1、2、3、4 和 5，每次执行循环中的操作：

```
for (x in 1:5) {
  cat(x, x^2, "\n")
}
#> 1 1
#> 2 4
#> 3 9
#> 4 16
#> 5 25
```

我们还可以迭代向量或列表的下标，这对于更新数据非常有用。在这里，我们用向量 `1:5` 初始化 `v`，然后通过对每个元素求平方来更新它的元素：

```
v <- 1:5
for (i in 1:5) {
  v[[i]] <- v[[i]] ^ 2
}
print(v)
#> [1]  1  4  9 16 25
```

但是，坦率地说，这也说明了循环在 R 中比在其他编程语言中更少见的一个原因。R 的向量化操作快速简便，通常不需要显式的循环。这是前一个示例的向量化版本：

```
v <- 1:5
v <- v^2
print(v)
#> [1]  1  4  9 16 25
```

15.2.4 另请参阅

循环很少使用的另一个原因是函数 map 和类似函数可以同时处理整个向量和列表，通常比循环更快速、更容易。有关使用 purrr 添加包将函数应用于列表的详细信息，请参阅 6.1 节。

15.3 定义一个函数

15.3.1 问题

需要定义一个新的 R 函数。

15.3.2 解决方案

使用 function 关键字后跟参数名称列表以及函数体的方法来创建函数：

```
name <- function(param1, ..., paramN) {
        expr1
        .
        .
        .
        exprM
      }
```

参数放在圆括号内，函数体是一个或多个表达式序列，需要把函数体的全部内容放在大括号内。R 将按顺序对每个表达式求值，并返回最后一个表达式的值，此处表示为 exprM。

15.3.3 讨论

函数定义的内容是你告诉 R 如何进行计算的方法。例如，R 没有用于计算变异系数的内置函数，但我们可以创建这样一个函数，称之为 cv：

```
cv <- function(x) {
  sd(x) / mean(x)
}
```

该函数有一个参数 x，函数体是 sd(x)/mean(x)。当我们用一个参数调用该函数时，R 会将参数 x 设置为该值，然后对函数体求值：

```
cv(1:10)      # Set x = 1:10 and evaluate sd(x)/mean(x)
#> [1] 0.550482
```

请注意，参数 x 与任何其他名为 x 的变量不同。例如，如果工作空间中有一个全局变量 x，则全局变量 x 与此处的 x 不同，全局变量 x 不受函数 cv 的影响。此外，参数 x 仅在 cv 函数执行时存在，之后消失。

一个函数可以有多个参数。以下函数有两个整数参数，并实现 Euclid 的算法来计算两个参数的最大公约数：

```
gcd <- function(a, b) {
  if (b == 0) {
    a                  # Return a to caller
  } else {
    gcd(b, a %% b)     # Recursively call ourselves
  }
}

# What's the greatest common denominator of 14 and 21?
gcd(14, 21)
#> [1] 7
```

（此函数定义是递归的，因为它在 b 非零时调用函数自身。）

通常，该函数返回函数体中最后一个表达式的值。但是，你可以选择提前返回一个值，方法是应用 return(*expr*)，强制该函数停止并立即将 *expr* 返回给调用者。我们可以通过显式地使用 return，以略微的不同方式修改 gcd 来说明这一点：

```
gcd <- function(a, b) {
  if (b == 0) {
    return(a)     # Stop and return a
  }
  gcd(b, a %% b)
}
```

当参数 b 为 0 时，gcd 执行 return(a)，立即将该值返回给调用者。

15.3.4 另请参阅

函数是 R 编程的核心组成部分，因此它们在诸如 Hadley Wickham 和 Garrett Grolemund 的 *R for Data Science*（O'Reilly）以及 Norman Matloff 的 *The Art of R Programming*（No Starch Press）等书籍中有详细论述。

15.4 创建局部变量

15.4.1 问题

需要创建一个函数局部变量,即在函数内部创建的变量,在函数内部使用,并在函数完成时删除。

15.4.2 解决方案

在函数内部,只需为变量名赋值即可。该变量自动成为局部变量,并在函数完成时删除。

15.4.3 讨论

此函数将向量 x 映射到单位区间。它需要两个中间变量,即 low 和 high:

```
unitInt <- function(x) {
  low <- min(x)
  high <- max(x)
  (x - low) / (high - low)
}
```

赋值语句自动创建 low 和 high。因为赋值发生在函数体内,所以变量 low 和 high 是函数的局部变量。这带来了两个重要的优势。

首先,名为 low 和 high 的局部变量与工作空间中名为 low 和 high 的任何全局变量不同。因为它们是不同的,所以没有"碰撞":局部变量的改变不会改变全局变量。

其次,当函数完成时,局部变量消失。这可以防止混乱并能够自动释放使用的空间。

15.5 在多种替代方案之间进行选择:switch

15.5.1 问题

变量可以采用多个不同的值,需要程序根据取值分别处理每个替代方案。

15.5.2 解决方案

switch 函数将根据取值进行分支,以便选择处理每种情况的方式。

15.5.3 讨论

switch 函数的第一个参数是 R 要考虑的值。其余参数显示如何处理每个可能的值。例如，对 switch 的调用会考虑 who 的取值，然后返回三个可能的结果之一：

```
hair_type = switch(who,
                   Moe = "long",
                   Larry = "fuzzy",
                   Curly = "none")
```

注意，每个表达式在初始化后标记为 who 的可能值。如果 who 是 Moe，则 switch 返回 "long"；如果 who 的值是 Larry，switch 返回 "fuzzy"；如果 who 的值是 Curly，则返回 "none"。

通常，你无法预期变量的所有可能取值，因此 switch 允许你为没有标签匹配的情况定义默认值。通常没有标签的情况默认放置在最后。例如，以下 switch 将 s 的内容从 "one"、"two" 或 "three" 转换为相应的整数。当 s 为其他任何值时将返回 NA：

```
num <- switch(s,
              one = 1,
              two = 2,
              three = 3,
              NA)
```

当标签是整数时，switch 会出现恼人的结果。这将不符合期望，例如：

```
switch(i,            # Does not work the way you expect
       10 = "ten",
       20 = "twenty",
       30 = "thirty",
       "other")
```

但有一个解决方法——将整数转换为字符串，然后使用字符串作为标签：

```
switch(as.character(i),
       "10" = "ten",
       "20" = "twenty",
       "30" = "thirty",
       "other")
```

15.5.4 另请参阅

有关详细信息，请参阅 help(switch)。

这种特性在其他编程语言中很常见，它通常被称为 *switch* 或 *case* 语句。

switch 函数仅适用于纯量（scalar）。对数据框的处理更复杂。请参阅 dplyr 包中的函数 case_when，以了解处理数据框的更方便的方法。

15.6 定义函数参数的默认值

15.6.1 问题

需要为函数定义默认参数，即调用者未提供显式参数时要使用的值。

15.6.2 解决方案

R 允许你在 `function` 定义中设置参数的默认值：

```
my_fun <- function(param = default_value) {
  ...
}
```

15.6.3 讨论

让我们创建一个示例函数，用来对给定的名字给出问候：

```
greet <- function(name) {
  cat("Hello,", name, "\n")
}

greet("Fred")
#> Hello, Fred
```

如果我们在没有给出 name 参数的情况下调用 greet，我们会得到下面的错误：

```
greet()
#> Error in cat("Hello,", name, "\n") :
#>   argument "name" is missing, with no default
```

但是，我们可以更改函数定义以定义默认的 name 参数。在这种情况下，我们将参数 name 默认为通用名称 world：

```
greet <- function(name = "world") {
  cat("Hello,", name, "\n")
}
```

现在，如果省略参数，R 提供默认值：

```
greet()
#> Hello, world
```

这种默认机制很方便。尽管如此，我们建议谨慎地使用它。我们已经看到太多的情况，函数创建者定义了默认值，而函数调用者没有多想就接受了默认值，导致了可疑的结果。例如，如果你使用 k 近邻算法，则 k 的选择至关重要，并且提供默认值是没有意义的。有时最好强制调用者做出选择。

15.7 给出警示错误的信号

15.7.1 问题

当代码遇到严重问题时，需要暂停并提醒用户。

15.7.2 解决方案

调用 stop 函数，它将输出错误消息并终止所有处理。

15.7.3 讨论

当代码遇到致命错误时，停止当前处理至关重要，例如检查账户是否仍有正余额：

```
if (balance < 0) {
    stop("Funds exhausted.")
}
```

这里调用 stop 函数将显示消息，终止处理，并将返回控制台提示符：

```
#> Error in eval(expr, envir, enclos): Funds exhausted
```

出现问题可能有各种原因：数据出错、用户错误、网络故障以及代码中的错误等。原因可能有很多。适当提前考虑到潜在的问题和代码是很重要的：

检测

　　至少检测可能的错误。如果无法进一步处理，则停止。未检测到的错误是程序失败的主要原因。

报告

　　如果必须停止，请向用户提供合理的解释原因。这将有助于他们诊断和解决问题。

恢复

　　在某些情况下，代码可能能够自行纠正该情况并继续。但是，我们建议警告用户，其代码遇到问题并需要纠正。

错误处理是防御性编程的一部分，是使代码稳健的做法。

15.7.4 另请参阅

使用 stop 函数的替代方法是使用 warning 函数，它可以输出消息并继续程序而不会停止。但是，请确保继续处理是合理的。

15.8 防止错误

15.8.1 问题

你预计会有致命错误的可能性，但需要继续处理而不是完全停止。

15.8.2 解决方案

使用 possibly 函数来"包装"有问题的代码。它会捕获错误并让你对它们做出响应。

15.8.3 讨论

添加包 purrr 中包含一个名为 possibly 的函数，它接受两个参数。第一个参数是一个函数，possibly 会防止该函数出现故障。第二个参数是一个名为 otherwise 的值。

这里有一个具体的例子。read.csv 函数尝试读取文件，但如果文件不存在则程序会暂停。这可能是不受欢迎的。我们可能希望恢复程序并继续。

我们可以用这种方式将 read.csv 函数"包装"在保护层中：

```
library(purrr)
safe_read <- possibly(read.csv, otherwise=NULL)
```

这可能看起来很奇怪，但 possibly 将会返回一个新函数。这里名为 safe_read 的新函数的行为与旧函数 read.csv 完全相同，但有一个非常重要的区别。当 read.csv 失败并停止时，safe_read 将返回 otherwise 的值（即 NULL）并继续处理。（如果 read.csv 成功，则会获得通常的结果，即一个数据框。）

可以按如下方式使用 safe_read 来处理可选文件：

```
details = safe_read("details.csv")     # Try to read details.csv file
if (is.null(details)) {                # NULL means read.csv failed
  cat("Details are not available\n")
} else {
  print(details)                       # We got the contents!
}
```

如果 details.csv 文件存在，safe_read 将返回内容，此代码将输出它们。如果它不存在，则 read.csv 失败，safe_read 返回 NULL，此代码将打印一条消息。

在这种情况下，otherwise 的值为 NULL，但它可以是任何值。例如，它可以以数据框作为默认值。在第二种情况下，当 *details.csv* 文件不可用时，safe_read 将返回该数据框默认值。

15.8.4 另请参阅

purrr 包中包含用于防止错误的其他函数，请参阅函数 safely 和函数 quietly。

如果需要更强大的功能，请使用 help(tryCatch) 来查看 possibly 的功能，其中包含用于处理错误和警告的复杂操作。它展示了其他编程语言熟悉的 try/catch 范例。

15.9 创建匿名函数

15.9.1 问题

正在使用 tidyverse 中的函数，例如调用需要函数作为参数的 map 或 discard 函数。你需要一个快捷方式来轻松定义所需的作为参数的函数。

15.9.2 解决方案

使用 function 定义带参数和函数体的函数，但不要给函数命名，只需使用其内联定义。

15.9.3 讨论

创建一个没有名称的函数可能看起来很奇怪，但它可以提供方便。

在 15.3 节中，我们定义了一个函数 is_na_or_null，并用它从列表中删除 NA 和 NULL 元素：

```
is_na_or_null <- function(x) {
  is.na(x) || is.null(x)
}

lst %>%
  discard(is_na_or_null)
```

有时候，编写像 is_na_or_null 这样的微小的一次性函数很烦人。你可以直接使用函数定义来避免这种麻烦，而不是给它起一个名字：

```
lst %>%
  discard(function(x) is.na(x) || is.null(x))
```

这种函数称为匿名函数，因为它没有名称。

15.9.4 另请参阅

函数的定义在 15.3 节中描述。

15.10 创建可重复使用函数的集合

15.10.1 问题

需要在多个脚本中重复使用一个或多个函数。

15.10.2 解决方案

将函数保存在本地文件中，比如 *myLibrary.R*，然后使用 source 函数将这些函数加载到脚本中：

```
source("myLibrary.R")
```

15.10.3 讨论

通常，你需要编写在多个脚本中有用的函数。例如，你可以使用一个函数用于加载、检查和清理数据。现在，你需要在每个需要数据的脚本中重复使用该函数。

大多数初学者会将可重复使用的功能剪切并粘贴到每个脚本中，复制代码即可。这造成了严重的问题。如果你发现重复的代码有错误怎么办？或者，如果你需要更改代码以适应新的环境，该怎么办？你被迫修改每一个副本并在每个地方做出相同的改变，这是一个烦人且容易出错的过程。

相反，可以创建一个文件，比如 *myLibrary.R*，并在那里保存函数定义。文件内容可能如下所示：

```
loadMyData <- function() {
  # code for data loading, checking, and cleaning here
}
```

然后，在每个脚本中，使用 source 函数从文件中读取代码：

```
source("myLibrary.R")
```

运行脚本时，函数 source 会读取指定的文件，就像你在脚本中的该位置键入文件内容一样。它比剪切和粘贴更好，因为你已经将函数的定义放置到一个已知位置。

此示例在源文件中只有一个函数，该文件当然可以包含多个函数。我们建议将相关函数收集到各自的文件中，创建一组相关的可重用函数。

15.10.4 另请参阅

此方法是一种非常简单的重用代码的方法，适用于小型项目。更强大的方法是创建自己的 R 函数包，这对于与其他人协作特别有用。软件包创建是一个很大的主题，但入门很容易。我们推荐 Hadley Wickham 的优秀书籍 *R Packages*（O'Reilly），可购买印刷版或在线阅读（*http://r-pkgs.had.co.nz*）。

15.11 自动重新生成代码

15.11.1 问题

需要重新格式化代码，以便它可以很好地排列并且一致地缩进。

15.11.2 解决方案

要一致地缩进代码块，请选中 RStudio 中的文本，然后按 Ctrl + I（Windows 或 Linux）或 Cmd + I（Mac）。

15.11.3 讨论

RStudio IDE 的众多功能之一是它有助于常规代码维护，例如重新格式化。当你编辑代码时，很容易最终出现不一致且有点混乱的缩进。IDE 可以解决这个问题。

请使用以下代码，例如：

```
for (i in 1:5) {
    if (i >= 3) {
print(i**2)
} else {
print(i * 3)
}
    }
```

虽然这是有效的代码，但由于奇怪的缩进，它可能很难阅读。如果我们在 RStudio IDE 中选中文本并按下 Ctrl + I（或 Mac 上的 Cmd + I），那么我们的代码会得到一致的缩进：

```
for (i in 1:5) {
  if (i >= 3) {
    print(i**2)
  }
  else {
    print(i * 3)
  }
}
```

15.11.4 另请参阅

RStudio 有一些有用的代码编辑功能。你可以通过单击 Help→Cheatsheets 或直接访问
（*https://www.rstudio.com/resources/cheatsheets/*）来访问备忘单。

## 第 16 章

R Markdown 和发表

虽然 R 本身是一个非常强大的数据分析和可视化工具，但在我们进行分析之后，几乎所有人都需要将结果传达给其他人。我们可以通过发表论文、博客文章、PowerPoint 演示文稿或书籍来做到这一点。R Markdown 是帮助我们从 R 分析和可视化一直到可发布文档的工具。

R Markdown 是一个软件包（也是一个工具生态系统），它允许我们将 R 代码添加到具有一些 Markdown 格式的纯文本文件中。然后可以将文档呈现为许多不同的输出格式，包括 PDF、HTML、Microsoft Word 和 Microsoft PowerPoint。在渲染（也称为编织（knitting）时，运行 R 代码，并将得到的输出和数字存放在最终文档中。

在本章中，我们将提供一些方法，帮助你开始创建 R Markdown 文档。在你看完这些方法之后，了解 R Markdown 的更多方法之一是查看其他人的 R Markdown 工作的源文件和最终输出。你正在阅读的书本身是用 R Markdown 编写的。你可以在 GitHub 上看到这本书的来源（*https://github.com/CerebralMastication/R-Cookbook*）。

此外，谢毅辉、J. J. Allaire 和 Garrett Grolemund 撰写了 *R Markdown: The Definitive Guide*（*https://bookdown.org/yihui/rmarkdown/*）（Chapman & Hall/CRC），并在 GitHub 上提供了源 R Markdown（*https://github.com/rstudio/rmarkdown-book*）。

许多其他用 R Markdown 编写的书籍都可以在网上免费获得（*https://bookdown.org/*）。

我们提到 R Markdown 既是一个生态系统，也是一个软件包。有专门的软件包可以扩展 R Markdown 用于博客（`blogdown`）、书籍（`bookdown`）以及制作网格化仪表板（`flexdashboard`）。生态系统中的初始包称为 `knitr`，我们仍然将 R Markdown 的过程称为"渲染"文档的最终格式。R Markdown 生态系统支持许多输出格式，我们无法覆盖所有这些输出格式。在本书中，我们将主要介绍四种常见的输出格式：HTML、LaTeX、Microsoft Word 和 Microsoft PowerPoint。

RStudio IDE 包含许多用于创建和编辑 R Markdown 文档的有用功能。虽然我们将在以下方法中使用这些功能，但 R Markdown 并不依赖于 RStudio。可以使用你喜欢的文本编辑器编辑纯文本 R Markdown 文件，然后使用 R 的命令行界面渲染文档。但是，RStudio 工具非常有用，我们将对它们进行广泛的说明。

16.1 创建新文档

16.1.1 问题

需要创建一个新的 Markdown 文档来介绍数据分析过程。

16.1.2 解决方案

创建新的 Markdown 文档的最简单方法是使用 RStudio IDE 的菜单选项中的"File"→"New File"→"R Markdown …"菜单选项（参见图 16-1）。

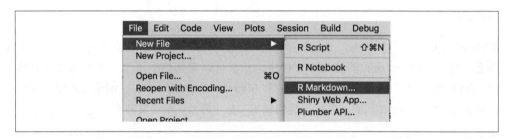

图 16-1：创建新的 R Markdown 文档

选择"R Markdown …"将引导你进入一个新建 R Markdown 的对话框，可以在其中选择要创建的输出文档类型（参见图 16-2）。默认选项是 HTML，如果想在线或通过电子邮件发布作品，或者还没有决定如何输出最终文档，那么这是一个不错的选择。稍后更改为其他格式通常只需在文档中链接一行文本或在 IDE 中单击几下。

进行选择并单击 OK 后，将获得一个带有一些元数据和示例文本的 R Markdown 模板（参见图 16-3）。

16.1.3 讨论

R Markdown 文档是纯文本文件。刚刚概述的快捷方式是获取用于新建 R Markdown 文本文档的模板的最快方法。获得模板后，你可以编辑文本，更改 R 代码以及所需内容。本章中的其他方法介绍了你可能需要在 R Markdown 文档中执行的操作类型，但如果你只想查看输出的内容，请单击 RStudio IDE 中的 Knit 按钮，R Markdown 文档将呈现需要的输出格式。

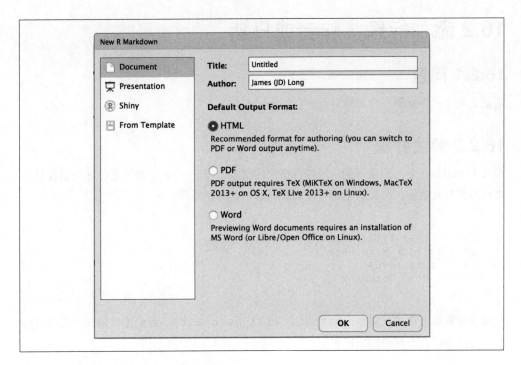

图 16-2：新建 R Markdown 文档的选项

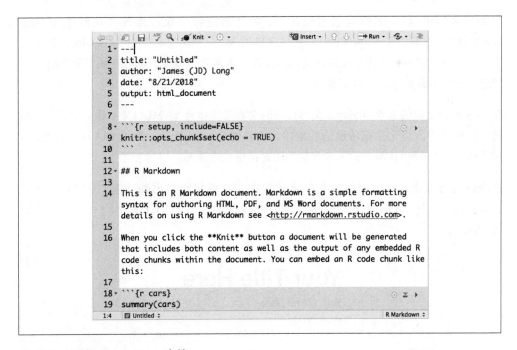

图 16-3：新建 R Markdown 文件

16.2 添加标题、作者或日期

16.2.1 问题

需要更改文档的标题、作者或日期。

16.2.2 解决方案

在 R Markdown 文档的顶部是一段特殊格式的文本，以 `---` 开头和结尾。此块包含有关文档的重要元数据。在此块中，可以设置标题、作者和日期：

```
---
title: "Your Title Here"
author: "Your Name Here"
date: "12/31/9999"
output: html_document
---
```

也可以设置输出格式（例如，`output: html_document`）。我们稍后将在涵盖特定格式的方法中讨论不同的输出格式。

16.2.3 讨论

当编写 R Markdown 文档以创建输出时，R 将运行每个块，为每个块的输出创建 Markdown（而不是 R Markdown），并将完整的 Markdown 文档传递给 Pandoc。Pandoc 是从中间 Markdown 创建最终输出文档的软件。大多数情况下，除非在编写文档时遇到问题，否则不需要考虑这些步骤。

在 `---` 标记之间的 R Markdown 文档顶部的文本采用称为 YAML（又一种标记语言）的格式。此块用于将元数据传递给构建输出文档的 Pandoc 软件。字段 `title`、`author` 和 `date` 由 Pandoc 读取并插入大多数输出文档格式的顶部。

这些值的格式化和插入输出文档的方式取决于模板用于输出的功能。HTML、PDF 和 Microsoft Word 的默认模板各自格式化 `title`、`author` 和 `date` 字段（参见图 16-4）。

Your Title Here

Your Name Here
8/23/2018

图 16-4：标题说明

可以将其他键 / 值对添加到 YAML 标题中，但如果模板未配置为使用这些值，则会忽略它们。

16.2.4 另请参阅

有关创建自己的模板的信息，请参阅 *R Markdown: The Definitive Guide*（*https://bookdown. org/yihui/rmarkdown/document-templates.html*）中的第 17 章"Document Templates"。

16.3 格式化文档文本

16.3.1 问题

需要格式化文档的文本，例如将文本设置为斜体或粗体。

16.3.2 解决方案

R Markdown 文档的正文是纯文本，允许使用 Markdown 表示法进行格式化。你可能希望添加格式，例如将文本设为**粗体**或*斜体*。也可能需要添加节标题、列表和表格，这些将在后面的方法中介绍。所有这些选项都可以通过 Markdown 完成。

表 16-1 显示了一些最常见的格式化语法的简要概述。

表 16-1：通用的 Markdown 格式化语法

Markdown	Output
plain text	plain text
italics	*italics*
bold	bold
`code`	code
sub~script~	sub$_{script}$
super^script^	super^{script}
~~strikethrough~~	~~strikethrough~~
endash: --	endash: –
emdash: ---	emdash: —

16.3.3 另请参阅

RStudio 发布了一个方便的参考表（*https:www.rstudio.com/wp-content/uploads/2015/03/ rmarkdown-reference.pdf*）。

另见插入各种结构的方法，例如 16.4 节、16.5 节和 16.9 节。

16.4 插入文档标题

16.4.1 问题

R Markdown 文档需要节标题。

16.4.2 解决方案

可以通过使用 # (哈希) 字符开始一行来插入节标题。对一级标题使用一个哈希字符，对二级标题使用两个哈希字符，依此类推：

```
# Level 1 Heading
## Level 2 Heading
### Level 3 Heading
#### Level 4 Heading
##### Level 5 Heading
###### Level 6 Heading
```

16.4.3 讨论

Markdown 和 HTML 都支持最多六个标题级别，因此这也是 R Markdown 支持的内容。在 R Markdown (和 Markdown 一样) 中，格式不包括特定的字体细节；它只传递要应用于文本的格式化类。每个类的细节由输出格式和每种输出格式使用的模板定义。

16.5 插入列表

16.5.1 问题

需要在文档中包含项目符号列表或编号列表。

16.5.2 解决方案

要创建项目符号列表，请使用星号 (*) 开始每行，如下所示：

```
* 项目 1
* 项目 2
* 项目 3
```

要创建编号列表，请使用 1. 开始每一行，如下所示：

```
1. 项目 1
1. 项目 2
1. 项目 3
```

R Markdown 将使用序列 1.、2.、3. 等替换 1. 前缀。

列表的规则有点严格：

- 列表前必须有空行。

- 列表后必须有空行。

- 前导星号后面必须有空格字符。

16.5.3 讨论

列表的语法很简单，但请注意解决方案中给出的规则。如果你违反了其中一个，输出将是令人费解的。

列表的一个重要特征是它们允许子列表。以下项目符号列表有三个子项：

```
* 项目 1
  * 子项目 1
  * 子项目 2
  * 子项目 3
* 项目 2
```

产生如下输出：

- 项目 1

  – 子项目 1

  – 子项目 2

  – 子项目 3

- 项目 2

同样，有一个重要的规则：子列表必须相对于上面的级别缩进两个、三个或四个空格。不能多也不能少，否则，将会出现混乱。

解决方案建议使用前缀 1. 来标识编号列表。你也可以使用 a. 和 i. 分别生成小写字母和罗马数字序列。这对于格式化子列表很方便：

```
1. 项目 1
1. 项目 2
  a. 子项目 1
  a. 子项目 2
    i. 子分项 1
    i. 子分项 2
  a. 子项目 2
1. 项目 3
```

产生如下输出：

1. 项目 1
2. 项目 2
   a. 子项目 1
   b. 子项目 2
      i. 子分项 1
      ii. 子分项 2
   c. 子项目 2
3. 项目 3

16.5.4 另请参阅

列表的语法比此处描述的更灵活，功能更多。有关详细信息，请参阅参考资料，例如"Pandoc Markdown guide"（*https://pandoc.org/MANUAL.html#pandocs-markdown*）。

16.6 显示 R 代码的输出

16.6.1 问题

需要执行一些 R 代码并在输出文档中显示结果。

16.6.2 解决方案

可以在 R Markdown 文档中插入 R 代码。它们将被执行并输出，输出结果包含在最终文档中。

插入代码有两种方法。对于少量代码，将它们包含在两个刻度标记（``）之间，如下所示：

```
The square root of pi is `r sqrt(pi)`.
```

得到如下输出：

```
The square root of pi is 1.772.
```

对于较大的代码块，通过将代码块放在三个刻度标记（```）之间来定义代码块。

```
```{r}
# code block goes here
```
```

注意放置在第一个三次刻度标记后的 {r}，这会告诉 R Markdown 需要执行下面的代码。

16.6.3 讨论

将 R 代码嵌入到文档中是 R Markdown 最强大的功能。事实上，如果没有这个功能，R Markdown 将只是普通的 Markdown。

在解决方案中首先描述的内联 R 对于将少量信息直接引入报告文本（例如日期、时间或小规模计算结果）非常有用。

代码块用于繁重的工作。默认情况下，代码块显示在文本中，结果直接显示在代码下。结果前面有一个前缀，默认为双重哈希标记：`##`。

如果我们在源 R Markdown 文档中包含这个代码块：

```{r}
sqrt(pi)
sqrt(1:5)
```

将得到如下输出：

```
sqrt(pi)
## [1] 1.77
sqrt(1:5)
## [1] 1.00 1.41 1.73 2.00 2.24
```

以 `##` 开头可以允许读者将代码和结果粘贴到自己的 R 会话中并执行代码。R 将忽略结果，因为它们看起来像注释。

刻度标记之后的 `{r}` 很重要，因为 R Markdown 也允许来自其他语言的代码块，例如 Python 或 SQL。如果在多语言环境中工作，这是一个非常强大的功能。有关详细信息，请参阅 R Markdown 文档。

16.6.4 另请参阅

有关控制输出中显示的内容，请参见 16.7 节。

有关可用语言引擎的详细信息，请参阅 *R Markdown: The Definitive Guide* 中的 "Other language engines" (*https://bookdown.org/yihui/rmarkdown/language-engines.html*)。

16.7 控制显示的代码和结果

16.7.1 问题

文档包含 R 代码块，需要控制最终文档中显示的内容：仅显示结果，或仅显示代码，或两者都不显示。

16.7.2 解决方案

代码块支持多个选项，用于控制最终文档中显示的内容。可以设置代码块顶部的选项。例如，以下代码块的 echo 设置为 FALSE：

```
```{r echo=FALSE}
# . . . code here will not appear in output . . .
```
```

有关可用选项的表格，请参阅讨论部分。

16.7.3 讨论

有许多显示选项，例如 echo，它控制代码本身是否出现在最终输出中；eval 控制代码是否被评估（执行）。

表 16-2 列出了一些最受欢迎的选项。

表 16-2：控制最终文档中显示内容的选项

代码块选项	执行代码	显示代码	显示输出文本	显示图形
results='hide'	X	X		X
include=FALSE	X			
echo=FALSE	X		X	X
fig.show='hide'	X	X	X	
eval=FALSE		X		

可以混合和匹配选项组合，以获得需要的结果。一些常见的用例是：

- 需要显示代码的输出，而不是代码本身：echo=FALSE。

- 需要显示代码，但是不执行：eval=FALSE。

- 需要执行代码（例如，加载包或加载数据），但代码和任何附带输出都不应出现：include=FALSE。

我们经常使用 include=FALSE 作为 R Markdown 文档的第一个代码块，在这里调用 library 函数、初始化变量，以及其他不需要输出的任务。

除了刚才描述的输出选项之外，还有几个选项可以控制代码生成的错误消息、警告消息和信息性消息的处理：

- error=TRUE 允许完成文档构建，即使代码块中存在错误。当创建一个需要在输出中看到错误的文档时，这很有用。默认设置为 error=FALSE。

- `warning=FALSE` 禁止显示警告消息。默认设置为 `warning=TRUE`。
- `message=FALSE` 禁止显示信息性消息。当代码使用在加载时会生成消息的软件包时，这很方便。默认设置为 `message=TRUE`。

16.7.4 另请参阅

"R Markdown cheat sheet from RStudio"（*http://bit.ly/2XLuKrb*）列出了许多可用选项。

`knitr` 的作者谢毅辉在个人网站上记录了这些选项（*https://yihui.name/knitr/options/*）。

16.8 插入图

16.8.1 问题

需要在输出文档中插入绘图。

16.8.2 解决方案

只需创建一个建立绘图的代码块，然后将该代码块插入到 R Markdown 文档中。R Markdown 将捕获图形并将其插入到输出文档中。

16.8.3 讨论

以下一个 R Markdown 代码块，它创建一个名为 `gg` 的 `ggplot` 图，然后"输出"它：

````
```{r}
library(ggplot2)
gg <- ggplot(airquality, aes(Wind, Temp)) + geom_point()
print(gg)
```
````

回想一下 `print(gg)` 渲染图形。如果我们将此代码块插入到 R Markdown 文档中，R Markdown 将捕获结果并将其插入到输出中，如下所示：

```
library(ggplot2)
gg <- ggplot(airquality, aes(Wind, Temp)) + geom_point()
print(gg)
```

结果图如图 16-5 所示。

我们可以在 R 中生成的任何绘图几乎都可以渲染到输出文档中。我们可以使用代码块中的选项控制渲染结果，例如设置输出的大小、分辨率和格式。让我们看一下使用刚创建的 `ggplot` 对象的一些例子。

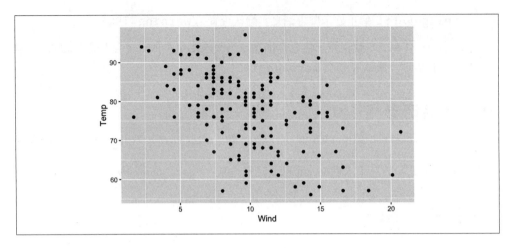

图 16-5：R Markdown 中的 ggplot 示例

我们可以使用 out.width 缩小输出图形：

```{r out.width='30%'}
print(gg)
```

结果如图 16-6 所示：

```
print(gg)
```

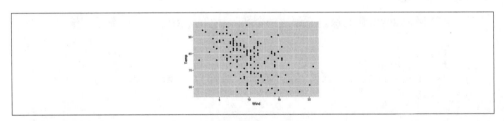

图 16-6：缩小图形

或者我们可以将输出图形放大到页面的整个宽度：

```{r out.width='100%'}
print(gg)
```

结果如图 16-7 所示：

```
print(gg)
```

用于图形的一些常见输出设置是：

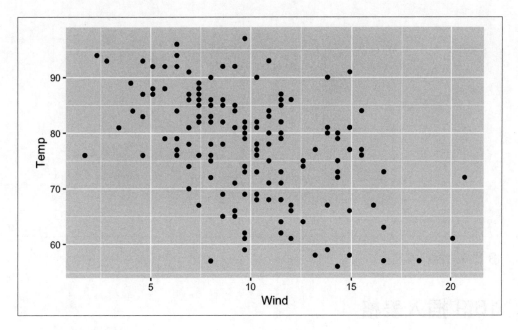

图 16-7：放大图形

out.width 和 out.height

　　输出图形的大小占页面大小的百分比。

dev

　　用于创建图形的 R 图形设备。HTML 输出的默认值为 'png'，LaTeX 输出的默认值为 'pdf'。你也可以使用例如 'jpg' 或 'svg'。

fig.cap

　　图形标题。

fig.align

　　图形的对齐方式：'left'（左对齐）、'center'（居中）或 'right'（右对齐）。

让我们使用这些设置创建一个宽度为 50%、高度为 20%、带有标题且左对齐的图形：

```{r out.width='50%',
      out.height='20%',
       fig.cap='Temperature versus wind speed',
       fig.align='left'}
print(gg)
```

结果如图 16-8 所示：

```
print(gg)
```

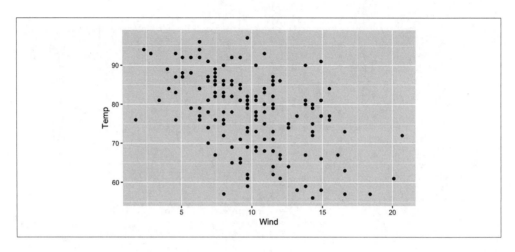

图 16-8: 温度与风速

16.9 插入表格

16.9.1 问题

需要将格式良好的表插入到文档中。

16.9.2 解决方案

在文本表格中布置内容，使用管道符（|）分隔列。使用破折号（-）分隔列标题行。R Markdown 将把它格式化为有吸引力的输出结果。例如，输入如下代码：

```
| Stooge  | Year | Hair?            |
|---------|------|------------------|
| Moe     | 1887 | Yes              |
| Larry   | 1902 | Yes              |
| Curly   | 1903 | No (ironically)  |
```

将产生如下输出：

Stooge	Year	Hair?
Moe	1887	Yes
Larry	1902	Yes
Curly	1903	No (ironically)

表格前后必须分别放置一个空行。

16.9.3 讨论

表格的语法允许使用 ASCII 字符"绘制"表格。由破折号构成的"下划线"是 R Markdown 的符号，其上方的行包含列标题。如果没有"下划线"，R Markdown 会将第一行解释为表格内容，而不是标题。

表格格式比解决方案中的内容更灵活。例如，以下（丑陋的）输入将产生与解决方案中所示相同（漂亮）的输出：

```
| Stooge | Year | Hair? |
|--------|------|------------------|
| Moe | 1887 | Yes |
| Larry | 1902 | Yes |
| Curly | 1903 | No (ironically) |
```

计算机只关心管道字符（|）和破折号。空白区域填充是可选的。使用空白区域填充可以使输入更容易阅读。

一个方便的功能是使用冒号（:）来控制列的对齐。在"下划线"中包含冒号以设置列对齐。此表定义了四列表格其中三列的对齐方式：

```
|Left     |Right  |Center   | Default |
|:------|-----:|:-------:|---------|
| 12345 |12345 | 12345 | 12345 |
| text | text | text | text |
| 12 | 12 | 12 | 12 |
```

给出了如下结果：

Left	Right	Center	Default
12345	12345	12345	12345
text	text	text	text
12	12	12	12

在列标题"下划线"中使用冒号将产生如下效果：

- 最左端的冒号导致左对齐。

- 最右边的冒号导致右对齐。

- 两端的冒号导致居中。

16.9.4 另请参阅

实际上，R Markdown 支持表格的多种语法——有些人可能会提出一些令人困惑的语法。出于简洁的考虑，本方法仅显示了绘制表格的其中一种方法。有关替代方案，请参阅 Markdown 的参考资料。

16.10 插入数据表

16.10.1 问题

需要在输出文档中包含计算机生成的数据表。

16.10.2 解决方案

使用 knitr 包中的 kable 函数，此处显示格式化名为 dfrm 的数据框：

```
library(knitr)
kable(dfrm)
```

16.10.3 讨论

在 16.9 节中，我们展示了如何使用纯文本将静态表格放入文档中。这里，我们在数据框中捕获了表格内容，并且我们希望在文档输出中显示数据。

我们可以输出未格式化的表格：

```
myTable <- tibble(
  x=c(1.111, 2.222, 3.333),
  y=c('one', 'two', 'three'),
  z=c(pi, 2*pi, 3*pi))
myTable
#> # A tibble: 3 x 3
#>       x y         z
#>   <dbl> <chr> <dbl>
#> 1  1.11 one    3.14
#> 2  2.22 two    6.28
#> 3  3.33 three  9.42
```

但我们通常想要更具吸引力和格式化的内容。实现这一点的最简单方法是使用 knitr 包中的 kable 函数（参见图 16-9）：

```
library(knitr)
kable(myTable, caption = 'My Table')
```

My Table		
x	y	z
1.11	one	3.14
2.22	two	6.28
3.33	three	9.43

图 16-9：一个 kable 表格

kable 函数将数据框作为输入，并且包含许多格式化参数，返回适合显示的格式化表格。

kable 函数产生了很好看的输出，但很多人发现 kable 函数不能完全满足他们的要求。幸运的是，kable 函数可以与另一个 kableExtra 包（即额外的 kable 函数）搭配使用。

这里我们使用 kable 函数设置输入和标题。然后使用 kable_styling 函数使表格比全宽度更窄一些，在 LaTeX 输出中添加阴影条带，并将表格居中（参见图 16-10）：

```
library(knitr)
library(kableExtra)
#>
#> Attaching package: 'kableExtra'
#> The following object is masked from 'package:dplyr':
#>
#>      group_rows

kable(myTable, digits = 2, caption = 'My Table') %>%
    kable_styling(full_width = FALSE,
                  latex_options = c('hold_position', 'striped'),
                  position = "center",
                  font_size = 12)
```

My Table		
x	y	z
1.11	one	3.14
2.22	two	6.28
3.33	three	9.42

图 16-10：一个 kableExtra 表格

kable_styling 函数将 kable 表格（而不是数据框）作为输入，加上格式化参数，然后返回格式化表。

kable_styling 函数中的某些选项会对输出产生不同的影响，具体取决于输出格式。在前面的示例中，full_width = FALSE 不会更改 LaTeX（PDF）格式中的任何内容，因为 LaTeX 输出中的表默认不是全宽。但是，在 HTML 中，kable 表格的默认设置是全宽，因此该选项会产生影响。

同样，latex_options = c('hold_position', 'stripe') 选项仅适用于 LaTeX 输出，而不适用于 HTML。'hold_position' 确保表格最终放在放入源代码的位置，而不是页面的顶部或底部，这往往出现在 LaTeX 中。'striped' 选项使斑马条纹表具有交替的浅色和深色行，以便于阅读。

为了更好地控制 Microsoft Word 表，我们建议使用 flextable::regulartable 函数，该函数在 16.14 节中讨论。

16.11 插入数学公式

16.11.1 问题

需要在文档中插入数学公式。

16.11.2 解决方案

R Markdown 支持 LaTeX 数学公式表示法。在 R Markdown 中有两种生成 LaTeX 的方法。

对于简短公式，将 LaTeX 表示法放在单个美元符号（$）之间。线性回归解法的公式可以表示为 `$\beta =(X^{T}X)^{-1}X^{T}{\bf{y}}$`，这将导致公式 $\beta = (X^T X)^{-1} X^T y$。

对于大型公式块，将公式块嵌入双美元符号（$$）之间，如下所示：

```
$$
\frac{\partial \mathrm C}{ \partial \mathrm t } + \frac{1}{2}\sigma^{2}
    \mathrm S^{2} \frac{\partial^{2} \mathrm C}{\partial \mathrm C^2}
    + \mathrm r \mathrm S \frac{\partial \mathrm C}{\partial \mathrm S}\ =
    \mathrm r \mathrm C
    \label{eq:1}
$$
```

得到以下输出：

$$
\frac{\partial C}{\partial t} + \frac{1}{2}\sigma^2 S^2 \frac{\partial^2 C}{\partial C^2} + rS\frac{\partial C}{\partial S} = rC
$$

16.11.3 讨论

数学公式标记语法是源自 TeX 的 LaTeX 标准。R Markdown 建立在该标准之上，可以在 PDF、HTML、MS Word 和 MS PowerPoint 文档中呈现数学表达式。PDF 和 HTML 格式支持全系列的 LaTeX 数学方程式。但是，在 Microsoft Word 和 PowerPoint 中的显示仅支持完整语法的一部分。

LaTeX 公式符号的详细信息超出了本书的范围，但由于 TeX 已经存在了 40 多年，因此在线出版和印刷书籍中有许多优秀的资源。一个非常好的在线资源是 Wikibooks.org 中的 "Introduction to LaTeX/Mathematics"（*https://en.wikibooks.org/wiki/LaTex/Mathematics*）。

16.12 生成 HTML 输出

16.12.1 问题

需要从 R Markdown 文档创建超文本标记语言（HTML）文档。

16.12.2 解决方案

在 RStudio 中，单击代码编辑窗口顶部 Knit 按钮旁边的向下箭头。执行此操作时，你将获得当前文档可用的所有输出格式的下拉列表。选择"Knit to HTML"选项，如图 16-11 所示。

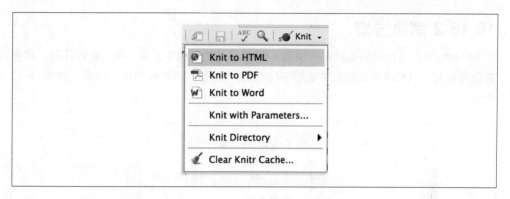

图 16-11：生成 HTML 格式文档

16.12.3 讨论

当选择"Knit to HTML"时，RStudio 将 `html_document: default` 移动到文档中的 YAML 输出块的顶部，保存文件，然后运行 `rmarkdown::render(./YourFile.Rmd)`。如果需要将文档生成三种不同的格式，你的 YAML 可能如下所示：

```
output:
  html_document: default
  pdf_document: default
  word_document: default
```

如果在 R Markdown 文档中运行 `render(./YourFile.Rmd)`，用实际文件名替换 *YourFile.Rmd*，默认情况下，它将生成最顶层的输出格式（在本例中为 HTML）。

 如果要生成 HTML 文档，则 R Markdown 文档不应包含任何特殊的 LaTeX 特定格式，因为这不会在 HTML 中正确编写。正如先前方法中所提到的，LaTeX 数学公式是个例外，它由 MathJax JavaScript 库生成，可以在 HTML 中正确显示。

16.12.4 另请参阅

参见 16.11 节。

16.13 生成 PDF 输出

16.13.1 问题

需要从 R Markdown 文档创建 PDF 文档。

16.13.2 解决方案

在 RStudio 中，单击代码编辑窗口顶部 Knit 按钮旁边的向下箭头。执行此操作时，你将获得当前文档可用的所有输出格式的下拉列表。选择"Knit to PDF"选项，如图 16-12 所示。

图 16-12：生成 PDF 格式文档

这会将 pdf_document 移到 YAML 输出选项的顶部：

```
---
title: "Nice Title"
output:
  pdf_document: default
  html_document: default
---
```

然后生成 PDF 格式文档。

16.13.3 讨论

使用 Pandoc 和 LaTeX 引擎生成 PDF 格式文档。如果你的计算机上尚未安装 LaTeX 发行版，最简单的方法是使用 tinytex 软件包。在 R 中安装 tinytex 包，然后调用 install_tiny tex()，tinytex 将在计算机上安装一个小巧高效的 LaTeX 发行版：

```
install.packages("tinytex")
tinytex::install_tinytex()
```

LaTeX 有丰富的选项，幸运的是，我们想要做的大多数事情都可以用 R Markdown 表示，并通过 Pandoc 自动转换为 LaTeX。由于 LaTeX 是一种功能强大的排版工具，因此可以使用它来实现 R Markdown 无法实现的功能。我们不能在这里列举所有可能性，但我们可以讨论从 R Markdown 直接将参数传递给 LaTeX 的方法。记住，你使用的任何特定于 LaTeX 的选项都无法正确转换为其他格式，如 HTML 或 MS Word。

将信息从 R Markdown 传递到 LaTeX 渲染引擎有两种主要方式：

1. 将 LaTeX 直接传递给 LaTeX 编译器。

2. 在 YAML 标题中设置 LaTeX 选项。

如果要将 LaTeX 命令直接传递给 LaTeX 编译器，可以使用以 \ 开头的 LaTeX 命令。限制是，如果你将文档编织为 PDF 以外的任何格式，则输出中将完全省略斜杠后面的命令。

例如，如果我们将以下语句放入我们的 R Markdown 源：

    Sometimes you want to write directly in \LaTeX !

它将呈现如图 16-13 所示的结果。

Sometimes you want to write directly in LaTeX!

图 16-13: LaTeX 排版

但是，如果将文档呈现为 HTML，则 \LaTeX 命令将完全被删除，从而在文档中留下一个没有吸引力的空白。

如果要为 LaTeX 设置全局选项，可以通过在 R Markdown 文档中向 YAML 标题添加参数来实现。YAML 标题具有顶级元数据以及某些选项的子数据。不同的参数设置在不同的缩进级别，因此我们通常在 *R Markdown: The Definitive Guide*（*https://bookdown.org/ yihui/rmarkdown/*）中查找它们。

例如，如果你有一些以前编写的 LaTeX 内容，并且希望将其包含在文档中，则可以在文档中的三个不同位置添加此预先编写的内容：标题中、正文内容之前或正文内容之后的结束部分。如果要在所有三个部分中添加外部内容，YAML 标题将如下所示：

```
---
title: "My Wonderful Document"
output:
  pdf_document:
    includes:
      in_header: header_stuff.tex
      before_body: body_prefix.tex
      after_body: body_suffix.tex
---
```

另一个常用的 LaTeX 选项是用于格式化文档的 LaTeX 模板。许多模板可在线获取
（*https://www.sharelatex.com/templates*），一些公司和学校有自己的模板。如果要使用现
有模板，可以在 YAML 标题中引用它，如下所示：

```
---
title: "Poetry I Love"
output:
  pdf_document:
    template: i_love_template.tex
---
```

也可以打开或关闭页码编号和节编号：

```
---
title: "Why I Love a Good ToC"
output:
  pdf_document:
    toc: true
    number_sections: true
---
```

但是，一些 LaTeX 选项设置为顶级 YAML 元数据：

```
---
title: "Custom Report"
output: pdf_document
fontsize: 12pt
geometry: margin=1.2in
---
```

因此，在设置 LaTeX 选项时，请参阅 R Markdown 文档以确定需要设置的选项是否为参
数 output: 或其自己的顶级 YAML 选项的子选项。

16.13.4 另请参阅

请参阅 *R Markdown: The Definitive Guide* 中的 "PDF document" 部分（*http://bit.ly/
31t3HmV*）。

另请参见 Pandoc 模板文档（*http://bit.ly/2IN0wxB*）。

16.14 生成 Microsoft Word 输出

16.14.1 问题

需要从 R Markdown 文档创建 Microsoft Word 文档。

16.14.2 解决方案

在 RStudio 中，单击代码编辑窗口顶部 Knit 按钮旁边的向下箭头。执行此操作时，你将获得当前文档可用的所有输出格式的下拉列表。选择"Knit to Word"选项，如图 16-14 所示。

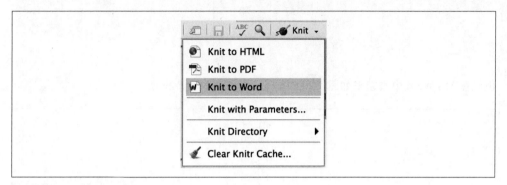

图 16-14：生成 Word 格式文档

这会将 `word_document` 移动到 YAML 输出选项的顶部，然后将生成 Word 文档：

```
---
title: "Nice Title"
output:
  word_document: default
  pdf_document: default
---
```

16.14.3 讨论

生成 Microsoft Word 文档在企业和学术环境中非常有用，在这些环境中，主管和合作者希望使用 Word 格式的文档。大多数 R Markdown 功能在 Word 中运行得非常好，但是在使用 Word 输出时我们发现有一些调整很有帮助。

微软有自己的公式编辑工具。Pandoc 会将 LaTeX 公式强制转换为 MS 公式，它适用于大多数基本公式，但不支持所有 LaTeX 公式选项。一个问题是 MS 公式编辑器不支持更改公式的部分字体。因此，带有分数的矩阵表示法和需要不同字体的其他公式在 Word 中看起来有点奇怪。

这是一个在 HTML 和 PDF 中看起来很好的矩阵示例：

```
$$
M = \begin{bmatrix}
    \frac{1}{6} & \frac{1}{6} & 0            \\[0.3em]
    \frac{7}{8} & 0           & \frac{2}{3} \\[0.3em]
    0           & \frac{7}{9} & \frac{7}{7}
    \end{bmatrix}
$$
```

以下是它们以这些输出格式呈现的方式：

$$M = \begin{bmatrix} \dfrac{1}{6} & \dfrac{1}{6} & 0 \\[2ex] \dfrac{7}{8} & 0 & \dfrac{2}{3} \\[2ex] 0 & \dfrac{7}{9} & \dfrac{7}{7} \end{bmatrix}$$

但它在 MS Word 中看起来如图 16-15 所示。

$$M = \begin{bmatrix} \dfrac{1}{6} & \dfrac{1}{6} & 0 \\[2ex] \dfrac{7}{8} & 0 & \dfrac{2}{3} \\[2ex] 0 & \dfrac{7}{9} & \dfrac{7}{7} \end{bmatrix}$$

图 16-15：MS Word 中的矩阵

任何使用字符缩放的公式都无法在 Word 中正常工作。例如：

$(\big(\Big(\bigg(\Bigg($

在 HTML 和 LaTeX 中看起来像这样：

但会在 MS 公式编辑器中得到简化，如图 16-16 所示。

(((((

图 16-16：MS Word 中的公式字体缩放

Word 中公式的最简单解决方案是首先编辑出公式。如果不喜欢输出，请将 LaTeX 公式转换到在线自由公式编辑器（*http://www.sciweavers.org/free-online-latex-equation-editor*）在那里进行渲染，并将其保存为图像文件。然后在 R Markdown 文档中包含该图像文件，确保 Word 文档中具有与 HTML 或 LaTeX 文档一样好的公式。你可能希望将 LaTeX 公式源代码保存在文本文件中，以确保以后可以轻松更改。

Word 输出的另一个问题是，数字通常看起来不像 HTML 或 PDF 那样美观。以折线图为例：

```{r}
mtcars %>%
  group_by(cyl, gear) %>%
  summarize(mean_hp=mean(hp)) %>%
  ggplot(., aes(x = cyl, y = mean_hp, group = gear)) +
    geom_point() +
    geom_line(aes(linetype = factor(gear))) +
    theme_bw()
```

在 Word 文档中，此图像如图 16-17 所示。

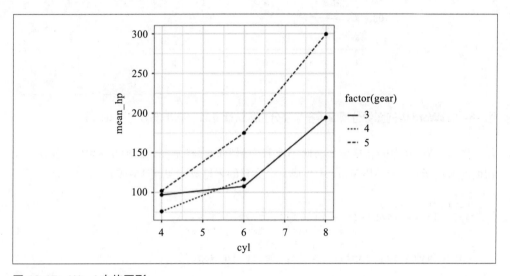

图 16-17：Word 中的图形

这看起来很不错，但是在输出时，图像看起来有点模糊而且不清晰。

可以通过增加生成输出时使用的每英寸（1 英寸 = 0.025 4 米）点数（`dpi`）设置来改善这一点。这将有助于使输出更平滑和更清晰：

```{r, dpi=300}
mtcars %>%
  group_by(cyl, gear) %>%
  summarize(mean_hp=mean(hp)) %>%
  ggplot(., aes(x = cyl, y = mean_hp, group = gear)) +
    geom_point() +
    geom_line(aes(linetype = factor(gear))) +
    theme_bw()
```

为了显示外观的改善，我们将一个合成图像拼接在一起，图 16-18 中左侧为默认的低 `dpi`，右侧为较高 `dpi`。

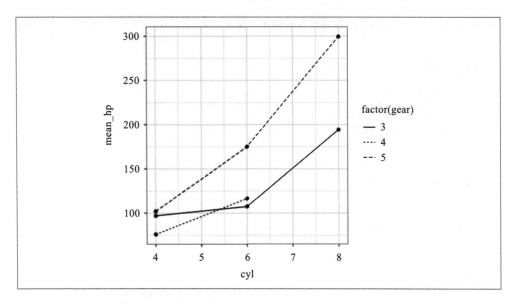

图 16-18：Word 中的图像分辨率（左半部分为默认低 dpi，右半部分为高 dpi）

除了图像，Word 中的表格输出有时不像我们想要的那样定制化。使用 `kable` 函数，如前面的方法所示，在 MS Word 中生成一个完整的表格（参见图 16-19）：

```
library(knitr)
myTable <- tibble(x = c(1.111, 2.222, 3.333),
                  y = c('one', 'two', 'three'),
                  z = c(5, 6, 7))
kable(myTable, caption = 'My Table in Word')
```

My Table in Word		
x	y	z
1.111	one	5
2.222	two	6
3.333	three	7

图 16-19：Word 中的表格

Pandoc 将表格放在 Word 文档中的 Microsoft 表结构中。但是，就像 PDF 或 HTML 中的表格一样，我们也可以在 Word 中使用 `flextable` 包：

```
library(flextable)
regulartable(myTable)
```

生成的 Word 中的图如图 16-20 所示。

x	y	z
1.111	one	5.000
2.222	two	6.000
3.333	three	7.000

图 16-20：Word 调整后的表格

我们可以利用 `flextable` 和管道符的丰富格式化功能来调整列宽，为标题添加背景颜色，并使标题字体变为白色：

```
regulartable(myTable) %>%
    width(width = c(.5, 1.5, 3)) %>%
    bg(bg = "#000080", part = "header") %>%
    color(color = "white", part = "header")
```

生成的 Word 中的图如图 16-21 所示。

x	y	z
1.111	one	5.000
2.222	two	6.000
3.333	three	7.000

图 16-21：Word 中的自定义调整后的表格

有关 `flextable` 中所有可自定义选项的详细信息，请参阅 `flextable` 的帮助文档和 `flextable` 在线文档。

生成 Word 格式允许模板控制 Word 输出的格式。要使用模板，请将 `reference_docs: template.docx` 添加到 YAML 标题：

```
title: "Nice Title"
output:
  word_document:
    reference_docx: template.docx
```

当使用模板将 R Markdown 文件生成为 Word 格式时，`knitr` 会将源文档中元素的格式映射到模板中的样式。因此，如果要更改正文文本的字体，可以将 Word 模板中的正文文本样式设置为所需的字体。然后 `knitr` 将在新文档中使用模板样式。

第一次使用模板时常见的工作流程是在没有模板的情况下生成 Word 文档格式，然后打开生成的 Word 文档，根据喜好调整每个部分的样式，并将调整后的 Word 文档用作将来的模板。这样，你就不必猜测 `knitr` 为每个元素使用的样式。

16.14.4 另请参阅

请使用 vignette('format','flextable') 参阅的 flextable 的帮助文档，以及 flextable 的在线文档（*http://bit.ly/2WHvuw2*）。

16.15 生成演示输出

16.15.1 问题

需要从 R Markdown 文档创建演示文稿。

16.15.2 解决方案

R Markdown 和 knitr 支持从 R Markdown 文档创建演示文稿。最常见的演示格式是 HTML（使用 ioslides 或 Slidy HTML 模板）、带 Beamer 的 PDF 或 Microsoft PowerPoint。R Markdown 文档和 R Markdown 演示文稿之间的最大区别在于演示文稿默认为横向布局（宽而不长），每次创建以 ## 开头的二级标题时，knitr 将创建一个新的"页面"或幻灯片。

使用 R Markdown 开始演示的最简单方法是使用 RStudio 并选择"File"→"New File"→"R Markdown …"，然后选择图 16-22 中对话框提供的四种演示格式之一。

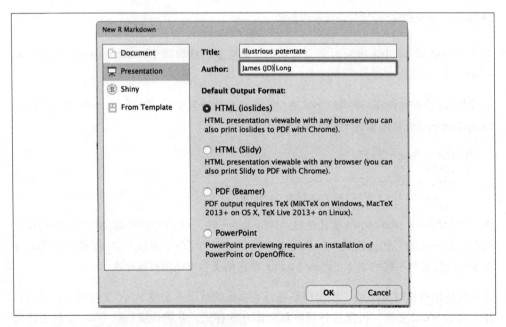

图 16-22：新建 R Markdown 演示文稿对话框

这四类演示文稿映射到以前的方法中讨论的三大类文档格式。

在将文档生成输出格式时，在 RStudio 中单击 Knit 按钮旁边的向下箭头，从下拉列表中选择要生成的演示文稿类型，如图 16-23 所示。

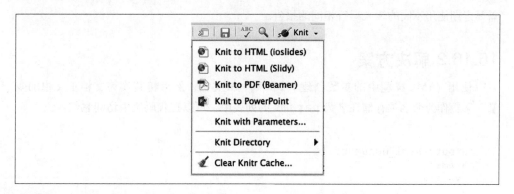

图 16-23：生成演示文稿

16.15.3 讨论

生成演示文稿格式非常类似于生成常规文档，只是具有不同的输出名称。当使用 RStudio 中的 Knit 按钮选择输出格式时，RStudio 将选择的输出格式移动到文档的 YAML 标题中的输出选项的顶部，然后运行 rmarkdown::render("*your_file.Rmd*")，它编织到 YAML 标题的顶层。

例如，如果我们选择"Knit to PDF(Beamer)"，则演示文稿的标题可能如下所示：

```
---
title: "Best Presentation Ever"
output:
  beamer_presentation: default
  slidy_presentation: default
  ioslides_presentation: default
  powerpoint_presentation: default
---
```

之前方法中讨论的大多数 HTML 选项适用于 Slidy 和 ioslides HTML 演示文稿。Beamer 是一种基于 PDF 的格式，因此以前的方法中讨论的大多数 LaTex 和 PDF 选项都适用于 Beamer。最后，但最重要的是，PowerPoint 是一种 Microsoft 格式，因此之前讨论的关于 Word 文档的警告和选项也适用于 PowerPoint。

16.15.4 另请参阅

与 R Markdown 输出相关的其他方法可能会有所帮助：参见 16.12 节、16.13 节和 16.14 节。

16.16 创建参数化报告

16.16.1 问题

需要定期使用不同的输入运行相同的报告。

16.16.2 解决方案

可以使用 YAML 标题中的参数创建 R Markdown 文档，然后将其作为文档正文中的变量。参数作为命名项存储在名为 `params` 的列表中，可以在代码块中访问它们：

```
---
output: html_document
params:
  var: 2
---
```{r}
print(params$var)
```
```

如果以后要更改参数，有三个选项：

- 编辑 R Markdown 文档，然后再次渲染。

- 使用命令 `rmarkdown::render` 从 R 中渲染文档，将参数作为列表传递：

  ```
  rmarkdown::render("test_params.Rmd", params = list(var=3))
  ```

- 使用 RStudio，选择 "Knitr" → "Knit with Parameters"，RStudio 将在生成文档前提示输入参数。

16.16.3 讨论

如果需要使用不同设置定期运行文档，则使用 R Markdown 中的参数非常有用。常见用例是一种每次运行时仅更改日期设置和标签的报告。

以下是一个示例 R Markdown 文档，说明如何将参数传递到文档的文本中：

```
---
title: "Example of Params"
output: html_document
params:
  effective_date: '2018-07-01'
  quarter_num: 2
---

## Illustrate Params
```

```
```{r, results='asis', echo=FALSE}
cat('### Quarter', params$quarter_num,
    'report. Valuation date:',
    params$effective_date)
```
```

渲染的 R Markdown 结果如图 16-24 所示。

Example of Params

1　Illustrate Params

1.1　Quarter 2 report. Valuation date: 2018-07-01

图 16-24：参数输出结果

在代码块的标题中，我们设置 results ='asis'，因为我们的代码块将直接生成
Markdown 文本。我们希望将 Markdown 转存到我们的文档中，而不用 ## 作为前缀，这
通常发生在代码块的输出中。另外，在代码块中我们使用 cat 将文本连接在一起。我们
在这里使用 cat 而不是 paste，因为 cat 对文本的转换比调用 paste 更少。这样可以
确保将文本简单地放在一起并传递到 Markdown 文档中而不会被更改。

如果我们想用其他参数渲染文档，我们可以编辑 YAML 标题中的默认值然后生成文档，
或者我们可以使用 Knitr 菜单（参见图 16-25）来编码参数。

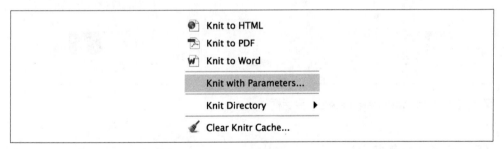

图 16-25：使用"Knit with Parameters…"菜单选项

然后，这会提示我们输入参数，如图 16-26 所示。

或者我们可以从 R 渲染文档，将新参数作为列表传递：

```
rmarkdown::render("example_of_params.Rmd",
params = list(quarter_num=2, effective_date='2018-07-01'))
```

作为使用 Knitr 菜单的替代方法，如果我们想要提示参数，我们可以在调用 rmarkdown::
render 时设置 params = "ask"，R 会提示我们输入：

```
rmarkdown::render("example_of_params.Rmd", params="ask")
```

图 16-26："Knit with Parameters" 对话框

16.16.4 另请参阅

请参阅 *R Markdown: The Definitive Guide* 中的 "Parameterized reports" 部分（*https://rmarkdown.rstudio.com/developer_parameterized_reports*）。

16.17 组织自定义 R Markdown 工作流程

16.17.1 问题

需要组织 R Markdown 项目，以使其高效、灵活且具有生产力。

16.17.2 解决方案

控制项目的最佳方法是组织工作流程。组织需要花费一些精力，所以如果你的 R Markdown 文档只有一页输出或者三个小代码块，那么拥有一个高度结构化的项目可能会有点过分。但是，大多数人发现值得付出额外的努力来组织他们的工作流程。

以下是组织工作流程的四个提示，以便你将来的工作更易于阅读、编辑和维护：

1. 使用 RStudio 项目。

2. 直观地命名目录。

3. 为重用逻辑创建 R 包。

4. 让 R Markdown 专注于内容和源逻辑。

使用 RStudio 项目

RStudio 包含 RStudio Project（RStudio 项目）的概念，这是一种存储与逻辑项目相关的元数据和设置的方式。当你在 RStudio 中打开一个项目时，RStudio 所做的一件事就是将工作目录设置为项目所在的路径。每个项目都应该在自己独特的工作目录中。所有代码都从该工作目录运行，这意味着代码永远不应包含 `setwd` 命令，这些命令会阻止你的分析在其他人的计算机上运行。

直观地命名目录

将 Project 目录中的文件组织到子目录中然后在这些目录中仔细命名文件是个好主意。随着项目中文件数量的增加，组织和直观命名的重要性也随之增加。Software Carpentry（*https://softwore-carpentry.org/*）团队推荐的一个常见结构是：

```
my_project
 |- data
 |- doc
 |- results
 |- src
```

在这种结构中，原始输入数据保存在 *data* 中，文档保存在 *doc* 中，分析结果保存在 *results* 中，R 源代码保存在 *src* 中。

一旦有了一个目录结构来放入你的工作内容，单个文件应该以人类和计算机都可读的方式命名。这有助于将来维护代码并节省许多麻烦。Jenny Bryan（*http://bit.ly/2HVL0jY*）给出一些文件命名的最佳建议：

• 在文件名中使用下划线而不是空格，空格会引起太多麻烦。

- 如果你在文件名中添加日期，请使用 ISO 8601 日期：*YYYY-MM-DD*。

- 在脚本上使用前缀，以便它们正确排序，例如，*00_start_here.R*、*01_data_scrub.R*、*02_report_output.Rmd*。

在脚本上使用数字前缀并使用 ISO 8601 日期有助于确保文件默认情况下以有意义的方式排序。当其他人，甚至未来的你试图弄清楚你的项目时，这非常有用。

为重用逻辑创建 R 包

一旦你有一个良好的目录结构和合理的命名，你应该考虑一下逻辑问题。你应该考虑为在三个以上不同项目中使用的逻辑构建 R 包。R 包是函数和其他代码的集合，提供了基础 R 中没有的功能。在本书中我们使用了许多软件包，没有什么能阻止你为你的函数编写一个软件包。构建一个软件包超出了本书的范围，但 Jim Hester 的演讲" You Can Make a Package in 20 Minutes"（在 20 分钟内制作一个软件包）（*http://bit.ly/2IhtrLl*）是该主题的最佳介绍之一。

让 R Markdown 专注于内容和源逻辑

我们大多数人都使用一个大的 *.Rmd* 文件启动一个项目，该文件在代码块中充满了我们所有的逻辑。随着文档的增长和代码块的扩展，这将变得难以管理。你可能会发现格式化代码与重塑数据并从文件和数据库中提取内容的代码混合在一起。将逻辑、格式和表达式代码混合在一起可能会使以后更改代码变得困难，甚至让其他人更难理解你的代码。我们建议将代码块保留在主报告 *.Rmd* 文件中，重点放在内容、表格和图形上，并将操作逻辑存储在使用 source 函数引入的 **.R* 文件中。

使用 source 来引入外部 R 代码涉及将 R 文件的文件名传递给 source 函数：

```
source("my_logic_file.R")
```

R 将在调用 source 函数的代码处运行 my_logic_file.R 的全部内容。一个好的模式是获取提取数据框的文件，并将数据重新整形为在文档中制作图形或表格所需的形式。然后，在主要的 *.Rmd* 文件中，保留用于准备图形和表格的代码。

请记住，这是一种用于管理大型、笨重的 R Markdown 文件的设计模式。如果你的项目不是很大，应该将所有代码保存在 *.Rmd* 文件中。

16.17.3 另请参阅

有用的参考包括：

- tidyverse 文档" Project-orientied workflow"（*http://bit.ly/2KQVRNU*）

- Software Carpentry 的 *Project Management with RStudio*（*http://bit.ly/2IffhdI*）

- Hadley Wickham 的 *R Packages*（*http://r-pkgs.had.co.nz*）(O'Reilly)

- Jenny Bryan 的 *Naming Things*（*http://bit.ly/2KicdQh*）

- Greg Wilson 等人的"Good Enough Practices in Scientific Computing"（*http://bit.ly/2XLhO4P*）

作者简介

J. D. Long 是一位被放错位置的南方农业经济学家，目前在纽约市的 Renaissance Re 工作。J. D. 是 Python、R、AWS 和各种编程技术的狂热用户，并且是 R 会议的常客，也是芝加哥 R 用户组的创始人。他和他的妻子，一位正在康复的审判律师，以及他 11 岁的喜欢玩电子技术的女儿住在新泽西州泽西市。

Paul Teetor 是一名定量分析专家，他曾获得统计学和计算机科学硕士学位。他擅长投资管理、证券交易和风险管理等领域的分析和软件工程。他与大芝加哥地区的对冲基金、做市商和投资组合经理合作。

封面介绍

本书封面上的动物是哈比鹰（*Harpia harpyja*）。哈比鹰是世界上 50 种鹰类之一，是中美洲和南美洲热带雨林的当地动物，它们喜欢在树冠上部中筑巢。它的属和物种名称都指的是古希腊神话中的鹰身女妖，即一种面部为女人而身体为鹰的恶性精灵。

一般而言，哈比鹰重约 18 磅（1 磅≈0.453 公斤），长 36 至 40 英寸（1 英寸 = 0.025 4 米），翼展为 6 至 7 英尺（1 英尺 = 0.304 8 米），但雌性总是比雄性大一些。然而，两种性别的哈比鹰的羽毛是相同的：它们的上半部大多是瓦黑色，下半部多是白色或浅灰色。它们浅灰色的头部具有大羽毛组成的双冠，当显示敌意时，可以立起双冠。

哈比鹰是一夫一妻制的，每两到三年只会养一只雏鹰。雌性通常会一次产下两枚卵，在第一个孵化后，另一个就弃之不管。虽然雏鹰在六个月内就可以飞行，但父母双方都会继续照顾和喂养雏鹰至少一年。由于这种很低的种群生长率，哈比鹰特别容易因为栖息地被侵犯或者人类狩猎而受到侵害。在其范围内，该动物的保护状态从危险到严重濒危。

O'Reilly 封面上的许多动物都濒临灭绝；所有这些动物对世界都很重要。

封面插图由 Karen Montgomery 绘制，基于 J. G. Wood 的 *Animate Creation* 的黑白雕刻。